**Burger Voss**

# VOM ANFANG UND ENDE ALLER DINGE

Burger Voss

# Vom Anfang und Ende aller Dinge

Eine Entdeckungsreise durch die Geschichte der Wissenschaften

Tectum

Burger Voss
Vom Anfang und Ende aller Dinge.
Eine Entdeckungsreise durch die Geschichte der Wissenschaften
Tectum Verlag Marburg, 2015
ISBN 978-3-8288-3455-2

Lektorat: Swen Wagner
Umschlaggestaltung: Jens Vogelsang

Abbildung Umschlag: fotolia.com, © eevl
Druck und Bindung: Finidr, Český Těšín

Besuchen Sie uns im Internet
www.tectum-verlag.de

Bibliografische Informationen der Deutschen Nationalbibliothek
Die Deutsche Nationalbibliothek verzeichnet diese Publikation in der Deutschen Nationalbibliografie; detaillierte bibliografische Angaben sind im Internet über http://dnb.ddb.de abrufbar.

# Inhalt

*»Eine gute wissenschaftliche Theorie sollte einer Bardame erklärbar sein.«*
*Ernest Rutherford*

# Einleitung

## Warum dieses Buch?

Dieses Buch soll sich mit der Frage nach dem Sinn des Lebens beschäftigen. Um den ungerechtfertigten Erwartungen gleich entgegenzukommen: Es wird kein Versuch sein, die Frage nach dem Sinn des Lebens zu beantworten. Wir wollen uns in diesem Buch eher damit beschäftigen, wie sinnvoll die Frage nach dem Sinn des Lebens heute überhaupt ist. Die Wissenschaft hat uns vieles in der Natur erklären und uns einige Illusionen nehmen können, die wir über uns selbst hatten, als wir unwissend waren. Über den Planeten, auf dem wir leben, zum Beispiel, oder über die Stellung des Menschen in der Vielfalt des Lebens. Und natürlich kann die Wissenschaft uns nicht alles erklären. Wir müssen aber in der Wissenschaft gelegentlich einen geistigen Kassensturz machen. Und wenn wir auf einem Sinn des Lebens bestehen wollen, dann müssen wir gelegentlich stehenbleiben auf unserem Weg und uns umsehen, um das Gesamtwerk zu betrachten. Denn die Wissenschaft erzählt uns nichts Geringeres als die Geschichte unserer Existenz mit maximaler Gewissheit.

Ich bin mir nicht sicher, ob es die neue Welle des Atheismus der letzten Jahre war, die die religiösen Hardliner der Welt aus dem Versteck geholt hat, oder ob das neue Aufkommen des Atheismus eine Reaktion auf die Intelligent-Design-Bewegung ist, die von Amerika ausging und sich wie eine Metastase durch die Köpfe der Welt frisst. Was daran läge, dass Wissenschaftler die Einzigen sind, die den Kreationismus in seine Schranken verweisen können, und Wissenschaftler sind weniger religiös als der Durchschnitt der Bevölkerung. Wie dem auch sei – die Fronten sind etabliert, die Fahnen gehisst und die Kanonen sind aufgestellt. Im Gegensatz zu früheren Konflikten werden die Kanonen diesmal nur auf einer Seite von Geistlichen geweiht.

Die schillerndsten Beispiele der religiös motivierten Erkenntnisleugner findet man – wie könnte es anders sein? – in den USA. Dort zweifeln sie die Gültigkeit der $^{14}C$-Methode an, mit der man den Tod eines Organismus datieren kann. Sie weisen die Verlässlichkeit der Kalium-Argon-Datierung zurück, mit der man messen kann, wann eine Probe Gestein das letzte Mal geschmolzen war. Sie lehnen die Evolutionslehre ab, da ihnen das heutige Leben auf der Erde zu komplex erscheint, um durch Mutation und Selektion entstanden zu sein.

In Wirklichkeit aber lehnen sie diese Dinge ab, weil diese ihre Heilige Schrift widerlegen. Nie hat ein Kreationist öffentlich an Newtons Gravitationsgesetz gezweifelt, die Kirchhoffschen Gesetze der Elektrizitätslehre madig gemacht oder die Gültigkeit des Snelliusschen Brechungsgesetzes infrage gestellt. Die Thesen der Kreationisten beschränken sich auf die Evolutionslehre, die Erkenntnisse der Geologie und Paläontologie sowie einige philosophische Aspekte der Kosmologie. Eben die Dinge, die die Entstehung der Arten aus anderen Arten erklären, das Alter der Erde zu viereinhalb Milliarden Jahren berechnen und die Möglichkeit beschreiben, dass das ganze Universum im Urknall aus nichts entstanden ist. Die natürliche Reaktion des Menschen und besonders des Frömmlers besteht in einer solchen Situation nicht darin, sich überzeugen zu lassen, sondern sie besteht in einem Anzweifeln der Rahmenbedingungen, der Glaubwürdigkeit der Wissenschaft, der gefühlt religionsfeindlichen Absichten des jeweils argumentierenden Wissenschaftlers oder einfach in Schweigen, das denselben Zweck hat wie sich die Finger in die Ohren zu stecken.

Dabei sind die Vertreter des Kreationismus keinesfalls ungebildete Menschen. Unter ihnen finden sich Akademiker, die sogar in den Fachgebieten promoviert haben, mit denen sie die Wissenschaft zu widerlegen behaupten. Und für den Fall, dass Sie das für ein rein amerikanisches Problem halten: Der deutsche Biologe Wolfgang Kuhn bevorzugte das Intelligent Design gegenüber der Evolutionslehre, akzeptierte aber immerhin das Alter der Erde, wie die Wissenschaft es ermittelt hat. Der deutsche Informatikprofessor Dr. Werner Gitt ist Junge-Erde-Kreationist, hält die Erde also für sechstausend Jahre alt und besteht darauf, dass jegliche Information, auch die in der DNA, nur von einem Geist geschaffen werden kann. Knapp vierzig Prozent der Deutschen glauben entweder an den Kreationismus oder an ein Intelligent Design. Sie sehen also, wie die Sache aussieht. Wir werden nicht mehr lange in der Lage sein, keine Position zu beziehen.

Wir werden in diesem Buch zur Erörterung der großen Frage nach dem Sinn eine wissenschaftliche Rundreise unternehmen, denn Reisen bildet. Und so wie man einige Zeit in einem anderen Kulturkreis verbringen muss, um das Deutsche an sich selbst zu erkennen, muss man auch durch die Welt der Wissenschaft reisen, um den Menschen als Wesen und Spezies in das rechte Licht zu rücken.

Sie müssen im Rahmen dieser Lektüre keine Formeln auswendig lernen und keine Diagramme erklären können. Ich werde mich aber auch nicht darauf beschränken, Ihnen nur die Ergebnisse der Wissenschaft zu präsentieren. Wenn Sie am Ende das Buch zuklappen und ein Gespür für das wissenschaftliche Denken entwickelt haben, dann habe ich mein Ziel erreicht.

In diesem Buch geht es mir hauptsächlich darum, die wissenschaftliche Methode zu erläutern und vor allem verständlich zu machen. Wenn sie das beste Werkzeug ist, das wir zum Verstehen der Welt benutzen können, dann verdient sie es auch, in ihrer ganzen Schönheit erklärt zu werden. Ich werde mich dabei bemühen, die Dinge allgemeinverständlich darzustellen, denn ich bin davon überzeugt, dass jeder Mensch grundsätzlich alles verstehen kann und dass die Schuld beim Erklärenden liegt, wenn das nicht gelingt.

## Warum auf diese Weise?

Als ich im Jahre 2006 meine Diplomarbeit einreichte und dann einen Monat später meinen Diplomvortrag halten musste (ich hatte einen chemischen Syntheseweg für seltene Fettsäuren entwickelt), benutzte ich für das Herstellen einer chemischen Bindung zwischen zwei Molekülen die Formulierung: »der lipophile Rest muss an den Furanring herangebastelt werden.« Nach meinem Vortrag wurde ich von verschiedenen Stellen des Instituts darauf hingewiesen, eine solche Formulierung wäre unwissenschaftlich und sie würde einen unprofessionellen Eindruck erwecken. Ein guter Vortrag, ja, aber das müsse weniger werden.

Sicherlich ist diese Ansicht in Deutschland vorherrschend. Aber ich halte genau das für ein Defizit des deutschen Akademikertums. Gewisse Profanitäten haben im wissenschaftlichen Diskurs nach wie vor nichts zu suchen. Von der Vulgärsprache war ich mit dem Wort *heranbasteln* jedoch weit entfernt und Missverständlichkeit (eine der Todsünden in der Wissenschaft!) kann man mir auch nicht vorwerfen. Warum also die Kritik?

In der wissenschaftlichen Gemeinde in Deutschland muss eine Aussage nicht nur inhaltlich richtig sein, sondern scheint auch so formuliert werden zu müssen, dass Nichteingeweihte gefälligst nichteingeweiht bleiben oder selbst bei brennendem Interesse möglichst schnell die Lust an der Thematik verlieren. Dabei gibt kein Professor seinen Studenten eine Anweisung, Außenstehende mit einer Firewall aus Fachbegriffen abzuwehren. Jeder fühlt es so und jeder macht es so – warum auch immer.

In England ist das anders. Profilierte Wissenschaftler wie der Evolutionsbiologe Richard Dawkins, der Chemiker Peter Atkins oder der Biologe John Maynard Smith (der zur Erklärung von Homosexualität unter anderem den Begriff der Sneaky-Fucker-Hypothese einführte) büßen nicht ein Jota ihrer wissenschaftlichen Glaubwürdigkeit ein, wenn sie auf die Amtssprache der Naturwissenschaften verzichten und sich mal klar ausdrücken. Im Gegenteil: Indem sie hochgestochene Formulierungen vermeiden, setzen sie sich selbst dem Druck aus, Beispiele und Gleichnisse zu finden, die den Sachverhalt umfassend, richtig und vor allem verständlich beschreiben. Denn eine Metapher, die genauso kompliziert ist wie das, was sie beschreiben will, ist komplett überflüssig.

Zugegeben: Im Englischen gibt es so etwas wie eine Amtssprache der Naturwissenschaften gar nicht, denn das Englische enthält von vorn herein mehr lateinische Wörter als das Deutsche. Das Vokabular ist – abgesehen von wenigen Fachausdrücken – durchaus alltäglich und es ist beeindruckend, wie sich Alltagsbegriffe oder Metaphern in den englischsprachigen Wissenschaften durchgesetzt haben. Funktionelle Teile von Molekülen, die im Verdacht stehen, die Entstehung von Krebs zu begünstigen oder anderweitig giftig sind, werden als *dirty groups* bezeichnet. Eiweißmoleküle, die bei der ordnungsgemäßen Faltung von neu hergestellten Eiweißmolekülen assistieren, heißen *chaperons*, Anstandsdamen. Wenn eine Zelle für sich den organisierten Zelltod herbeiführen muss und zu diesem Zweck

Fresszellen anlocken will, setzt sie Signalproteine auf ihrer Oberfläche aus, die man *eat-me-flags* genannt hat, Friss-Mich-Fähnchen. Nach deutschem Verständnis ist das unprofessionell und irgendwie eine Herabwürdigung der Wissenschaft. Kommt ein solcher Begriff aber aus dem angelsächsischen Sprachraum, ist er plötzlich schmissig und leicht zu merken.

Nachdem der britische Molekularbiologe Edwin Southern 1975 ein Verfahren zur Identifizierung von DNA-Fragmenten entwickelt hatte (den nach ihm benannten *Southern blot*), war die Fachwelt so beeindruckt, dass andere Wissenschaftler umgehend ähnliche Verfahren hinzufügten, mit denen sich dann RNA beziehungsweise Proteine analysieren ließen. Man taufte diese Verfahren in *northern blot* und *western blot*. Und das aus einem einfachen Grund: Sie sind sich alle drei ähnlich und sollten daher auch ähnlich heißen. Ob Mr. Southern sich dabei veräppelt vorkam, weiß ich nicht. Ich möchte es aber bezweifeln.

Die Europäische Südsternwarte ESO baut und betreibt einige der größten Teleskope, die der Mensch jemals entworfen hat. Ihr bisheriges Flaggschiff ist das Very Large Telescope (VLT) in Chile. Als Nachfolgermodell war ursprünglich das Overwhelmingly Large Telescope (OWL) geplant, man hat sich aus Kostengründen aber auf das Extremely Large Telescope (ELT) herunterhandeln lassen. Diese schnörkellosen, grundehrlichen Benennungen für Milliardenprojekte sind sicherlich auch dadurch begünstigt, dass die Douglas-Adams-Fans der 80er Jahre sich zu den heutigen Entscheidungsträgern für solche Projekte gemausert haben und für augenzwinkernde Namensgebungen offen sind.

Die Astrophysik ist allgemein voll von einfachen, dynamischen und vor allem einprägsamen Wortschöpfungen. Die Fernsehserie *Big Bang Theory* nutzt einen der zentralen Begriffe der Kosmologie als Wortwitz für eine Gruppe von Wissenschaftlern, die gern mal wieder Sex hätten. *String Theory* hätte hier genauso gut gepasst, und auch der Begriff »Doppelspaltexperiment« hat etwas Gruppensextaugliches. Als der britische Biologe Richard Dawkins das Manuskript für sein Buch »The Greatest Show On Earth« bei seinem Verlag einreichte, hatte er ein kleines Osterei darin versteckt: Statt *Large Hadron Collider* (Großer Hadronen-Kollidierer) hatte er in einer Passage versehentlich *Large Hardon Collider* geschrieben, Kollidierer großer Erektionen. Aus Amüsement hatte er diesen Tippfehler in seinem Manuskript stehen lassen. Die Lektoren entdeckten den Fehler, und trotz Dawkins' Bitten wurde er für die fertige Ausgabe korrigiert.

Das ist Humor, wie er in Deutschland leider undenkbar ist. Das wäre viel zu salopp, zu alltäglich, nicht ernsthaft genug für so etwas Erhabenes wie Wissenschaft. Der Nachweis, dass die wissenschaftliche Erkenntnis unter solch »unseriösen« Namensgebungen gelitten hätte, steht noch aus. Eigentlich beschleunigt es den akademischen Prozess nur und macht ihn tauglicher dafür, der Allgemeinheit präsentiert zu werden.

Denn es ist doch eigentlich unwichtig, wie die Fachbegriffe genau lauten. Sie haben in erster Linie einen Zweck, und zwar einen sinnvollen. Sie sollen Platzhalter sein für komplizierte Konzepte, die man sich nicht jedes Mal vollständig durch den Kopf gehen lassen will, wenn man etwas erörtert. Vielmehr sollen Fachausdrücke diese Konzepte in geistige Schubladen sortieren, die erst bei Bedarf aufgehen. Richtige Fachleute reden untereinander in Schubladen, ohne das noch zu merken, das geht irgendwann von selbst. Fachausdrücke machen dem Fachmann das Leben leichter.

Fachausdrücke im wissenschaftlichen Diskurs sind vergleichbar mit einer gut ausgerüsteten Küche. Wenn ich für meine Gäste etwas kochen will, muss ich nicht erst verschiedene Messer schmieden und schleifen und Kartoffeln und Paprika anbauen. Ich habe alles in verschiedenen Schubladen vorrätig, ich brauche nur die Schubladen mit Aufschriften wie »Schneidwerkzeug«, »Gemüse«, »Milchprodukte« oder »Geschirr« zu öffnen und schon kann ich kochen. Und selbstverständlich dürfen meine Gäste sich dazusetzen und mit mir plaudern – ich wünsche es mir sogar. Denn immerhin handelt es sich dabei um ein gesellschaftliches Ereignis. Und das sollten die Naturwissenschaften auch sein.

*»A true thing badly expressed is a lie.«*
*Stephen Fry*

*»Wenn die Sinne versagen,*
*muss der Verstand einsetzen.«*
GALILEO GALILEI

# 1. Phaneron – die Welt durch unsere Augen

Der amerikanische Philosoph Charles Sanders Peirce prägte im Jahre 1905 den Begriff Phaneron. Er wählte ihn als Terminus für die Summe all dessen, was dem Verstand gegenwärtig ist, unabhängig davon, ob es etwas Realem entspricht oder nicht.

Die Welt durch unsere Sinne ist unser Phaneron. Phaneron ist nicht die Realität, sondern nur unser Eindruck davon. Wenn wir unseren Sinnen blind vertrauen, dann dreht sich die Sonne um die Erde; dann gibt es keine Bakterien; dann endet die Welt hinter dem Horizont. Phaneron, das bist Du, wie die anderen Dich sehen.

Phaneron ist die Überzeugung, dass die eigene Großmutter weltweit führend ist in der Zubereitung von…

… hier müssen sich unsere Wege bereits trennen. Wenn ich »Schweinekoteletts« schreibe, kann der islamische Teil unserer Gesellschaft schon nicht mehr mitreden. Wenn ich »Rindersteaks« schreibe, sind die Hindus raus. Wenn ich »Hähnchenkeule« meine, stellt sich für orthodoxe Juden die Frage, ob Milchprodukte in derselben Pfanne zubereitet wurden. Und wenn ich Lachs meine, ist für fundamentale Christen wichtig, ob es an einem Freitag geschieht.

Aus dem Phaneron kommt unsere Ergriffenheit beim Anblick eines griechischen Sonnenuntergangs, das Wundern über den Zufall, dass man die Liebe seines Lebens ausgerechnet in seiner Heimatstadt kennengelernt hat, und die Angewohnheit, sich das Buch für eine Prüfung unter das Kopfkissen zu legen, damit man sie besteht. Es ist die Vorstellung, dass am Roulettetisch jetzt endlich mal Rot kommen muss, weil schon so lange Schwarz kam. Es ist der Glaube, dass der Mensch und all die Tiere auf der Welt kein Zufall sind.

Unser Phaneron hilft uns durch die Welt, und aus dem Phaneron heraus haben wir ein Weltgefühl entwickelt. Mit Weltgefühl meine ich die

Von-bis-Spannen sämtlicher physikalischer Werte von Länge, Geschwindigkeit, Temperatur, Größe und Gewicht, die unser Leben bestimmen. Unser Weltgefühl ermöglicht uns, Dinge zu tun, die unsere Sinne nicht mehr wahrnehmen können. Es ist eine Erweiterung unseres Phanerons und dürfte im evolutionären Wettrüsten entstanden sein. Es ermöglicht Intuition, reflexartiges Handeln und geringere Reaktionszeiten als die Sinne uns ermöglichen. Wer ein gutes Weltgefühl besitzt, kann mehr Beute schnappen oder seltener Beute werden als die weniger Begabten. Das hat bis in unsere heutige Zeit wundervolle Blüten getrieben.

Ein Musiker kann ein Stück, wenn er es genug geübt hat, schneller spielen als er Noten lesen kann. Ein Schlagzeuger entscheidet sich nicht für den nächsten Schlag. Er schaut sich selbst zu, wie die Musik aus ihm herauskommt. Ein Rallyecrossfahrer kennt seine Maschine so genau, dass er das Gewicht, die Beschleunigung, die Zugkraft, die Verlangsamung beim Bergauffahren nicht mehr schätzen muss. Er fühlt diese Dinge und ist eins geworden mit der Maschine. Sie ist eine Verlängerung seines Körpers geworden. Ein Tischtennisspieler sieht den Ball nicht. Er weiß einfach, wo er sein wird und welchen Spin er haben wird. Indem er seine Intuition nutzt, macht er das Spiel schneller als seine Sinne es ihm erlauben. Müsste er den Ball mit seinen Augen verfolgen und Entscheidungen treffen, müsste auch das Spiel viel langsamer sein.

Wenn Sie die PIN-Nummer ihrer EC-Karte jahrelang am Geldautomaten eingegeben haben und sie dann irgendwann mal aufschreiben müssen, kann es passieren, dass sie Ihnen nicht einfällt. Dann beobachten Sie sich vor Ihrem geistigen Auge, wie Sie die Ziffern eingeben, und können sie dann plötzlich zu Papier bringen. Die Nummer war nicht mehr in Ihrem Kopf; sie war in Ihren Händen. Hier gleichen Sie dem Musiker.

All dies sind Momente, die innerhalb unseres Weltgefühls stattfinden. Wenn der Tischtennisball auch nur zwanzig Prozent schneller wäre, könnte der Spieler auch mit seiner Intuition nichts mehr machen. Wenn der Musiker die Noten aktiv lesen muss, wird das Stück langsamer. Wenn der Schlagzeuger sich entscheiden muss, langweilt er sein Publikum.

Und es gibt eine dritte Kraft, die es uns ermöglicht, die Welt sogar über unser Weltgefühl hinaus zu erfassen. Es ist die Wissenschaft. Sie allein ist in der Lage, uns mehr über die Welt zu sagen als das, was wir wahrnehmen und fühlen können. Wissenschaft kann uns sagen, wie alt ein Stein ist. Sie kann uns sagen, warum wir Magenschmerzen haben, nikotinsüchtig sind oder in regelmäßigen Abständen von einem spektakulären Bedürfnis nach Sex ergriffen werden. Sie kann uns unseren Platz im Universum zuweisen.

*****

Stellen Sie sich vor, Sie stehen mitten in einer Galaxie, und wohin Sie auch blicken, sind Sie umgeben von Sternen, Planeten, Nebeln, weiteren Galaxien, Supernovae, Neutronensternen, Pulsaren und Quasaren. Denn das tun Sie gerade. Und Sie sitzen auch gerade mitten in der Evolution. Nur merken Sie nichts davon.

Zum einen sind die Dimensionen von Raum und Zeit, in denen astrophysikalische und evolutionäre Vorgänge spielen, so ungeheuer groß, dass sie unser Phaneron und unser Weltgefühl verlassen und keine emotionale Bedeutung mehr für uns haben. Sie sind größer als unser Alltag und nur noch mit Wissenschaft erfassbar.

Zum anderen ist unser Phaneron für uns, die wir darin leben, so selbstverständlich, dass es uns schwerfällt, über unser Phaneron hinauszudenken. Wir bewegen uns mit dem Planeten unter unseren Füßen um die Sonne und kümmern uns um andere Dinge. Auch wenn wir wissen, dass wir auf dem dritten Planeten einer ziemlich durchschnittlichen Sonne leben, werden wir immer dazu neigen, unserem Phaneron die Deutung der Dinge zu überlassen. Wenn wir uns nicht selbst laufend zum Denken ermahnen, werden wir immer den Eindruck haben, dass es hinter unserem Phaneron nichts weiter gibt. In dynamischeren Momenten des Lebens benutzen wir unser Weltgefühl.

Steigen wir mal auf eine leere Kiste. Wir schauen aus etwa einem halben Meter Höhe herab auf den Boden. Wir kommen uns dadurch ein wenig größer vor, aber intuitiv würden wir jetzt nicht sagen, dass wir aus 50 cm Höhe auf den Planeten herabschauen. Irgendwie sind wir immer noch auf der Erde und nichts gibt uns das Gefühl, uns in Gefahr begeben zu haben.

Wenn wir jetzt auf ein Hausdach steigen und aus zehn Metern Höhe an der Regenrinne vorbei auf den Garten herabblicken, haben wir immer noch das Gefühl, auf dem Planeten Erde zu sein. Viele von uns – und ich selbst bin da geradezu ein Vorreiter – bekommen beim Anblick des Gartens zehn Meter unter uns allerdings jenes Kribbeln in den Extremitäten, das uns sagt, wir müssen jetzt besonders vorsichtig sein, uns jede Bewegung gut überlegen, die Materialien unter unseren Füßen auf ihre Stabilität prüfen und am besten niemand anderes hinter uns lassen. Denn jetzt wäre ein wirklich schlechter Moment festzustellen, dass man der Person hinter sich eigentlich nie vertrauen konnte.

Unser Körper reagiert auf eine Höhe von zehn Metern mit erhöhter Alarmbereitschaft. Adrenalin wird freigesetzt, Blutgefäße verengen sich, um die Fließgeschwindigkeit des Blutes zu erhöhen, und die Atmung wird tiefer, um mehr Sauerstoff ins Blut zu bringen, den man jetzt jede Sekunde brauchen könnte. Dennoch würden wir weiterhin von uns behaupten, auf der Erde zu sein, auch wenn wir den Versuch wiederholen, indem wir auf die Aussichtsplattform eines Hochhauses steigen.

Nun setzen wir uns in ein Flugzeug und begeben uns in den verdienten Urlaub ans Mittelmeer. Sekunden nach dem Start haben wir eine Höhe von vielleicht zwanzig Metern erreicht und der Blick aus dem Fenster sagt uns, dass wir uns arg verletzen würden, wenn wir jetzt wieder zu Boden stürzen. Das Flugzeug steigt weiter und wir werden auch bei fünfzig oder hundert Metern Höhe kein besseres Gefühl haben.

Irgendwann aber erreichen wir fünfhundert Meter und dann geschieht etwas in uns. Wir haben keine Angst mehr vor der Höhe, in der wir uns befinden, sie ist uns emotional egal und eigentlich nur ein schönes Landschaftsbild. Und wenn wir irgendwann die elftausend Meter erreicht haben, ist es emotional kein Unterschied mehr zu fünfhundert Metern Höhe. Wir schauen einen Film, lesen ein Buch, flirten mit unserem Sitznachbarn oder schauen aus dem Fenster und staunen furchtlos über diesen seltenen Anblick der Welt.

Dass wir auf eine Höhe von zehn Metern emotional stark reagieren, auf fünfhundert Meter aber nicht mehr, hat einen ganz einfachen Grund. Es ist außerhalb unseres Weltgefühls. Bis etwa fünfhundert Meter empfinden wir Höhe, denn unsere Vorfahren standen in den letzen Jahrmillionen bei unzähligen Gelegenheiten an steilen Klippen, kletterten auf Bäume oder bauten hohe Türme. Wir sind solche Dimensionen evolutionär gewohnt.

Jenseits davon empfinden wir nur noch Entfernung, denn es liegt außerhalb unseres Weltgefühls. Wir sehen und verstehen es, aber emotional sagt es uns nichts mehr. Die Erfindung des Flugzeuges hat das Spielfeld des Menschen größer gemacht, aber dort sind keine Felder mehr, auf denen wir unsere Figuren benutzen können.

Genauso verhält es sich mit Temperatur, Gewicht und mit Zeit. Wir können 20 °C gut von 30 °C unterscheiden, wenn wir den direkten Vergleich vor uns haben, und wir können, wenn wir jemandem die Hand auf die Stirn legen, recht genau einschätzen, ob die Person Fieber hat oder nicht. Zwischen flüssigem Kupfer (Schmelzpunkt 1 084 °C) und flüssigem Eisen (1 536 °C) machen wir emotional keinen Unterschied mehr. Eine Tonne Gewicht ist für uns Menschen ohne Hilfsmittel genauso unbeweglich wie fünf Tonnen oder tausend. Eine Zeitspanne, die ein Menschenleben übersteigt, können wir emotional nicht mehr fassen.

## Zeit und Zeitgefühl

Jedes Mal, wenn Deborah Wearing von der Toilette kommt, begrüßt ihr Mann Clive sie euphorisch wie nach Jahren der Trennung. Er fällt ihr um den Hals, nimmt ihre Hände und tanzt mit ihr singend durch den Raum. Für ihn ist es ein Wiedersehen nach langer Zeit. Zehnmal am Tag.

Clive Wearing war bis Mitte der Achtziger ein begabter Musiker und Dirigent des BBC-Orchesters. Im März 1985 erlitt er im Alter von 47 Jahren eine Virusinfektion des Gehirns und erlitt eine besonders schwere Art der Amnesie.

Eine Amnesie kann sich auf zwei Arten auswirken: Entweder man vergisst, was man vor dem Ereignis wusste, oder man kann sich seit dem Ereignis nichts mehr merken. Clive Wearing hat beides erlitten. Seine Hirnhautentzündung hat den Drahtseilakt fertiggebracht, ihm beide Fähigkeiten zu nehmen und gleichzeitig glimpflich genug zu verlaufen, ihn am Leben zu lassen.

Seitdem lebt Clive Wearing in einem Zwei-Minuten-Fenster der Gegenwart. Sein Spielfeld ist winzig geworden. Aus seinem früheren Leben ist ihm nur wenig geblieben: Er kann noch Klavier spielen und er weiß, dass er Deborah liebt.

Clive schreibt bändeweise Tagebücher. Sie beschreiben von der ersten bis zur letzten Zeile immer wieder in wenigen Worten ein erstauntes Erwachen nach langem, traumlosem Schlaf. Seit 1985 kommt er im Minutentakt zu sich und will den Tag angehen. Falls Sie sich je gefragt haben, wie es ist, nur für den Moment zu leben: Clive Wearing kann es ihnen nicht sagen.

Wir alle leben mit der Zeit im Nacken. Wir messen sie in Jahren, Tagen oder Sekunden und richten unser Leben danach aus. Was aber wäre, wenn es überhaupt keine Zeit gäbe? Wenn Sie alle Momente Ihres Lebens gleichzeitig erleben würden?

Nun, es wäre der Tod der Zeitungen und Fernsehnachrichten. Nichts ist so alt wie die Zeitung von gestern, und der Grund, warum wir Schlagzeilen über Katastrophen und politische Entscheidungen so verschlingen, liegt darin, dass wir noch nicht wissen, welche Bedeutung das Ereignis morgen oder nächste Woche haben wird. Gäbe es keine Zeit, dann gäbe es keine Kriege, da der Sieger bereits feststeht. Dann gäbe es auch keine Bundesliga. Dann hätte die Deutsche Post sich die eine Milliarde D-Mark sparen können, die sie in den Achtzigern in die Entwicklung von BTX investiert hat, bevor das Internet kam. Hätte die Sowjetunion gewusst, dass sie 1990 zusammenbrechen würde, dann hätte es das Wettrüsten des Kalten Krieges nicht gegeben. Ja, jede Form von Verschwendung wäre sofort Geschichte (falls dieser Begriff dann noch existiert), da man das Ergebnis bereits kennt und nutzlose Ausgaben vermeiden kann. Gäbe es keine Zeit, dann gäbe es keine Ungewissheit in unserem Leben. Dann müssten wir keine Fotos machen, um Momente unseres Lebens festzuhalten, denn alle Momente des Universums würden gerade existieren. Dann hätten wir kein Schicksal.

Trotz aller Intuition aber können wir nicht wirklich sagen, was Zeit eigentlich ist. Wie können nur sagen, dass sie gleichmäßig abläuft. Sicher, sie ist eine Basiseinheit genau wie Länge, Masse oder Temperatur, und auch wenn wir sie nicht näher beschreiben können, haben wir doch ein Gefühl dafür, was Zeit ist. Und wir haben ein Zeitgefühl. Das Zeitgefühl ist unser Gespür für das Verstreichen von Zeit. Es ist aber sehr dehnbar.

Sie kennen doch sicher die Geschwindigkeit des Denkens. Es ist das Tempo jenes inneren Monologs, der zu jeder Zeit in unseren Köpfen abläuft. Diese Geschwindigkeit in uns bestimmt, ob uns das Geschehen um uns herum schnell oder langsam vorkommt. In Stresssituationen scheinen die Ereignisse langsamer abzulaufen. Das tun sie natürlich nicht, aber unsere Wahrnehmung ist gesteigert. Das zeitliche Auflösungsvermögen unserer Wahrnehmung ist größer, es können mehr Details in der gleichen Zeit erfasst werden. Unsere innere Uhr läuft schneller und das lässt die Umwelt langsamer erscheinen. In Zeiten von Langeweile scheint sie sich kaum fortzubewegen. Uhren erinnern uns immer wieder daran, wie sehr sich unser Zeitgefühl täuschen lässt.

Sie haben es sicher selbst schon erlebt: Wenn Sie von Ihrer Zeitung aufblicken und auf die Uhr über der Tür schauen, dann scheint die erste Sekunde des Zeigers wesentlich länger zu dauern als die folgenden. Irgendetwas war da anders. Danach geht alles seinen gewohnten Gang.

Was ist da passiert? Ist die Uhr von Natur aus faul und tickt lieber, wenn jemand zusieht? War es die Zeit selbst, die sich hier eine Verschnaufpause gegönnt hat? Oder hat uns das Gehirn hier einen Streich gespielt?

Nein, das hat es nicht, jedenfalls nicht mit Absicht. Der Schlüssel zu dieser Illusion ist die Bewegung der Augen von der Zeitung zur Uhr, wobei der Trick nur funktioniert, wenn der Kopf sich nicht mit bewegt, sondern nur die Augen sich in der Augenhöhle bewegen. In jenen verschwommenen Sekundenbruchteilen, als Ihre Augen den Raum streiften, haben Sie nichts wahrnehmen können, was im Raum geschah. Wenn die Augenbewegung beginnt, wird das Gehirn darüber informiert. Es hört kurz auf, das Gesehene interpretieren zu wollen, und macht damit weiter, wenn die Augen wieder stillstehen. Das Gehirn löscht diese verschwommenen Bilder aus unserem Gedächtnis. Doch in unserem Kontinuum der Wahrnehmungen würde dadurch eine zeitliche Lücke entstehen. Also tut das Gehirn das Nächstbeste und ersetzt die Wahrnehmungen dieser fehlenden Zeit mit dem Bild, das die Augen als nächstes ans Gehirn melden. Der Eindruck, der Uhrzeiger wäre für einen einzigen Schlag langsamer gewesen als sonst, ist nur eine gefälschte Erinnerung, mit der das Gehirn uns über die entstandene Lücke hinweghelfen will. Das kann bis zu einer halben Sekunde dauern und wir verpassen damit etwa vierzig Minuten Gegenwart am Tag, obwohl sie direkt vor unserer Nase stattfand.

Wenn wir nicht die Möglichkeit hätten, unsere innere Uhr mit unserer Umwelt abzugleichen, wären wir ratlos. Wenn Sie von Geburt an weder fühlen, sehen noch hören könnten, dann wäre es tatsächlich möglich, dass der innere Monolog viel langsamer oder schneller ablaufen würde.

Wenn Sie sich den Würfel in Abbildung 1 anschauen und die Augen auf den kleinen Punkt in der Mitte richten, sich dabei aber auf die Flächen des Würfels konzentrieren, dann können Sie feststellen, dass Ihr Gehirn manchmal die Fläche A als die vordere Fläche interpretiert; die Vorderseite des Würfels ist dann links unten. Nach kurzer Zeit ändert sich Ihre Wahrnehmung des Würfels und plötzlich ist die Fläche B die Vorderseite, dann aber rechts oben. Wenn man dieses Experiment mit genug Menschen durchführt und ihnen Stoppuhren gibt, dann erhält man eine mittlere Zeit, in der der Eindruck wechselt. Etwa alle 2,7 Sekunden sucht das Gehirn etwas Neues in dem, was die Augen ihm liefern.

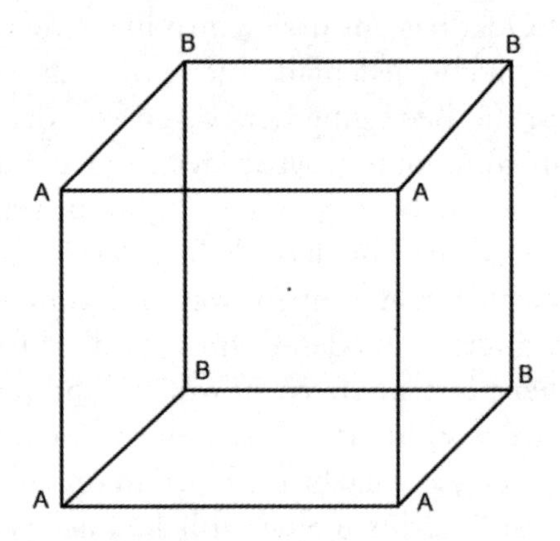


Abb. 1: Ein Necker-Würfel. Die Fläche A und die Fläche B sind für unser Gehirn abwechselnd die Vorderseite, da unser Gehirn laufend Bilder neu interpretieren will.

Falls Sie sich je gefragt haben, wie lang ein Moment eigentlich ist: 2,7 Sekunden ist die beste Antwort, die wir haben.

## Gleichzeitigkeit

Nehmen wir an, ein Verhaltensforscher präsentiert uns zwei Blitzlampen und bittet uns zu sagen, welche der beiden Lampen zuerst aufblitzt. Blitzt die rechte Lampe eine halbe Sekunde vor der linken, so können wir das mit absoluter Sicherheit erkennen. Lampe hier, Lampe da, der Fall ist klar. Verringert der Forscher den zeitlichen Abstand der Blitze um den Faktor fünf auf eine Zehntelsekunde, haben wir immer noch keine Schwierigkeiten. Verringert er den zeitlichen Abstand ein weiteres Mal um den Faktor fünf, sind wir schon bei 20 Millisekunden, und da wird es schwierig. Nur noch wenige unter uns können mit Sicherheit sagen, dass irgendeine der Lampen überhaupt früher aufgeblitzt ist als die andere. Und es ist noch schwerer zu bestimmen, ob es die rechte oder die linke Lampe war. Um zu erkennen, dass es überhaupt einen zeitlichen Unterschied gab, müssen die beiden Ereignisse je nach Person etwa 20 bis 30 Millisekunden auseinander liegen. Um sagen zu können, in welcher Reihenfolge sie stattgefunden haben, brauchen wir 30 bis 40 Millisekunden. Je mehr Details wir erkennen sollen, desto mehr Zeit benötigen wir dafür.

Unsere Sinne können uns nur eingeschränkt vermitteln, was Gleichzeitigkeit ist. Unterhalb von 20 Millisekunden hat unser Phaneron keine Chance mehr, und auch unser Weltgefühl kann uns hier nicht mehr weiterhelfen. Mit modernen Messgeräten aber kann man zumindest theoretisch unendlich fein ermitteln, ob Ereignis A vor oder nach Ereignis B stattgefunden hat. Allerdings hat Einstein festgestellt, dass es keine absolute Gleichzeitigkeit gibt. So sind Ihre Füße wenige Nanolichtsekunde von Ihren Augen entfernt. Sehen Sie also Ihre Füße im Jetzt? Die Antwort lautet erstaunlicherweise immer noch ja. Um das zu verstehen, begeben wir uns kurz zu einem Bundesligaspiel.

Ich befinde mich auf dem Dach eines Hochhauses gegenüber vom Fußballstadion und betrachte das Geschehen aus etwa 300 Metern Entfernung. Manuel Neuer läuft zum Abstoß an. Ich sehe, wie sein Fuß den Ball berührt, und der Ball fliegt in einer großen ballistischen Kurve in die gegnerische Hälfte. Das Licht braucht vom Torwart aus etwa eine Mikrosekunde, um mich zu erreichen. Also sehe ich den eigentlichen Abstoß erst eine Mikrosekunde, nachdem er stattgefunden hat. Da ich aber keinen

Sinn habe, der schneller funktioniert als das Sehen, kann ich gar nicht bemerken, dass ich der Entwicklung eine Mikrosekunde hinterher hänge. Was ich sehe, scheint im Jetzt zu geschehen. Und das tut es auch.

Da sich nichts schneller durch den Raum bewegen kann als das Licht, stößt der Torwart den Ball wirklich in meinem Jetzt ab, auch wenn ich eine Lichtmikrosekunde von ihm entfernt bin. Die Verzögerung ist eigentlich keine. Um das zu verdeutlichen, müssen wir eine Nummer größer denken.

Über mir und dem Torwart scheint die Sonne. Das Licht, das sie aussendet und uns trifft, hat die Sonne vor etwa acht Minuten verlassen. Das heißt aber nicht, dass ich ein vergangenes Abbild der Sonne sehe, wenn ich hinschaue. Da es nichts Schnelleres gibt als das Licht, ist das acht Minuten alte Bild der Sonne dennoch das Jetzt, gesehen aus meiner Entfernung von ihr, denn Zeit und Raum sind untrennbar miteinander verbunden.

Ich sehe, wie der Torwart den Ball abschlägt, doch etwas fehlt mir noch dabei. Ich habe den Abstoß bisher nur gesehen, aber nicht gehört. Ich kann im Moment nicht sagen, ob ich so weit weg bin, dass ich den Abstoß nicht mehr hören werde, oder ob das Geräusch erst noch kommt. Nach etwa 0,9 Sekunden höre ich ein deutliches »Bump!« und weiß, dass ich noch in Hörweite bin.* Dann ist der Ball schon auf dem Scheitelpunkt seiner Flugbahn. Wenn er in der gegnerischen Hälfte wieder aufschlägt, wird es wieder einen Moment dauern, bis ich den Aufschlag hören kann. Bis dahin hat ein Spieler den Ball bereits angenommen und weitergespielt.

Der Anblick des Abstoßes hat mich nach einer Mikrosekunde erreicht, der Schall des Abstoßes aber erst nach 0,9 Sekunden. Das Sehen ist also fast eine Million Mal näher am Jetzt als das Hören.

Irgendwo weit entfernt von unserem Sonnensystem scheint das Licht des Adlernebels auf mich, den Torwart und unsere Sonne herab. Der Adlernebel ist etwa 7 000 Lichtjahre von uns entfernt. Das Licht, das wir jetzt von ihm empfangen, hat ihn also verlassen, als die Chinesen den Reisanbau lernten und in Mesopotamien die ersten Tempel gebaut wurden. In Europa hatte England durch den Anstieg des Meeresspiegels gerade erst

---

* Für Fernsehübertragungen sind kleine Mikrofone überall auf dem Feld angebracht, die das zeitliche Auseinanderdriften von Ton und Bild ausgleichen sollen, denn die Kameras haben verschiedene Entfernungen zum Geschehen, das sich seinerseits über das Spielfeld bewegt.

angefangen, eine Insel zu sein. Und wenn ich durch ein Teleskop auf den Adlernebel blicke, so sehe ich ihn, wie er vor 7 000 Jahren aussah.

Die Säulen der Schöpfung in der Mitte des Adlernebels werden so genannt, weil sie ein großes Areal aus Staub und Wasserstoff darstellen, in dem neue Sterne geboren werden. Das Bemerkenswerte an den Säulen der Schöpfung aber ist, dass sie nicht mehr existieren. Vor etwa 6 000 Jahren, als in Europa der Gebrauch von Kupfer begann und Pferde domestiziert wurden, explodierte einer der Sterne in dieser Region, der sich zwischen uns und den Säulen der Schöpfung befindet, in einer Supernova. Die Druckwelle der Explosion wird die Säulen der Schöpfung mittlerweile zerstört haben. Nur wissen wir noch nicht, wie es aussieht oder ausgesehen hat, denn das Licht dieses Ereignisses muss erst noch bei uns ankommen.

Abb. 2 Die Säulen der Schöpfung im Adlernebel, Sternbild Schlange. Die linke Säule ist etwa vier Lichtjahre hoch. Das entspricht in etwa der Entfernung unserer Sonne von ihrem nächsten Stern. Der winzige Auswuchs in der Vergrößerung ist größer als unser Sonnensystem und die Bahn der Erde wäre darin immer noch kleiner als ein Pixel des Ausschnitts. © NASA

Hier greift Einstein ein und sagt: Falsch! Das *Ereignis* muss erst noch bei uns ankommen, denn wenn nichts schneller sein kann als das Licht, dann breitet sich auch das Ereignis nur mit Lichtgeschwindigkeit aus. Ich weiß, dass das Licht 7 000 Jahre braucht, um mich zu erreichen. Aber auf diese Entfernung zwischen mir und dem Adlernebel gibt es kein Jetzt ohne eine Verzögerung von 7 000 Jahren, so wie es auch in der Mathematik zwischen $1,\overline{9}$ und 2 keine weitere Zahl gibt.

Gleichzeitigkeit hängt von der Entfernung ab. Das bedeutet aber auch, dass die Säulen der Schöpfung noch existieren, auch wenn sie seit 6 000 Jahren nicht mehr existieren. Sie existieren, solange ich weiter weg bin als ihr Licht bisher gekommen ist. Das ist das Relative an der Relativitätstheorie.

Real ist für jede Spezies immer nur das, was sie zum Überleben benötigt. So kann unser Weltgefühl nur diejenigen physikalischen Werte verarbeiten, die wir auch wahrnehmen können. Radioaktivität, Magnetismus oder UV-Licht entziehen sich unserer Wahrnehmung. Unser Weltgefühl versagt hier völlig. Ein sehr hohes Aufkommen von UV-Strahlung oder Radioaktivität können wir zwar indirekt wahrnehmen, wenn die Luft nach Ozon riecht, aber prinzipiell genügt unser Weltgefühl allein nicht, uns die Welt zu erklären. Es taugt nur zur Beurteilung von Gefahrensituationen, denn daraus ist es entstanden und hat uns bis hier gebracht.

### Unser schmaler Streifen Licht

Der deutsch-englische Astronom Wilhelm Herschel stellte sich im Jahre 1800 die Frage, ob die einzelnen Farben des Lichtes unterschiedliche Energien hätten. Er leitete einen Sonnenstrahl durch ein Prisma und sah die Farben, aus denen der Strahl bestand, einzeln vor sich. Dann nahm er ein Thermometer, legte es in die einzelnen Farben des Lichtes und maß die jeweilige Temperatur. Zur Kontrolle der Raumtemperatur legte er ein weiteres Thermometer daneben. Gelbes Licht schien wärmer zu sein als grünes und rotes Licht wärmer als gelbes. Doch die höchste Temperatur maß er in seinem Kontrollthermometer, das direkt neben dem roten Lichtstrahl lag. Als er es einige Zentimeter weiter weg legte, maß er die Temperatur des Zimmers, in dem er sich befand, und sie war tiefer als alle andern gemessenen Temperaturen. Legte er das Thermometer wieder neben den roten Lichtstrahl ins vermeintliche Nichts, stieg die Temperatur erneut an. So unerwartet dieses Ergebnis für ihn auch war, schloss er dennoch daraus, dass das Spektrum des Lichtes hinter dem roten Licht weitergehen müsste. Wilhelm Herschel gilt daher als Entdecker der Infrarotstrahlung und die Europäische Weltraumbehörde ESA hat ihm zu Ehren ihr Infrarot-Teleskop »Herschel« genannt.

Herschels Annahme, dass das Spektrum hinter dem roten Licht weiter geht, war zwar ein bedeutender Schritt in die richtige Richtung, aber er wäre dennoch erschrocken gewesen, wenn ihm das gesamte elektromagnetische Spektrum offenbar geworden wäre.

Die größte vom Menschen genutzte Wellenlänge liegt im Bereich der Radiowellen mit 100 000 Kilometern Wellenlänge, die kleinste je gemessene Wellenlänge stammt aus der Galaxie Markarian 501 und liegt bei $7{,}7 \cdot 10^{-21}$ Metern. Obwohl das elektromagnetische Spektrum theoretisch keine Grenzen nach oben oder unten hat, decken die bisher real erzeugten und gemessenen Wellenlängen einen Bereich von 29 Größenordnungen ab; die kleinste je gemessene Wellenlänge passt also 100 000 000 000 000 000 000 000 000 000 Mal in die größte je erzeugte Wellenlänge.

Irgendwo in dieser endlosen Landschaft der optischen Möglichkeiten befindet sich ein winziger Strich, der das für uns sichtbare Licht darstellt. Er ist mit seinen 300 Nanometern Breite – also einem knappen Drittel nur einer dieser 29 Größenordnungen – immer noch nur ein Lächerlichstel davon.

Ich habe lange versucht, diese Größenverhältnisse in einem Beispiel mit Objekten aus unserem Alltag zu veranschaulichen, aber was immer ich mir auch für ein Objekt vornahm, das andere Objekt war dann immer kleiner als ein Atom oder größer als unser Sonnensystem. Ich will es daher nicht mit Länge, sondern mit Zeit versuchen. Die Erde ist viereinhalb Milliarden Jahre alt. Stellen wir uns vor, wir hätten nur eine Zehntausendstel Sekunde davon erlebt. Das entspricht dem Anteil des für uns sichtbaren Lichtes am gesamten Spektrum. Wie könnten wir nur mit unseren Augen wissen, was es da draußen im Universum alles gibt?

Daher suchen wir den Himmel mit anderen Methoden ab. Wir benutzen Radioteleskope, Infrarotteleskope, optische Teleskope, UV-Teleskope, Gammastrahlenteleskope, Röntgenteleskope, Mikrowellenteleskope. Je nachdem, wonach man sucht. Manche Objekte wie Quasare senden besonders viel Gammastrahlung aus und daher liefern sie in diesem Bereich das stärkste Signal. Manche Objekte sind im Infrarot am besten zu sehen und Infrarot hat auch den Vorteil, galaktische Staubwolken durchdringen zu können. In diesem Bereich kann man auch Moleküle im Weltraum nachweisen, sofern die Molekülwolke groß genug ist. Allerdings ist ein Bild, das in einer größeren Wellenlänge aufgenommen wird, auch immer unschärfer als ein Bild im kurzwelligen Bereich, da eine größere Wellenlänge auch grundsätzlich weniger Information bedeutet. Im Mikrowellenbereich kann man die kosmische Hintergrundstrahlung messen, die nichts anderes ist als der Feuerball des Urknalls.

Die schönsten Bilder, die wir aus dem Universum erhalten, sind auch lange keine reinen Bilder des sichtbaren Lichtes mehr. Es sind von Computern zusammengerechnete Übereinanderlegungen von mehreren Ausschnitten des Spektrums, und die nicht sichtbaren Bereiche des Spektrums gehen als bunte Farben in diese Bilder ein.

Es ist klar, dass man mit infrarotem Licht gut Wärmequellen wie zum Beispiel Sterne sichtbar machen kann, aber wenn infrarotes Licht ungehindert durch Staubwolken gehen kann, dann ist es auch zwangsläufig wenig geeignet, Staubwolken abzulichten. Hier ist der sichtbare Bereich besser geeignet, aber der sichtbare Bereich tut sich schwer mit dem Aufspüren von Sternen, die sich hinter Staubwolken verstecken. Durch eine Überlagerung beider Bereiche erhält man ein Bild, das man sonst nicht sehen könnte. Dieses Bild zeigt aber immer noch etwas real existierendes, denn die einzelnen Wellenlängen des Spektrums werden ja wirklich vom Objekt ausgesendet. Es liegt nur an unseren Augen, dass wir sie zusammen nicht sehen können.

Abb. 3 Die Sternregion Mystic Mountain im Carinanebel im Sternbild Kiel des Schiffes. Links eine Aufnahme des Hubble-Teleskops im sichtbaren Bereich, in der Mitte im Infrarot. Rechts die Überlagerung der beiden Spektralbereiche. In der linken Aufnahme ist die Staubwolke besser zu sehen, in der mittleren die Sterne der Region. Durch die Überlagerung entsteht ein Bild, das es zwar in der Natur gibt, aber vom menschlichen Auge grundsätzlich nicht gesehen werden kann. © NASA

Die Technologie kann uns Dinge zeigen, die wir sonst nicht wahrnehmen könnten. Das naturwissenschaftliche Weltbild kann uns dann lehren, die Dinge zu akzeptieren, die unseren Horizont übersteigen. Auch wenn ich mir 80 Lichtjahre nicht vorstellen kann, so kann ich die bloße Zahl doch als Fakt hinnehmen und mir selber erklären, dass ein Lichtstrahl ein Menschenleben braucht, um diese Entfernung zurückzulegen, und dass das etwas mehr als doppelt so lang ist wie das Leben, das ich bisher hatte, während ich dies schreibe. Mit Mathematik und Logik kann ich sogar akzeptieren, dass eine unvorstellbar große Zahl wie $10^{80}$ (das entspricht geschätzt der Anzahl der Atome im Universum) noch weit entfernt ist von der Wahrscheinlichkeit, am Roulettetisch 300-mal hintereinander rot zu bekommen ($2 \cdot 10^{90}$). Es ist ein Zwanzigmilliardstel davon.

Haben wir keine Angst vor solchen Zahlen! Sie tun uns nichts, außer dass sie uns verdeutlichen, in welch kleinen Maßstäben wir eigentlich unseren Alltag verbringen.

Es liegt nichts Beschämendes darin, dass wir so klein sind; wir haben einen Platz in der Artenvielfalt unserer Erde, aber er ist nicht wichtiger als die Plätze der anderen Spezies. Wir sind weder besonders großartig, weil wir denken und uns Dinge vorstellen können, die es nicht gibt, noch sind wir besonders armselig geraten, weil wir nicht fliegen und kein körpereigenes Vitamin C herstellen können (fast jede andere Spezies kann das). Wir sind einfach Menschen, entstanden aus dem großen Spiel namens Evolution.

Doch der Höhepunkt innerhalb unserer Spezies ist für mich der Forscher. Niemand von uns muss glauben, dass er dem Forscher unterlegen sei, nur weil er sich solche Zahlen nicht vorstellen kann und der Forscher den ganzen Tag damit hantiert. Der Forscher kann sich diese Zahlen ebenso wenig vorstellen, er kann sie nur fehlerfrei handhaben. Er macht das den ganzen Tag, er nimmt solche Zahlen und teilt sie durcheinander, zieht sie voneinander ab, bildet Mittelwerte und tut all die anderen Dinge damit, die wir normalen Menschen mit kleineren Zahlen auch tun. Doch der Wissenschaftler verlernt nie das Staunen, wenn er mit solchen Zahlen und Relationen umgeht. Das Staunen hat ihn dazu gebracht, Forscher zu werden.

Hier ist der Naturwissenschaftler dem Philosophen voraus. Der Existenzphilosoph von heute, promoviert oder nicht, kann es sich nicht mehr leisten, mit wehendem Mantel an einer sturmgeschüttelten Klippe zu stehen und mit zerknirschtem Blick und erhobener Faust das Wesen des Seins an sich ergründen zu wollen. Er muss sich auf den Stand der naturwissenschaftlichen Forschung bringen, wenn er mitreden will. Ohne Kosmologie und Quantenphysik kann er nichts sagen über die Beschaffenheit der Welt. Ohne Neurowissenschaften und Psychologie kann er das Wesen des Menschen nicht ergründen. Ohne Evolutionslehre und Genetik kann er die Frage nach der Existenz nicht angehen. Die Naturwissenschaften – einst selbst entstanden aus der Philosophie die die große Anzahl der offenen Themen noch nicht überblickte – haben diese längst hinter sich gelassen. Die Philosophie ist angewiesen auf die Ergebnisse der Wissenschaft.

Als geistige Disziplin hat die Philosophie sich immer ein wenig vor definitiven Antworten gescheut. Genau genommen haben sich die Naturwissenschaften von der Philosophie abgespalten, sobald sie Fragen beantworten konnten. Die Philosophen der Antike waren Staatstheoretiker, Dramatiker, Chemiker, Physiker, Mathematiker, Biologen. Das Feld der Philosophie hat sich aufgefächert in die Staatstheorie, die Politologie, die

Ethik, die Literaturwissenschaften und zahllose weitere Felder. Hauptsächlich aber in Physik, Chemie, Biologie, Mathematik. Was als Kern von der Philosophie übrig geblieben ist, kann heute genauso wenige Fragen beantworten wie vor 2 500 Jahren. Wenn sie es dennoch von sich behauptet, heißt sie Theologie. Die reine Philosophie ist tot und fruchtlos und dient eigentlich nur dazu, beim Denken gesehen zu werden. Dennoch ist sie die Quelle der Wissenschaft.

Ich habe die Beobachtung gemacht, dass man in wissenschaftlichen Diskussionen gelegentlich an einem Punkt angelangt, an dem man von seinem Gegenüber die Antwort erhält: »Das ist eine eher philosophische Frage!« Sie zeichnet sich dadurch aus, dass ihre Antwort nicht nur unbekannt, sondern nicht möglich ist. Solche Fragen haben sich für den Wissenschaftler damit umgehend erledigt und sind nur eine gedankliche Spielerei – zeichnet sich das Spiel doch dadurch aus, dass sein Ergebnis letzten Endes bedeutungslos ist. Das aber ist in den Naturwissenschaften anders.

*****

Schauen wir uns zum Abschluss dieses Kapitels noch etwas an, das wir diskutieren sollten, wenn wir uns auf die Reise durch die Wissenschaft machen wollen. Es hat weniger mit unseren Sinnen zu tun als mit unserer menschlichen Selbsteinschätzung, und zum angemessenen Betreiben von Wissenschaft ist es wichtig, sich dieser Fehlerquelle bewusst zu sein.

Jeder von uns hat hier oder da ein paar Fachkenntnisse. Der eine ist Arzt und weiß vieles über den Menschen und seine Krankheiten, der andere ist Anwalt und weiß einen Mandanten fachkundig vor Gericht zu verteidigen. Andere sind Architekten, Geologen oder Psychiater, Kranfahrer oder Exportmanager. Was diese Experten jeweils auszeichnet, ist nicht nur ihr Fachwissen, sondern auch die Fähigkeit, ihr Können objektiv einzuschätzen und zu wissen, wann sie besser den Mund halten sollten.

Und wie Sie sicher schon selbst festgestellt haben, gibt es unfähige Menschen auf der Welt. Ja genau genommen sind wir alle auf den meisten Gebieten unfähig, aber merkwürdigerweise gehen Dieter Bohlen die Kandidaten nicht aus. Wer sich bei *Deutschland sucht den Superstar* bewirbt, hat höchstwahrscheinlich schon einige Staffeln gesehen und sollte wissen, dass man über ihn genauso lachen wird wie er über die anderen Nichttalente gelacht hat. Komischerweise hat ein selbst völlig untalentierter Zuschauer der zehnten Staffel über die Nichttalente der neunten Staffel gelacht, sich dann aber trotzdem für die elfte Staffel beworben. Anscheinend in der Gewissheit, dass er es besser machen wird. Und nun lacht jemand anderes genauso über ihn und wird sich selbst für die zwölfte Staffel bewerben. Es scheint eine endlose Kette von Menschen zu geben, die es besser zu können glauben, obwohl sie genauso unfähig sind. Hierzu gibt es eine Besonderheit.

Die Sozialpsychologen David Dunning und Justin Kruger machten im Jahre 1999 Versuche mit freiwilligen College-Studenten, indem sie ihnen vier Testbögen mit jeweils 20 Fragen gaben. Die Fragen und ihre Themenkreise waren allerdings zweitrangig. Nach dem Ausfüllen der Fragebögen wurden die Freiwilligen gebeten, ihre eigenen Leistungen einzuschätzen. Bei diesem Versuch stellten Dunning und Kruger fest, dass das schlechteste Viertel der Teilnehmer (im Schnitt zehn von hundert Punkten) sich maßlos überschätzte und sich satte sechzig von hundert Punkten zubilligte. Demgegenüber schätzte sich das beste Viertel aller Teilnehmer grundsätzlich einige Prozent schlechter ein als es dann tatsächlich der Fall war.

Die Lehre aus dem Dunning-Kruger-Experiment ist, dass es Inkompetenten an genau den Fähigkeiten mangelt, die sie brauchen, um ihre Inkompetenz zu erkennen. Zusätzlich neigen kompetente Personen dazu, ihre Fähigkeiten zu unterschätzen. Doch Dunning und Kruger hatten den Verdacht, dass hier etwas anderes vorgehen könnte. Vielleicht unterschätzen sich die Kompetenten gar nicht, sondern überschätzen einfach ihre Testkollegen. Das würde im Diagramm gleich aussehen, denn ob man sich selbst erniedrigt oder andere erhöht, führt in diesem Versuch zum selben Resultat. Es wäre aber ein erheblicher Unterschied in der Selbstwahrnehmung der Kompetenten und interessant ist hier auch, dass die Inkompetenten offensichtlich keinen Gedanken an die Fähigkeiten ihrer Kollegen verschwendeten. Daher musste eine weitere Überprüfung her.

Dunning und Kruger erweiterten ihr Experiment also, indem sie dem schlechtesten und dem besten Viertel der Versuchsteilnehmer die Fragebögen aller Teilnehmer gaben, um die Leistungen der anderen bewerten zu dürfen. Somit hatten die Testpersonen die Möglichkeit, ihre Position in den Ergebnissen besser einzuschätzen. Anschließend sollten sie ihre eigenen Leistungen erneut bewerten. Das obere Viertel der Testpersonen beurteilte sich danach ein wenig besser als vorher, konnte sich also nach Durchsicht der Leistungen der anderen Teilnehmer genauer einschätzen und stellte sein Licht nicht mehr so sehr unter den Scheffel. Das schlechteste Viertel der Teilnehmer, das nun die Ergebnisse der besseren Teilnehmer vor sich sah, überschätzte sich immer noch genauso maßlos wie vorher.[1]

Dunning und Kruger folgerten daraus, dass Inkompetente nicht nur dazu neigen, sich selbst zu überschätzen und ihre Unfähigkeit nicht zu bemerken, sondern dass sie auch unfähig sind, Kompetenz zu erkennen, wenn sie ihnen vor dem Gesicht rumtanzt. Wenn sie es denn wirklich einmal unwiderlegbar demonstriert bekommen, nehmen sie ihr Gegenüber nur noch als arrogant wahr. Wir kennen solche Leute als jene Laien, die zwar von einem Thema keine Ahnung haben, aber unbedingt mitreden wollen, um ein wenig »gesunden Menschenverstand« in die Diskussion zu bringen.

Hier liegt das Problem mit einem Großteil unserer Spezies. Wer auf irgendeinem Fachgebiet Expertenkenntnisse besitzt, der weiß um die Schwierigkeit des Wissens. Er ist grundsätzlich empfänglich gemacht für die Neigung des Menschen, sich selbst zu überschätzen, und er wird vorsichtiger sein bei der Beurteilung von Dingen, die nicht zu seinem Fachgebiet gehören. Wer aber auf überhaupt keinem Gebiet Fachkenntnisse besitzt, der kann sich nicht im Geringsten vorstellen, was es noch alles zu wissen gibt und wie klein sein Bild der Welt ist. Für ihn wird die Sache immer klar sein, denn er weiß nicht, wovon er redet. Er hat keine Ahnung von seiner Ahnungslosigkeit. Da jeder von uns auf den meisten Fachgebieten ungebildet ist, neigen wir dazu, uns die Welt möglichst einfach zu erklären.

Niemand ist davor sicher! Wir alle müssen uns täglich ermahnen, dass wir von den meisten Dingen der Welt keine Ahnung haben und dass wir im richtigen Moment aufhören müssen, Urteile zu fällen. Unsere Nation besitzt Millionen selbsternannter Fußball-Nationaltrainer, Wirtschaftsminister, Kanzler und DSDS-Juroren, und alle wissen furchtbar genau, was die tatsächlichen Träger dieser Funktionen tun sollten. Wenn die Träger dieser Funktionen es dennoch nicht tun, dann sind sie entweder unfähig oder sie tun es absichtlich, da sie Teil einer Verschwörung sind. Der Unfähige ist laufend ohnmächtig vor Wut über das Versagen der Verantwortlichen in der Welt.

Der Wissenschaftler hingegen hat panische Angst davor, Fehler nachgewiesen zu bekommen, und seine Neigung zur Selbstunterschätzung geht auch Hand in Hand mit einer Neigung, andere für kompetenter zu halten. Wenn man in einem Raum voller Wissenschaftler nach einem Experten fragt, wird kaum jemand selbstsicher die Hand heben. Immer ist der Experte heimgesucht von der Vorstellung, jemand anderes im Raum sei noch qualifizierter als er.

Wir sollten diese Erkenntnisse auf uns wirken lassen und uns jederzeit ermahnen, Urteile nur vorsichtig zu fällen. Selbst wenn wir die Gewissheit haben, dass unsere Sinne uns gerade nicht täuschen, müssen wir auf der Hut sein vor uns selbst. Die einzigen, die die Welt als Wissenschaftler gebrauchen kann, sind die, die sich selbst unterschätzen. Es ist allgemein ein viel edlerer Zug.

Unser einziger Weg aus dieser Selbsttäuschung ist die Wissenschaft. Sie macht sich keine Illusionen darüber, dass wir die Dinge oft nur so sehen, wie wir sie sehen wollen. Eines ihrer Kernziele besteht darin, den menschlichen Faktor aus der Analyse zu entfernen und objektiv Fakten zu ermitteln, die jederzeit von anderen Menschen am anderen Ende der Welt überprüft werden können. Dabei kommen oft Dinge heraus, die unserer Intuition widersprechen oder uns ein Bild der Welt liefern, das uns nicht gefällt. Sie hat in den letzten Jahrhunderten aber auch ein paar unglaubliche Dinge hervorgebracht. Und das Beeindruckende daran ist, dass die Welt dadurch eigentlich nur schöner wird.

*»Ein Gelehrter in seinem Laboratorium ist nicht nur ein Techniker; er steht auch vor den Naturgesetzen wie ein Kind vor der Märchenwelt.«*
*Marie Curie*

# 2. Der Wirklichkeit auf der Spur

Vergessen wir unser Weltgefühl. Es hat uns lange geholfen, den evolutionären Alltag zu meistern, aber unsere moderne, hochtechnisierte Gegenwart stellt uns Aufgaben, die eine angemessene wissenschaftliche Bildung erfordern. Als Kranführer oder als Arzt, als Ingenieur oder als Hebamme, als Polizist oder als Bäcker können wir es uns nicht mehr leisten, nur auf unser Weltgefühl zu vertrauen. Nur die Wissenschaft kann uns helfen, fehlerfrei zu arbeiten, und wenn wir sie einander nicht vermitteln, dann hat sie keinen Zweck.

Dabei kann Wissenschaft so viel mehr als die Intuition. Sie hat zunächst den Vorteil, Gewissheit zu produzieren, und sie kann das als Einzige. Die Wahrheit zu erkennen ist das wohl höchste aller denkbaren geistigen Ziele. Und was die Wissenschaft dabei produziert, ist nicht nur wahr, es hat auch eine eigene Schönheit. Die eigentliche, elementare, reinste Form der Schönheit, die der Wahrheit entspringt. Doch nur wenn der Geist so geformt wurde, dass er für diese Schönheit empfänglich ist, kann sie sich ihm in ihrer Gänze offenbaren. Das Forschen an der Natur, das Entdecken ungeahnter Zusammenhänge, das Infragestellen des Offensichtlichen sind dabei die Triebkräfte, die die Naturwissenschaften als Weltbild bestimmen.

Die Kunst der Wissenschaft besteht nicht darin, Antworten zu finden. Sie besteht vielmehr darin, zunächst einmal eine sinnvolle Frage zu stellen. Kein Wissenschaftler der Welt fragt, warum es Berge gibt. Ich meine nicht, wie sie entstehen, sondern warum es sie gibt. Haben Berge einen Zweck? Sicher, sie können Wettergrenzen darstellen, Pflanzen und Tiere leben auf ihnen, aber ist das der Zweck eines Bergs oder haben sich diese Eigenschaften des Bergs nur aus seiner Entstehung ergeben? Die Wissenschaft will in erste Linie erklären, wie etwas funktioniert. Die Frage nach dem Zweck eines Berges stellt sich dem Wissenschaftler nicht, und da man generell keine Antwort auf die Frage nach dem Zweck eines Berges erhalten kann, ist sie aus wissenschaftlicher Sicht sinnlos und eher »philosophischer Natur«. Man kann viel in den Berg hineininterpretieren, aber Gewissheit erlangt man damit nicht.

Wissenschaft ist gelebte Skepsis. Verwechseln Sie das nicht mit Zynismus. Der Zynismus ist eine Gefühlsregung. Da steckt auch Misstrauen drin, genau wie in der Skepsis. Die Skepsis jedoch nutzt das Misstrauen auf eine konstruktive Weise. Der Zynismus ist nur eine Sonderform der Resignation, des Sich-mit-den-Umständen-Arrangierens, und passt damit eher zu einer persönlichen Erfahrung oder zum Charakter eines Kulturkreises wie dem der Norddeutschen als zu einer Methodik, mit der die Mechanismen der Welt erkannt werden können.

Die Wissenschaftler des siebzehnten und achtzehnten Jahrhunderts, die die Gesetzmäßigkeiten des Wärmeaustausches, der Verdampfung von Wasser oder der Zusammensetzung von Sand zuerst erforschten, waren noch keine reinen Chemiker oder Physiker. Erst in späteren Zeiten konnte man jemanden, der sich ausschließlich mit den Gesetzen des freien Falles oder der Identifizierung von Naturstoffen beschäftigte, als Physiker oder Chemiker bezeichnen.

So wurde Sir Isaac Newton von seinen Zeitgenossen lediglich Philosoph genannt. Ich schreibe lediglich, weil es heute geradezu bescheiden anmutet. Zu seiner Zeit aber gab es keine genauere Beschreibung für sein Tätigkeitsfeld. Selbst 2014 wird Newton in seinem Wikipedia-Artikel noch als Naturforscher vorgestellt. Dabei könnte man ihn nach heutigen Maßstäben ohne Bedenken einen Physiker und Mathematiker heißen: Er vertrat die heute noch gültige Auffassung, dass Licht aus Teilchen besteht, er entwickelte die Gesetze der klassischen Mechanik und erfand mit 23 Jahren die Infinitesimalrechnung, einfach weil er sie für etwas brauchte. Erst im zwanzigsten Jahrhundert wurden Newtons Leistungen zwar nicht widerlegt, aber in ein größeres Paket tieferer Erkenntnisse eingebettet. Und dort werden sie immer einen festen Platz haben, denn sie sind richtig. Sie beschreiben nur nicht alles.

Es ist nun auch an der Zeit, sich einmal damit zu beschäftigen, was eine wissenschaftliche Antwort eigentlich maximal sein kann. Ich werde versuchen, das am Beispiel des Modells zu erklären. Ein wissenschaftliches Modell zeichnet sich durch zwei grundlegende Eigenschaften aus:

- Es beschreibt die Natur nie vollständig.
- Es ist in der Lage, einen Sachverhalt in einem bestimmten Zusammenhang zu erklären und in diesem Rahmen Vorhersagen zu ermöglichen.

Mehr nicht. Ein Modell kann niemals die Welt bis ins Kleinste erklären. Ein Modell kann aber erklären, warum ein Objekt sich in einer experimentellen Anordnung auf eine bestimmte Weise verhält.

Das Modell wird also nie in dem Anspruch entwickelt, die Realität vollständig wiederzugeben. Ein Modell kann sich mit dem Aufbau des Atoms beschäftigen oder mit der Geographie des Universums. Die Größenordnung spielt keine Rolle, aber ein Modell beschäftigt sich immer nur mit jenem kleinen Aspekt der Realität, den es zu erklären versucht.

Anders die Theorie. Modelle können Teil einer Theorie sein und manchmal ist das Modell schon die ganze Theorie. Die Theorie zeichnet sich dadurch aus, dass sie eben keine Spekulation ist, sondern die erwiesene Fähigkeit besitzt, etwas zu erklären und Voraussagen zu ermöglichen. Das Theoretische an diesem Wort ist lediglich, dass es sich um eine abstrakte, geistige Leistung handelt im Gegensatz zu einer praktischen Leistung wie der Erfindung des Fernsehers oder der Dampfmaschine, auch wenn diese Erfindungen theoretische Leistungen voraussetzen.

Menschen, die an das Roswell-Alien glauben, an die Freimaurersymbole auf dem Dollarschein oder Nazi-UFOs in der Antarktis, müssten sich eigentlich geschmeichelt fühlen, wenn ihre Behauptungen als Verschwörungstheorien bezeichnet werden. Denn genau genommen müsste es Verschwörungshypothesen heißen. Wenn eine Hypothese durch Experimente hinreichend bewiesen wurde, so dass keine Zweifel mehr an ihrer Richtigkeit bestehen und sie verlässliche Voraussagen erlaubt, dann wird die Hypothese zur Theorie geadelt.

Newtons Gravitationsgesetz ist heute keine große Sache mehr, es taugt nicht einmal wirklich für den Physik-Leistungskurs. Für uns heute ist es schwer sich vorzustellen, was für eine Leistung er damit erbracht hat. Das Gravitationsgesetz zu entwickeln, war zu seiner Zeit keineswegs simpler als die heutige Arbeit an der Stringtheorie. Sicher, der experimentelle Aufwand war geringer, weniger kostspielig und ließ sich zügiger durchführen, aber Newton hatte weniger Erkenntnisse vorliegen, auf denen er seine Arbeit aufbauen konnte, und zu seiner Zeit waren Einflüsse wie Reibung und die mangelnde Genauigkeit der Zeitmessung erhebliche Hindernisse auf dem Weg zur Erkenntnis. Seine Erkenntnisse waren nicht simpler. Sie waren grundlegender.

Zu Newtons Zeit – er lebte von 1643 bis 1727 – erschien es den meisten Menschen selbstverständlich, dass eine Feder langsamer zu Boden fällt als ein Hammer, denn das konnte man jederzeit experimentell mit geringem Aufwand überprüfen und war eindeutig, obwohl Galileo Galilei in seinem Werk *De Motu* (= über die Bewegung) bereits belegt hatte, dass alle Körper im Vakuum gleich schnell fallen. Dies widerspricht der Intuition, also unserem phaneronbasierten Gefühl vollständig. Neil Armstrong hat bei seinem Spaziergang auf dem Mond vor laufender Kamera einen Hammer und eine Feder zu Boden fallen lassen und tatsächlich kamen beide gleichzeitig am Boden an. Dass das insgesamt langsamer geschah, als wir es gewohnt sind, lag an der geringen Schwerkraft des Mondes, die nur etwa ein Sechstel so stark ist wie auf der Erde.

Newton war klar, dass die folgenden Faktoren die Anziehungskraft zwischen zwei Körpern bestimmen: die Masse des ersten Körpers, die Masse des zweiten Körpers und der Abstand der beiden Körper voneinander.

Dies sind die Elemente des Gravitationsgesetzes. Als nächsten Schritt musste Newton sich überlegen, in welchem Verhältnis diese Faktoren zueinander stehen. Wie ist das Verhältnis der beiden Massen zueinander? Ergibt sich die Anziehungskraft aus der Differenz der beiden Massen? Nein, das kann nicht sein, denn dann hätten zwei gleich große Massen die Differenz null und würden sich nicht anziehen. Ist es vielleicht die Summe der Massen? Es ist ja klar, dass zwei Massen sich stärker anziehen, wenn sie größer sind. Die Richtung schien Newton vielversprechend. Oder musste man die Massen miteinander multiplizieren? Das würde in einer größeren Kraft resultieren, wenn die Massen größer wären. Allerdings erhält man dann als Ergebnis eine quadrierte Masse, was man sich mit seinem Alltagsgefühl nur schwer vorstellen kann. Aber dieses Problem wollte Newton zunächst nach hinten verlegen. Wichtig war zunächst, dass beide Massen der Körper in seiner Gleichung über dem Bruchstrich stehen würden, denn die Anziehungskraft wächst mit den Massen der Körper.

Er stellte sich dann die Frage, welchen Einfluss der räumliche Abstand der beiden Körper zueinander haben würde. Das Gefühl sagt uns, dass die Anziehungskraft schwächer ist, je weiter die Körper voneinander entfernt sind. Aber heißt doppelter Abstand dann auch halbe Anziehungskraft? Oder ist das Verhältnis ein anderes?

Newton stellte sich die Anziehungskraft eines beliebigen Körpers als ein Feld vor, das den Körper kugelförmig umgibt. Jeder andere Körper in einem beliebigen Abstand zum ersten befindet sich also irgendwie auf der Oberfläche einer Kugel, in deren Zentrum der erste Körper liegt. Der Abstand der beiden Körper voneinander wäre dann also in Wirklichkeit der Radius einer gedachten Kugel! Die Anziehungskraft des ersten Körpers müsste sich dann über die Oberfläche jener gedachten Kugel verteilen. Und die Oberfläche einer Kugel nimmt mit ihrem Radius quadratisch zu. Wenn der erste Körper also den zweiten anzieht, dann kann er das nur mit der Kraft, die ihm auf diese Entfernung noch zur Verfügung steht, denn seine Anziehungskraft wirkt in alle Richtungen gleich, egal ob ein zweiter Körper sich in diesem Feld befindet oder nicht. Fazit: Die Anziehungskraft zwischen zwei Körpern nimmt mit der Entfernung quadratisch ab. Der Abstand muss in der gesuchten Gleichung also unter dem Bruchstrich stehen, da die Kraft abnimmt, und er muss quadriert werden. Doppelter Abstand heißt nur noch ein Viertel der Anziehungskraft, vierfacher Abstand ein Sechzehntel davon.

Wir haben als Zwischenergebnis also zwei Massen oberhalb des Bruchstriches, die anscheinend miteinander multipliziert werden müssen, und den Abstand der beiden Massen voneinander, der wohl quadriert unter dem Bruchstrich stehen wird.

Allerdings ergibt sich dann für die Kraft eine Einheit von $kg^2/m^2$. Das ist nicht die Einheit einer Kraft, das ist eigentlich gar nichts. Es musste zusätzlich irgendeinen Faktor geben, mit dem sich die physikalische Einheit einer Kraft ergeben würde. Newton beobachtete die Planeten und ihre Monde, doch um die Anziehungskraft zwischen diesen Körpern bestimmen zu können, brauchte man ihre Massen. Solche Werte waren damals nicht verfügbar. Newton musste sich mit theoretischen Betrachtungen begnügen. Er legte also einen Faktor fest, der die Erlösung bringende Einheit haben würde. Er nannte sie die Gravitationskonstante. Ihren Wert konnte er aufgrund mangelnder Datenlage nicht angeben. Was er aber über diese Konstante sagen konnte, war ihre physikalische Einheit. Wenn die Gravitationskonstante die Einheit $m^3/(kg \cdot s^2)$ hätte, dann würde sie die unsinnige Einheit der quadrierten Massen und des quadrierten Abstandes ausgleichen können.

$$F = \frac{G \cdot m_1 \cdot m_2}{r^2}$$

F ist die Anziehungskraft, die zwischen zwei Körpern wirkt. Die Massen $m_1$ und $m_2$ sind die Massen der beiden Körper, r ist der Radius der Feldkugel, also der Abstand der Körper voneinander (genauer: der Abstand ihrer Mittelpunkte), und G ist die Gravitationskonstante.

Wenn man in den Naturwissenschaften nicht Größen wie Kraft, Masse oder Abstand diskutieren will, sondern ihre Einheiten, dann setzt man die Größe in eckige Klammern, und das wollen wir für Newtons Entdeckung nun einmal tun, um zu sehen, wie weit sich die Einheit durch Kürzen vereinfachen lässt. Sie erinnern sich vielleicht, wie das geht: Was über und unter dem Bruchstrich steht, hebt sich in den Einheiten auf. Über dem Bruchstrich steht Kilogramm quadriert und unter dem Bruchstrich steht nur Kilogramm. Wir entfernen also das Quadrat oberhalb und das Kilogramm unterhalb des Bruchstrichs. Was übrig bleibt, ist nur noch Kilogramm über dem Bruchstrich. Oben Kubikmeter, unten Quadratmeter, da bleibt auch nur einfach Meter über dem Bruchstrich übrig. Quadratsekunde unter dem Bruchstrich bleibt Quadratsekunde, da über dem Bruchstrich nichts mit Sekunde zu finden ist.

$$[\,F\,] = \frac{kg^{\cancel{2}} \cdot m^{\cancel{3}}}{\cancel{m^2} \cdot \cancel{kg} \cdot s^2} = \frac{kg \cdot m}{s^2} = N$$

Nachdem Newton also alles Überflüssige aus der Gleichung weggekürzt hatte, erhielt er auf der rechten Seite der Gleichung die Einheit $kg \cdot m/s^2$. Das ist die Einheit einer Kraft, wie Newton sie bereits in vorhergehenden Passagen in der gleichen Veröffentlichung, *Philosophiae Naturalis Principia Mathematica*, formuliert hatte. Newton benannte diese Größe nicht nach sich selbst, was wiederum für seine eigene Größe spricht. Erst im

Jahre 1946 wurde die Einheit der Kraft als physikalische Größe nach ihm »Newton« genannt.

Basierend auf dem Newtonschen Gravitationsgesetz lässt sich die Bahn eines Planeten sehr genau beschreiben. Abhängig von der Masse des Planeten, der Masse der Sonne und ihrem Abstand zueinander muss es eine bestimmte Geschwindigkeit geben, bei der die Fliehkraft des Planeten die Anziehung zwischen den beiden Körpern genau ausgleicht. Nur dort kann ein Planet sich beliebig lange aufhalten. Ist er schneller auf seiner Bahn, wird er sich in einer langen Spirale von der Sonne entfernen, und wenn er langsamer ist, wird er in einer langen Spirale in die Sonne stürzen. Um die Anziehungskraft der Sonne zu überwinden, ja sie so genau auszugleichen, dass der Planet sich auf einer stabilen Bahn um die Sonne befindet, genügt Newtons Gravitationsgesetz völlig. Es zeigt für diesen Fall keine Schwächen und kann verlässliche Vorhersagen machen.

Allerdings ist es unvollständig. Wenn die beiden Körper so nahe aneinander sind, dass sie sich berühren, was geschieht dann? Ist der Radius dann null und wir müssen in der Gleichung durch unendlich teilen? Nein, natürlich nicht. Das Besondere ist nun, dass die Körper für den jeweils anderen dann nicht mehr punktförmige, weit entfernte Objekte sind. Wenn zwei Kugeln A und B sich berühren, dann füllt Kugel B auf der Oberfläche von Kugel A den gesamten Horizont aus, und umgekehrt. Die Masse der Kugel B ist nun nicht mehr direkt vor A und wirkt zum Zentrum von A hin, sondern ist über den Horizont verteilt. Manche Bereiche der Kugel B ziehen die Kugel A nach Westen, manche nach Osten, andere nach Süden oder Norden. Insgesamt ziehen sich die Körper immer noch an, aber die Verhältnisse sind jetzt nicht mehr so klar. Das Gravitationsgesetz scheint hier an seine Grenzen zu gelangen. Das liegt aber daran, dass ich das Gravitationsgesetz hier nicht so dargestellt habe wie ein Physiker es tun würde. Das erfordert eine Mathematik, zu der ich mich in diesem Buch nicht versteigen will.

Auch sagt Newtons Gesetz nichts darüber aus, warum Masse Gravitation überhaupt erzeugt. Es hat den Charakter eines Axioms. Ein Axiom ist ein aus der Beobachtung abgeleitetes Gesetz, das nicht erklären, aber beschreiben kann, was passiert. Es setzt gewisse Dinge einfach voraus, in diesem Fall die Erzeugung von Gravitation durch Masse. Newton war zeit seins Lebens unzufrieden mit der Tatsache, dass er die Gravitation zwar beschreiben, aber nicht erklären konnte. Auch wurmte ihn die Frage, wie Gravitation durch den Raum wirken kann. Diese Fragen sind bis heute nicht vollständig beantwortet. Die Entdeckung des Higgs-Bosons ist allerdings ein wichtiger Schritt in diese Richtung und der daraus resultierende Nobelpreis für Physik 2013 ist eine angemessene Würdigung dieser Entdeckung.*

*****

Newtons Gesetz kann andere Sachverhalte nicht erklären. Der deutsche Mathematiker Johann Georg von Soldner sagte im Jahre 1801 voraus, dass ein Objekt, das sich knapp hinter dem Rand der Sonne befindet, trotzdem zu sehen sein müsste. Seine Vermutung war, dass die Lichtteilchen des Objektes von der Sonne abgelenkt werden, also auf einer geknickten Bahn ein wenig um die Sonne herumfliegen, bevor sie uns erreichen. Daher müsste das Objekt zu sehen sein, obwohl es sich hinter der Sonne befindet. Soldner nahm die Newtonschen Gesetze und errechnete mit der Schwerebeschleunigung der Sonne einen Ablenkungswinkel von 0,84 Bogensekunden. Allerdings war er der Meinung, dass man eine solche Konstellation niemals würde sehen und experimentell überprüfen können, da sie so nahe an der Sonne einfach zu hell zum Beobachten sei.

Etwas mehr als 100 Jahre später hatte Einstein seine Allgemeine Relativitätstheorie veröffentlicht, die in der wissenschaftlichen Gemeinschaft allerdings eher lauwarm empfangen worden war. Ihr zufolge ist die Anziehung zwischen zwei Körpern in Wirklichkeit das Resultat einer Krümmung des Raumes, die von der Masse eines Körpers verursacht wird und umso stärker ausfällt, je größer diese ist.

---

* Im Juli 2012 wurde am CERN in Genf ein Teilchen entdeckt, dessen Eigenschaften mit einer Signifikanz von 5,9 $\sigma$ (Irrtumswahrscheinlichkeit eins zu 300 Millionen) denen des Higgs-Bosons entsprechen. Man nannte es schon lange das Gottesteilchen. Leon Lederman, der 1993 ein Buch zu dem Thema veröffentlichen wollte, hatte seinem Verleger den Titel »Das gottverdammte Teilchen« angeboten. Der Verleger sah seine Umsätze gefährdet und entschied sich für »Das Gottesteilchen«. Der Begriff war also rein kommerziell gedacht.

Wenn wir Newtons Gravitationsgesetz auf diesen Fall anwenden, dann wird es schwierig. Wenn die Sonne das Licht ablenkt, dann müssen die Lichtteilchen eine Masse haben, denn sonst könnten sie von der Sonne nicht angezogen werden. Aber hat Licht eine Masse? Was wiegt ein Photon?*

In der Allgemeinen Relativitätstheorie liegen die Dinge anders. Hier kann das Lichtteilchen durchaus masselos sein, denn wichtig ist nur die Krümmung des Raumes durch das massereiche Objekt Sonne. Und im Gegensatz zu von Soldners Befürchtung kann man einen Stern direkt neben der Sonne mit Teleskopen durchaus sehen. Man muss nur eine dünne Metallfolie vor das Teleskop spannen, die zu seiner Zeit allerdings noch nicht herzustellen war.

Der britische Astrophysiker Arthur Stanley Eddington nahm sich zur Überprüfung von Einsteins Behauptung die Sonnenfinsternis im Mai 1919 vor. Der Zeitpunkt der Sonnenfinsternis würde den Vorteil haben, dass eine Gruppe von 13 Sternen genau während der Sonnenfinsternis hinter der Sonne verschwinden müsste. Man wusste aber, dass es anders sein würde. Es würde eine gewisse Ablenkung des Lichtes geben. Jeder einzelne Stern würde, wenn die Sonne sich auf ihn zu bewegte, einen kleinen Sprung hinter die Sonne machen, als wäre die Sonne eine Lupe, die man durch den Raum bewegt. Der Stern würde dann immer noch zu sehen sein, obwohl er sich bereits hinter der Sonne befand. Die Frage war nur, ob man eine Gleichung, eine wissenschaftliche Theorie besaß, die das Ausmaß dieser Ablenkung bestimmen kann. Eddington hatte mit Newtons und mit Einsteins Formeln gerechnet, die beide gültige Theorien über die Gravitation entwickelt hatten. Für dieses Experiment brachten die Gesetze der beiden Physiker allerdings verschiedene Ergebnisse. Nur eine der Theorien würde die Realität beschreiben können.

Eddington nahm Einsteins Gesetze und errechnete mit ihnen eine Ablenkung von 1,75 Bogensekunden, was etwa doppelt so viel ist wie die Ergebnisse mit Newtons Gesetzen. Am Tag der Sonnenfinsternis machte

---

* Photonen haben keine Masse, die man in Gramm angeben könnte. Sie besitzen aber einen Impuls, der von ihrer Wellenlänge abhängt. Daher kann man Newtons Gesetze trotzdem auf masselose Teilchen wie Photonen anwenden, indem man einfach dem Impuls anstelle der Masse in die Gleichung einsetzt.

er in den wenigen Minuten, die er zur Verfügung hatte, mit einem speziellen Filter vor dem Objektiv sechzehn Fotos und begab sich anschließend an die Auswertung. Von den dreizehn Sternen waren acht zu schwach, um noch sicher auf den Fotos identifiziert werden zu können. Ihm blieben aber fünf Sterne, die hell genug für eine Auswertung waren.

Die Messwerte, die Eddington aus den Fotos errechnete, lagen im Schnitt bei 1,65 Bogensekunden[2]. Die gemessenen Werte stimmten zwar nicht genau mit den errechneten Werten überein, aber Messungen haben die Neigung, nicht perfekt zu sein. Wichtig war, dass die Werte wesentlich besser zu Einsteins Gleichungen passten als zu Newtons. Einsteins Allgemeine Relativitätstheorie galt damit als experimentell bewiesen. Und wie eine Lupe, die man durch den Raum bewegt, das Licht bricht, so spricht man bei massereichen Objekten im Weltraum auch gerne von Gravitationslinsen.

Dennoch – und das ist das Wichtige an diesem Abschnitt – sind Newtons Gesetze der klassischen Mechanik keinesfalls Schnee von gestern. Seine theoretischen Ausarbeitungen bleiben weiterhin gültig, denn sie sind nach wie vor in der Lage, verlässliche Voraussagen zu machen: über die Flugbahn einer Rakete zum Beispiel oder einen unelastischen Stoß zwischen zwei Billardkugeln. Man hat lediglich festgestellt, dass die ganz großen und die ganz kleinen Dinge des Universums mit anderen Gesetzen besser beschrieben werden können.

Newtons Gesetze wurden eingebettet in eine größere Theorie, innerhalb der sie weiterhin gültig sind. Es ist ein bisschen wie bei einer gut laufenden Firma, die von einem Konzern gekauft wird. Sie stellt ihr erfolgreiches Produkt immer noch her, denn es ist populär und wird gerne genommen, und jede Änderung würde einen Verlust in der Kundenakzeptanz bedeuten. Für den Verbraucher bleibt also alles gleich, aber die Firma muss sich jetzt gegenüber einer höheren Instanz verantworten.

Eine gute wissenschaftliche Arbeit zeichnet sich hauptsächlich dadurch aus, dass sie neue, genauere Fragen aufwirft, und gelegentlich bringt sie Nutzen, wo keiner ihn erwartet hätte. Mit Newtons Gesetzen der Mechanik können wir sehr genau beschreiben, wie unser Sonnensystem aufgebaut ist. Kennt man zum Beispiel die Masse der Sonne sowie ihre Entfernung von der Erde, so ist es ein Leichtes, in wenigen Schritten die Masse der Erde zu berechnen. Das System muss im Gleichgewicht sein, denn sonst würde sich die Erde ja auf spiralförmiger Bahn in den Weltraum hinausbewegen oder auf die gleiche Weise in die Sonne stürzen.

Da wir den Durchmesser der Erde kennen und daraus ihr Volumen errechnen können, können wir weiter die Masse der Erde durch ihr Volumen teilen und erhalten so die mittlere Dichte der Erde. Sie ist etwa doppelt so groß wie die durchschnittliche Dichte aller Gesteinsarten, die wir auf der Erdoberfläche finden. Es muss also im Inneren unseres Planeten einen Bereich geben, der eine wesentlich höhere Dichte besitzt als das Gestein auf der Erdoberfläche. Und wie wir heute wissen, besitzt die Erde einen Kern aus flüssigem Eisen und Nickel. Man wäre auf die Vermutung, dass die Erde einen schweren Kern hat, nie gekommen, wenn diese Zahlen uns nicht darauf aufmerksam machen würden. Wissenschaft zieht Wissenschaft nach sich. Und dennoch gibt es Leute, die die Erde für hohl halten.

Apropos Eisen und Nickel: Auf unserer Reise durch die Wissenschaft ist es nun an der Zeit, dass wir uns mit der Materie an sich befassen und uns thematisch in die Richtung der chemischen Elemente bewegen. Sie sind dem Menschen auch erst seit kurzem bekannt.

## Das Periodensystem

In einem beliebigen Jahr der 1860er konnte man Dimitri Ivanowitsch Mendelejew bis spät in die Nacht in seinem Labor in Sankt Petersburg am Schreibtisch sitzen sehen. Er hatte sich zu den etwa 60 chemischen Elementen, die man kannte, kleine Karten mit Namen, Atomgewicht, Dichte und Schmelzpunkt geschrieben, die er wie ein Tarotspieler immer wieder vor sich auf den Tisch legte und neu ordnete. Dabei suchte er eher eine Ordnung statt diese herstellen zu wollen.

Die Elemente wollten einfach nicht so wie er. Sicher, Mendelejew konnte die Elemente einfach nach steigendem Atomgewicht sortieren. Wasserstoff hatte das Atomgewicht 1, Helium hatte 4, Lithium 7, Beryllium 9, Bor knapp 11, Kohlenstoff 12 und so weiter. Nur gab es auch andere Eigenschaften, nach denen man die Elemente sortieren könnte, und das machte die Angelegenheit nicht leichter und passte vor allem nicht zu den Atomgewichten.

Mendelejew saß schon seit einigen Jahren an diesem Problem und hatte so manche Gemeinsamkeiten zwischen verschiedenen Elementen entdeckt. Die Metalle Lithium, Natrium und Kalium waren alle grau und so weich, dass man sie mit dem Messer schneiden konnte. Sie verbanden sich mit Sauerstoff zu Verbindungen der Formel $X_2O$*, sie reagierten mit Wasser unter Bildung von Wasserstoff und Lauge und es war festzustellen, dass Lithium am mildesten, Natrium schon heftiger und Kalium so heftig mit Wasser reagierte, dass der entstehende Wasserstoff sich gleich entzündete. Ihre Sulfate waren alle gut wasserlöslich.

Robert Bunsen und Gustav Kirchhoff hatten vor kurzem zwei neue Elemente namens Rubidium und Caesium entdeckt, die ebenfalls $X_2O$ bildeten, die sogar explosionsartig mit Wasser reagierten und noch stärkere Laugen bildeten als Lithium, Natrium und Kalium. Irgendwie schienen sie zu den anderen drei Elementen zu passen, zumal Mendelejew jetzt, da er fünf Schmelzpunkte vorliegen hatte, noch eine Gemeinsamkeit fand. Der Schmelzpunkt nahm mit steigendem Atomgewicht ab. Lithium, das leichteste der fünf Elemente, schmolz bei etwa 180 °C, Natrium bei 98 °C, Kalium bei 64 °C, Rubidium bei 39 °C und Caesium bei 29 °C. Die beiden Deutschen in Heidelberg hatten ein Metall gefunden, das auf der Handfläche schmolz!

Aber dann stimmte die Sortierung nach Atomgewicht nicht mehr. Zwischen Lithium mit Atomgewicht 7 und Caesium mit 133 lagen noch viele andere Elemente, die aber andere chemische Eigenschaften besaßen.

Mendelejew legte eine weitere Karte auf den Tisch. Calcium. Atomgewicht 40, nur eine Einheit mehr als Kalium. Hhmmm. Calcium. Graues Metall. Reagiert mild mit Wasser unter Bildung von Wasserstoff und Lauge. Es ähnelt Kalium sehr. Die Lauge löst sich aber wesentlich schlechter in Wasser als die von Kalium. Es bildet mit Sauerstoff CaO, nicht $Ca_2O$. Und es schmilzt erst bei 842 °C. Seine Dichte ist auch etwa doppelt so groß wie die von Kalium. Sein Sulfat ist in Wasser nur wenig löslich und als Gips bekannt. Es passt nicht in die Reihe der anderen Metalle, obwohl es ihnen doch so ähnlich ist.

---

* Das X ist hier ein Platzhalter für das jeweilige Element, und die tiefgestellte 2 gibt ihre Anzahl an. Das Oxid enthält also Metallatome und Sauerstoff im Verhältnis zwei zu eins.

Magnesium ist dem Calcium ähnlicher. Auch Magnesium bildet MgO statt $Mg_2O$. Es reagiert aber nicht von alleine mit Wasser. Seine Lauge löst sich kaum. Und im Gegensatz zu allen anderen Metallen färbt es die Flamme nicht, verbrennt aber mit gleißend hellem Feuer. Es schmilzt bei 650 °C. Sein Sulfat löst sich gut.

Neue Karte. Beryllium. Graues Metall. Sehr hart. Verbrennt zu BeO. Kaum Reaktion mit Wasser. Seine Lauge löst sich nicht. Schmelzpunkt des Metalls fast wie Eisen.

Aluminium. Graues Metall. Vor kurzem noch teurer als Gold. Schmelzpunkt 660 °C. Weiches Metall, reagiert nicht mit Wasser. Als feines Pulver an der Luft selbstentzündlich. Verbrennt zu $Al_2O_3$. Löst sich nicht.

Kohlenstoff. Schwarzes Zeug. Atomgewicht 12. Unschmelzbar. Verbrennt zu einem Gas, das sauer reagiert.

Sauerstoff. Farbloses Gas. Reagiert mit fast allem. Chlor. Giftgrünes Gas. Reagiert mit so gut wie allem. Bildet so etwas wie $Cl_2O_7$. Stickstoff. Farbloses Gas, reagiert mit nichts. Silicium. Sieht aus wie ein Metall, leitet den elektrischen Strom aber milliardenfach schlechter. Verbrennt zu Sand. Phosphor. Verbrennt an der Luft von selbst zu $P_2O_5$. Löst sich gut in Wasser, bildet aber Säure. Leuchtet im Dunkeln.

Hhmmm.

Mendelejew dachte an seine Mutter Maria. Wie sie nach dem Tod seines Vaters mit ihm die 2400 Kilometer durch den Schnee nach Moskau geritten war, um ihn an der Universität anzumelden. Ihn allein aus seinem Dutzend Geschwister. Wie er abgelehnt wurde. Wie sie hungrig und müde die 700 Kilometer weiter ritten nach Sankt Petersburg, wo er genommen wurde, weil sein Vater dort studiert hatte. Wie Maria kurz danach gestorben war. Er schuldete es ihr!

Jahrelang legte Mendelejew die Karten immer wieder nach neuen Regeln, suchte Gemeinsamkeiten. Gelegentlich fand jemand ein neues Element. Manchmal passte es zu anderen Elementen, manchmal nicht.

Es kam anscheinend auf die chemischen Gemeinsamkeiten an. $X_2O$, XO, $X_2O_3$, $XO_2$, $X_2O_5$, $XO_3$, $X_2O_7$. Wenn der Sauerstoff, mit dem die Elemente hier reagierten, eine wie auch immer geartete Wertigkeit von 2 hatte, dann war die Reihenfolge der Wertigkeiten 1, 2, 3, 4, 5, 6, 7. Das musste etwas bedeuten, danach musste man sortieren können. Ihm war, als ob es sieben Gruppen von Elementen gäbe.

Mit den Jahren wurden die passenden Elemente mehr. Mendelejew hatte die wichtige Erkenntnis gewonnen, das Atomgewicht zu ignorieren und zu akzeptieren, dass es eine unbekannte Anzahl von bisher unentdeckten Elementen gab. Das machte die Sache zwar nicht leichter, bot aber mehr Freiheit in der Gestaltung. Wenn Mendelejew akzeptierte, dass manche Elemente noch fehlten, da konnte er Elemente mit ähnlichen Eigenschaften in Gruppen zusammenfassen und Lücken identifizieren. Vielleicht würde er sagen können, wie viele Elemente überhaupt noch fehlten. Und wenn er eine Lücke identifiziert hatte, dann würde er sagen können, welche Eigenschaften das unbekannte Element ungefähr haben müsste.

Ende der 1860er Jahre zeichnete sich ein Durchbruch ab. Er hatte die bestehenden Elemente zu Gruppen zusammenfassen können, und die meisten Lücken waren ebenfalls identifiziert. Besser noch: Er hatte die fehlenden Elemente nach den Elementen benannt, die vergleichbare chemische Eigenschaften hatten, aber leichter waren, und den unbekannten Elementen die Vorsilbe *eka* gegeben. Damit war eine erste Version seines Periodensystems fertig zur Veröffentlichung. Unter dem Namen *Die Abhängigkeit der chemischen Eigenschaften der Elemente vom Atomgewicht* publizierte er 1869 eine Tafel mit den bisher bekannten 63 Elementen und einigen *eka*-Elementen.

Doch wie bei allen bahnbrechenden Veröffentlichungen wurde der Wert auch dieser Entwicklung zunächst nicht erkannt. Sicher, Mendelejew hatte lange und hart an der Sache gearbeitet und war mit etwas an die Öffentlichkeit gekommen. Aber woher sollte man wissen, dass er recht hatte? Und überhaupt! Schmelzpunkte, Dichten und Atomgewichte von Elementen zu behaupten, die noch nie jemand gesehen hatte, auch er nicht! Der deutsche Chemiker Lothar Meyer, der wenige Monate nach Mendelejew ebenfalls ein sehr ähnliches Periodensystem veröffentlichte, war empört von Mendelejews ungerechtfertigten Spekulationen. Beweise mussten her. Und Mendelejew hatte Glück.

Der Franzose Paul-Émile Lecoq de Boisbaudran hatte 1875 aus 52 kg eines Zinkerzes aus den Pyrenäen wenige Milligramm eines Elementes isoliert, das in der Flammenfärbung einige neue Spektrallinien aufwies. Später isolierte er aus einigen hundert Kilogramm des Erzes etwas mehr als ein Gramm. Er hatte dem Element den Namen Gallium gegeben und genug Material gesammelt, um einige Stoffdaten zu bestimmen. Mendelejew betrachtete sich die Stoffdaten des Franzosen und schrieb ihm, er müsse sich bei der Dichte und dem Atomgewicht um einige Prozent vertan haben, Mendelejew kenne die Daten, da er sie bereits für sein Element Ekaaluminium vorausgesagt habe. Mendelejew beanspruchte darüber hinaus, als Entdecker dieses Elementes anerkannt zu werden, da er seine Existenz schon vor einigen Jahren ausgerechnet hatte.

Der Franzose war außer sich. Allerdings musste er seine Angaben über Dichte und Atomgewicht tatsächlich korrigieren. Er hatte mittlerweile aus einigen Tonnen des pyrenäischen Zinkerzes 75 Gramm Gallium isoliert und konnte nun präzisere Messungen unter größerem Substanzverbrauch durchführen. Die Messungen zeigten, dass Mendelejews Werte besser passten als Boisbaudrans frühere Ergebnisse. Dieser Russe aus dem Ural schien recht zu haben, auch wenn es Monsieur Boisbaudran zuwider war.

Wir müssen bedenken, dass die beiden in einer Pionierzeit der Wissenschaften lebten. Und so war die wissenschaftliche Atmosphäre jener Zeit, besonders in Europa, voll von Neid, Missgunst und Selbstüberschätzung. Man schenkte sich nichts – im Gegenteil. Wenn man internationale Anerkennung haben wollte, dann musste man sich nicht nur wissenschaftlich ins Zeug legen, man musste es den anderen auch madig machen. Der ungezügelte Gebrauch von Kokain und Morphium, damals unreglementierte Modedrogen aus den Kolonien, dürfte die Atmosphäre darüber hinaus nicht sachlicher gemacht haben.

Doch in den folgenden Jahren sah es immer mehr danach aus, als ob Mendelejew recht hätte. Nach dem Ekaaluminium wurden in den 1880ern noch das Ekabor und das Ekasilicium entdeckt, die es als Scandium und Germanium in das heutige Periodensystem geschafft haben. Wieder waren Mendelejews Vorhersagen verblüffend genau. Dem Widerstand der internationalen Wissenschaft ging langsam die Basis aus, und da Wissenschaft keine Religion ist, wurde die mendelejewsche Sichtweise über kurz oder lang akzeptiert. Was wohl auch dem evolutionären Prinzip geschuldet ist, dass spätere Studenten mehr Auswahl an Veröffentlichungen haben und die starrköpfigen Professoren mit der Zeit in Rente gehen. Auf diese Weise kann sich Qualität in den Wissenschaften entgegen der menschlichen Natur durchsetzen.

1895 jedoch geschah etwas, das auch ein Mendelejew nicht geahnt hatte. Der Engländer Lord Rayleigh hatte bei dem Versuch, das Atomgewicht von Stickstoff mit neuer Präzision zu bestimmen, etwas Interessantes festgestellt. Der Stickstoff aus der Luft war geringfügig schwerer als der Stickstoff, den er für seine Experimente aus Chemikalien frisch hergestellt hatte. Rayleigh witterte etwas Neues und isolierte mit seinem Kollegen William Ramsay unter großem Aufwand einige Milliliter dieses neuen, gasförmigen Elementes, das in der Luft mit Stickstoff gemischt vorkam. Da sie bereits festgestellt hatten, dass dieses neue Element mit nichts reagieren wollte, kamen sie auf die Idee, einen Streifen Magnesium in einer Glaskapsel mit Luft zu erhitzen. Das Magnesium würde dann mit dem Sauerstoff, dem Stickstoff und anderen Bestandteilen der Luft reagieren und nur dieses reaktionsträge Element übrig lassen. Sie führten ihr Experiment durch, machten eine Spektralanalyse des übrig gebliebenen Gases in der Kapsel und fanden Spektrallinien, die zu keinem bisher entdeckten Element passten. Ein neues Element schien gefunden, und sie nannten es Argon, nach dem griechischen Wort für träge.

Das Atomgewicht dieses neuen Elementes wurde zu 40 gemessen, und hier packte Mendelejew das nackte Entsetzen. Denn zwanzig Atomeinheiten über und unter 40 gab es keine Lücke in seinem System. Argon hatte ein Atomgewicht wie Kalium oder Calcium, war aber kein Metall, sondern ein Gas und reagierte mit nichts. Hier gab es ein ernsthaftes Problem.

Ramsay aber machte folgende Überlegung: Wenn dieses Gas mit absolut nichts reagierte, könnte es dann vielleicht die Wertigkeit null haben? Es wäre doch möglich! Da aber nach Mendelejew kein Element alleine steht, sondern immer zu einer Gruppe gehört, ließe sich Ramsays Hypothese belegen, wenn er weitere Elemente dieser Gruppe finden würde. Er wiederholte seinen Versuch mit einer größeren Menge Luft und Magnesium, brannte in der Kapsel alle reaktionsfähigen Gase heraus und stellte fest, dass dieses neue Element nicht allein war. In dieser höheren Konzentration konnte er weitere Spektrallinien nachweisen, die eben nicht weitere Linien von Argon sein konnten, sondern die Hauptlinien weiterer Elemente sein mussten. Er entdeckte so Helium, dessen Spektrum man bereits im

Sonnenlicht entdeckt hatte. In den folgenden Jahren entdeckte er noch die Edelgase Xenon, Neon und Krypton. Die achte Gruppe war gefunden, Mendelejew konnte wieder ruhig schlafen und galt ein weiteres Mal als bestätigt, diesmal aber auch ergänzt.

Mendelejew vollbrachte gegen Ende seiner Karriere noch die Leistung, in Russland das metrische System einzuführen, auf dass es die Forschung erleichtere und ihm damit durch das Werk anderer zu noch höherer Ehre gereiche. Er war wohl wirklich so. Er hat Russland aber auch viel gegeben: Er hatte seine Doktorarbeit über die Vodkadestillation geschrieben und den Prozess damit landesweit erheblich verbessert. Das ist in Russland viel, und nicht nur wegen der Entfernungen.

*****

Das Periodensystem funktioniert auf zwei Arten. Wenn Sie die Lücken in den ersten drei Zeilen ignorieren, können Sie das Periodensystem von links nach rechts lesen wie eine Zeitung. Sie lesen dann die Elemente in der Reihenfolge steigenden Atomgewichtes und steigender Protonenzahlen im Kern. Sie fangen mit H (1 Proton) an und springen dann zu He (2 Protonen) ganz rechts. Die nächste Zeile beginnt mit Li (3), Be (4), dann springen Sie rüber zu den anderen sechs von Bor bis Neon. Die nächste Zeile beginnt mit Natrium.

Atomkerne bestehen aus zwei Elementarteilchen, den Protonen und den Neutronen. Sie sind etwa gleich schwer und unterscheiden sich nur dadurch, dass das Neutron ungeladen ist, das Proton aber eine positive Ladung trägt. Ob ein Atomkern ein Schwefel-Atomkern ist, entscheidet sich ausschließlich an der Anzahl von Protonen im Atomkern. Ein Atomkern mit 23 Protonen ist immer ein Vanadiumkern, ein Kern mit 26 Protonen ist immer ein Eisen-Atomkern, und hat der Atomkern 24 Protonen, ist es immer ein Chrom-Atomkern. Die Neutronen im Atomkern wirken eher wie ein Verdünnungsmittel, mit dem die Protonen gestreckt werden.

Periodensystem der Elemente

| 1 H | | | | | | | | | | | | | | | | | 2 He |
|---|---|---|---|---|---|---|---|---|---|---|---|---|---|---|---|---|---|
| 3 Li | 4 Be | | | | | | | | | | | 5 B | 6 C | 7 N | 8 O | 9 F | 10 Ne |
| 11 Na | 12 Mg | | | | | | | | | | | 13 Al | 14 Si | 15 P | 16 S | 17 Cl | 18 Ar |
| 19 K | 20 Ca | 21 Sc | 22 Ti | 23 V | 24 Cr | 25 Mn | 26 Fe | 27 Co | 28 Ni | 29 Cu | 30 Zn | 31 Ga | 32 Ge | 33 As | 34 Se | 35 Br | 36 Kr |
| 37 Rb | 38 Sr | 39 Y | 40 Zr | 41 Nb | 42 Mo | 43 Tc | 44 Ru | 45 Rh | 46 Pd | 47 Ag | 48 Cd | 49 In | 50 Sn | 51 Sb | 52 Te | 53 I | 54 Xe |
| 55 Cs | 56 Ba | | 72 Hf | 73 Ta | 74 W | 75 Re | 76 Os | 77 Ir | 78 Pt | 79 Au | 80 Hg | 81 Tl | 82 Pb | 83 Bi | [84] Po | [85] At | [86] Rn |
| [87] Fr | [88] Ra | | [104] Rf | [105] Db | [106] Sg | [107] Bh | [108] Hs | [109] Mt | [110] Ds | [111] Rg | [112] Cn | [113] Uut | [114] Uuq | [115] Uup | [116] Uuh | [117] Uus | [118] Uuo |

| 57 La | 58 Ce | 59 Pr | 60 Nd | 61 Pm | 62 Sm | 63 Eu | 64 Gd | 65 Tb | 66 Dy | 67 Ho | 68 Er | 69 Tm | 70 Yb | 71 Lu |
|---|---|---|---|---|---|---|---|---|---|---|---|---|---|---|
| [89] Ac | [90] Th | [91] Pa | [92] U | [93] Np | [94] Pu | [95] Am | [96] Cm | [97] Bk | [98] Cf | [99] Es | [100] Fm | [101] Md | [102] No | [103] Lr |

Abb. 4 Das Periodensystem der Elemente. Die senkrechten Spalten sind Anordnungen von Elementen, die vergleichbare chemische Eigenschaften haben. Der Block unterhalb des Periodensystems gehört in die Lücke links über ihm, wie man an den Ordnungszahlen in den Elementfeldern sehen kann. Der Block passt nicht in die Darstellung und muss als senkrecht herausstehend gedacht werden, oder als Schleife, die beim Atomgewicht 72 bzw. 104 wieder greift.

Hätten wir einen Atomkern, der nur aus 24 Protonen besteht, so würden die Abstoßungskräfte zwischen den Protonen ihn in kürzester Zeit zu kleineren, stabileren Atomkernen zerfallen lassen. Ab einer gewissen Größe muss ein Atomkern Neutronen enthalten, um noch stabil sein zu können. Aber Atomkerne mit der gleichen Anzahl von Protonen können verschieden viele Neutronen enthalten. Die Zahl der Neutronen kann nicht stark variieren, aber ein Unterschied von zehn Prozent oder mehr ist bei manchen Atomen durchaus möglich. Diese verschiedenen Varianten eines Elementes nennen wir Isotope, und viele Isotope sind trotz der lindernden Kräfte der Neutronen nicht stabil, sondern zerfallen mit charakteristischer Geschwindigkeit. Wie wir später sehen werden, sind sie sehr wertvoll bei dem Versuch, das Alter von Fossilien zu bestimmen.

Die Gruppen, die Mendelejew zusammengefasst hatte, sind die andere Art, das Periodensystem zu lesen. Sie stehen im Periodensystem senkrecht und heißen Hauptgruppen. Alle Elemente einer Hauptgruppe sind sich in ihrem chemischen Bindungsverhalten ähnlich.

Alle chemischen Elemente wären gerne wie die Edelgase ganz rechts. Die Edelgase haben acht Elektronen in ihrer äußersten Schale – einer Art Umlaufbahn, in der Elektronen sich aufhalten dürfen. Acht scheint dabei eine magische Zahl zu sein. Wer acht Elektronen in seiner äußersten Schale hat, ist pensioniert und muss mit niemandem mehr reagieren. Die einzige Ausnahme davon ist Helium, das noch zu klein ist, um acht Elektronen aufzunehmen. Entsprechend sind die kleinen Elemente in der waagerechten Zeile von Lithium bis Stickstoff in manchen Situationen mit einer Frühpensionierung zufrieden, wobei sie nur zwei Elektronen besitzen wie das Helium. Beide, der Zustand mit den acht Elektronen und die Frühpensionierung, werden *Edelgaskonfigurationen* genannt.

Lithium hat drei Elektronen. Zwei davon sitzen hochzufrieden in einer inneren Schale mit der Edelgaskonfiguration von Helium. Aber Lithium hat noch ein drittes Elektron, das eine neue Schale aufgemacht hat. Dieses Elektron hängt dem Lithium dauernd in den Ohren, es sollte doch mal was unternehmen, um edler zu werden und Elektronenfrieden zu finden. Lithium müsste in einer chemischen Reaktion fünf Elektronen aufnehmen, aber dafür hat es keinen Platz in seiner Schale. Es gibt also das nervige Elektron ab, löst die Schale damit auf und begnügt sich dann mit der kleineren Edelgaskonfiguration von Helium. Beryllium hat vier Elektronen und gibt aus dem gleichen Grund zwei Elektronen ab, Bor hat fünf und gibt drei ab. Sie haben dann die Elektronenkonfiguration von Helium und setzen sich energetisch zur Ruhe.

So geht die Reihe weiter bis zum Sauerstoff. Für den Sauerstoff aber ist es einfacher, zwei Elektronen aufzunehmen, statt sechs Elektronen abzugeben. Wenn er zwei Elektronen aufnimmt, hat er die Edelgaskonfiguration von Neon. Fluor, das neben Sauerstoff im Periodensystem steht, muss nur ein Elektron aufnehmen, um die Edelgaskonfiguration von Neon zu erreichen, und Fluor tut das bei jeder Gelegenheit. Wenngleich Neon ein sehr reaktionsträges Edelgas ist, so ist Fluor als das Element direkt davor das unedelste und damit reaktivste Element überhaupt. So gut wie alles, was mit Fluorgas besprüht wird, fängt sofort Feuer.

Der Kohlenstoff kann etwas so Besonderes, dass ich ihm noch schnell einen Absatz und im nächsten Kapitel einen ganzen Abschnitt widmen werde. Kohlenstoff kann seine äußere Schale mit dem vier Elektronen auflösen, indem es vier Elektronen abgibt wie im $CO_2$-Molekül. Es hat dann die Elektronenkonfiguration von Helium. Er kann aber auch einen Trick anwenden. Da er allgemein nur mittelmäßig an Elektronen interessiert ist, kann er die Elektronen seiner inneren und äußeren Schale energetisch einigermaßen gleichwertig machen. Dadurch kann er mit sich selbst und noch einigen anderen Elementen reagieren, deren mittelmäßiges Interesse an Elektronen ungefähr seinem eigenen entspricht. Dies sind hauptsächlich Wasserstoff, Stickstoff, Sauerstoff, Schwefel und Phosphor. In diesen neuen Elektronenschalen lügt sich der Kohlenstoff nicht um die Frage herum, ob er die Elektronenkonfiguration von Helium mit zwei oder die von Neon mit acht Elektronen einnehmen möchte. Er verweigert die Antwort und kommt mit einer neuen Idee namens *Hybridisierung*. Er verbindet sich dadurch mit sich selbst so oft er will. Auf diese Weise entstehen Verbindungen wie Graphit, Diamant oder die Moleküle des Lebens.

*****

Das Periodensystem nach Mendelejew ist eine der ganz großen geistigen Leistungen der Menschheit. Es erklärt uns, woraus die Welt besteht und wie diese Bestandteile zueinander stehen. Wenn Sie das Periodensystem der Elemente betrachten, dann sehen sie alles, woraus Materie überhaupt bestehen kann.

Es hat Jahrhunderte gedauert, bis wir Menschen uns die vollständige Karte aller Bausteine des Universums machen konnten. Ihre Unübersichtlichkeit ist das Ergebnis von seltsamen Regeln, für die wir noch keine Erklärung haben, und zahlreichen Ausnahmen davon. Schauen Sie sich das Periodensystem an! Wichtige Elemente links, wichtige Elemente rechts – und dazwischen ein Einschub aus seltenen Schwermetallen, die man dazwischen setzen musste, weil kein anderes Modell die Sache besser beschreiben kann. Das Periodensystem ist einfach nicht schön. Das dürfte einer der Gründe sein, warum Chemie die Menschen immer ein wenig abschreckt. Mögen wir die Vielfalt des Lebens und den Blick in den Sternenhimmel auch noch so schön finden; wenn man die Elemente nach ihren Eigenschaften sortiert und dann drei Schritte zurück geht, um das ganze Bild zu betrachten, hat man nicht den Eindruck, hier sei Göttliches zu finden.*

Wenn in irgendeinem Teilchenbeschleuniger ein neues, superschweres und kurzlebiges Element erzeugt wird, dann kann es sein, dass man nie genug Material lange genug in Händen hält, um seinen Schmelzpunkt, sein chemisches Verhalten und seine Dichte zu bestimmen. Mit Mendelejews Periodensystem und den immer wiederkehrenden Eigenschaften der Elemente einer Gruppe kann man diese Werte aber abschätzen. Man kann Vorhersagen machen über Dinge, die man noch nie gesehen hat und die man erst noch selbst erschaffen muss.

Eine solche Abstraktionsleistung kann man einfach mit den drei Säulen der Wissenschaft erbringen: Beobachtung, gesicherte Erkenntnisse, Logik. Indem ich gesicherte Erkenntnisse mit Logik auf meine Beobachtungen anwende, können sich die Fakten nicht mehr lange vor mir verbergen. Denn die Fakten sind ja da.

Oder etwa nicht?

## Ein Quantum irgendwas

Der französische Chemiker Antoine Lavoisier entdeckte als erster, dass Wasser kein Element ist, sondern aus verschiedenen Atomen besteht. Er entdeckte den Elementcharakter von Sauerstoff, Kohlenstoff, Schwefel und Phosphor. Er formulierte das Gesetz der Massenerhaltung und setzte in der Chemie durch, dass Substanzen neben ihrem Trivialnamen auch einen Namen erhalten, aus dem die Zusammensetzung der Substanz hervorgeht. So erhielt Alembrotsalz den Namen Quecksilberchlorid, aus Kolkothar wurde Eisenoxid, und aus Pompholix wurde Zinkoxid. Neben

* Vielleicht ist das Periodensystem in einer fünfdimensionalen Darstellung schön oder in einer elfdimensionalen. Aber dafür sind wir nicht gemacht. Wie viele Dimensionen das Universum auch in Wirklichkeit haben mag, wir haben nur drei davon kennengelernt, denn mehr brauchten wir zum Überleben nicht.

weiteren bahnbrechenden Entdeckungen im Bereich der Chemie hatte Lavoisier aber auch das Pech, während der Französischen Revolution Steuerpächter in Paris zu sein. Im Namen des Volkes wurden er und weitere Mitglieder des Steuerpächterbundes durch die Revolutionäre inhaftiert und am 8. Mai 1794 auf der Guillotine hingerichtet.

Lavoisier, ein Wissenschaftler von Format, zeigte angesichts seines baldigen Todes eine bewundernswerte Nüchternheit und plante sein letztes Experiment. Er würde, während das Fallbeil hinab rauschte, zu blinzeln beginnen. Er bat seinen Kollegen zu zählen, wie oft er nach seiner Enthauptung noch blinzeln würde. Sein Kollege zählte 15 Mal.

So legendenhaft diese Geschichte auch klingt, sie ist plausibel. Lavoisier wird nach der Abtrennung seines Kopfes nicht mehr jedes Blinzeln aktiv bewirkt haben, wahrscheinlich war es eine Art Reflex, der feuernde Nerv wurde durch die Enthauptung »überrascht« und feuerte weiter. Die in Lavoisiers Augenmuskeln noch vorhandene Energie dürfte für ein gutes Dutzend Blinzler noch gereicht haben. Das Merkwürdige aber ist, dass Lavoisier und die Guillotine sich eigentlich nie berührt haben.

Sie haben richtig gelesen. Wenn zwei Gegenstände sich in der Welt unserer Sinne berühren, dann findet auf atomarer Ebene eigentlich kein Kontakt zwischen den äußersten Atomen der beiden Objekte statt. Die Atomkerne von Monsieur Lavoisier und der Guillotine berühren sich nicht, denn ihre Elektronenhüllen haben die gleiche Ladung und stoßen einander ab. Die Abstoßungskraft basiert auf der elektromagnetischen Wechselwirkung, einer der fundamentalen Wechselwirkungen der Natur. Sie ist etwa $10^{40}$-mal stärker als die Gravitation. So stark, dass damit Muskeln, Sehnen und Knochen durchtrennt werden können. Wenn Atomkerne sich wirklich berühren, dann ist das ein Fall für die Kernphysik. Geräte, die Atomkerne so kräftig ineinander schießen können, dass diese gewaltigen Abstoßungskräfte überwunden werden und Atomkerne sich berühren, nennt man Teilchenbeschleuniger.

Wenn Sie beim Arzt eine Spritze bekommen, dann berühren Sie und die Nadel sich eigentlich nicht. Die Elektronenhüllen der Nadelatome schieben Ihre Fleisch-Elektronenhüllen einfach beiseite. Wenn Sie sich mit dem Hammer auf den Daumen hauen, ist der unglaubliche Schmerz nicht dadurch entstanden, dass der Hammer und Ihr Daumen sich berührt hätten. Die Elektronenhüllen der Hammeratome sind von den Elektronenhüllen Ihrer Daumennagelatome abgeprallt und der Rückstoß dieses Prozesses hat Ihren Daumen dann zerquetscht. Und wenn Sie mit jemandem Sex haben, dann… Naja. Es kann schon echt wirken.

Wir müssen das vertraute Konzept des Berührens anscheinend in einem neuen Licht sehen. Und zwar in einem Licht von sehr geringer Wellenlänge.

Wenn ich ein Objekt sehen will, muss es zunächst Licht reflektieren, dessen Wellenlänge höchstens so groß ist wie das Objekt selbst. Damit ich das Objekt dann sehen kann, müssen zwei Bedingungen erfüllt sein: Das Auflösungsvermögen meines Auges muss das Objekt noch darstellen können. Das wird in der Größenordnung unterhalb eines Staubkorns schon schwierig. Dann muss ich eine Lupe oder ein Mikroskop benutzen, die letzten Endes nichts anderes sind als Verstärkungen meines Sehsinnes.

Die andere Bedingung ist, dass ich das reflektierte Licht noch sehen können muss. Das menschliche Auge kann keine Wellenlängen mehr sehen, die kürzer sind als 400 nm. Ist das Licht von kürzerer Wellenlänge, können die Rezeptoren in meinem Auge dieses Licht nicht mehr in elektrische Signale umwandeln, die mein Gehirn zum Interpretieren benötigt. Diese kürzere Wellenlänge wird aber benötigt, wenn ich sehr kleine Objekte sehen will.

Daher kann ich nur mit einigen Tricks im Lichtmikroskop noch Objekte erkennen, die kleiner sind als 400 nm. Kann ich das Licht nicht mehr wahrnehmen, werde ich auch das Objekt nicht mit meinen eigenen Augen sehen können. Eine bloße Verstärkung meines Sehsinns reicht hier nicht mehr aus. Da die meisten Viren bereits kleiner sind als 400 nm, wird es dem Menschen auf ewig vorenthalten bleiben, diese Viren selbst mit dem Lichtmikroskop zu sehen. Doch wir haben andere Methoden.

Wenn wir kein Licht nehmen, sondern das Objekt mit Elektronen von kurzer Wellenlänge beschießen, dann können wir die reflektierten Elektronen mit einem speziellen Detektor sichtbar machen. Dieser Detektor kann also Dinge sehen, die sich unserem Auge entziehen. Er kann uns dann ein Bild der unterschiedlichen Intensitäten oder Helligkeiten zeigen, die er gemessen hat. Das ist nichts anderes als ein Schwarzweißfoto. Wir können das Foto anschließend bunt einfärben und ausdrucken. Wir können dann damit Haut und Haare einer Ameise fotografieren, oder die einzelnen Bestandteile einer Zelle. Das ist aber keine Verstärkung unseres Sehsinnes mehr, sondern ein echter Ersatz. Es ist kein Gehstock mehr, sondern ein Motorrad.

Doch wie weit können wir uns dem Aufbau der Materie eigentlich nähern? Mit einem Atomic Force Microscope können wir heute schon Goldatome sichtbar machen. Ich schreibe absichtlich »sichtbar machen« und nicht »sehen«, denn die Tricks, zu denen man greifen muss, sind noch komplizierter als beim Elektronenmikroskop. Doch geht es noch weiter? Werden wir eines Tages Elektronen sehen können, wie sie ihre Bahnen um den Atomkern ziehen?

Die Antwort dauert etwas länger, und das hat keine technologischen Gründe. Sie hängt zusammen mit der Natur der Materie. Da sie quantenmechanisch ist, ist sie mit einigen Besonderheiten belegt, die unserem Weltgefühl auf groteske Weise widersprechen.

Quantenmechanik ist ein hirnverbiegendes Beschäftigungsfeld. Das liegt aber weniger an der Quantenmechanik selbst als eher an der Unzulänglichkeit unserer Gehirne. Quantenmechanik entzieht sich unserem Phaneron, unserem Weltgefühl und unserer Intuition. Und dennoch bereichert sie unsere Welt jeden Tag. Smartphones, Computertomographen, Lasertechnologie, Rundfunk, Fernsehen, ja selbst die Glühbirne und viele andere Dinge wären nicht denkbar ohne quantenmechanische Prozesse. Der große Quantenphysiker Richard Feynman verglich die Genauigkeit quantenmechanischer Berechnungen einmal mit der Vermessung der USA von New York nach Los Angeles auf die Breite eines Haares genau. Und dennoch sagte er über unser Verhältnis zu ihr: »Wenn Sie glauben, sie hätten die Quantenmechanik verstanden, dann haben Sie die Quantenmechanik nicht verstanden.«

Mein erster Kontakt mit der Theorie der Quantenmechanik muss irgendwann in der achten oder neunten Klasse stattgefunden haben, ohne dass ich es merkte. Das Thema war Radioaktivität. Dass Atomkerne zerfallen, war mir auch damals nicht neu. Im Inneren einer beliebigen Portion Uran macht es immer wieder Puff und Puff und Puff, und jedes Mal hört dabei ein Uranatom auf zu existieren. Das natürliche Uran hat eine Halbwertszeit, die mit viereinhalb Milliarden Jahren recht genau dem Alter der

Erde entspricht. Also existiert heute nur noch die Hälfte der Uranatome, die bei der Geburt unseres Planeten vorlagen. Wenn unsere Sonne in vier bis fünf Milliarden Jahren sterben wird, hat sich die Menge der verbleibenden Uranatome auf der Welt erneut halbiert. Viereinhalb Milliarden weitere Jahre – lange nach dem Untergang unseres Sonnensystems – wird sich die restliche Menge an Uran in den Trümmern unserer Welt auf ein Achtel dessen reduziert haben, was zu Beginn vorlag.

So verstandüberschreitend diese Zahlen auch sein mögen, die Rechnung dahinter ist einfach. Alle 4,5 Milliarden Jahre wird die Hälfte aller Uranatome zerfallen sein, nach 9 Milliarden Jahren die Hälfte der Hälfte, nach 13,5 Milliarden Jahre die Hälfte der Hälfte der Hälfte und so weiter. Wir könnten ausrechnen, wann das allerletzte Uranatom zerfallen muss, wenn wir die Summe aller Uranatome im Universum wüssten. Da die Zahl der Uranatome im Universum aber selbst schon unvorstellbar groß ist, ist die Zeit, bis das letzte Uranatom des Universums geplatzt ist und Uran als Element aufhört zu existieren, wohl so groß, dass das bisherige Alter des Universums nur ein verschwindend geringer Teil davon sein kann.

Doch schon damals interessierte mich die Frage, woran es eigentlich liegt, dass ein Atom zerfällt. Wir können heute aus unserer wissenschaftlichen Erfahrung sagen, wie stabil ein Element ist, welche Halbwertszeit es hat und in welche Elemente es zerfallen wird. Aber das einzelne Uranatom hat keine Facebook-Gruppe mit den anderen Uranatomen, um sich zum Zerfallsflashmob zu verabreden, und auch nicht mit den Uranatomen, die bereits zerfallen sind. Jeder Zerfall eines Urankerns geschieht unabhängig von den anderen und dennoch können wir eine Gesetzmäßigkeit feststellen. Es scheint keinen äußeren Anlass zu geben und doch geschieht es mit der Regelmäßigkeit einer Uhr, die in ganz großen Maßstäben tickt.

Der natürliche Zerfall von Urankernen könnte eigentlich auch schubweise geschehen. 90 Prozent aller Urankerne würden in den ersten zehn Minuten nach ihrer Entstehung abdanken, dann geschähe lange nichts, und dann käme wieder irgendein Schub. Aber so funktioniert es nicht und das würde auch die Frage aufwerfen, was den jeweiligen Schub verursacht. In der Realität zerfällt in immer der gleichen Zeitspanne nicht immer die gleiche Zahl von Atomen, sondern immer der gleiche Prozentsatz. Es ist eine Frage der Wahrscheinlichkeit.

Woher weiß das einzelne Uranatom, dass es dran ist, um die Statistik
einzuhalten? Und vor allem: Was genau bewirkt den Zerfall des Atoms?

Ich hoffe, Sie verstehen den Unterschied zwischen den beiden Fragen.
Die erste Frage sucht nach dem Sinn des Ereignisses und die zweite nach
seinem Anlass. Was die Frage nach dem Warum angeht, so habe ich mir
abgewöhnt, sie zu stellen. Höchstwahrscheinlich ist sie in den gesamten
Naturwissenschaften überflüssig, und wenn sie irgendwo Nutzen hat,
dann nur in fruchtlosen Disziplinen wie Philosophie oder Theologie.

Die zweite Frage nach dem Anlass zu beantworten, schmerzt den Wissenschaftler, da sie seiner Erwartung Hohn spricht, überhaupt eine Antwort erhalten zu können. Aber genau das macht die Frage für Wissenschaftler so unwiderstehlich.

## Zwei Wege führen nach Kopenhagen

Dass die Welt im Grunde erklärbar ist, ist für uns Menschen genauso intuitiv wie Balance halten oder Essen zum Munde führen. Wir zweifeln es
nicht an. Die meisten Wissenschaftler auf der Welt sind felsenfest davon
überzeugt, dass man wissen kann, was die Welt bewegt und wie sie zusammengesetzt ist. Die Fakten sind da und müssen nur entdeckt werden.
Und doch gibt es Grenzen. Wir wollen uns nun an eine dieser Grenzen
herantasten.

Newton vertrat die Theorie, dass Licht aus Teilchen besteht. Wie wir
heute wissen, ist das richtig, aber nicht alles. Dieses Lichtteilchen kann
auch eine Welle sein, und die janusköpfige Natur des Lichtes ist mittlerweile so selbstverständlich, dass es schon fast zur Allgemeinbildung zählt.

Aus manchen Experimenten wurde geschlussfolgert, dass Licht aus
Teilchen besteht; andere Experimente deuten darauf hin, dass Licht Wel-
lencharakter besitzt. Es ist keine grundsätzliche Frage, ob das eine oder das
andere stimmt. Für beides gibt es Beweise, und das ist das Schwierige da-
#ran. Für manche Anwendungen wie Photovoltaikzellen muss man Licht
als Teilchen begreifen, für andere Entwicklungen wie die Suche nach Haar-
rissen mit Röntgenbeugung in Flugzeugtragflächen muss man Wellencha-
rakter voraussetzen. Beides ist richtig, die Wahrheit weiterhin unbekannt.

Woran aber entscheidet sich nun, ob ein Lichtquant (man hat sich wegen der Schwierigkeit der Frage auf diesen neutralen Begriff geeinigt) als Welle oder als Teilchen daherkommt?

Wenn wir eine dünne Metallplatte nehmen und mit einem Laser einen ganz feinen Spalt in diese Platte schneiden, so dringt der Laserstrahl durch den Spalt und fällt auf die Leinwand, die wir in weiser Voraussicht hinter die Platte gestellt haben. Ein Lichtteilchen, das sich dem Spalt nähert, kann entweder von der Platte abprallen oder durch den Spalt auf die Leinwand fliegen. Mache ich das lange genug, werde ich auf der Leinwand irgendwann die einzelnen Einschläge der Lichtteilchen sehen können, die es durch den Spalt geschafft haben. Sie werden auf der Leinwand ein wenig verteilt sein, manche links, manche rechts, die meisten aber in der Mitte. Wie Licht, das durch ein Schlüsselloch fällt, werde ich auf der Leinwand ein Abbild des Spaltes sehen können, das weniger scharf ist als der Spalt selbst. Das Licht ist also als Teilchen durch den Spalt geflogen und wurde auf der Leinwand als Teilchen sichtbar gemacht.

Schneiden wir nun mit unserem Laser einen zweiten Spalt direkt neben den ersten in die Metallplatte. Direkt heißt in diesem Fall einige Nanometer daneben, also so dicht, dass wir das mit den Augen nicht sehen können. Wenn der Laser sich durch die Folie gebrannt hat und nun durch beide Spalten leuchtet, dann erwarten wir, dass ein Lichtteilchen entweder durch den linken oder den rechten Spalt fliegen wird. Machen wir das oft genug, sollten wir irgendwann die Abbilder beider Spalte auf der Leinwand sehen.

Doch die Realität sieht anders aus. Statt dem Abbild beider Spalte sehen wir auf der Leinwand ein merkwürdiges Muster. Wir sehen einen Lichtstreifen, von dem wir nicht sagen können, ob er das Abbild des linken oder des rechten Spaltes ist, da er genau in der Mitte liegt. Der Lichtstreifen ist auf beiden Seiten flankiert von zwei weiteren Lichtstreifen, die etwas weniger hell sind als der in der Mitte. Neben diesen beiden Streifen sind noch zwei, und auch sie sind schwächer als ihre Vorgänger. Es handelt sich um ein Interferenzmuster, so als hätten wir keine Teilchen durch den Doppelspalt geschickt, sondern Wellen.

Hier dürfen wir verwirrt sein. Interferenz kann immer nur zwischen zwei Wellen stattfinden. Aber wir wissen doch, dass das Lichtteilchen ein

Teilchen ist. Wir lassen die Folie nun wie sie ist, montieren den Laser ab und schicken stattdessen einzelne Elektronen nacheinander durch unseren Doppelspalt. Dann sollen wir ja nicht mehr erleben, dass das Elektron mit irgendetwas anderem interferiert. Ein Elektron ist ein Teilchen und es ist nur EIN Teilchen. Doch auf der Leinwand erscheint wieder ein Interferenzmuster.

Soll das heißen, dass ein einzelnes Elektron nicht nur über die Fähigkeit verfügt, sich spontan in eine Welle umzuwandeln, sondern bei der Gelegenheit auch gleich in zwei Wellen, die miteinander interferieren können?

Wir müssen nun einen Schritt zurückgehen. Wir haben zunächst einen Laser durch einen und durch zwei Spalten geschickt. Bei einem Spalt sahen wir ein Abbild des Spaltes, und bei zwei Spalten sahen wir ein Interferenzmuster. Dann haben wir ein einzelnes Elektron durch den Doppelspalt geschickt und ebenfalls ein Interferenzmuster gesehen. Vielleicht machen Elektronen das immer? Wir müssen zur Absicherung noch mal ein einzelnes Elektron durch einen Einzelspalt schicken, um die Situation besser beurteilen zu können. Das Resultat: wir sehen auf der Leinwand ein Abbild des Spaltes wie von Licht, das durch ein Schlüsselloch fällt.

Lassen wir uns das mal auf der Zunge zergehen: Wir schießen ein Teilchen auf einen Spalt, und es passiert den Spalt und schlägt als Teilchen auf der Leinwand auf. Stehen zwei Spalten zur Verfügung, geschieht etwas grundlegend anderes. Während das Elektron auf den rechten Spalt zufliegt, scheint es zu wissen, dass es da noch einen linken Spalt gibt. Und es verwandelt sich, geht als Welle durch beide Spalten gleichzeitig und bildet mit seiner anderen Hälfte auf der Leinwand ein Interferenzmuster. Decken wir einen der beiden Spalten ab und schicken erneut ein einzelnes Elektron durch den verbleibenden Spalt, sehen wir wieder ein Abbild des Spaltes, wie es nur von Teilchen verursacht wird. Hat es also nur einen Spalt zur Verfügung, geht das Elektron immer als Teilchen durch den Spalt. Bei zwei oder mehr Spalten sehen wir immer ein Interferenzmuster, so als wüsste das Elektron im Voraus, was kommt.

In den 1920ern setzten sich die hellsten Köpfe ihrer Zeit zusammen und suchten eine Erklärung für dieses unerwartete Phänomen. Da ist die Viele-Welten-Theorie, nach der die Zeitlinie des Universums sich bei jedem Durchflug des Elektrons durch die Spalten verzweigt und beide

Ergebnisse *Elektron fliegt durch den linken Spalt* und *Elektron fliegt durch den rechten Spalt* fortan in zwei getrennten Realitäten weiterlaufen. Mir jedoch mutet es ziemlich verzweifelt an, jedes Mal ein neues Universum zu entkorken, wenn ein Elektron sich entscheiden muss. Der große Physiker John Archibald Wheeler, Erfinder der Begriffe »Schwarzes Loch« und »Wurmloch«, vertraute sich Richard Feynman in einem aufgeregten Telefongespräch sogar mit der Hypothese an, dass es im gesamten Universum vielleicht nur ein einziges Elektron gäbe, für das Zeit nicht existiert, das also überall gleichzeitig sein kann. Es ist verstörend, wenn die hellsten Köpfe des zwanzigsten Jahrhunderts sich zu solchen Erklärungen genötigt fühlen. Daran erkennt der Laie, wie ernst die Situation ist.

Die gängigste Erklärung für dieses Phänomen ist die Kopenhagener Deutung, die von Niels Bohr und Werner Heisenberg aufgestellt wurde. Sie ist weniger verzweifelt, sie ist eher resigniert. Die Kopenhagener Deutung erkennt an, dass es der Prozess der Beobachtung ist, an dem sich der Zustand des Elektrons entscheidet. Mit Beobachtung ist hier allerdings nicht die Frage gemeint, ob jemand zuschaut, wenn das Elektron auf die Spalten zufliegt. Mit dem Begriff Beobachtung ist viel vorsichtiger gemeint, dass der Experimentator auf welchem Wege auch immer eine Information erhalten kann, durch welchen Spalt das Elektron gegangen ist. Und genau das Erhalten von Informationen ist beim Doppelspalt nicht möglich, ohne das Teilchen zur Welle zu machen.

Kurz gefasst, besagt die Kopenhagener Deutung, dass es nicht möglich ist, etwas über die Natur des Elektrons zu erfahren, da man es bereits manipuliert, sobald man Informationen über seinen Zustand erhält. Die Informationen, die man erhält, geben also schon nicht mehr die Ausgangssituation wider. Solange der Versuchsaufbau uns keine Information darüber gibt, welchen Weg das Photon genommen hat, befindet es sich in einem Zustand der Superposition, der Unbestimmtheit, des Nichts-Sein-Müssens und des Alles-Sein-Könnens. In dem Moment jedoch, wo man auf noch so vorsichtigem Wege Informationen über den Weg des Photons erhalten kann, ist dieser Zustand der Unbestimmtheit zerstört und das Elektron zeigt sich uns als Teilchen.

Im Jahr 2000 haben S. P. Walborn und Kollegen das Doppelspaltexperiment noch weiter verfeinert. Sie brachten einen Detektor hinter einem der Spalte an. Sollte das Elektron durch genau diesen Spalt fliegen, würde man es doch messen können. Wenn man an diesem Spalt mit dem Detektor nichts sähe, dann müsste das Elektron logischerweise durch den anderen Spalt geflogen sein. Das ist ein Versuchsaufbau, der in der klassischen Physik nur eines von zwei Resultaten zulässt. Hundertfach bewährt, gestaltete man auch hier den Aufbau so, dass die Antwort auf die Frage nur Ja oder Nein sein kann oder in diesem Fall links oder rechts.

Das Ergebnis war erschütternd. Ohne Detektor zeigte sich das Elektron immer als Welle. Mit Detektor kamen die Elektronen immer als Teilchen daher, die abwechselnd durch den linken oder den rechten Spalt flogen und zwei Lichtstreifen auf die Leinwand warfen, so wie man es ursprünglich erwartet hatte.

Die Experimente gaben keine neue Erkenntnis, sondern konnten nur bestätigen, wie merkwürdig die Sache war. Sobald man das Teilchen aufspüren wollte, war es auch da. Versuchte man nicht, den Weg des Teilchens zu verfolgen, war es auch keins, sondern ein mathematisches Abstraktum in Wellenform.[3]

Mit einer Münze eine Entscheidung zu treffen, ist in unserer Welt einfach. Man schnippt sie hoch, sie rotiert und wenn man sie auf die Hand schlägt, wird sie Kopf oder Zahl zeigen. Die Quantenmünze hatte nie Kopf oder Zahl. Indem man hinschaut, prägt man sie.

Was aber ist dann das Elektron, bevor es sich festlegen muss? Welle oder Teilchen, beides gleichzeitig oder keines davon? Das weiß man nicht. Und man wird es per Definition nie wissen können, denn sobald man versucht, Informationen über den Weg des Elektrons zu gewinnen, poppt es als Teilchen auf. Es scheint, als ob das Elektron nur Informationen über sich preisgeben kann, wenn es ein Teilchen geworden ist. Oder dass es ein Teilchen wird, sobald wir etwas über das Elektron wissen wollen. Selbst wenn wir indirekt versuchen, Informationen über das Teilchen zu gewinnen, entscheiden wir damit bereits sein Schicksal. Sobald man es durch die Preisgabe welcher Information auch immer von anderen Teilchen unterscheiden kann, ist seine Natur unwiederbringlich festgelegt.

So vertraut uns die Welt auch vorkommen mag, in ihrem Innersten ist sie unbestimmt. Dort gibt es einfach keine Fakten, die man entdecken könnte. Es ist eine schroffe Absage an die menschliche Neugier. Solange niemand versucht, Informationen über die Welt des Kleinsten zu gewinnen, ist jedes Objekt weder Teilchen noch Welle noch kennen wir seinen Ort oder seine Geschwindigkeit. Und das liegt nicht daran, dass wir uns nicht geschickt genug anstellen. Es scheint prinzipiell nicht möglich zu sein, etwas über diese verborgene Welt zu erfahren, ohne dass das beobachtete Objekt diese geheimnisvolle Welt verlassen muss.

Nun droht die Sache ein wenig ins Esoterische abzugleiten und daher muss noch schnell eine Erklärung her. Es ist nicht der Akt des Messens oder des Beobachtens durch einen bewussten Geist, der das Ergebnis beeinflusst. Denn gemessen oder beobachtet werden heißt auch einfach wechselwirken. Dass ein Mensch von einen Photon getroffen wird, merkt er nicht. Das Ereignis ist zu klein. Wir können einen Menschen mit schwachem Infrarotlicht anstrahlen, so dass er es nicht bemerkt. Wir bemerken dann auch keine Resultate, aber eine Wärmekamera kann das durchaus. Ab einer gewissen körperlichen Größe der Teilnehmer kann man sie beobachten, ohne dabei entlarvt zu werden.

Auf der Ebene der Elementarteilchen geht das nicht mehr. Wenn ich ein Elektron beobachten will, dann muss es entweder selber in einem Detektor einschlagen oder ich muss Lichtteilchen auf das Elektron schießen, die dann reflektiert werden und die ich dann mit einem Detektor empfangen kann. Aber wenn ich das tue, dann habe ich ein Elektron mit einem Teilchen beschossen, das nicht mehr klein ist gegenüber dem Elektron. Indem ich versuche, das Elektron zu vermessen, werde ich seine Energie beeinflussen. Damit ändert sich dann auch sein Ort, denn wenn ich es schubse, dann bewege ich es. Wenn wir also ein Wasserstoffatom betrachten und versuchen herauszufinden, wo genau sich das Elektron gerade in seiner Bahn um den Kern befindet, dann haben wir es bereits so sehr angeschubst, dass der Zustand, den wir messen wollten, ruiniert ist. Wir werden dann irgendein Ergebnis bekommen, aber wir wissen dann auch, dass dieses Ergebnis nicht mehr zu dem Zustand gehört, den wir betrachten wollten.

Der Aufschlag eines einzigen Lichtteilchens auf ein wellenförmiges Elektron genügt bereits, damit es Eigenschaften erhält, die es von anderen unterscheidet. Es muss nur mit irgendetwas anderem wechselwirken, um sich buchstäblich als Teilchen zu materialisieren. Es ist gealtert, und das im grundlegendsten Sinne, denn ab jetzt gilt die Zeit für dieses Teilchen. Vorher – in den Tiefen der Quantenwelt – gab es keine Zeit. Das Teilchen ist nun, genau wie wir, gefangen in der Welt der Materie und der Zeit. Den Übergang von dieser Unbestimmtheit des Seins in die Welt der physischen Materie nennt man Dekohärenz.

Gäbe es einen Ort im Universum, an dem eine Freiheit von wirklich allem herrscht, Freiheit von Strahlung, von anderen Teilchen, von Temperatur und von Gravitation, dann könnte sich an diesem Ort eine Bowlingkugel recht lange in einem quantenmechanischen Zustand der Unbestimmtheit befinden. Leider können wir von so etwas kein Foto machen, denn dann würden wir sofort wieder eine langweilige Bowlingkugel sehen. Dabei müssen wir nicht mal einen Blitz an der Kamera benutzen, um die Dekohärenz zu provozieren. Wenn wir die Bowlingkugel überhaupt sehen können, dann reflektiert sie bereits Licht. Wir sind chancenlos.

Eine Bowlingkugel ist ein großes Objekt und als solches wechselwirkt sie sehr schnell mit irgendetwas, so dass man den Effekt nie beobachten kann. Das liegt auch daran, dass eine Bowlingkugel ja selbst aus vielen Teilchen besteht, die miteinander wechselwirken können. Wenn ein einziges Teilchen sich materialisiert, geht die Kettenreaktion los, und so wird die Bowlingkugel sich also selbst davon abhalten, im quantenmechanischen Zustand zu bleiben. Sie wird einfach zu einer schnöden Bowlingkugel.

Für ein einzelnes Elektron stehen die Chancen schon besser. Frei von allen Wechselwirkungen kann ein Elektron theoretisch etwa 300 Jahre quantenmechanisch bleiben, bis es durch Wechselwirkung mit irgendetwas gezwungen wird, Materie zu werden.[4]

Andererseits können auch größere Objekte zur Welle werden. Der österreichische Quantenphysiker Anton Zeilinger führte das Doppelspaltexperiment erfolgreich mit verschiedenen Molekülen durch. Das größte Molekül, das er als Welle durch einen Doppelspalt schickte, war das $C_{60}$-Fulleren, das in seiner Struktur genau einem Fußball entspricht, denn es ist aus Fünfecken und Sechsecken zusammengesetzt und trägt den liebevollen Trivialnamen Buckeyball. Es ist etwa 1,3 Millionen Mal schwerer als ein Elektron und Anton Zeilinger gab sich in seiner Veröffentlichung optimistisch, den Versuch mit kleinen Viren wiederholen zu können.[5]

Zurück zum Zerfall des Urankerns. Können wir im Lichte dieser Erkenntnisse die Frage nach dem Grund seines Zerfalls überhaupt noch stellen? Können wir es überhaupt wissen, wenn die Welt, in der die Ursache stattfindet, sich unserer Beobachtung entzieht?

Und was wissen wir denn überhaupt über diese Welt? Sehr wenig, was gewiss nicht überrascht. Aber auch einiges, das man wirklich nicht erwarten sollte.

## Die Planck-Welt

Ende des neunzehnten Jahrhunderts saß der deutsche Physiker Max Planck in seinem Arbeitszimmer in Berlin über einigen Gleichungen und war unzufrieden. All die Einheiten, mit denen die Wissenschaftler seiner Zeit Messungen vornahmen, waren einst willkürlich zusammengezimmert worden. Es gab die Meile, unterschieden in Seemeile und Landmeile, in britische und preußische Meile, es gab den Kilometer, das Pfund, die Unze, den Skrupel*, das Kilogramm, das Grad Fahrenheit, Grad Celsius und das Kelvin, und alle waren unterschiedlich groß.

Was Plack wurmte, war nicht die Tatsache, dass man Messergebnisse anderer Wissenschaftler oft genug erst in die Einheiten des eigenen Kulturkreises umrechnen musste, um sie in seine eigenen Betrachtungen einzubeziehen. Was ihn wurmte, war, dass diese Einheiten alle von Menschen willkürlich aus ihrem Weltgefühl heraus festgelegt worden waren. Das Pfund, das Kilogramm, der Meter, die Sekunde, all diese Einheiten waren ihm zu dicht an den Dimensionen des menschlichen Körpers und menschlichen Erlebens. Das Universum war so groß und Moleküle waren so klein! Wie kann man Atome und Elektronen erforschen, wenn die Werkzeuge nicht die richtige Größe haben! Wie wollte man mit diesen Produkten unüberlegter Willkür ein höheres Prinzip des gigantischen Universums erkennen! Ihm schien, die Wahrheit würde mit solchen Einheiten eher noch weiter versteckt als offengelegt. Ordnung musste her!

Planck beschloss, ein neues System aus Einheiten zu entwickeln, die ausschließlich aus Naturkonstanten abgeleitet waren. Seine Auswahl an

---

* Ursprünglich eine Gewichtseinheit von ca. 1,3 g. Jemand ohne Skrupel hat also keine noch erfassbaren Bedenken, etwas Unangenehmes zu tun.

Naturkonstanten zeichnete sich dadurch aus, dass sie überall im Universum gleich waren. Die Schwerebeschleunigung ist auf der Erde sechsmal so groß wie auf dem Mond und auf der Sonne 28-mal so groß wie auf der Erde, also schied sie für Plancks neues System schon mal aus. Die Gravitationskonstante hingegen, die die Anziehungskraft zwischen zwei Massen bestimmt, ist eine universelle Konstante, die überall im Universum gleich ist. Sie ist die Basis, mit der sich die Schwerebeschleunigung eines Himmelskörpers erst ausrechnen lässt. Die Gravitationskonstante $G$ war also ein idealer Kandidat.

Planck nahm weiter die Lichtgeschwindigkeit $c$ zu seiner Sammlung von Konstanten, da sie ebenfalls überall im Universum gleich ist, solange Vakuum herrscht.

Als drittes Element nahm Planck das von ihm selbst entwickelte und nach ihm benannte Wirkungsquantum $h$, das nichts anderes darstellt als die kleinstmögliche Energieportion, die es im Universum gibt. Die Energie eines jeden Lichtstrahls, des Verdampfens eines jeden Regentropfens, eines jeden Stoßes zwischen zwei Atomen oder zwei Autos, eines jeden Gitarrenakkords lässt sich zerlegen in ein ganzzahliges Vielfaches dieses Wirkungsquantums. Da der Zahlenwert des Wirkungsquantums sehr klein ist, würden die zu erwartenden Längen, Massen und Zeiten ebenfalls sehr klein sein.

Er nahm noch die Boltzmann-Konstanze $k$ hinzu, die beschreibt, wie sich der Energiegehalt eines Systems mit seiner Temperatur ändert. Max Planck hatte die Boltzmann-Konstante in der gleichen Arbeit definiert, in der er das Plancksche Wirkungsquantum entdeckt hatte. Nach Ludwig Boltzmanns Tod ließ Planck aus Dankbarkeit die Boltzmann-Gleichung in dessen Grabstein gravieren, da er ihm die Idee dazu geliefert hatte.*

Planck betrachtete, aus welchen Einheiten die gewählten Größen bestanden. Sie alle setzten sich auf verschiedene Art zusammen aus den Basiseinheiten Masse, Zeit, Länge und Temperatur. Wichtiger aber war, dass diese Einheiten in diesen Konstanten in ihrem »natürlichen Mengenverhältnis« vorlagen. Er spielte einige Zeit konzentriert mit diesen Konstanten und kam zu einer Erkenntnis.

* Hier stehen Patentanwälte mit herabhängenden Armen fassungslos vor einer solchen Entscheidung. Aber das tun Wissenschaftler vor Anwälten regelmäßig.

Wenn er die Naturkonstanten nur richtig anordnete, dann würden sich all die in diesen Konstanten doppelt und dreifach vorkommenden Massen, Längen, Zeiten und Temperaturen zu etwas Sinnvollem wegkürzen lassen, und er würde aufgrund der Zahlenwerte der Naturkonstanten eine Masse, eine Länge, eine Zeit und eine Temperatur erhalten, wie sie überall im Universum Bedeutung haben müssen! Was für eine Vorstellung!

Das Tüfteln dauerte ein wenig, und nach einer unangenehm langen Dimensionsbetrachtung erhielt Planck zunächst eine Masse:

$$m_p = \sqrt{\frac{h \cdot c}{G}} = 2{,}2 \cdot 10^{-8}\ \text{kg}.$$

Zwei-Komma-zwei mal zehn-hoch-minus acht Kilogramm, was ist das? Das wirkt eigentlich nicht so spektakulär klein. Es ist ein Sandkorn von 22 Mikrogramm Gewicht. So etwas zu messen, war zu Plancks Zeit knapp an den technischen Möglichkeiten vorbei, aber in heutigen Laboren gehören Waagen mit einer solchen Anzeige fast zum Standardprogramm. Allerdings ist die Planck-Masse immer noch 18 Zehnerpotenzen größer als die Massen von Atomen. Was ist an einer solchen Masse besonders?

Nun, ein beliebiges Objekt muss mindestens diese Masse haben, um noch ein Schwarzes Loch werden zu können. Jedes Objekt kann ein Schwarzes Loch werden. Man muss es nur stark genug komprimieren. Wenn wir die Masse eines Objekts in einem kleinen Punkt konzentrieren, dann ist die Schwerkraft auf der Oberfläche dieses Objekts irgendwann so groß, dass selbst die Lichtgeschwindigkeit nicht mehr ausreicht, um das Objekt noch verlassen zu können. Und genau dafür sind Schwarze Löcher bekannt. Diesen Radius des verdichteten Zustandes nennt man nach seinem Entdecker den Schwarzschild-Radius eines Objektes.

Unsere Sonne mit ihren 1,3 Millionen Kilometern Durchmesser müsste auf etwa 2000 Kilometer verkleinert werden, damit sie ein Schwarzes Loch wird. Das ist der Schwarzschild-Radius der Sonne (sie ist aber nicht groß genug, um diesen Radius aus eigener Schwerkraft zu erreichen, und daher wird ihr Schicksal ein anderes sein). Die Erde müsste auf die Größe einer Erdnuss zusammengedrückt werden, damit sie zu einem Schwarzen Loch kollabiert. Und ein Mensch von 75 kg Masse müsste zu einem

Pünktchen verdichtet werden, das 100 000mal kleiner ist als ein Proton. Das ist Ihr und mein Schwarzschild-Radius.

Wenn ein Objekt aber selbst schon leichter ist als die Planck-Masse, dann kann es überhaupt nicht mehr zu einem Schwarzen Loch werden. Wenn wir versuchen, es so sehr zu komprimieren, dann wird es einfach in der unbestimmten Welt der Quantenphysik verschwinden. Und dann werden wir nie erfahren, ob es ein Schwarzes Loch geworden ist oder nicht.

Wo aber fängt jetzt die Quantenphysik an? Wenn wir sagen können, wie klein ein Objekt werden muss, damit es in der Quantenwelt verschwindet, dann wissen wir doch, wo sie anfängt, oder?

Nein, wir wissen es nicht genau. Aber wir können eine Länge anbieten. Nach Umstellen der Gleichungen erhielt Max Planck für die Planck-Länge einen Wert von

$$L_p = \sqrt{\frac{G \cdot h}{c^3}} = 1{,}6 \cdot 10^{-35}\ \text{m}.$$

Die Planck-Länge ist noch um den Faktor $10^{20}$ kleiner als der Durchmesser eines Protons und die kleinste Längeneinheit, die sich nicht nur mit unserer Physik, sondern auch mit der gesamten Mathematik dahinter noch beschreiben lässt. Nichts in unserer Welt kann kleiner sein als die Planck-Länge. Erst jenseits der Planck-Länge beginnt der Teil der Quantenphysik, für den unsere Mathematik nicht mehr ausreicht. Alles, was größer ist als die Planck-Länge, kann mathematisch erfasst werden und wir können sein Verhalten in der Welt errechnen. Darunter können wir es nicht mehr.

Nun lässt sich eine Länge im Gegensatz zu einer Masse auch gut quadrieren, so dass man eine Fläche erhält. Sie ist die Planck-Fläche und damit die kleinste denkbare Fläche im Universum. Und es gibt ein Planck-Volumen. Es hat die Größe $4{,}2 \cdot 10^{-105}\ \text{m}^3$. Das muss uns nicht viel sagen, der Zahlenwert ist lächerlich klein und taugt eher zum Betrachten als zum Erfühlen. Aber er hat etwas Interessantes an sich.

Wie Sie sicherlich festgestellt haben, ist die Bildqualität der Fernseher in den letzten Jahrzehnten erheblich gestiegen. Wir können heute vor dem Fernseher fast Gerard Butlers Barthaare zählen, wenn er zu Catherine Heigl in den Heißluftballon steigt. Doch gibt es für die Bildschärfe ein

Limit? Gibt es ein oberes Limit für die Menge an Information vor unseren Augen?

Für Fernseher kann ich das nicht sagen. Ein moderner Fernseher hat zurzeit etwa 2 Millionen Bildpunkte, wobei der Bildschirm zweidimensional ist. Wenn wir uns den Raum vor unserer Nase als einen Würfel vorstellen, in dem jedes Planck-Volumen ein Bit an Information tragen kann, dann trägt die Realität, die uns umgibt, etwa $4 \cdot 10^{93}$ Terabyte pro Kubikmeter an Information. Das ist nichts anderes als die Auflösung der Realität. HD-Fernsehen ist also nicht schärfer. Ich persönlich bin von der Tatsache, dass man die Auflösung der Realität überhaupt errechnen kann, noch wesentlich mehr beeindruckt als von ihrem Zahlenwert.

Max Planck errechnete aus den Naturkonstanten nach Umstellen der Gleichungen auch eine Zeit. Sie ist etwas leichter zu errechnen als die anderen Werte und beschreibt einfach die Zeitspanne, die das Licht braucht, um eine Planck-Länge zurückzulegen:

$$t_p = \frac{L_p}{c} = 5{,}4 \cdot 10^{-44}\ \text{s}.$$

Dies ist die kürzeste Zeitspanne, die unsere Mathematik hergibt. Jedes Warten auf einen Termin, jede Spielfilmlänge, jedes Kochen eines 7-Minuten-Eies, jeder Wimpern- oder Herzschlag ist ein ganzzahliges Vielfaches der Planck-Zeit. Und kein Prozess kann weniger Zeit in Anspruch nehmen als die Planck-Zeit, sie ist genau wie die Planck-Masse, -Länge und das Wirkungsquantum nicht weiter teilbar, zumindest beschreibt sie dann nichts Reales mehr. Darunter gibt es einfach keine Zeit.

Das hat eine merkwürdige Implikation. Wir forschen schon seit Jahrzehnten am Urknall herum und haben uns ihm auf weniger als drei Sekunden genähert, doch bevor man in den 1930er Jahren überhaupt einen Urknall vermutete, hatte Max Planck bereits bewiesen, dass wir den Zeitpunkt null nicht verstehen können. Wir können dem Urknall mit unserer mathematischen Beschreibung der Realität nicht näher kommen als eine Planck-Zeit danach. Der Zeitpunkt Null erfordert ganz neue Sichtweisen auf das Universum, bevor irgendjemand sich hier zu einer Behauptung versteigen darf.

Obwohl Max Planck die Bedeutung seiner Berechnungen noch gar nicht abschätzen konnte, legte er noch einen drauf und errechnete unter Zuhilfenahme der Boltzmann-Konstante auch eine Planck-Temperatur:

$$t_p = \frac{m_p \cdot c^2}{k} = 1{,}4 \cdot 10^{32}\ \text{K}.$$

Wie haben wir uns die Bedeutung dieser Temperatur in der Praxis vorzustellen? Reichlich heiß, sicher, aber wie kommt diese Planck-Temperatur zustande und warum kann es nichts Heißeres geben?

Wie Sie sicher schon mal festgestellt haben, glüht Holzkohle beim Grillen (ca. 600 °C) eher rötlich, während eine Glühbirne (ca. 2 000 °C) gelbes Licht abgibt. Wir Menschen strahlen mit unseren 37 °C Körpertemperatur im nicht sichtbaren Infrarotbereich. Holzkohle kommt mit ihrer Strahlung in den roten Bereich des sichtbaren Lichtes, die Glühbirne schon in den etwas energiereicheren gelben Bereich. Die Sonne hat eine Oberflächentemperatur von etwa 6 000 Grad Celsius und strahlt weißes Licht ab, das eine Mischung aus allen Farben des Spektrums ist. Der Großteil des Sonnenlichtes liegt aber im blauen Bereich.*

Etwas, das 10 000 Grad heiß ist, strahlt irgendwo zwischen blau und violett, hat aber wenig rotes und gelbes Licht, weshalb es uns dann auch wirklich blau erscheint. Und es ist auch schon viel UV-Strahlung dabei, die wir nicht mehr sehen können. Dabei macht es keinen Unterschied, was für ein Material da glüht, wichtig ist nur die Temperatur, zumal man bei 10 000 Grad Celsius auch nicht mehr wirklich von Material sprechen kann. Wichtig dabei ist, dass die Wellenlänge des abgestrahlten Lichtes mit steigender Temperatur kürzer wird. Wird ein Objekt heißer und heißer, verschiebt sich der Mittelwert seiner ausgesendeten Strahlung in den immer kürzerwelligen Bereich. Zwischen 3 und 300 Millionen °C leuchtet das Objekt im Röntgenbereich, darüber im Bereich der Gamma-Strahlung.

Die Planck-Temperatur ist nun diejenige Temperatur, bei der das Objekt Strahlung absondert, deren Wellenlänge… richtig, genau die

---

* Dass normales Sonnenlicht uns nicht blau, sondern weiß vorkommt, liegt daran, dass unser Auge sich evolutionär an dieses Licht angepasst hat. Wenn für uns mal etwas blau aussieht, dann enthält es nicht blaues Licht, sondern *mehr* blaues Licht als das Sonnenlicht.

Planck-Länge ist. Und diese Wellenlänge erreicht ein jedes Objekt bei einer Temperatur von $1{,}4 \cdot 10^{32}$ Kelvin.

Wie wenig wir auch über den Urknall wissen, dies hier ist sicher. Zum Zeitpunkt $5{,}4 \cdot 10^{-44}$ Sekunden hatte das Universum die folgenden Werte:

- Der Durchmesser des Universums war $4{,}2 \cdot 10^{-35}$ m.
- Seine Dichte war $5{,}2 \cdot 10^{96}$ kg/m$^3$.
- Seine Temperatur war $1{,}4 \cdot 10^{32}$ Kelvin.

Was davor war, können wir nicht wissen. Es war kleiner als Raum, schneller als Geschwindigkeit, dichter als Dichte und heißer als Temperatur. Ursache und Wirkung waren dasselbe. Es ist auch schwierig, sich zu fragen, was vor dem Urknall war, wenn die Zeit selbst erst im Urknall entstanden ist. Stephen Hawking benutzt hier gerne die analoge Frage, was wohl südlich des Südpols liegt. Vor dem Urknall gab es keine Zeit und daher kann es auch überhaupt kein Davor geben. Mit jedem neuen Teilchenbeschleuniger, den wir bauen, kommen wir näher an den allerersten Moment heran. Aber er ist nicht zu erreichen. Zumindest nicht nach unserem heutigen Kenntnisstand.

Ist dies der letzte Ort, an dem sich ein Gott aufhalten kann? Michelangelo hat ihn noch als alten weißen Mann mit Rauschebart gemalt, der Adam Feuer gibt. In den vergangenen Siebzigerjahren gab es Aufkleber mit den Worten »Gott ist eine Schwarze Frau«, natürlich nur um zu provozieren, aber es war ein interessanter Denkanstoß. Wenn Sie heute einen Protestanten nach Gott fragen, dann ist Gott etwas, das irgendwie in uns, um uns und zwischen uns ist. Ein Kraftfeld. Wenn es einen Gott geben sollte, dann kann er sich nur noch in der Planck-Welt verstecken. Warum auch immer er das tun sollte, denn es braucht einen Quantenphysiker, um das zu erkennen, und bei aller Liebe keinen Geistlichen.

*****

Wir haben uns jetzt einige Beispiele aus der Geschichte der Forschung angeschaut, in denen ich zeigen wollte, dass wir die Welt am ehesten erfassen können, wenn wir sie wissenschaftlich angehen. Die Wissenschaft kann uns nicht alles beantworten, aber sie kann uns sagen, wo die Grenzen unserer Erkenntnis liegen. Wissenschaftler haben über Jahrhunderte in mühseliger Kleinarbeit die Welt erkundet und es ist schwer, sich vorzustellen, wie viele Versuche ergebnislos oder als Fehlschlag geendet sind. Lang und beschwerlich ist der Weg, der zur Erkenntnis führt.

Doch die elementarste aller Fragen bleibt: Wie sind wir entstanden? Der Mensch ist sich selbst als Geschöpf so vertraut, dass wir größte Schwierigkeiten haben, über unseren Schatten zu springen und uns selbst von außen zu betrachten. Doch es ist wichtig, dass wir das tun, denn nichts anderes kann uns helfen, uns selbst besser kennenzulernen und vor allem ins rechte Licht zu rücken.

Wenn wir uns für die Krone der Schöpfung halten, dann sollten wir das auch irgendwie belegen können, oder nicht? Wenn mir jemand ein Buch zeigt, das mich und all die anderen Menschen auf der Welt die Krone der Schöpfung nennt, dann frage ich mich zumindest, was er und das Buch davon haben, mir das zu sagen. Die bloße Behauptung ist zwar schmeichelhaft, doch gewöhnlich folgt ihr die Aufforderung, einer Vereinigung beizutreten, deren gesamtes Glaubenspaket man dann akzeptieren muss.

Halten wir uns an die Fakten. In den nächsten Kapiteln werden wir uns mit der Suche nach anderen Planeten und dann mit den Bausteinen des Lebens und ihrer Entstehung beschäftigen. Danach machen wir einen Streifzug durch die Mechanismen der Evolution. Wir werden sehen, dass dieses ganze Schauspiel viel größer ist als wir es uns vorstellen können, und dass es weder einen Autor noch einen Regisseur braucht, ja selbst Zuschauer sind nicht vonnöten: Das Stück findet ohne sie statt. Das ist in keiner Weise ernüchternd oder einschüchternd. Es ist in seinem Ablauf und seinen Möglichkeiten schlichtweg grandios und wir dürfen uns glücklich schätzen, uns mit der Wissenschaft einen Sitzplatz zu verdienen.

*»Unsere Erde ist winzig, und sie dreht sich um einen ziemlich durchschnittlichen Stern. Und es gibt hundert Milliarden Sterne in unserer Galaxis. Ach ja, und es gibt fünfzig bis hundert Milliarden Galaxien im Universum. Wer von der kosmologischen Perspektive eingeschüchtert ist, der hat seinen Tag einfach mit einem ungerechtfertigt großen Ego begonnen.«*

*Neil deGrasse Tyson*

## 3. Nur auf der Erde?

Dass der Himmel voller Sterne wie unsere Sonne ist, kann jedermann sehen und wird auch in den religiösesten Kreisen kaum noch bestritten. Aber sind all die Sterne, die wir nachts sehen können, auch von Planeten umgeben wie unsere Sonne? Sehen können wir diese Planeten nicht, da die Sterne, um die sie kreisen, eine gute Milliarde mal heller sind als ihre Planeten. Das ist so erfolgversprechend wie ein Feuerzeug vor die Sonne zu halten.

Bevor wir uns mit der Suche nach Planeten beschäftigen, die andere Sterne umkreisen, sollten wir uns zunächst einmal unser eigenes Sonnensystem auf der Zunge zergehen lassen, um einen Eindruck von den Größenverhältnissen zu bekommen.

Stellen wir uns vor, unser Sonnensystem wäre eine CD mit der Sonne in der Mitte. Pluto zieht seine Bahn in unserem Beispiel genau auf dem Rand der CD. Die Sonne, die mehr als 99 % der Masse unseres Sonnensystems in sich vereint, säße in der Mitte des Loches und wäre einen zehntausendstel Millimeter groß. Das wäre nicht mal die Größe eines Sandkorns, denn die Teilchengröße von Sand beginnt per Definition erst bei sechs Hundertstel Millimetern, dem Sechshundertfachen davon. Alle Planeten einschließlich Jupiter wären nur Staubkörner. Merkur, Venus, Erde, Mars und der Asteroidengürtel zwischen Mars und Jupiter befänden sich noch innerhalb des Loches der CD. Die Bahn des Jupiters würde ziemlich genau am Rand des Loches verlaufen. Die nächste CD wäre das Sternsystem Alpha Centauri und hinge etwa 66 Meter entfernt von unserer CD irgendwo in der Luft herum. Unsere Sonne und Alpha Centauri würden zusammen mit hundert bis zweihundert Milliarden anderen Datenträgern um ein Zentrum irgendwo in Weißrussland kreisen, denn diese riesige Wolke aus CDs reicht von Berlin nach Moskau.

Innerhalb des Lochs unserer CD, irgendwo zwischen Venus und Jupiter, wäre eine Zone von wenigen Millimetern Breite. In dieser Zone befinden sich Erde und Mars. Sie heißt habitable Zone und beschreibt den Bereich, in dem die Sonnenstrahlung weder zu stark noch zu schwach ist, um Leben entstehen zu lassen. Der Merkur befindet sich nicht in der habitablen Zone, denn er ist zu nah an der Sonne, und Venus liegt genau an der Grenze. Mars liegt nur noch mit Einschränkungen darin. Er könnte nur Leben tragen, wenn ein starker Treibhauseffekt seine Atmosphäre auf Temperaturen anheizen würde, in denen Wasser flüssig ist. Im Falle von Jupiter ist aber auch das nicht mehr ausreichend. Er ist definitiv außerhalb der Zone. Wenn es auf einem seiner Monde Leben geben sollte, dann jedenfalls nicht aufgrund des Sonnenlichtes. Hier könnten nur vulkanische Aktivität oder eine Erwärmung durch Reibung aufgrund der Gezeitenkräfte helfen.

Die Venus hingegen hat eine Atmosphäre aus 90 bar Kohlendioxid mit kleinen Beimischungen von Stickstoff und Schwefelwasserstoff. Sie leidet unter einem starken Treibhauseffekt, der ihr eine Oberflächentemperatur von etwa 460 °C beschert. Obwohl der Merkur von der Sonne nur halb so weit entfernt ist wie die Venus, ist er doch knapp 40 °C kühler als sie. Der Merkur hat fast gar keine Atmosphäre und obwohl die Sonne von seiner Oberfläche aus etwa zweieinhalbmal so groß ist und sechsmal heller scheint als von der Erde aus gesehen, kann es auf seiner Schattenseite immer noch –200 °C kalt werden. Da die dichte Atmosphäre der Venus ihre Wärme um den ganzen Planeten verteilt, ist es dort nirgendwo kühler als 440 °C.

Ein Treibhauseffekt kann sich sowohl positiv als auch negativ auf die Bedingungen auf einem Planeten auswirken, was die Bestimmung der habitablen Zone um einen Stern schwierig macht. Allerdings kann die habitable Zone, in der Leben möglich ist, dadurch auch größer werden. Es gibt also viele Variablen zu bedenken. Aber das nützt alles nichts, wenn man noch keine Exoplaneten gefunden hat. Planeten also, die um eine andere Sonne kreisen als die unsere.

In den Achtzigerjahren beschloss der amerikanische Physiker William J. Borucki, Planetenjäger zu werden. Die meisten seiner Kollegen reagierten auf diese Ankündigung, indem sie plötzlich einsilbig wurden, längere Zeit ihre Schuhspitzen betrachteten und dann das Thema wechselten.

Dabei waren die ersten Exoplaneten zu jener Zeit schon gefunden. Da damals niemand Geld ausgab, um für die Planetensuche ein Teleskop in den Weltraum zu schießen, mussten die Messungen in den Achtzigern noch von der Erde aus erfolgen. Die atmosphärischen Störungen waren ein großes Problem und setzten die Empfindlichkeit der Methoden stark herab. Man konnte zu jener Zeit nur Planeten finden, die größer waren als Jupiter, der größte Planet in unserem Sonnensystem. Jupiter ist etwa 300-mal so schwer wie die Erde. Befände sich also ein erdähnlicher Planet in einer Umlaufbahn um einen anderen Stern, so hätte man ihn unter diesen Bedingungen gar nicht entdecken können.

Und man fand nicht viele dieser Riesenplaneten. Zwischen 1996 und 2000 wurden sechs Planeten zwischen einer und acht Jupitermassen entdeckt. Sie alle haben keine feste Oberfläche, sondern sind einfach riesige Kugeln aus Gas und ein wenig Staub. Würde man mit den Füßen voran auf einen solchen Planeten herabfallen, dann gäbe es keinen Zeitpunkt, an dem man auf der Oberfläche aufschlägt. Die Luft wird einfach immer dichter und staubiger, bis man in irgendetwas stecken bleibt, wofür wir noch kein Wort haben. Das bedeutet aber auch, dass es auf dieser nicht existierenden Oberfläche keine Flüssigkeit gibt, in der Leben entstehen könnte. Es mag riesige Mengen Wasser geben, das aber eher als Dampf oder Nebel vorliegt. Und da so gut wie alles auf dieser Oberfläche gasförmig ist, toben laufend Stürme, die uns Menschen das Fleisch von den Knochen pusten würden. Schlechte Chancen für höheres Leben.

Doch Borucki war sich der Tatsache bewusst, dass diese Ergebnisse nicht so enttäuschend sein mussten wie es klang. Der Wissenschaftler an sich ist Optimist und weiß, dass es vorläufig nur an den Messmethoden liegt. Dass bisher ausschließlich Gasriesen gefunden worden waren, lag daran, dass man noch nicht genügend feine Messungen vornehmen konnte. Das musste nicht bedeuten, dass irgendwo um ferne Sterne keine Gesteinsplaneten rotierten. Die bisherigen Methoden konnten Gasriesen finden, aber sie konnten aufgrund ihrer Unzulänglichkeit nicht beweisen, dass das alles war, was es zu sehen gab. Würde man bessere Methoden entwickeln, so würde man erst dann die Möglichkeit haben, die Existenz von fernen Gesteinsplaneten zu beweisen. Diese Möglichkeit zu widerlegen, ist allerdings schwerer. Nach wie vielen untersuchten Sonnensystemen müsste man sich eingestehen, dass die Suche sinnlos war? Zehn? Hundert? Eine Million? Unsere Galaxis besteht aus vielleicht 200 Milliarden Sternen!

Noch war also nichts entschieden. Borucki hatte sich das Rüstzeug für seine Unternehmung auch schon überlegt. Er würde – genug Fördermittel vorausgesetzt – nach der Transitmethode und der Radialmethode vorgehen.

Bei der Transitmethode nutzt man die Tatsache, dass ein Planet, wenn man ihn aus genügend großer Entfernung beobachtet, einmal pro Umlauf um seinen Stern eine kleine Sonnenfinsternis verursacht. Schiebt sich der Planet vor den Stern, ist der Stern eine Kleinigkeit weniger hell. Bewegt sich der Planet wieder aus dem Bild, wird der Stern seine ursprüngliche Helligkeit wiedererlangen. Auch bei dieser Methode kann man die Silhouette des Planeten immer noch nicht sehen, da der Stern ihn bei weitem überstrahlt. Wir reden hier immerhin davon, dass die Helligkeit eines Sterns für kurze Zeit von 1 auf etwa 0,9998 sinkt. Aber man kann die Schwächung seines Lichtes mit empfindlichen Geräten messen. Wir Menschen können Geräte bauen, die nicht nur unsere Sinne verstärken, sondern ihnen Möglichkeiten zur quantitativen Auswertung des Gesehenen geben.

Nun kann die zeitweise Verringerung der Helligkeit eines Sterns mehrere Ursachen haben. Ein großer Sonnenfleck auf dem Stern kann seine Helligkeit schon um diesen Betrag herabsetzen. Oder ein Komet fliegt zufällig genau während der Messung am Stern vorbei und wird es vielleicht erst in 3 000 Jahren wieder tun. Ein Komet ist zwar viel kleiner als ein Planet, aber er hat auch einen langen Schweif, der das Sonnenlicht blockieren kann wie ein Planet. Gewissheit muss her.

Da der Planet seine Show einmal pro Umlauf um seinen Stern aufführen wird, kann man die Messungen also absichern, indem man wartet, dass sich das Phänomen wiederholt. Ein zweiter Transit muss abgewartet werden, und wenn man ihn beobachtet hat, kann man schon angeben, wie lange ein Jahr auf dem hypothetischen Planeten dauert. Aber halt! Es gibt immer noch die Möglichkeit, dass die beiden Transits nicht von dem gleichen Objekt verursacht wurden. Vielleicht war das erste Ereignis ein Planetentransit und das zweite ein Komet oder Sonnenfleck. Dann wären es zwei verschiedene Ereignisse, die auch gar nicht anders können, als irgendeinen zeitlichen Abstand voneinander zu haben. Daraus kann man also noch keine Umlaufzeit ableiten. Also muss ein dritter Transit abgewartet werden. Mit drei Transits hat man dann drei Ereignisse, zwischen denen man zwei Zeitspannen angeben kann. Sind diese identisch, ist das schon ein deutlicher Hinweis darauf, dass sich ein Objekt auf einer Kreisbahn um den Stern bewegt. Ist die Schwankung in der Helligkeit auch immer dieselbe, wird ein Irrtum schon wesentlich weniger wahrscheinlich.

Ein weiterer Vorteil der Transitmethode besteht darin, dass man damit gleich die Fläche des Objektes bestimmen kann, denn das Objekt verdeckt ja einen bestimmten Prozentsatz der Fläche des Sterns. Hat man damit die Fläche des Objektes bestimmt, kann man mit klassischer Geometrie auf seinen Durchmesser zurückrechnen und von dort aus das Volumen des Objektes ermitteln.

Nun ist es aber schwierig, solch feine Unterschiede mit irdischen Teleskopen zu messen, zumal das Flimmern der Erdatmosphäre bereits Schwankungen in den Messwerten verursacht, die größer sind als der Wert, den man messen will. Doch dieses Problem lässt sich lösen. Man muss nur für 500 Millionen Dollar ein hochwertiges, maßgeschneidertes Teleskop in den Weltraum befördern. Im Jahre 2009 wurde dann das Kepler-Teleskop in den Weltraum geschossen. Es befindet sich nicht in einer Umlaufbahn um die Erde, sondern folgt ihr in einem Abstand von etwa 2 Millionen Kilometern auf ihrer Bahn. Es trägt eine 95-Megapixel-Kamera, die von einem festgelegten Ausschnitt des Himmels alle 30 Minuten eine Aufnahme macht und die Daten auf die Erde schickt. Und das machte Kepler zwischen Mai 2009 und August 2013 ununterbrochen für die 150 000 Sterne in seinem Sichtfeld.

Einer dieser Sterne, die Borucki und sein Team untersuchten, war der Stern Kepler-10, der 560 Lichtjahre entfernt von uns genauso um das Zentrum der Galaxis kreist wie wir. Im Orbit um diesen Stern fand Boruckis Kollegin Natalie Batalha im Jahre 2011 mit der Transitmethode einen Planeten, den sie Kepler-10b nannte. Er rotiert in etwa 20 Stunden einmal um seinen Zentralstern. Ein Jahr ist auf diesem Planeten also nur 20 Stunden lang! Batalha errechnete für Kepler-10b einen Radius von 1,4 $R_E$, also den 1,4-fachen Radius der Erde. Es war der bis dahin kleinste je gefundene Planet.

Die andere Methode, mit der Borucki und Kollegen vorgingen, war die Radialmethode. Bei der Radialmethode nutzt man die Tatsache aus, dass ein Planet ja eigentlich nicht um seinen fest im Raum stehenden Stern kreist, sondern dass genau genommen beide um einen gemeinsamen Schwerpunkt rotieren. Da ein Stern gewöhnlich millionenfach schwerer ist als sein Planet, befindet sich der gemeinsame Schwerpunkt dieses Systems noch innerhalb des Sterns, nur einige tausend oder zehntausend Kilometer von seinem eigenen Mittelpunkt entfernt. Der Stern eiert also. Wenn man beobachten kann, dass ein Stern eiert, dann muss, frei nach Newton, eine andere Masse ihn umkreisen. Und diese Masse kann man dann mit den Newtonschen Gesetzen errechnen.

Wie kann man aber in einem Raum ohne Bezugspunkte überhaupt messen, dass ein Stern eiert? Astronomen können ja grundsätzlich nichts anderes tun als das Licht zu messen, das ein Stern abgibt. Hier nutzen Borucki & Co. den Dopplereffekt. Wenn ein Stern eiert, dann bewegt er sich damit in regelmäßigen Abständen ein wenig auf uns zu und von uns weg. Und wie Sie bestimmt wissen, kann sich nichts schneller bewegen als das Licht und Licht hat immer die gleiche Geschwindigkeit *c*. Was aber macht das Licht, wenn es aus einer Quelle kommt, die sich selbst bewegt? Wenn ich bei 100 km/h die Scheinwerfer meines Wagens anmache, dann bewegt sich das Licht meiner Scheinwerfer ja nicht mit $c$ + 100 km/h. Es hat immer noch Lichtgeschwindigkeit. Stattdessen hat sich seine Frequenz geändert. Es ist energiereicher geworden, meine Scheinwerfer leuchten also bei 100 km/h eine Klitzekleinigkeit blauer als sie es geparkt tun würden. Würde ich 100 km/h schnell rückwärtsfahren können, so würde sich das Licht meiner Scheinwerfer um den gleichen Betrag in den roten Bereich verschieben.

Kann man so feine Unterschiede messen? Ja, das kann man. Es geschieht jedes Mal, wenn ich in eine Radarfalle gerate. Jeder Verkehrspolizist kann mir mit demselben Messprinzip nachweisen, dass ich 14 km/h zu schnell war. Im Falle einer Sonne, die wegen ihres Planeten eiert und daher abwechselnd ein wenig auf uns zu kommt und sich von uns wegbewegt, liegen die Geschwindigkeiten bei etwa 10 km/h. Diese Messungen werden parallel zu Keplers Daten vom Keck-Teleskop auf Hawaii aufgenommen, dessen Messgenauigkeit die Radarpistole eines Verkehrspolizisten um ein Vielfaches übersteigt.

Als Natalie Batalha den Stern Kepler-10 mit den Daten aus der Radialmethode des Keck-Teleskops untersuchte, fand sie eine große, periodisch auftretende Farbverschiebung im Spektrum des Sterns. Die einzelnen, charakteristischen Farblinien seines Lichtes verschoben sich in regelmäßigen Abständen in den roten und den blauen Bereich. Das Ausmaß der Verschiebung entsprach einigen Metern pro Sekunde, also nur etwa so schnell, wie man am Samstagmorgen zum Bäcker schlurft. Doch man konnte es auch auf 560 Lichtjahre Entfernung messen. Die Lichtteilchen, die man auffing, hatten also den Stern Kepler-10 in dem Jahr verlassen, als Christoph Columbus geboren wurde. Die Regelmäßigkeit des empfangenen Signals passte aber nicht zum Planeten Kepler-10b, denn die Periode war etwa um den Faktor 50 zu lang.

Der Stern Kepler-10 musste also noch einen weiteren Planeten haben, der alle 45 Tage um seinen Stern kreiste. Als Batalha mit der Software dichter an das Spektrum heranzoomte und sich die Lichtverschiebung des Sterns genauer ansah, fand sie versteckt in der großen Lichtverschiebung noch eine kleinere Periode, deren Frequenz 20 Stunden betrug. Kepler-10 machte also innerhalb seiner Eierbewegung noch eine weitere, kleinere Eierbewegung. Die kleinere Periode hatte nicht nur die passende Länge zu den Daten aus der Transitmethode, sie trat auch immer zur richtigen Zeit auf, nämlich kurz vor und kurz nach dem Transit, wenn der Planet sich also an der Seite des Sterns befand. Diese Verschiebung wurde zweifellos von Kepler-10b verursacht.

Doch den Astronomen des Kepler Science Teams geht das noch nicht weit genug. Wenn sie meinen, ein Planetensystem entdeckt zu haben, geben sie alle Daten über die Größe des Sterns, des Planeten, seine Umlaufzeit und weitere Parameter an ein weiteres Team von Wissenschaftlern. Dieses Team erstellt aus den Daten zur Absicherung ein Computermodell und lässt den Modellplaneten im Zeitraffer einige Millionen Mal um den Modellstern rotieren. Wenn der Planet nach einigen tausend oder zehntausend Umrundungen seine Umlaufbahn verlässt, kann der Planet sich nicht auf einer stabilen Umlaufbahn befinden, und man wird sich vermessen haben. Findet man dann keine Fehler in den Messdaten, so hat man sich einfach geirrt. Erst wenn diese Absicherung erfolgt ist und die Messdaten im Computermodell ein stabiles System ergeben, geht das Kepler-Team mit seinen Ergebnissen an die Öffentlichkeit.

Mit dem Ausmaß der Lichtverschiebung, die in Kepler-10bs Periode auftrat, errechnete Batalha nach dem Keplerschen Planetengesetzen eine Masse von 4,6 $M_E$. Der Planet Kepler-10b hat also das 1,4-fache Volumen der Erde und etwa die viereinhalbfache Masse. Teilen wir nun die errechnete Masse von Kepler-10b durch sein errechnetes Volumen, erhalten wir seine mittlere Dichte. Sie liegt bei 8,8 g/cm$^3$. Der Gesteinsplanet Erde hat eine mittlere Dichte von 5,5 g/cm$^3$. Es ist doch erstaunlich, welche Informationen man aus solchen Rohdaten gewinnen kann, wenn man weiß, wie die Welt funktioniert.

Kepler-10 b ist also – so viel lässt sich sicher sagen – ein Gesteinsplanet. Seine mittlere Dichte ist sogar höher als die der Erde. Für eine solche Dichte können laut Periodensystem nur zwei Arten von Materialien verantwortlich sein: die Oxide mancher Schwermetalle wie Blei, Osmium oder Platin oder reine Metalle von mittlerer Dichte. Hier genügen zur Erklärung auch schon weniger seltene Elemente wie Eisen, Kupfer oder Nickel, deren Dichten bei 7,5 bis 9 g/cm$^3$ liegen. Da Osmium, Platin und Blei nicht nur auf der Erde, sondern auch im Universum viel seltener vorkommen als Eisen, Kupfer und Nickel, kann man fast schon vermuten, dass Kepler-10b einen Kern aus reinem Metall besitzt, genau wie unsere Erde. Aber das ist für Wissenschaftler bereits Spekulation.

Kepler-10b war einer der ersten Gesteinsplaneten, die jemals außerhalb unseres Sonnensystems gefunden wurden. Er hat aber, da er sich sehr nah an seinem Stern befindet, eine Oberflächentemperatur von etwa 1 500 °C und daher wahrscheinlich nicht mal eine Atmosphäre. Stattdessen könnte er Meere aus flüssigem Eisen oder Blei besitzen.

Dass es Gesteinsplaneten außerhalb unseres eigenen Sonnensystems gibt, ist allerdings eine Erkenntnis, die uns seitdem niemand wieder nehmen kann. Es gibt Welten da draußen, die mehr sind als große Kugeln aus Gas. Der Gedanke ist in der Welt.

Doch die Transitmethode kann noch mehr. Um einen Planeten zu finden, messen wir in der Transitmethode die Helligkeit. Doch wenn das System nah genug ist, um eine ausreichende Auflösung zu erreichen, dann können wir auch feine Veränderungen im Lichtspektrum des Sterns messen. Wenn der Planet am Stern vorbeizieht und eine Atmosphäre besitzt, dann wird seine Atmosphäre je nach ihrer Zusammensetzung ein paar Wellenlängen des Sternenlichts absorbieren. Ist das beobachtete Sternensystem also nah genug für verlässliche Messungen, kann man vom Lichtspektrum von Stern und Planet einfach das Spektrum des Sterns ohne Planet abziehen und wir erhalten das Spektrum des Planeten. Und welche Moleküle welche Wellenlängen absorbieren, steht in jedem Lehrbuch der Spektrometrie und gilt überall im Universum gleich. Wenn der Planet also nah genug an uns dran ist, kann man nachweisen, welche Moleküle in seiner Atmosphäre vorhanden sind. Wasser, Methan, Ammoniak, Schwefelwasserstoff sind damit messbar. Die Dicke der Atmosphäre unseres Planeten entspricht im Vergleich zur Größe der Erde etwa dem Atemhauch auf einer Billardkugel. Und die astronomische Billardkugel selbst schwächt das Licht ihres Sterns nur um ein Zehntausendstel. Doch das ist messbar.

Das Weltraumteleskop Kepler hat in den letzten Jahren eine ganze Reihe von bahnbrechenden Entdeckungen gemacht. Mit dem Planeten Kepler-22b, 600 Lichtjahre von uns entfernt, wurde im Jahre 2011 der erste Gesteinsplanet bestätigt, der mit großer Wahrscheinlichkeit Flüssigkeit auf seiner Oberfläche besitzt. Sein Jahr ist 290 Erdentage lang, was uns schon viel vertrauter anmutet als 20 Stunden. Und was viel wichtiger ist: Er befindet sich im richtigen Abstand zu seinem Stern in der bewohnbaren Zone, in der es weder zu kalt noch zu heiß für Leben ist. Die Beschaffenheit des Planeten selbst hat hier jedoch mehr Einfluss auf die Oberflächentemperatur als das Licht seines Sterns. Wenn Kepler-22b keine Atmosphäre hat, ergibt sich einen errechnete Oberflächentemperatur von –11 °C. Hat er eine Atmosphäre ähnlich der unserer Erde und besitzt damit einen kleinen, gesunden Treibhauseffekt, wären es 22 °C (unsere Erde hat 14 °C). Schon dieser kleine Unterschied zwischen –11 °C und 22 °C bewirkt nach der RGT-Regel*, zu der wir im nächsten Kapitel

* Reaktions-Geschwindigkeits-Temperatur-Regel, im Englischen auch Q10-Regel genannt. Sie besagt, dass die Geschwindigkeit einer chemischen Reaktion sich verdoppelt bis ver-

kommen werden, eine 2,5- bis 6-mal schnellere Entwicklung von Leben. Leidet Kepler-22b unter einem ähnlich starken Treibhauseffekt wie die Venus, könnte er eine Oberflächentemperatur von über 400 °C besitzen.

Im April 2013 gab das Kepler Science Team die Entdeckung der Planeten Kepler-62e und f bekannt. Sie sind zwei von fünf Planeten, die sich im Sonnensystem Kepler-62, rund 1 200 Lichtjahre von uns entfernt befinden. Was die beiden gegenüber den anderen drei so interessant macht: Sie bewegen sich innerhalb der bewohnbaren Zone, so wie Erde und Venus in unserem System. Sie sind beide etwas größer als die Erde, aber ihre Masse konnte bisher noch nicht ausreichend genau ermittelt werden. Die Daten deuten aber zumindest darauf hin, dass es sich um Gesteinsplaneten handelt. Denn in dieser Zone sind in allen Sonnensystemen eher Gesteinsplaneten als Gasriesen zu erwarten.

Gesteinsplaneten befinden sich bevorzugt im inneren Teil eines Sternensystems. Das liegt daran, dass der Stern bei seiner Entstehung nicht wie eine Glühbirne einfach zündet und dann ein Stern ist. Er bildet sich aus einer Wasserstoffwolke, in der Staub und Gas im Laufe von einigen hunderttausend Jahren anfangen, sich umeinander zu drehen, ein Zentrum zu bilden oder zwei, die sich gegenseitig anziehen, die dadurch schwerer werden und weiter Materie anziehen, bis aus einer Wolke, in der Gas und Staub einst halbwegs gleichmäßig verteilt waren, heiße Zentren entstanden sind. Die Wolke räumt sich in einem selbstverstärkenden Prozess selbst auf. Das muss auch bedeuten, dass die Entstehung von Sternen und Planeten aus Gaswolken ein ebenso zwangsläufiger Prozess ist wie die Entstehung von Biomolekülen, sobald die nötigen Rohstoffe vorliegen und die energetischen Verhältnisse es ermöglichen.

Der Prozess der Sternbildung, ja selbst die Zündung der Fusion dauern einige hunderttausend Jahre und haben einen interessanten Nebeneffekt: Wenn der Stern noch im Entstehen begriffen ist, stellt er bereits das heiße Zentrum des Sternensystems dar und es ist logisch, dass die Temperatur in diesem Sternensystem nach außen hin abnimmt. In dieser Phase aber bläst der werdende Stern die leichter flüchtigen Substanzen wie Wasser-

vierfacht, wenn die Temperatur der Reaktion um 10 K steigt. Sie gilt nicht für alle Temperaturbereiche, aber für Reaktionen unter »gemäßigten« Bedingungen ist sie absolut anwendbar.

stoff, Helium und Stickstoff, die er nicht aufsaugen konnte, von sich weg, bis sie eine Zone erreichen, in der sein Schub sie nicht mehr erfasst. Der Stern ordnet also, schon bevor er ein richtiger Stern ist, die Bestandteile der Materiewolke nach ihren Siedepunkten. Je leichter flüchtig eine Substanz ist, desto weiter treibt der Stern sie von sich weg. Was am Ende übrig bleibt, sind Feststoffe in seiner Nähe, aus denen sich Gesteinsplaneten im inneren Teil des Sonnensystems bilden, und Gasplaneten im äußeren Teil. Da Gase eine viel geringere Dichte haben als Feststoffe, ist ihre Gravitation auch viel geringer und es muss sich viel mehr davon zusammenballen, wenn ein Planet entstehen soll. Der kleinste bisher entdeckte Gasplanet ist Kepler-11f mit 2,3 Erdenmassen.

Hier stellt sich die Frage, wie die Erde dann so viel Wasser auf ihrer Oberfläche haben kann. Wenn alles Leichtflüchtige schon vom Stern weggetrieben wurde, bevor die Erde entstand, wie kann dann Wasser heute noch auf der Erde sein? Der Wasseranteil der Erde beträgt zwar nur 0,02 Prozent und fast alles davon befindet sich auf der Oberfläche, aber schon mit dieser geringen Menge sind wir eine Ausnahme gegenüber unseren direkten Nachbaren Venus und Mars. Es gibt hier zwei Möglichkeiten: Das Wasser hat sich erst nach der Entstehung der Erde auf ihr gebildet (Wasserstoff und Sauerstoff in gebundener, also nicht flüchtiger Form wären vielleicht genug vorhanden) oder es kam erst später durch ein ununterbrochenes Bombardement von Kometen auf die Erde.

Das allerdings würde größere Planeten wie Jupiter erfordern, die das vom Stern weggeblasene Wasser (jetzt aber Eiskometen) mit ihrer Gravitation wieder ins innere Sonnensystem zurückholen, wo die Gesteinsplaneten sind. Wenn genug Wasser im Planeten selbst entstehen kann, dann ist ein erdähnlicher Planet in der bewohnbaren Zone nicht darauf angewiesen, dass ein jupiterähnlicher Planet sich ein Stück weiter draußen befindet und Wasser für ihn heranholt. Wenn das Wasser durch die Hitze des entstehenden Sterns so konsequent weggeblasen wird, dass es durch größere Planeten wieder herangeholt werden muss, dann verringert sich die Chance, dass ein Gesteinsplanet Wasser trägt, und so können wir einen beträchtlichen Teil der entdeckten Sternensysteme als Kandidaten wieder streichen. Was genau bei uns der Fall war und inwiefern sich das auf andere Sternensysteme übertragen lässt, ist im Moment noch eine der berühmten offenen Fragen. Dabei ist sie wichtig für die Überlegung, wie selten oder häufig die lebensfreundlichen Bedingungen im Universum eigentlich sind.

Bis zum Februar 2014 haben das Kepler-Team und all die anderen Planetenjäger der Welt in 1 000 Sternensystemen etwa 1 700 Planeten gefunden[6]. Knapp 2 000 Kandidaten warten noch auf ihre Auswertung. Es könnten also schon einige Knüller vermessen, aber noch nicht ausgewertet sein. Die vorhandenen Daten reichen aber bereits aus, um ein wenig Statistik damit zu betreiben.

Bis zu einer Entfernung von 2 000 Lichtjahren von unserem Sonnensystem wurden bisher 16 Kandidaten von bewohnbaren Planeten gefunden, von denen bisher ein Drittel offiziell bestätigt wurde. Alleine im Umkreis von 50 Lichtjahren fand man bisher sechs Planeten in der bewohnbaren Zone, was auch daran liegt, dass die Daten verlässlicher sind, wenn der Stern näher an uns dran ist. Der Großteil dieser Entdeckungen geht auf das Konto des Kepler-Weltraumteleskops. Allerdings untersucht Kepler nur einen kleinen Ausschnitt von etwa 0,3 % des Himmels. Wenn wir das auf den gesamten Himmel hochrechnen, so kommen wir zu dem Schluss, dass allein im Umkreis von 1 000 Lichtjahren um unser Sonnensystem etwa 30 000 bewohnbare Planeten zu erwarten sind.

Unsere Milchstraße hat einen Durchmesser von etwa 100 000 Lichtjahren. Sofern die Ecke der Milchstraße, in der wir uns befinden, nicht gerade übermäßig geeignet ist, solche Planeten zu erzeugen, müssen wir davon ausgehen, dass es allein in unserer Galaxis Millionen von bewohnbaren Planeten gibt. Das Leben mag dann in unserer Galaxis immer noch sehr dünn gesät sein, aber absolut gesehen gibt es mit großer Wahrscheinlichkeit sehr viel davon.

Und wir sollten auch in Erinnerung behalten, dass selbst das Kepler-Teleskop nicht alles findet, was es da draußen zu finden gibt. Wenn ein Planet von uns aus gesehen nicht über den Äquator seines Sterns zieht, sondern seine Bahn um 90 ° geneigt ist, dann wird er sich aus unserer Perspektive immer nur um seinen Stern herum bewegen, ihn aber nie überdecken. Ein solcher Planet kann mit der Transitmethode gar nicht entdeckt werden. Auch die Radialmethode versagt hier, da der Stern sich dann nicht auf uns zu und von uns weg bewegt, sondern nur rauf und runter, was kaum zu messen ist.

Was man aus den bisherigen Daten aber entnehmen kann, ist, dass die Zweifel der Neunzigerjahre berechtigt waren. Kleinere Planeten mit zwei bis vier Erdenmassen, wie man sie damals noch nicht nachweisen konnte, kommen viel häufiger vor als Gasriesen.

## Leben auf anderen Planeten

Wie kann das Leben auf andern Planeten nun aussehen? Es wird mit großer Wahrscheinlichkeit keine zweite Welt geben, auf der Menschen leben. In Science-Fiction-Romanen, -Filmen und Computerspielen sind die Spezies meistens Affen, Katzen, Echsen oder Insekten. Dabei muss es mit Sicherheit Lebensformen geben, die zwar auf etwas basieren, das die Funktion von DNA übernimmt. Irgendetwas muss die Funktion von DNA übernehmen, denn wenn sich genetische Informationen nicht vererben lassen, dann fängt jeder Organismus bei null an, ist also noch keiner. Bedenkt man aber die unglaubliche Vielfalt des DNA-basierten Lebens auf der Erde, so kann es Spezies geben, die weit davon entfernt sind, sich von uns klassifizieren zu lassen. Ihre Gestalt und ihre Fähigkeiten hängen dann von den Bedingungen auf ihrem Planeten ab.

Im Laufe der Evolution auf der Erde haben sich gewisse körperliche Merkmale mehrfach und unabhängig voneinander entwickelt, weil sie ausgesprochen nützlich sind. Das Auge hat sich auf der Erde etwa vierzigmal entwickelt, das Fliegen viermal und das Leben auf der Erde ist voll von Tieren und Pflanzen, die sich Panzerungen und Stachel zugelegt haben, da diese Bauteile einen gewaltigen evolutionären Vorteil bieten.

Es ist also naheliegend, dass sich Lebewesen auf anderen Planeten auf ähnliche Weise entwickeln werden. Manche Dinge sind von so universeller Nützlichkeit, dass sie entstehen werden, wenn der Prozess der Evolution nur lange genug dauert. Was dann auf anderen Planeten an Körpermerkmalen entstehen wird, hängt also in erster Linie von den Gegebenheiten auf diesem Planeten ab. Wenn der Planet nur von einer kleinen Sonne beleuchtet wird, werden die Tiere darauf große, lichtempfindliche Augen haben. In trockenen Zonen auf dem Planeten wird es Sparmaßnahmen für Wasser oder die entsprechende Flüssigkeit geben, die auch auf der Erde vom Wasserhaushalt eines Kamels (kann auf einmal 80 Liter Wasser trinken) über Sonderformen der Photosynthese wie bei den Kakteen (öffnen ihre Spalten für die $CO_2$-Aufnahme nur nachts) bis zur Entwicklung einer Fettschicht unter der Haut gehen, die das Wasser des Körpers daran hindert, diesen einfach durch die Haut zu verlassen. So ist es bei fast allen Wirbeltieren auf der Erde.

Ist die UV-Strahlung auf dem Planeten stark, so wird es das Leben schwerer haben, sich an Land zu begeben. Die Organismen werden zunächst in größeren Wassertiefen gedeihen und sich über Jahrmillionen mit starken Panzern oder reflektierenden Häuten nach oben vorarbeiten müssen. Vielleicht gibt es dann so etwas wie Photosynthese betreibende Bakterien und Pflanzen, die aber mit anderen Molekülen in anderen Frequenzbereichen des Lichtes arbeiten. Die Wälder eines solchen Planeten wären dann nicht zwangsläufig grün, sondern vielleicht blau oder gelb. Vielleicht wären sie auch farblos, weil ihr Farbspiel im UV- oder Infrarotbereich stattfindet, was wir mit unseren Augen nicht sehen können.

Mit der allergrößten Wahrscheinlichkeit aber wird das Leben in Wasser oder einer geeigneten Ersatzflüssigkeit entstehen. Das Leben beginnt mit geringer Komplexität auf der Ebene der Moleküle und die reagieren in einer Lösung wesentlich besser und vor allem schneller als in der Trockenheit, wo wenig molekulare Bewegung möglich ist.

Wenn ein Planet kein Land hat, sondern nur von Wasser oder etwas Ähnlichem bedeckt ist, dann stehen die Chancen sehr gut, dass hier Leben entsteht. Allerdings fällt der Gang an Land dann etwas schwieriger und auf einem solchen Planeten auf eine Zivilisation zu stoßen, die sich interstellar verständlich machen kann, ist wesentlich weniger wahrscheinlich, denn Elektrizität mag es trocken. Doch spekulieren wir mal ein wenig.

Auch ohne den Gang an Land gibt es in den Meeren der Erde große Vorkommen von Algen. Braunalgen auf der Erde können bis zu 50 Meter lang werden. Sie sind im Boden verankert und bilden Unterwasserwälder. Doch es wäre möglich, dass irgendwo eine Algenspezies entsteht, die nicht im Boden verankert ist. Viele Algen auf unserem Planeten haben Luftkammern entwickelt, mit denen sie an der Wasseroberfläche treiben, wo es Licht für die Photosynthese gibt. Wenn die Alge nun auch noch verholzt, kann sie große schwimmende Inseln bilden, die sogar Stürme überstehen könnten. Damit wäre es möglich, so etwas wie Land zu erhalten, auf dem sich neue Spezies bilden können.

Doch schon hier auf der Erde gibt es ein viel eindrucksvolleres Beispiel. Im Juli 2012 gab es einen unterseeischen Vulkanausbruch vor Neuseeland, in dessen Verlauf große Mengen heißer Lava in das Meerwasser gespuckt wurden. Das Meerwasser verdampfte durch den Kontakt mit dem heißen Gestein, verwirbelte und durchmischte die Lava mit Wasserdampf und kühlte sie gleichzeitig so weit ab, dass sie Bimsstein wurde, dessen Dichte rund ein Drittel der Dichte von Wasser ist. Das Ergebnis ist beeindruckend: eine schwimmende Insel aus porösem Gestein treibt seitdem durch den südlichen Pazifik. Sie hat eine Fläche von 20 000 Quadratkilometern und damit etwa die Größe von Israel oder Mecklenburg-Vorpommern[7]. Groß genug, um ein eigenes Klima zu entwickeln. Sollte diese Insel lange genug auf dem Wasser treiben, wird sie den Biologen der Welt einige Gelegenheit geben, die Ansiedelung von Leben zu studieren.

Dabei muss es auch gar nicht so abgefahrenes Leben sein. Die größte Wahrscheinlichkeit für außerirdisches Leben besteht in Bakterien. Sie sind, sobald die Bedingungen es ermöglichten, auf der Erde in kurzer Zeit entstanden, bildeten für die längste Zeit die einzigen Lebensformen auf der Erde und sind aufgrund ihrer Genügsamkeit und Anpassungsfähigkeit heute noch allgegenwärtig. Wenn wir irgendwo Leben finden, dann werden Bakterien auf jeden Fall dabei sein. Es ist schwer, sich vorzustellen, was für Organismen über Milliarden Jahre dann aus diesen Bakterien entstehen können.

Wenn ein Außerirdischer, den wir jetzt einfach mal Quonk nennen, auf die Erde käme und mal nicht in New York City, sondern im Regenwald oder im Pazifik landete, dann könnte er nach einiger Forschungszeit wieder nach Hause fliegen und die unglaublichsten Dinge erzählen.

Quonk säße dann abends bei einem bierähnlichen Getränk mit seinen quonkähnlichen Freunden in einer kneipenähnlichen Einrichtung und würde erzählen:

»Jungs, ihr werdet mir nicht glauben, was ich auf diesem Planeten alles gesehen habe! Da waren Tiere, die waren komplett gepanzert, hatten sechs Beine, zwei Scheren und hinten einen Giftstachel, mit dem sie nach vorne zustechen können. Unglaublich! Da waren Tiere im Wasser, die sehen aus wie Müllsäcke voll Glibber, treiben langsam durch das Wasser und fressen kleine Fische. Da sind Fische ganz tief unten im Wasser, die haben eine kleine Lampe auf dem Kopf, um Beute anzulocken. Das Weibchen ist zehnmal so groß wie das Männchen, und sie paaren sich, indem das Männchen sich an ihr festbeißt und mit ihr verschmilzt! Und die Weibchen können Fische fressen, die doppelt so groß sind wie sie selbst! Sie stülpen sich einfach über die Beute und verdauen sie!«

»Ach Quonk, verschon uns doch mit diesem Blödsinn«, sagen seine Kumpel dazu, betrachten ihre Schuhspitzen oder schauen genervt schweigend in ihr bierähnliches Getränk.

»Findet ihr das wirklich so unglaublich? Ich meine, hier auf Broxon 7 haben wir Tiere, die ihren Nachwuchs in kleinen Kalkschalen-Behältern zur Welt bringen. Und zwar durch das gleiche Loch, durch das sie auch ihr Geschäft machen. Hier gibt es Tiere im Wasser, die ihre Opfer mit Stromschlägen töten. Hier leben Pilze, die auf Wanderschaft gehen und Holz verdauen. Kommt Euch das denn eigentlich gar nicht eindrucksvoll vor? Stellt Euch doch mal vor, was die Bewohner dieses blauen Planeten davon halten würden!«

»Naja, vielleicht würde es mich beeindrucken, wenn ich es nicht schon kennen würde. Gab es denn da überhaupt intelligentes Leben?«

»Nichts, was wir so nennen würden. Es gab da eine Vorstufe, aber die brauchen noch ein paar Millionen Jahre. Bisher tragen sie hauptsächlich Bakterien durch die Gegend.«

## Niemand weiß von uns

Wenngleich es uns als Spezies schon seit 200 000 Jahren gibt, sind wir erst seit kurzem eine funkende Spezies und senden seit etwa 100 Jahren Funksignale. Der Italiener Guglielmo Marconi sendete im Januar 1903 als erster Mensch ein Funksignal von Nordamerika nach England, das aus einer Grußbotschaft von Präsident Roosevelt an den englischen König bestand. Seitdem senden wir ununterbrochen irgendwelche Signale durch die Welt.

Da diese Signale auch die Atmosphäre verlassen und in den Weltraum gelangen, besteht die Möglichkeit, dass Zivilisationen auf anderen Planeten diese Signale aufschnappen und aufzeichnen, dann feststellen, dass das Signal kein Rauschen ist, sondern künstlich hergestellt wurde, es dann entschlüsseln, übersetzen und so von uns erfahren. Das dauert allerdings sehr lange. Nicht das Entschlüsseln, sondern das Erfahren.

Radiowellen breiten sich auch nur mit Lichtgeschwindigkeit aus, und so ist in den letzten 100 Jahren um unseren Planeten herum eine Kugel aus Funksignalen entstanden, die sich auf ewig mit Lichtgeschwindigkeit weiter durch das Weltall ausbreiten wird. Diese Kugel heißt Radioblase, und ihre Oberfläche markiert den frühesten Moment, in dem eine andere Zivilisation überhaupt von uns erfahren kann. Jede Zivilisation, die weiter von uns entfernt ist als 100 Lichtjahre, hatte bisher nicht einmal die theoretische Chance, von unserer Existenz zu erfahren.

Wenn eine Spezies, sagen wir, 130 Lichtjahre von uns entfernt lebt und hoch genug entwickelt ist, um unsere Funksignale aufzufangen, dann werden die frühesten Signale erst in dreißig Jahren bei ihnen ankommen. Sie werden dann bestimmt angespannt lauschen, mit wem sie es außer dem englischen König noch zu tun haben. Und nach einigen Jahrzehnten werden sie jede Radiowerbung, jede politische Rundfunkansprache und jedes Funksignal aus Stalingrad oder dem amerikanischen Flottenkommando mitverfolgen. Irgendwo unter diesen Signalen befindet sich auch eine Botschaft an Außerirdische aus dem Jahre 1974, die vom Radioteleskop in Arecibo (bekannt aus dem James-Bond-Film Goldeneye) verschickt wurde und die es bisher auf knapp 40 Lichtjahre gebracht hat. Die Radiobotschaft wurde in die Richtung der Sternregion M13 geschickt und wird erst in 24 960 Jahren dort ankommen. Die Sterne der Region werden dann aber nicht mehr am Zielort sein, da sie sich auch weiter bewegen. Da unsere Radioblase aber eh voll ist mit allen möglichen Informationen über uns selbst, unser Verhalten und unsere technischen Möglichkeiten, macht die Botschaft eigentlich keinen Unterschied. Hauptsächlich ging es bei der Botschaft darum, ein wenig Öffentlichkeitsarbeit zu betreiben. Ich meine um Werbung für die Astronomie unter Menschen zu machen, nicht für Menschen in der Galaxis.

Viele Wissenschaftler halten es eh für sehr gefährlich, einfach so ein interstellares Ferngespräch anzufangen, da man nicht weiß, mit wem man es zu tun hat. Welche Philosophie hat eine Spezies, die uns 500 000 Jahre voraus ist? Sind sie so friedlich wie wir es uns wünschen oder werden sie uns als Spezies einfach für uninteressant halten, unseren Planeten als Lebensraum aber nicht? Halten sie nach unzähligen Versuchen vielleicht die straffe Organisation des Faschismus für die tauglichste Staatsform? Wenn wir ehrlich zu uns sind, können wir diese Frage nicht beantworten. Das Risiko ist aber groß, dass wir uns mit interstellarer Kommunikation Ärger einhandeln. Eine Spezies, die weit genug entwickelt ist, wird durch evolutionäre Prozesse entstanden sein. Und in diesen Prozessen spielt Friedfertigkeit nur eine untergeordnete Rolle – wir sehen es an uns selbst.

*»Organische Chemie ist die Chemie der Kohlenstoffverbindungen. Biochemie ist die Lehre von den krabbelnden Kohlenstoffverbindungen.«*
MIKE ADAMS

# 4. Der Stoff, aus dem das Leben ist

Wir haben im vergangenen Kapitel schon ein wenig in die Evolution vorgegriffen, aber eigentlich ist es dafür noch zu früh. Evolution ist nichts anderes als die Dynamik des Lebens. Diese Dynamik fängt aber viel früher an als das Leben selbst. Sie beginnt auf der Ebene der Moleküle und wir wollen uns von dort aus auf den Weg machen, die Evolution zu verstehen. Denn so wie die Evolution die Dynamik des Lebens ist, so ist die Chemie die Dynamik der Evolution.

Der Anblick einiger Moleküle wird uns dabei nicht erspart bleiben, wenn die Sache verständlich sein soll. Doch keine Bange, als rücksichtsvoller Chemiker werde ich bemüht sein, Ihnen die Sache so unterhaltsam und gehirnlöslich wie möglich zu präsentieren.

Wir können den Begriff Leben im Alltag sicher erfassen und anwenden, und dennoch müssen wir uns trotz unserer vermeintlichen Sicherheit im Umgang mit diesem Wort noch einmal einig werden, was genau wir damit meinen. Immerhin wollen wir das hier ja wissenschaftlich angehen. Leben – was ist das?

Beim Gedanken an unsere hoffnungsvollen und kostspieligen Projekte, die sich mit der Suche nach Leben im Universum beschäftigen, wie dem SETI oder dem Origins Project, denkt man als bestes Ergebnis immer an eine fremde, uns geradezu spukhaft überlegene Zivilisation, der man »auf gute Nachbarschaft« die Hand schütteln kann. Nun, die Wissenschaftler, die beruflich danach suchen, wären mit weitaus weniger zufrieden. Für sie wäre Leben da draußen bereits gefunden, wenn sie versteinerte Bakterien in einem Asteroiden fänden.

Denn auch Bakterien sind zweifelsfrei Leben, haben sie doch schließlich Stoffwechsel und vermehren sich. Sie nehmen Substanzen auf und scheiden andere Substanzen wieder aus. Aber was ist mit Viren? Sie bestehen lediglich aus einer Hülle, die mit DNA oder deren kleiner Schwester RNA gefüllt ist. Sie dringen in Wirtszellen ein, legen einfach ihr Erbmaterial zur Vervielfältigung vor und lassen Kopien von sich herstellen, bis die Wirtszelle an dieser Aufgabe zugrunde geht. Viren können sich aber nicht selbst vermehren. Daher werden Viren nicht von allen Wissenschaftlern als Lebensform betrachtet. Was sie denn sonst seien? Naja, Viren halt. In der Biologie tauchen sie im Stammbaum des Lebens nicht einmal auf. Hier können wir sehen, dass der Übergang von der leblosen zur belebten Materie eigentlich fließend ist.

Leben ist nach der heutigen Definition unter anderem zu selbstständiger Vermehrung fähig. Viren gehören also nicht dazu, sie können es nur auf Kosten und mit den Fähigkeiten eines Wirtes. Gehen ihnen die Wirte aus, können manche Virenstämme Jahrzehnte in Lauerstellung überdauern. Auch haben Viren keinen Stoffwechsel. Sie nehmen nichts auf, scheiden nichts aus, sie lassen sich nur kopieren.

Die Wissenschaftler, die weltweit an Projekten zur Suche nach Leben außerhalb der Erde tätig sind, würden allerdings von einem gewaltigen Erfolg sprechen, wenn sie Viren in einem Astroiden finden würden. Leben hätten sie damit per Definition zwar nicht gefunden, aber eine wichtige Begleiterscheinung davon. Denn weil Viren auf Wirte angewiesen sind, wäre damit auch der indirekte Beweis erbracht, dass es irgendwo da draußen Wirte gibt, zu denen diese Viren gehören.

Der griechische Philosoph Simplikios prägte basierend auf einer Idee von Aristoteles das Merkwort *Panta rhei*, alles fließt. Obwohl es ursprünglich nur die Idee beschreiben sollte, dass man nicht zweimal in den gleichen Fluss steigen kann, auch Steine letztendlich verwittern und alles, was ewig aussieht, sich doch laufend verändert, beschreibt es die Idee des Lebens ebenfalls zutreffend. Alles fließt. Alle Zellen des menschlichen Körpers müssen laufend ersetzt werden, bevor das entropische Chaos von ihnen Besitz ergreift. Zellen der Magenschleimhaut leben etwa 2 Tage, Spermien zwei bis drei Tage, Dünndarmzellen etwa eine Woche, rote Blutkörperchen etwa vier Monate, Knochenzellen 25 Jahre. Der Mensch tauscht sich laufend aus, nur um so bleiben zu können wie er ist.

Die Substanz, aus der wir bestehen, macht dabei eine lange Reise durch. Die Atome unseres Körpers sind vor Jahrmilliarden in den mächtigen Supernovae sterbender Sterne entstanden. Sie fanden sich in riesigen interstellaren Gaswolken wieder, die aus mehreren Supernovae entstanden sein können. Und aus diesen Atomen bestehen wir heute. Der Mensch ist chemisch betrachtet nichts anderes als Materie, die für eine kurze Zeit auf bestimmte Weise zusammenkommt, um gemäß den Gesetzen der Chemie Moleküle zu bilden, die Teile von Zellen werden, und dann wieder auseinandergehen.

Manche dieser Moleküle bilden gerade ein Gehirnneuron, von dem ein elektrischer Impuls ausging, der sich in einer beeindruckenden Kettenreaktion durch Millionen weiterer Neuronen verteilt hat. Dieser Impuls wurde irgendwann so stark, dass sich in meinem Gehirn der Gedanke gebildet hat, diesen Absatz zu schreiben.

Die Selbstorganisation von Materie kann nicht funktionieren ohne ein Reservoir an Informationen, das wir DNA nennen. Sie hat noch eine Schwester namens RNA, die aber nicht in majestätischer Ruhe im Zellkern sitzt, sondern laufend zwischen der DNA und dem Rest der Zelle Informationen hin und her transportiert. Wie diese Selbstorganisation ursprünglich entstand, ist heute noch ein ziemliches Rätsel. Die Bausteine aber kennen wir und wir wollen uns in diesem Kapitel auch mit der Frage auseinandersetzen, ob es auf anderen Planeten Alternativen zu diesen Bausteinen geben kann.

Doch müssen wir uns zunächst einmal die Frage stellen, welche Bedingungen überhaupt erfüllt sein müssen, damit diese Selbstorganisation namens Leben entstehen kann. Wir müssen herausfinden, welche kleinen Räder auf einem Planeten richtig gestellt sein müssen, um diejenigen chemischen Reaktionen zu ermöglichen, aus denen sich Leben zusammensetzt. Und wir werden uns anschauen, wie die Chemie dahinter aussehen muss, damit es funktioniert.

Zunächst einmal müssen wir die Bedingungen betrachten, die für Leben erforderlich sind. Leben benötigt

- ein Reaktionsmedium, in dem die chemischen Reaktionen des Lebens stattfinden können. Man könnte auch Lösungsmittel sagen.
- eine Gerüstsubstanz, die zwar nicht alleine die belebte Materie ausmacht, aber den Kitt darstellt, der alles zusammenhält.
- Energie in handhabbaren Portionen, beliebig lange speicherbar und jederzeit einsatzbereit.

Wir werden uns diesen drei Größen im Laufe des Kapitels nähern und dann noch eine vierte Größe diskutieren, die aber keine Grundbedingung für Leben darstellt, sondern eher etwas ist, was Leben auszeichnet. Es ist Ordnung. Sie ist keine Voraussetzung für Leben, sondern eine Folge davon. Wenn man sich das Bild des Lebens betrachtet und ein paar Schritte näher herangeht, so dass die biochemischen Details besser zu erkennen sind, dann ist Leben nichts anderes als das Aufrechterhalten eines bestimmten Ordnungszustandes gegen äußere Einflüsse.

Der Umkehrschluss gilt aber nicht. Unsere Sonne besteht hauptsächlich aus Wasserstoff und Helium und in verschiedenen Schichten herrschen verschiedene Dichten und Aggregatzustände, Magnetfeldstärken und Temperaturen. Damit hat unsere Sonne auch ein gewisses Ordnungssystem, man kann ihr aber kein eigenes Leben unterstellen. Viren haben auch einen bestimmten Ordnungszustand, gelten aber nicht unbestritten als Lebensform.

Zunächst einmal schauen wir uns an, was für Reaktionsmedien es für Leben gibt und geben kann.

## Wasser

Jedes Leben, das sich irgendwo im Universum bilden soll, ist auf ein flüssiges Medium angewiesen. Dass das logisch und unausweichlich ist, wird schnell deutlich, wenn man sich die Alternativen ansieht.

Wenn wir den Aggregatzustand »flüssig« aus dem Angebot der Möglichkeiten streichen, dann bleiben nur noch »fest« und »gasförmig« übrig. Festes Leben in einem gasförmigen Medium ohne jegliche Flüssigkeit ist nichts weiter als ein trockener, staubiger Wind. Gasförmiges Leben in einem festen Medium ist vergleichbar erfolgversprechend, es ähnelt Gasblasen in vulkanischem Gestein. Einen Klumpen erkaltete Lava als belebt zu bezeichnen, führt zu nichts. Ohne ein flüssiges Medium kann es nicht funktionieren. In einem flüssigen Medium können Teilchen sich bewegen, miteinander reagieren, sie können mithelfen, eine Ordnung herzustellen, ohne die eine Lebensform nicht auskommt. Selbst wenn die Bedingungen günstig sind, kann Leben ohne Flüssigkeit nicht entstehen, da die Akteure einfach nicht zueinander finden. Flüssigkeit ermöglicht molekulare Bewegung.

Muss es aber Wasser sein? Geht es nicht auch mit Methanol, Ethanol, flüssigem Ammoniak, flüssigem Blei? Sind die riesigen Seen aus flüssigem Methan, die die Oberfläche des Saturnmondes Titan bedecken, nicht vielleicht auch eine Basis für ganz anderes Leben als wir es kennen?

Wir werden uns im Folgenden mit einigen Substanzen beschäftigen, die zumindest in der Theorie die Rolle des Wassers als flüssiges Medium für Leben einnehmen könnten. Wir werden uns dann mit einigen wichtigen Eigenschaften befassen, die eine solche Substanz haben muss, um sich als Ersatz für Wasser zu qualifizieren. Am Ende werden wir dann sehen, ob sich ein Kandidat aus diesem chemischen Casting herauskristallisiert, der tatsächlich die Rolle des Wassers übernehmen könnte.

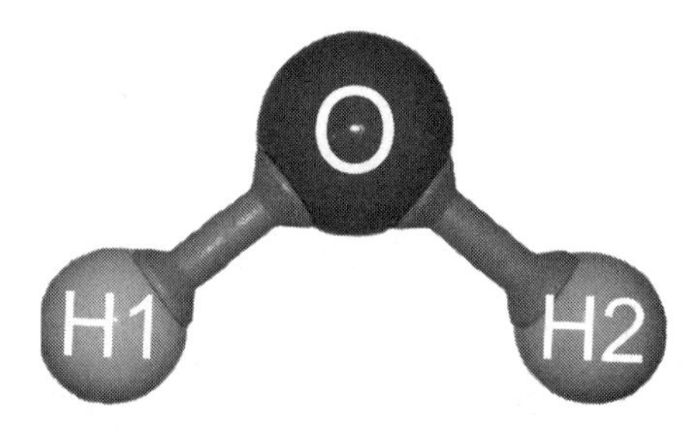


Abb. 5 Ein Wassermolekül in der Ball-and-Stick-Darstellung.

Zunächst einmal ist Wasser ein sehr kleines und einfaches Molekül. Es ist logisch, dass ein Molekül, das so universell einsetzbar sein soll wie Wasser – in belebter Materie, als Medium, als Hydrathülle, als Reaktionspartner, als Lösungsmittel für Nährstoffe und Proteine – nicht kompliziert aufgebaut sein darf. Es muss einfach sein, um alle Aufgaben gleichermaßen gut übernehmen zu können. Ein Sauerstoffatom, dessen Bindungsarme mit Wasserstoff abgesättigt sind, bietet sich da geradezu an. Nun, das gilt zunächst auch für Ammoniak, Methan, Schwefelwasserstoff, Phosphorwasserstoff und all die anderen Wasserstoffverbindungen der Nichtmetalle im Periodensystem. Aber auch unter all diesen Substanzen ist Wasser etwas Besonderes.

Die genannten Verbindungen sind bei Raumtemperatur alle gasförmig, mit Ausnahme des Wassers. Das liegt daran, dass das Wassermolekül gewinkelt ist und dass das Sauerstoffatom ein viel größeres Interesse an Elektronen hat als der Wasserstoff.

Wie Sie Abbildung 5 entnehmen können, bildet der Sauerstoff (O) die Mitte des Moleküls, und die beiden Wasserstoffatome (H) stehen unten seitlich ab. Ich habe das nicht so gewinkelt dargestellt, um das Molekül interessanter aussehen zu lassen. Das Wassermolekül ist wirklich gewinkelt. Das liegt daran, dass Sauerstoff noch weitere Elektronen in seiner äußeren Schale besitzt, die allerdings nicht für chemische Bindungen zur Verfügung stehen. Sie befinden sich links und rechts auf der Oberseite, die den Wasserstoffatomen abgewandt ist.

Vergessen wir nicht, dass die Elektronen der Hülle nicht an festgelegten Punkten auf der Oberfläche der Atomkerne sitzen, sondern sich ununterbrochen als quantenphysikalisches Irgendwas um die drei Atomkerne bewegen. Das Elektron, das vom linken Wasserstoffatom in die Verbindung mitgebracht wurde, bleibt mitnichten am linken Wasserstoffatom. Es bewegt sich, genau wie die Elektronen der anderen beiden Atome, in ständiger zielloser Bewegung das gesamte Molekül entlang.

Das einzelne Elektron, das vielleicht vom Wasserstoffatom H1 mit in dieses Wassermolekül gebracht wurde, schwirrt mal um das Wasserstoffatom H1 herum, umkreist dann das Sauerstoffatom auf der Rückseite, gelangt zum Wasserstoffatom H2, fliegt durch den Zwischenraum zwischen dem Sauerstoff und H2, umkreist einmal mehr den Wasserstoff H2, fliegt wieder Richtung Sauerstoffatom zurück zu H1 und so weiter. Das Elektron umkreist den Wasserstoffkern, seit das Wasserstoffatom existiert, und das sind einige Milliarden Jahre. Im Moment sind beide jedoch Teil eines Wassermoleküls und das Elektron bewegt sich laufend zwischen den Atomkernen hin und her.

Im zeitlichen Mittel jedoch befindet sich das Elektron mit größerer Wahrscheinlichkeit in der Nähe des Sauerstoffatoms, denn Sauerstoff hat eine viel größere Anziehungskraft auf Elektronen als Wasserstoff.

Um das zu verdeutlichen, müssen wir uns das Wassermolekül mal nicht als Verbund von Atomkernen anschauen, wie das in der Chemie so oft der Fall ist, sondern uns auf die Elektronenhüllen konzentrieren, die

die äußere Schicht eines jeden Atoms ausmachen. Sie stellen die Oberfläche dar, mit der ein Atom ein anderes berührt.

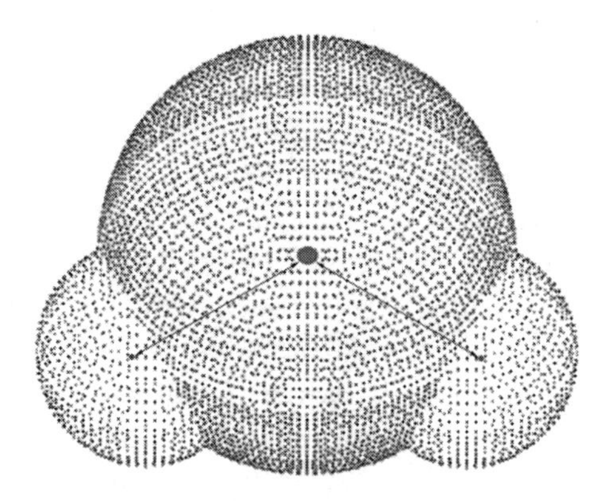

Abb. 6 Ein Wassermolekül in der Darstellung der Elektronenhüllen seiner Atome. Die kleinen Punkte in den Mitten der Kugeln sind die Atomkerne. Eigentlich ist ein Atom recht leer.

In Wirklichkeit sieht ein Wassermolekül etwa so aus: Eine Elektronenhülle von der Größe einer Orange befindet sich in der Mitte. Die beiden Wasserstoffatome sind dann zwei Walnüsse, die sich etwa fünfzehn Zentimeter links und rechts davon befinden. Zwischen diesen drei Objekten schwirren unentwegt acht Elektronen umher, von denen sich vier sehr nahe an der Orange befinden, die anderen vier ziehen ein wenig größere Bahnen. Sie bewegen sich laufend um die Atomkerne herum und zwischen ihnen hin und her, da sie von allen drei Atomkernen angezogen werden, sich aber nie entscheiden müssen, zu wem sie gehören wollen. Der Sauerstoff ist aber größer und sein Kern stärker positiv geladen als die Kerne der Wasserstoffatome, und so befinden sich die Elektronen zu jedem beliebigen Moment, in dem wir hinschauen, eher in der Nähe des Sauerstoffatoms.

Der große Punkt im Sauerstoffatom ist sein Kern und wenn Sie genau hinschauen, sehen Sie auch zwei kleine Punkte mitten in den Elektronenwolken der Wasserstoffe. Sie sind nicht maßstabsgetreu, da sich die Sache sonst nicht in ein Buch quetschen ließe. Die Elektronenhülle des Sauerstoffatoms ist etwa 30 000-mal größer als sein Kern. Wenn das Sauerstoffatom also so groß ist wie eine Orange, dann hat sein Kern etwa die

Größe eines Bakteriums. Der Rest ist leerer Raum, durch den einige abgezählte Elektronen schwirren.

Da die Elektronen die Träger einer negativen Ladung sind und sich bevorzugt in der Elektronenhülle des Sauerstoffkerns aufhalten, existiert innerhalb des Wassermoleküls eine schwache negative Ladung am Sauerstoffatom. Während sie also beim Sauerstoff sind, befinden sie sich auch gerade nicht in der Nähe des Wasserstoffatoms, das durch den Mangel an Elektronen dann eher positiv geladen ist.

Das Wassermolekül hat also zwei Pole wie ein kleiner Magnet. Der Pluspol befindet sich bei den Wasserstoffatomen – genauer: in der räumlichen Mitte zwischen ihnen – und der Minuspol ist räumlich identisch mit dem Sauerstoffatom. Es herrscht, wie man sagt, ein Dipolmoment innerhalb des Wassermoleküls. Insgesamt aber bleibt die Ladung des gesamten Moleküls null, denn Wasser ist ja elektrisch neutral. Es ist kein echter Mangel oder Überschuss an Elektronen, sondern eine innere Zusammenballung am Sauerstoffatom.

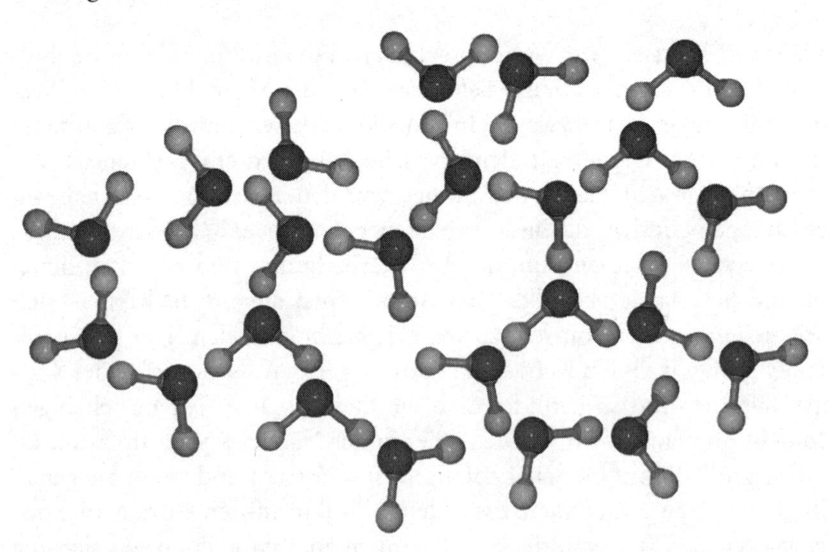

Abb. 7 Das Netzwerk der Wassermoleküle. Durch eine einfache Kopf-an-Schwanz-Anlagerung bildet sich ein Netzwerk aus, das die Wassermoleküle stärker zusammenhält als zu erwarten wäre.

Wenn wir mit einem Mikroskop tief genug in einen Tropfen Wasser schauen könnten, so würde das Innere des Wassertropfens ein wenig aussehen wie eine Tüte voll kleiner Magneten. Sobald man eine Handvoll Magneten zusammenbringt, werden sie mit den Enden, die sich gegenseitig anziehen, aneinander haften und man muss ein wenig Arbeit aufbringen, um sie wieder voneinander zu trennen.

Innerhalb des Wassertropfens herrscht also eher ein räumliches, vibrierendes Netzwerk als ein loser Haufen einzelner Moleküle. Ein Netzwerk, das die ganze Masse etwas mehr zusammenhält als es ohne dieses Dipolmoment der Fall wäre.

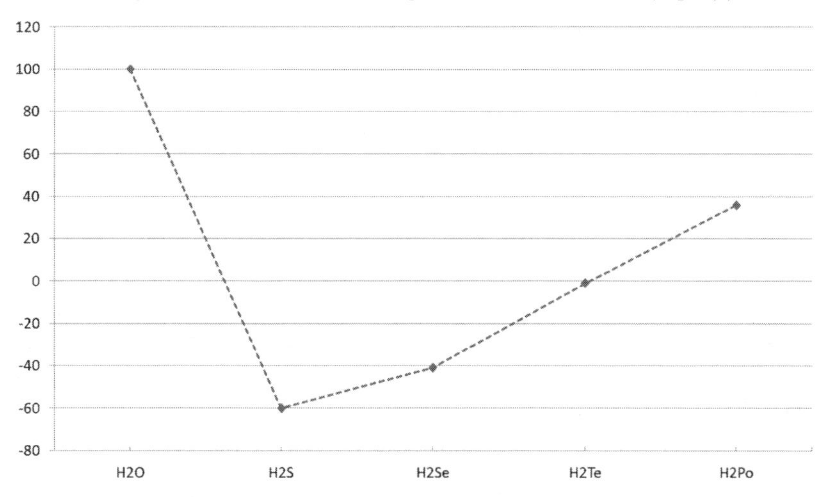


Abb. 8 Die Siedepunkte der Wasserstoffverbindungen in der sechsten Hauptgruppe. Der Siedepunkt von Wasser stellt einen beträchtlichen Bruch mit der zu erwartenden Regelmäßigkeit dar.

Dieses Netzwerk ist zwar nicht sonderlich stark – die echten chemischen Bindungen zwischen Wasserstoff und Sauerstoff innerhalb eines Wassermoleküls sind etwa 20-mal stärker* –, aber stark genug, um beträchtlich

* Genau genommen wandern die Wasserstoffatome auch laufend von einem Sauerstoffatom zum anderen. Die schwache Anziehungskraft zwischen Wasserstoff aus Molekül A und

mehr Energie erforderlich zu machen, wenn es aufgehoben werden soll. Zum Beispiel, wenn man es zum Kochen bringt. Der Siedepunkt markiert den Übergang von flüssigem zu gasförmigem Wasser, ist also nichts anderes als die Temperatur, bei der wir dem Wasser genug Energie zugefügt haben, um die Anziehungskräfte zwischen den Wassermolekülen zu überwinden. An diesem Punkt verlassen die Moleküle den Verband und gehen auf eigene Faust als Wasserdampf auf die Reise.

In Abbildung 8 sehen Sie die Siedepunkte der Wasserstoffverbindungen von Sauerstoff, Schwefel, Selen, Tellur und Polonium. Dies sind die Elemente der sechsten Hauptgruppe des Periodensystems und diese Elemente haben vergleichbare chemische Eigenschaften. Sie bilden zum Beispiel mit Wasserstoff Verbindungen mit der Formel $H_2X$.

Wenn Sie sich den Spaß gönnen und das Diagramm mal von rechts nach links lesen, also beim schwersten Element Polonium beginnen und dann zu den leichteren Elementen nach links wandern, so werden Sie feststellen, dass der Siedepunkt von Wasser nicht da zu sein scheint, wo er nach ästhetischem Ermessen liegen sollte. Er müsste geschätzt bei etwa –70 °C liegen. Er liegt aber, wie jeder weiß, bei +100 °C.

Auch Schwefelwasserstoff geht Wasserstoffbrückenbindungen ein, allerdings in viel schwächerem Ausmaß als Wasser. Das liegt daran, dass der Schwefel im $H_2S$ sich nur geringfügig mehr für Elektronen interessiert als der Wasserstoff. Der Sauerstoff im $H_2O$-Molekül ist viel stärker, wenn es darum geht, Elektronen anzuziehen und aus dem Molekül einen kleinen Magneten zu machen.

Der Siedepunkt von Schwefelwasserstoff liegt bei –61 °C; vielleicht wäre er ohne Wasserstoffbrückenbindungen bei –65 °C. Im Falle des Wassers hingegen ist er ganze 170 °C höher als man es erwarten sollte. Der einzige Grund dafür sind die Wasserstoffbrückenbindungen, die aus einer Ansammlung von Wassermolekülen ein Netzwerk mit eigener Stabilität machen.

---

dem Sauerstoff aus Molekül B geht gelegentlich in eine echte chemische Bindung über, während die chemische Bindung am andern Ende des Wassermoleküls sich zum Ausgleich in die schwache Anziehungskraft verwandelt und das H-Atom damit offiziell an ein weiteres Wassermolekül C weitergibt. Alles fließt.

Gehen wir das Thema mal dialektisch an und betrachten das Gegenteil. Dazu schauen wir uns die Siedepunkte von Wasser, Schwerem Wasser und Überschwerem Wasser an. $D_2O$ und $T_2O$ unterscheiden sich von normalem Wasser nur dadurch, dass die Wasserstoffatome des Moleküls jeweils ein bzw. zwei Neutronen mehr in ihren Kernen haben. Mehr Neutronen heißt höheres Atomgewicht und in diesem Fall eine etwas geringere Stabilität des Atomkerns, aber auf die Anziehungskräfte der Wassermoleküle untereinander hat es keinen Einfluss.

| **Substanz** | **Molmasse** | **Siedepunkt** |
|---|---|---|
| H2O | 18,02 | 100,00 °C |
| D2O | 20,03 | 101,42 °C |
| T2O | 22,03 | 101,51 °C |

Abb. 9 Die Siedepunkte von Wasser, Schwerem Wasser und Überschwerem Wasser. Trotz steigender Molmasse ändert sich der Siedepunkt kaum. Die Masse eines Moleküls hat also nur geringen Einfluss auf den Siedepunkt einer Substanz.

Bei den Siedepunkten dieser drei Verbindungen sieht man nur wenig Unterschied. Schweres Wasser ist etwa zehn Prozent schwerer als normales Wasser, der Siedepunkt ist jedoch nur anderthalb Prozent höher. Überschweres Wasser ist ca. 20 Prozent schwerer als Wasser, der Siedepunkt ist jedoch fast der gleiche wie bei Schwerem Wasser. Hier sieht man anschaulich, dass das Gewicht eines Moleküls nur einen kleinen Einfluss auf den Siedepunkt hat. Viel wichtiger ist die Anziehungskraft der Moleküle untereinander.

Vergleichen wir Wasser einmal mit anderen einfach gebauten Molekülen. Bei dieser Gelegenheit können wir uns auch mal fragen, zu welcher Gruppe von Substanzen Wasser eigentlich gehört. Aus den Wasserstoffverbindungen der Elemente der sechsten Hauptgruppe sticht es mit seinen physikalischen Eigenschaften schon mal beträchtlich heraus.

Nehmen wir ein paar organische Verbindungen. Wasser besteht ausschließlich aus OH-Gruppen, die in der organischen Chemie charakteristisch sind für die Stoffgruppe der Alkohole. Ist es damit ein Alkohol der Kettenlänge $C_0$, also ganz ohne Kohlenstoffatom? Ist es philosophisch betrachtet gar der reinstmögliche Alkohol?

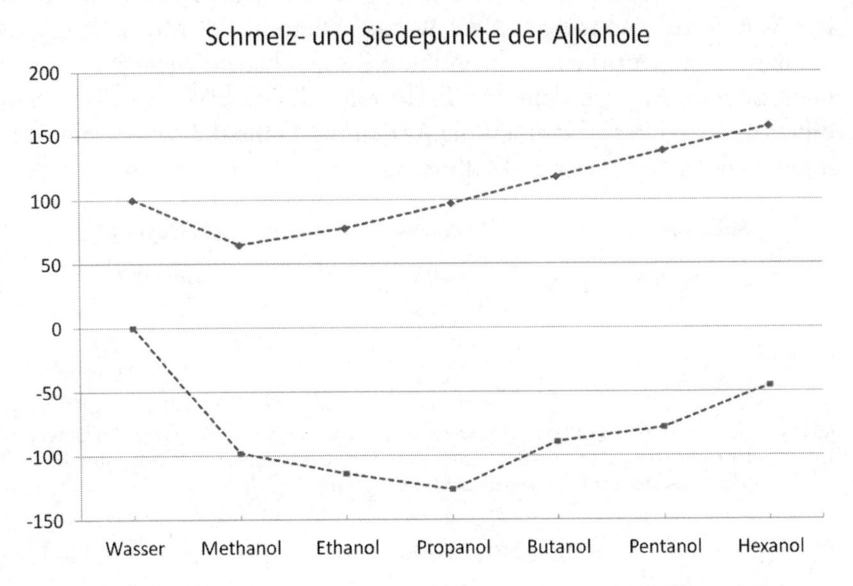


Abb. 10 Die Schmelz- und Siedepunkte der Alkohole. Auch hier will Wasser nicht so recht ins Bild passen.

In dieser Tabelle sind die Schmelz- und Siedepunkte der Alkohole und von Wasser aufgeführt. Wir können erkennen, dass der Schmelz- und Siedepunkt von Wasser auch hier nicht in den Verlauf des Diagramms passen will. Sie sind auch hier wieder beträchtlich höher als die Werte alle anderen Stoffe. Mit steigender Kettenlänge nehmen die Siedepunkte (obere Linie) der Alkohole fast linear zu. Bei den Schmelzpunkten (untere Linie) nehmen sie zunächst ab, um dann beginnend mit Butanol wieder anzusteigen. Das zwischenzeitige Abfallen des Schmelzpunktes kommt daher, dass der unpolare, also wasserabweisende Anteil des Alkoholmoleküls die Kohlenstoffkette ist. Bei den ersten Alkoholen nimmt der Anteil dieses unpolaren Molekülteils mit jedem Kohlenstoffatom stark zu, so dass die Polarität der OH-Gruppe an Einfluss auf das Gesamtergebnis verliert. Ab Butanol ist die Anziehungskraft der OH-Gruppe nicht mehr entscheidend, hier gewinnt das Molekülgewicht an Bedeutung, und der Schmelzpunkt steigt nun fast linear mit der Molekülgröße an. Da Wasser aber ausschließlich aus OH-Gruppen besteht, ist der Effekt der Netzwerkbildung in keinem anderen Molekül so stark ausgeprägt.

Dass der Siedepunkt von Wasser so viel höher liegt als man es erwarten sollte, ist zwar chemisch interessant, aber hat das Einfluss darauf, ob andere Substanzen sich als Wasserersatz für Leben eignen? Ginge es nicht auch mit einem Siedepunkt von –50 °C? Um diese Frage zu beantworten, muss ich Sie noch ein wenig hinhalten, bis wir das Thema Energie diskutiert haben. Bis dahin schauen wir uns noch ein paar weitere Parameter an, deren Wichtigkeit schneller deutlich wird.

## Wärmekapazität

Wer sich eine Pizza aus dem Ofen holt, muss sich schon recht beeilen, wenn er sich am knusprigen Teig die Zunge verbrennen will. Nach einer Minute ist die Gefahr vorbei, und man kann beruhigt und herzhaft in die Kruste beißen. Wenn man sich zum Käse durchgebissen hat, stellt man fest, dass er auch noch einige Minuten nach dem Servieren für den Genuss zu heiß sein kann. Doch wenn man sich jemals an einer Pizza so richtig dem Gaumen verbrennt, dann an der dicken Scheibe Tomate oben drauf.

Warum ist das so? Wenn die Pizza lange genug im Ofen war, um gar zu sein, sollte sie doch überall die gleiche Temperatur haben. Dennoch verbrennt man sich eher an der Tomate als am Teigboden.

Liegt es an der Wärmeleitfähigkeit der verschiedenen Materialien? Vielleicht kühlt der Teig schneller ab als der Käse oder die Tomate? Möglich ist es. Aber der Teig ist aufgrund seiner Eigenschaft, wenig Flüssigkeit zu enthalten, eigentlich der schlechtere Wärmeleiter und die Poren im Teig tragen noch zu seinen Isolationsfähigkeiten bei.

Die Antwort liegt woanders. Ich fange mal so an: Würden Sie lieber in eine Sauna gehen, die auf 90 °C eingestellt ist, oder in eine Badewanne steigen, die mit 90 °C heißem Wasser gefüllt ist? Die Sauna von 90 °C ist anfangs etwas belastend und wenn man tief Luft holt, brennt es auch etwas in den Atemwegen, aber es lässt sich aushalten. Die Badewanne von

90 °C hingegen würde einen qualvollen Tod bedeuten. Aber die Temperatur ist doch die gleiche!

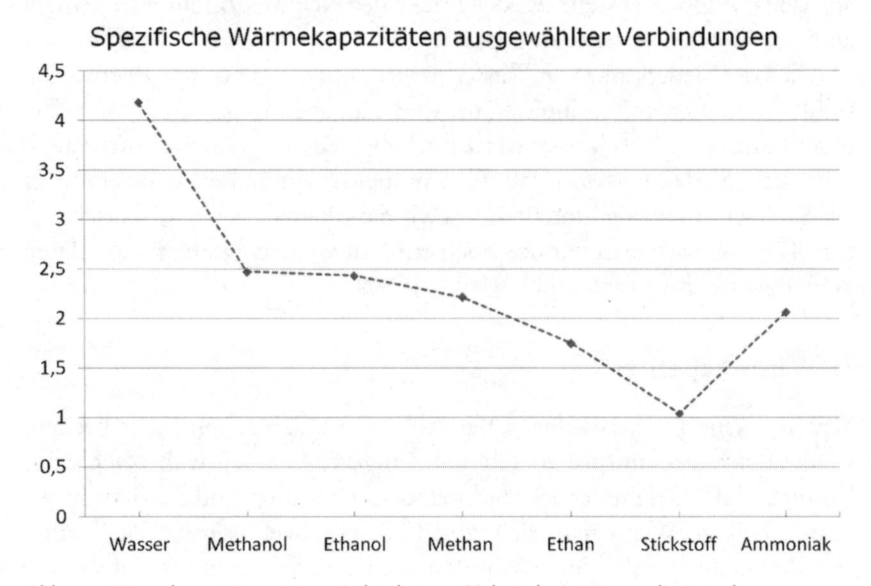


Abb. 11 Wärmekapazitäten einiger Verbindungen. Mal wieder ist Wasser die Ausnahme.

Wir kommen der Erklärung näher, wenn wir in der Sauna eine Kelle voll Wasser auf die heißen Steine gießen: Plötzlich wird die Luft drückend und eine heiße, unsichtbare Wand scheint uns wie ein drängender Umschlag einzuwickeln. Es scheint also am Wasser zu liegen, das wir gerade aufgegossen haben.

Der Schlüssel dazu ist eine grundlegende Eigenschaft aller nur denkbaren Materialien: Jedes Material hat eine spezifische Wärmekapazität. Sie ist definiert als diejenige Energiemenge, die einer Portion eines Materials zugefügt werden muss, um eine Temperaturerhöhung von 1 K zu bewirken. Sie ist mitnichten für alle Materialien gleich.

Die meisten Metalle wie Eisen, Kupfer, Aluminium, Silber oder Gold haben Wärmekapazitäten von weniger als 1 J/(g · K). Man muss also nicht viel Energie aufbringen, um diese Substanzen zu erwärmen. Dafür enthalten sie dann auch wenig Energie und kühlen schnell wieder ab. Die meisten Flüssigkeiten haben Wärmekapazitäten um 2 J/(g · K). Nur Wasser hat etwa den doppelten Wert.

Wärmekapazität ist ein bisschen wie Massenträgheit. Bei hoher Wärmekapazität muss man recht viel Energie aufwenden, damit die Temperatur sich nennenswert ändert, aber wenn das mal geschehen ist, kühlt das Material auch langsamer wieder ab. Wie ein Dieselmotor aufgrund seines höheren Gewichtes ein stärkeres Drehmoment hat als ein Benzinmotor (gemeint ist hiermit die Fähigkeit, einen mechanischen Widerstand zu überwinden), so hat Wasser unter den alltäglichen Substanzen mit Abstand die höchste Wärmekapazität und setzt dem Aufheizen und Abkühlen den meisten Widerstand entgegen.

Wasser hat aufgrund jenes Netzwerkes, das wir bei seinem Siedepunkt bereits besprochen haben, eine Wärmekapazität von 4,18 J/(g · K). Da die Wassermoleküle als ein großer Verband aneinanderhängen, können sie eine Menge Energie in Form von Vibration, Rotation oder Vorwärtsbewegung speichern.

Die Nährwerttabelle auf einer beliebigen Lebensmittelpackung gibt den Brennwert des Lebensmittels immer in Kilojoule und in Kilokalorien an. Der Faktor zwischen den beiden ist 4,18. Die Kalorie ist nämlich definiert als diejenige Wärmemenge, die benötigt wird, um 1 Gramm Wasser um 1 Kelvin zu erwärmen. Mit einer Kilokalorie (einem halben Tic Tac) kann man also 1 000 Gramm Wasser um ein Kelvin erwärmen, oder 100 Gramm Wasser um 10 Kelvin, oder 10 Gramm Wasser um 100 Kelvin.*

Wenn wir uns jetzt einen europäischen Durchschnittsmenschen von 75 kg Gewicht an einem strahlenden Maitag von 20 °C vorstellen, so stellen wir fest, dass die 45 kg Wasser in seinem Körper eine Temperatur haben, die 17 Kelvin über der Umgebungstemperatur liegt. Um die Temperatur von 45 kg Wasser um 17 Kelvin zu erhöhen, sind 3 200 kJ oder 765 kcal notwendig, was etwa dem Brennwert eines Whoppers mit einer kleinen Cola entspricht.

---

* Genau genommen ist die Kalorie definiert als die Energiemenge, mit der man 1 Gramm Wasser von 14,5 auf 15,5 °C erwärmen kann, denn die Wärmekapazität selbst ändert sich mit der Temperatur. Sie nimmt mit fallender Temperatur ab. Am absoluten Nullpunkt ist die Wärmekapazität eines jeden Objektes null, was der Grund ist, warum man den absoluten Nullpunkt nie erreichen kann. Am absoluten Nullpunkt reicht eine unendlichstel Kalorie, um das Material zu erwärmen und damit den Nullpunkt zu verlassen.

Das sind immerhin 0,9 Kilowattstunden, die unter diesen Bedingungen im System Mensch laufend erzeugt werden müssen, da wir sie durch diverse Körperöffnungen und die Haut wieder verlieren. Um seine Körpertemperatur aufrechtzuerhalten, benötigt der Mensch also laufend Energie, obwohl der menschliche Körper einigermaßen gut isoliert ist. Besonders bei tieferen Temperaturen gerät dieses System jedoch an seine Grenzen.

Würden wir an einem kristallklaren Januarmorgen bei –20 °C nackt spazieren gehen, müssten wir schon 7 500 KJ oder 1 790 kcal Unterschied aufrechterhalten, das wären schon 2,1 kWh oder drei Whopper. Irgendwann muss der Körper, wenn er seine natürliche Temperatur beibehalten will, einen Gang höher schalten. Er beginnt mit Muskelkontraktionen, denn der menschliche Muskel hat einen primären Wirkungsgrad von etwa 25 %. Das bedeutet, dass nur jede vierte Kalorie, die wir aus der Nahrung gewinnen, in Bewegung oder Kraft umgesetzt wird, die anderen drei Kalorien gehen als Wärme ab. Daher fangen wir bei Kälte irgendwann an zu zittern. Geht die Außentemperatur noch tiefer, setzt irgendwann ein richtiger Bewegungsdrang ein, der alle anderen Interessen, die man gerade haben könnte, gnadenlos beiseitefegt. Wir springen auf der Stelle, wir laufen, um uns selbst zu wärmen. Ab einer gewissen Außentemperatur (der genaue Wert hängt jeweils von Individuum ab) kann man also nicht mehr überleben, ohne sich zu bewegen.

Die hohe Wärmekapazität von Wasser ist eine der vielen Eigenschaften des Wassers, die das Leben auf diesem Planeten erst möglich machen. In der Sahara können die Temperaturen zwischen 60 °C am Tag und 10 °C in der Nacht liegen, denn in der Wüste gibt es kaum Wasser, das Energie speichern kann. Die Wärmekapazität von Sand ist nur etwa ein Sechstel von der des Wassers. Der Sand nimmt tagsüber die Wärme der Sonne auf und wird bis 70 °C heiß. Da seine Wärmekapazität jedoch nur gering ist, ist auch die aufgenommene Energie recht gering. Und sie wird in der Nacht wieder in den Weltraum abgestrahlt und ist dann verloren.

Denken wir größer! Dass unser Planet auf seiner Oberfläche sehr viel Wasser trägt, ist der Grund, warum Leben hier erst so richtig in Schwung kommen konnte. Das Wasser der Ozeane wirkt als gigantischer Energiespeicher, der die Erdoberfläche davon abhält, bei Tag und Nacht von einem Extrem ins andere zu fallen. Auf dem Mond, wo Wasser nur in Spuren vorkommt, herrschen auf der Sonnenseite etwa 130 °C, während die Seite, die der Sonne abgewandt ist, es nur auf schlappe –160 °C bringt, was nicht mehr weit entfernt ist von den Siedepunkten von Stickstoff und Sauerstoff. Auch in dieser Hinsicht ist Wasser für das Leben, wie wir es kennen, unverzichtbar.

Und um noch mal zur Pizza zurückzukommen: Von allen Zutaten enthält die Tomate mit Abstand am meisten Wasser. Daher enthält sie bei gleicher Temperatur mehr Energie. Und genau ihre Wirkung spüren wir dann noch tagelang auf der Zunge.

## Oberflächenspannung

Ein weiterer Punkt, in dem Wasser allen anderen Medien voraus ist, ist seine hohe Oberflächenspannung. Auch sie gründet in der ausgesprochen polaren Natur des Wassermoleküls und was sie für das Leben bedeutet, soll im Folgenden erklärt werden.

Zunächst einmal stellen wir uns vor, wir seien eines von sehr vielen kleinen Wassermolekülen in einem Regentropfen. Da wir millionenfach kleiner sind als sonst, stellen wir uns auch einfach vor, die Zeit würde für uns ebenfalls millionenfach langsamer ablaufen. Ich schreibe das hauptsächlich, damit Sie während der folgenden Absätze nicht ungeduldig auf unseren Aufprall auf der Erde warten, sondern sich besser auf Ihre Existenz als Wassermolekül in der Schwerelosigkeit des freien Falls einstellen können.

Wie im Abschnitt zur Wasserstoffbrückenbindung bereits ähnlich beschrieben, haben unsere Arme, die Wasserstoffatome, die Neigung, andere Wassermoleküle am Kopf zu berühren, dem Sauerstoffatom. So treiben wir und alle Leute, die wir kennen, durch diese unvorstellbare Menge an Wassermolekülen und legen unsere Hände links und rechts immer auf die Hinterköpfe von anderen Wassermolekülen, die dasselbe auch mit uns machen. Solange wir uns irgendwo im Inneren der Menge befinden, haben wir zu jedem Zeitpunkt unsere Hände an den Hinterköpfen anderer Leute und immer fassen uns andere am Hinterkopf an.

Irgendwann aber kommen wir im Laufe des Umhertreibens zwangsläufig an die Oberfläche des Regentropfens, denn ein gewisser Prozentsatz von uns muss sich immer an der Grenzfläche zur Luft befinden. Es kann nie einen Moment geben, in dem wir alle nur von anderen Wassermolekülen umgeben sind und keiner sich am Rand befindet.*

Wer sich gerade am Rand befindet, kann immer noch mit beiden Händen anderen am Hinterkopf rumspielen, aber hinter ihm ist niemand, der das bei ihm tun könnte. Wir schauen mit dem Kopf aus der Flüssigkeit und haben die Hände weiterhin unter der Oberfläche. Jetzt sind wir endlich mal der, den wir damals im Schwimmbad nie leiden konnten, da er immer andere unter Wasser drücken musste.

Was bedeutet das energetisch? Derjenige, der sich an der Oberfläche befindet, wird all seine Kräfte nach innen, zum Zentrum der Flüssigkeit hin richten und muss sie nicht in alle Richtungen anwenden wie alle anderen innerhalb der Flüssigkeit. Alle im Inneren der Flüssigkeit müssen einen kugelförmigen Raum um sich herum bedienen, doch für den an der Oberfläche hat der Raum, den er bedienen muss, nur die Form einer Halbkugel, nämlich zum Zentrum des Regentropfens hin. Der Raum, auf den er seine Kräfte anwenden muss, ist für ihn nur halb so groß.

Da alle Wassermoleküle im Inneren der Flüssigkeit ihre Kräfte in alle Richtungen aufwenden müssen, herrscht im Inneren der Flüssigkeit unterm Strich also Kräftefreiheit. Gleich große Kräfte wirken gleichzeitig in alle Richtungen, und die Summe ist daher null. An der Oberfläche wirken die Kräfte aber mit doppeltem Betrag ausschließlich zum Zentrum hin. Wenn ich diese beiden Summen jetzt miteinander verrechne, dann komme ich zu dem Ergebnis, dass zu jedem beliebigen Zeitpunkt eine Anziehungskraft nach innen wirkt. Wie groß diese Kraft ist, hängt nur von der Anziehungskraft der Moleküle untereinander ab, der Rest ist pure Geometrie und gilt für alle Flüssigkeiten gleich.

Was wird der Regentropfen nun tun? Wenn wir mal die Tatsache vernachlässigen, dass er sich im freien Fall befindet und der Fahrtwind ihn durcheinanderwirbelt, so wird der Regentropfen tun, was alle Systeme im Universum zu tun bestrebt sind: den energieärmsten Zustand einnehmen, und das bedeutet hier, den wirkenden Kräften nachzugeben. Da die wirkenden Kräfte an der Oberfläche so groß sind, muss die Oberfläche minimiert werden. Und der physikalische Körper, der bei einem

---

* Ein Wassertropfen ohne Oberfläche müsste unendlich groß sein.

gegebenen Volumen die geringste Oberfläche bietet, ist eine Kugel. Wenn Sie Aufnahmen von Astronauten sehen, die einen Schluck Wasser in die Schwerelosigkeit freilassen, dann sehen Sie, wie das Wasser eine Kugelform einnimmt. Wenn der Tropfen genug Zeit hat, die Vibrationen des Freigesetztwerdens abklingen zu lassen, wird er irgendwann eine perfekte Kugel bilden.

Da die Anziehungskräfte von Wassermolekülen untereinander so ausgenommen stark sind, hat Wasser eine der größten Oberflächenspannungen überhaupt. Sie ist 2- bis 3-mal größer als die der meisten anderen Flüssigkeiten wie Ammoniak oder Alkohol. Gegenüber flüssigem Methan, wie es zum Beispiel auf der Oberfläche des Saturnmondes Titan vorkommt, ist sie sogar viereinhalb Mal so groß.

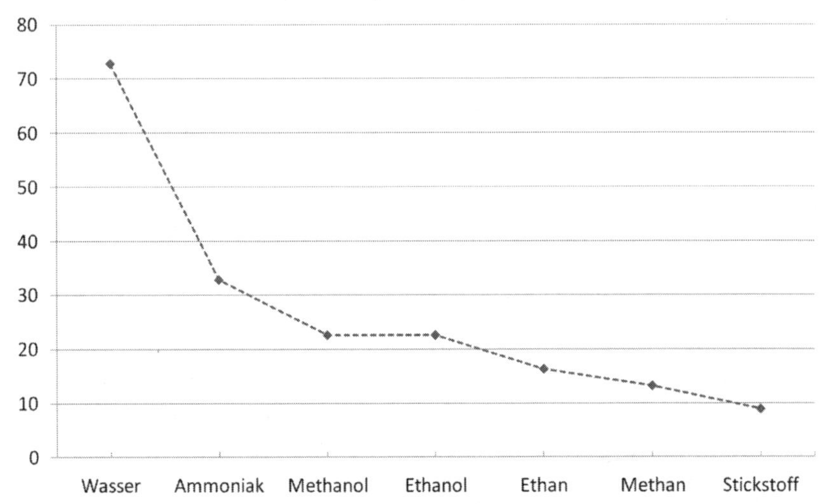


Abb.12 Die Oberflächenspannungen einiger Substanzen. Für Gase wurde die Oberflächenspannung am jeweiligen Siedepunkt angegeben.

Warum ist die Oberflächenspannung von Wasser nun so wichtig für unsere irdische Auffassung von Leben, dass ich ihr mehrere Seiten widme? Nun, die gedankliche Richtung wird eventuell schon deutlich, wenn ich darauf hinweise, dass die Oberflächenspannung gelegentlich auch Grenzflächenspannung genannt wird. Es ist klar, dass eine Oberfläche eines Mediums auch immer eine Grenze zu einem anderen Medium darstellt. Ein Medium ohne Oberfläche wäre zwangsläufig unendlich groß. Hat unser Medium eine hohe Grenzflächenspannung, so ist das letztendlich ein Maß für seine ausgeprägte Fähigkeit, sich abzugrenzen. Und nichts ist für eine Zelle oder einen Organismus wichtiger als sich von seiner Umgebung abgrenzen zu können.

Mithilfe der Oberflächenspannung definiert der Organismus seine Dimensionen. Seine Länge, Breite und Tiefe gewinnen durch die Oberflächenspannung erst an Schärfe. Da ein Organismus in biochemischer Hinsicht ein definierter Körper ist, in dem bestimmte Reaktionen nach festgelegten Regeln ablaufen sollen, ist die Fähigkeit, sich abzugrenzen, entscheidend für die Existenz eines Individuums.

Wäre das Individuum nur von geringer Abgrenzungskraft gegenüber seiner Umgebung, so bestünde immer die Gefahr, dass Teile seiner Oberfläche vom umgebenden Medium herausgelöst werden und laufend ersetzt werden müssen. Der ordnungsgemäße Ablauf der biochemischen Reaktionen, die das Leben ausmachen, wäre gefährdet. Indem der Körper mit Wasser gefüllt und von Wasser umgeben ist und zu seiner Abgrenzung wasserabweisende Membranen aus Öl benutzt, schafft er eine Grenze, wie sie mit Molekülen kaum schärfer gebildet werden kann. Es war die Erfindung des Drinnen und Draußen.

Es scheint, dass Wasser sich jeglicher Klassifizierung entzieht. Wo immer man eine Gemeinsamkeit zwischen Wasser und seinen verwandten Substanzen zu finden vermutet, wird man enttäuscht. Wir Menschen denken ja gerne in einfachen Kategorien, aber im Falle des Wassers gibt es immer Argumente dagegen. Gibt es ein besseres Merkmal dafür, elementar zu sein, als in keine Kategorie zu passen?

Der Siedepunkt, die Wärmekapazität und die Oberflächenspannung sind im Falle des Wassers im Vergleich zu anderen Flüssigkeiten also besonders hoch. Es gibt noch weitere Größen, in denen Wasser Rekorde aufstellt, wie die Schmelzwärme, die Verdampfungswärme oder seine Dichteanomalie bei vier Grad Celsius, die bewirkt, dass ein Gewässer von oben nach unten zufriert statt andersherum. Die diskutierten drei Größen sind zueinander nicht kausal, keine der drei ist die Begründung für die anderen. Aber alle drei haben die gleiche Ursache, nämlich die hohe Polarität des Wassermoleküls, bedingt durch die hohe Elektronen-Anziehungskraft des Sauerstoffs im Molekül* und durch die Tatsache, dass das Wassermolekül gewinkelt ist. Wäre das Wassermolekül gerade geraten, dann wären diese drei Größen mitnichten so groß ausgefallen und das Leben wie wir es kennen hätte so nicht stattfinden können. Es hätte sich einen anderen Weg suchen müssen – vorausgesetzt, Leben an sich ist wirklich so scharf darauf, zu entstehen. Warum das der Fall zu sein scheint und welche Gerüstsubstanzen es dafür braucht, schauen wir uns im nächsten Abschnitt an.

## Kohlenstoff

Am Anfang des Universums war alles eins. Es existierte nichts außer Raum, der mit einem konturlosen Brei aus Quarks gefüllt war, sich mit Überlichtgeschwindigkeit ausdehnte und dabei abkühlte. Bevor Sie Einwände gegen die Überlichtgeschwindigkeit erheben: Es stimmt, dass nichts sich schneller durch den Raum bewegen kann als das Licht. Der Raum aber kann machen was er will. Regeln gelten in einer Firma für alle Mitarbeiter, nicht aber für den Geschäftsführer. Der Raum kann sich schneller als das Licht ausdehnen, denn er dehnt sich nicht im Raum aus. Er dehnt sich im Nichts aus. Außerhalb des Raumes existiert kein Raum. Dort existiert nicht einmal Zeit, und wo keine Zeit ist, kann es auch keine Geschwindigkeit geben und damit auch kein Tempolimit, falls Sie sich das vorstellen können. Ich jedenfalls kann es nicht.

Als das Universum eine Millionstel Sekunde nach seiner Initialzündung auf 10 Trilliarden °C »abgekühlt« war, war es nicht mehr heiß genug, um die sechs Arten Quarks des Universums voneinander fernzuhalten. Sie konnten sich jetzt zu Protonen und Neutronen, zu Antiprotonen und Antineutronen zusammenfinden. In dieser Phase reagierten Protonen mit Antiprotonen und Neutronen mit Antineutronen sofort wieder mit-

* Da das Periodensystem aus einer überschaubaren Menge von Elementen besteht, muss es irgendwo darin einfach ein Element geben, bei dem diese Eigenschaft am ausgeprägtesten ist. In dieser Hinsicht ist Sauerstoff auf Platz zwei, der erste Platz geht an Fluor. Aber Fluor ist chemisch nicht so vielseitig wie Sauerstoff.

einander und lösten sich gegenseitig zu purer Strahlung auf. Eigentlich hätte sich das frisch gebildete Universum hier gleich wieder vollständig vernichten können. Dann hätte es für nicht mal eine Sekunde existiert und niemand hätte je davon erfahren. Doch die Teilchen, die sich gegenseitig in gleißender Strahlung vernichteten, waren anscheinend nicht abgezählt. Es herrschte ein winziger Überschuss an Protonen und Neutronen von 0,0000001 Prozent. Aus diesem kleinen Fehler besteht heute das sichtbare Universum.

Ein kleiner philosophischer Einschub: Ist es glücklicher Zufall, dass es einen Überschuss von Protonen und Neutronen gab? Wäre das alles hier, wären wir nicht entstanden, wenn es einen Überschuss an Antiprotonen und Antineutronen gegeben hätte, der die Bausteine unseres Universums vollständig vernichtete? Nein. Dann wäre unsere Welt einfach aus Antiprotonen und Antineutronen aufgebaut, die wir heute Protonen und Neutronen nennen würden. Anti heißt nur, dass alle Eigenschaften bis auf eine zwischen ihnen und dem Stammteilchen gleich sind und dass sie mit dem Stammteilchen explosionsartig reagieren und sich gegenseitig vernichten. Wären wir in einer Welt der Antiteilchen groß geworden, so würden wir diese Teilchen heute normal nennen, und die Protonen und Neutronen wären die Exoten, für deren Nachweis wir Teilchenbeschleuniger bauen.

Als das Universum eine Sekunde alt und nur noch zehn Milliarden Grad Celsius heiß war, war das thermische Chaos schwach geworden. Die Starke Kernkraft, die heute noch die Atomkerne zusammenhält, konnte sich jetzt gegen das thermische Chaos durchsetzen und Protonen und Neutronen miteinander verbinden. Atomkerne bildeten sich.

Nun waren aber nicht sofort alle Atomkerne da, die wir heute kennen. Sie bildeten sich gemäß der Komplexitätsregel: Je einfacher ein Atomkern aufgebaut ist, desto größer war seine Wahrscheinlichkeit zu entstehen, und daher besteht der Großteil des Universums heute noch aus Wasserstoff, dessen Kern einfach nur ein Proton ist. In der Mehrzahl der Fälle hat also gar keine Reaktion stattgefunden. Der Heliumkern besteht aus zwei Protonen und zwei Neutronen, und das ist eine Kombination, deren Entstehung schon wesentlich anspruchsvoller ist. Lithium besteht, obwohl es

Ausnahmen gibt, aus drei Protonen und vier Neutronen und war in seiner Entstehung aus dem thermischen Chaos noch weniger wahrscheinlich.

Als das Universum drei Minuten alt war und die Elemente geboren waren, bestand das Universum zu 75 % aus Wasserstoffkernen und zu etwa 25 % aus Heliumkernen. Lithium und Beryllium machten nur Spuren aus. Um sie herum schwirrten Unmengen von Elektronen, denen die Sache aber noch zu heiß war, um an der Bildung von Elementen teilzunehmen. Es mussten weitere 380 000 Jahre vergehen, bis das Universum auf weniger als 4 000 °C abgekühlt war. Nun fanden sich Elektronen erstmals auf Umlaufbahnen um die Atomkerne ein. Es ist ganz natürlich für ein Elektron, sich in einer Bahn um einen Atomkern zu befinden, denn Gegensätze ziehen sich an und mit dieser Eheschließung kommen auch ein paar energetische Vergünstigungen. Dieser Zustand ist für beide Parteien stabiler und damit wahrscheinlicher. Es hatte bisher nur nicht stattfinden können, da die alles umgebende Hitze jedes Elektron sofort wieder aus seiner Umlaufbahn geschossen hätte. Erst unterhalb von 4 000 °C konnten Elektronen und Atomkerne rekombinieren und die ersten Elemente waren entstanden.

All die Elemente, die heute für das Leben so wichtig sind, wie Kohlenstoff, Sauerstoff, Stickstoff, Schwefel und Phosphor, sind erst Millionen Jahre später in den Supernova-Explosionen der ersten Sterne entstanden. Und diese Atome existieren heute noch. Wir bestehen aus ihnen und es ist durchaus denkbar, dass Atome in Ihrem linken Auge aus den Trümmern eines anderen Sternes bestehen als die Atome in Ihrem rechten Auge. Als diese Elemente vor Milliarden Jahren entstanden sind, deutete nichts darauf hin, dass sie Ihnen eines Tages beim Lesen dieses Textes behilflich sein würden.

Das Periodensystem ist der Baukasten des Universums. Es kann kein chemisches Element geben, das nicht in das Periodensystem passt, und alle Materie des Lebens ist aus Elementen aufgebaut, die im Periodensystem stehen. Auch wenn Elemente, die in der gleichen Gruppe des Periodensystems stehen, ähnliche Eigenschaften haben, so sind sie dennoch nie gleich. Und das bedeutet, dass kein Element in einem Organismus vollständig durch ein anderes ersetzt werden kann.

In den Science-Fiction-Geschichten der Fünfziger- und Sechzigerjahre des zwanzigsten Jahrhunderts stellten sich die Autoren gelegentlich Lebensformen vor, die nicht auf Kohlenstoff basieren, sondern auf Silicium. Die Autoren dieser Filme und Bücher wollten die völlige Andersartigkeit ihrer Kreaturen betonen und machten nach einigen anderen, putzigen Versuchen mit Echsen, Katzen, mannsgroßen Amöben und ähnlichem Getier auch vor der Vorstellung nicht halt, die Grundsubstanz einer außerirdischen Lebensform könne gar eine ganz andere sein als unsere. Vielleicht wollten sie ihr Publikum einfach offener machen für grundlegend andere Ideen; vielleicht mussten sie sich auch nur gegenseitig übertreffen und kamen irgendwann an diesem Tiefpunkt an.

Sie wählten Silicium, da Silicium in derselben Hauptgruppe des Periodensystems steht wie Kohlenstoff und diesem in seinem chemischen Verhalten von allen Elementen am meisten ähnelt.

Wenngleich dieser Ansatz offensichtlich falsch ist, so ist der Gedanke an eine siliciumbasierte Lebensform doch eigentlich berechtigt. Warum kann es nirgendwo im Universum siliciumbasiertes Leben geben? Was genau spricht dagegen?

Zunächst einmal muss hier noch ein Missverständnis beseitigt werden, bevor es aufkommt. Wie Sie sicher schon mal gehört haben, gibt es in den Meeren der Erde sogenannte Kieselalgen. Das sind einzellige kleine Organismen, deren Hülle aus Kieselsäure besteht, die wiederum viel Silicium enthält. Das meinen wir aber nicht, wenn wir von einer siliciumbasierten Lebensform sprechen, denn ihr Inneres funktioniert genau wie alles andere auf der Welt mit Molekülen, deren Grundgerüst kohlenstoffbasiert ist. Sie haben DNA, sie haben Proteine, sie gewinnen Energie durch Photosynthese. Alles Dinge, die wir vom Rest der Welt auch kennen.

Das häufigste Element in der Erdkruste ist Sauerstoff mit 47 %. Alles, was Sie auf der Erdoberfläche sehen können, besteht im Durchschnitt zur Hälfte seines Gewichtes aus Sauerstoff. Allein das Wasser der Ozeane, die drei Viertel unseres Planeten bedecken und ihm aus dem Flugzeug jenen matt-blauen monotonen Schimmer verleihen, besteht zu 89 % aus Sauerstoff, denn ein Wassermolekül enthält zwar zwei Wasserstoff- und nur ein Sauerstoffatom, aber Sauerstoff ist rund sechzehn mal schwerer als Wasserstoff, macht also 16/18 der Masse des Wassermoleküls aus.

Wir Menschen bestehen zu rund 56 % aus Sauerstoff, da wir so viel Wasser enthalten, und in der Zellulose, dem häufigsten organischen Molekül der Erde, liegt sein Anteil immerhin bei 50 %. Sauerstoff ist überall da, wo Leben ist, und wo es keinen Sauerstoff gibt, da sind die Möglichkeiten für Leben stark eingeschränkt. Verwechseln Sie das nicht mit Sauerstoff zum Atmen. Der Sauerstoff muss nicht gasförmig sein, er ist einfach in fast jedem für das Leben wichtigen Molekül vorhanden, denn er bewirkt Polarität.

Und schon an zweiter Stelle in der Liste der Elementhäufigkeiten in der Erdkruste kommt Silicium mit 28 %. Zusammen mit den 47 % des Sauerstoffs besteht die Welt um uns herum also zu rund 75 % aus Sauerstoff und Silicium, und das sollte nicht überraschen, wenn man auf einem Gesteinsplaneten wohnt. Silicatgestein enthält wiederum rund 70 % Sauerstoff.

Der Kohlenstoff aber kommt in der Liste der häufigsten Elemente der Erdkruste erst an fünfzehnter Stelle. Er macht lediglich 0,03 % der Erdkruste aus und dennoch wird er als die Basis für Leben auf der Erde bezeichnet. Weder Sauerstoff noch Silicium oder die zwölf anderen Elemente dieser Liste haben diesen Titel erhalten.

Da es bei der Auswahl der Substanzen für Leben offensichtlich nicht um die Häufigkeit der Elemente auf der Erde ging, muss Kohlenstoff also über Eigenschaften verfügen, die ihn unter den Elementen ganz besonders hervorheben. Er muss etwas können, was sonst kein Element kann, und in der Tat hat er einige Eigenschaften, die den Rest des Periodensystems alt aussehen lassen. Es handelt sich vornehmlich um eine chemische und eine thermodynamische Eigenschaft.

Die chemische Eigenschaft ist seine Fähigkeit, Ketten zu bilden. Kohlenstoff als Atom hat genau die richtige Größe und Elektronenkonfiguration, um durch Hybridisierung, also einen Kompromiss zwischen zwei Bindungstypen, Ketten von beliebiger Länge bilden zu können. Kurze Ketten können sich dann zu Ringen zusammenschließen, längere Ketten können Doppelringe bilden, und wenn die Kette lang genug ist, kann sie sich in der Mitte oder am Rand Ringe innerhalb der Kette zulegen. Im Bienenwachs zum Beispiel können ohne weiteres 30 bis 35 Kohlenstoffatome hintereinander eine Seite des Moleküls ergeben, die andere Seite hat 15.

Hexacontan besteht aus 60 Kohlenstoffatomen hintereinander, und nichts deutet darauf hin, dass hier schon Schluss sei. Hexacontan hat für das Leben keine Bedeutung, es soll nur die Möglichkeiten verdeutlichen, die der Kohlenstoff bietet. Wie ein guter Musiker auf der Bühne zeigt auch der Kohlenstoff nie alles, was er kann.

Die Anzahl der Verbindungen, die Kohlenstoff eingehen kann, ist größer als die aller anderen Elemente des Periodensystems zusammen. Das ist der einzige Grund, warum die Chemie als Forschungsgebiet sich früh in zwei Unterdisziplinen aufgespalten hat: die Organische Chemie, die sich nur mit den Verbindungen des Kohlenstoffs befasst, und die Anorganische Chemie, in der der gesamte Rest erforscht wird.

Natürlich reicht es zur Entwicklung von Leben nicht aus, nur Ketten, Ringe oder Kugeln zu bilden. Denn diese Kohlenstoffgerüste sind, obwohl sie leicht brennbar sind, immer noch recht reaktionsträge.

Wie etwas leicht brennbar und dennoch reaktionsträge sein kann? Nun, die Heftigkeit einer Reaktion hängt immer vom Zusammenspiel zweier Reaktionspartner ab. Wenn die Kohlenwasserstoffe leicht brennbar sind, dann bedeutet das nur, dass sie leicht mit Sauerstoff reagieren, und der ist allgemein sehr reaktiv. Der Kohlenwasserstoff muss dann für die Verbrennung nicht mehr viel Eigeninitiative mitbringen. Mit Säuren oder Laugen zum Beispiel reagieren Kohlenwasserstoffe so gut wie gar nicht, was den Laien gewiss überraschen wird. Die Vorstellung, dass etwas ganz besonders Krasses passieren muss, wenn man Benzin mit Schwefelsäure mischt, ist eher etwas für Comics. Die Realität ist hier ausnahmsweise weniger spannend.

Generell gilt in der Chemie, dass eine Reaktion umso wahlloser stattfindet, je mehr Energie sie freisetzt. Die Dinge können also immer entweder heftig oder geordnet ablaufen, aber niemals beides. Das eine geht immer auf Kosten des anderen. Das hat mit der Entstehung von Entropie zu tun, doch dazu komme ich später.

Solange diese Ketten und Ringe sich nur durch ihre Länge, aber durch nichts anderes unterscheiden, sind die Möglichkeiten, miteinander zu reagieren und sich zu komplexeren Strukturen zu organisieren, immer noch sehr eingeschränkt. Kohlenstoff kann eine ganze Menge, aber wenn das

Leben nur aus Kohlenstoff bestünde, wären seine Möglichkeiten so wenige, dass man wahrscheinlich gar nicht von Leben sprechen könnte.

Aber das Leben besteht ja nicht nur aus Kohlenstoff. Die Ketten von Kohlenstoff können auch andere Atome wie Stickstoff, Sauerstoff oder Schwefel enthalten. Auf diese Weise kann die Anzahl der Möglichkeiten erheblich gesteigert werden. Moleküle von beliebiger Größe, Form, Reaktivität und Löslichkeit sind damit möglich. Immer aber ist es der Kohlenstoff, der die Kette fortführen muss, da er als einziges Element dazu in der Lage ist.

Was eine Kohlenstoffkette also braucht, um sich für die Rolle als Grundsubstanz des Lebens zu bewerben, sind ein paar Andockstellen am Molekül, die etwas bereitwilliger mit anderen Substanzen reagieren als der pure Kohlenwasserstoff. Sie dürfen aber auch nicht zu reaktiv sein, denn sonst hängt es zu sehr vom Zufall ab, was bei dieser Reaktion gebildet wird. Das Leben, so wie wir es kennen, hat da durch chemische Evolution genau die richtige Balance gefunden, und die wird durch Kohlenstoffverbindungen ermöglicht.

Wir nehmen mal eine Kohlenstoffkette der Länge $C_2$. Das heißt, zwei Kohlenstoffatome haben sich miteinander verbunden. Was sie noch an Bindungsarmen frei haben, wird mit Wasserstoffatomen bestückt, wir Chemiker sagen »abgesättigt«.* Wir erhalten damit ein Molekül Ethan:

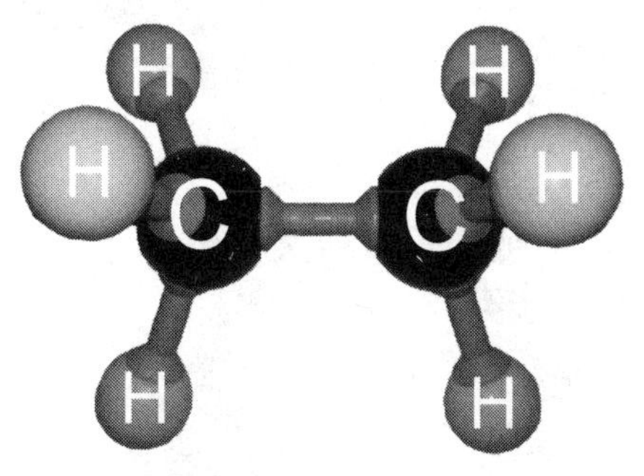


Abb. 13 Ein Ethanmolekül

* Wasserstoff ist in all diesen Molekülen so selbstverständlich, dass Chemiker ihn in Molekülzeichnungen gar nicht mehr mit zeichnen und sich nur auf die interessanten Bausteine konzentrieren. Im Falle von Abbildung 13 würde ein Chemiker nur einen Strich zeichnen: Die Enden des Striches wären Kohlenstoffatome, den Wasserstoff denk man sich dazu.

Ethan ist ein Gas und abgesehen von einer explosionsartigen Reaktion mit Luftsauerstoff, die erst bei Temperaturen über 500 °C stattfindet, nicht sonderlich daran interessiert, chemische Reaktionen einzugehen. Da alle Stellen, an denen sich Wasserstoffatome befinden, energetisch gleichwertig sind, wird jede Reaktion, wenn sie denn einmal stattfindet, einfach an irgendeiner Stelle des Moleküls einsetzen. Was dieses Molekül braucht, sind andere Atome am Rand, die weitere Reaktionen ermöglichen, die Vielfalt damit erhöhen und vor allem in geordnete Bahnen lenken.

Eine mögliche Reaktion, die stattfinden kann, ist eine sanfte, teilweise Oxidation mit Sauerstoff. Dies würde bevorzugt geschehen, wenn sich viel Wasser in der Nähe befindet, denn Wasser kann – Sie wissen es selbst – die Ausbreitung von Feuer recht effektiv unterdrücken. Ultraviolette Strahlung, wie sie mangels einer Ozonschicht auf der jungen Erde zweifellos wütete, ist ebenfalls sehr gut geeignet, Moleküle so sanft mit Sauerstoff reagieren zu lassen, dass das Kohlenstoffgerüst nicht beschädigt wird.

In einer feuchten, vielleicht sogar nassen Umgebung kann also eine Reaktion zwischen Ethan und Sauerstoff eintreten, die das Kohlenstoffgerüst des Ethans nicht beschädigt. Unter den Substanzen, die dabei entstehen können, befindet sich die Essigsäure.

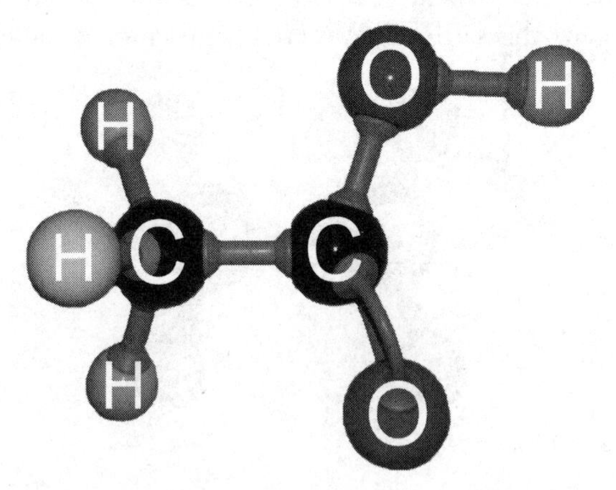


Abb. 14 Ein Essigsäuremolekül

Die beiden neuen, großen Atome rechts sind Sauerstoffatome. Wie Sie sehen können, trägt das obere Sauerstoffatom noch ein Wasserstoffatom. Dieses wird sich, wenn die Substanz in Wasser gelöst wird, abspalten und als Wasserstoff-Ion im Wasser seinen eigenen Weg gehen, wodurch der pH-Wert des Wassers sinken wird. Das Wasser wird sauer, daher der Name der Substanz. Der Molekülteil, der aus dem Kohlenstoffatom, den beiden Sauerstoffen und dem Wasserstoff besteht, heißt Säuregruppe, auch –COOH genannt.

Essigsäure ist ein wunderschönes Molekül und aus unserem Leben nicht mehr wegzudenken, nur reicht das noch nicht, um komplexe Moleküle zu erschaffen. Denn Essigsäure reagiert weder mit Ethan noch nennenswert mit sich selbst, und wenn es nur diese beiden Substanzen gibt, kann noch nicht viel geschehen. Das Essigsäuremolekül braucht noch eine weitere funktionelle Gruppe von anderer Beschaffenheit, damit ein wenig Schwung in die Sache kommt. Da ich ja bereits weiß, wohin die Reise gehen soll, nehme ich jetzt ein Stickstoffatom und ersetze damit ein Wasserstoffatom an der anderen Seite des Essigsäuremoleküls. Die beiden freien Bindungsarme, die der Stickstoff noch übrig hat, sättige ich wieder mit Wasserstoff ab. Einen solchen $NH_2$-Rest nennt man Aminogruppe. Was wir jetzt erhalten, nennen wir Glycin.

Glycin ist nicht nur die einfachste Aminosäure, die es in der Natur gibt, sondern auch die einfachste, die sich überhaupt denken lässt. Sie besteht aus dem kleinsten Kohlenstoffgerüst, das eine Aminosäure haben kann, und hat an all ihren verfügbaren Stellen die funktionelle Gruppen, die eine Aminosäure ausmachen: die Aminogruppe $–NH_2$ und die Säuregruppe –COOH.

Glycin kommt in jedem lebenden Organismus der Erde vor. Es erhielt seinen Namen aus der Tatsache, dass es süß schmeckt (glykos = griechisch: süß). Glycin ist klein, unkompliziert und an jedem noch so kleinen Stück Leben auf der Erde beteiligt.

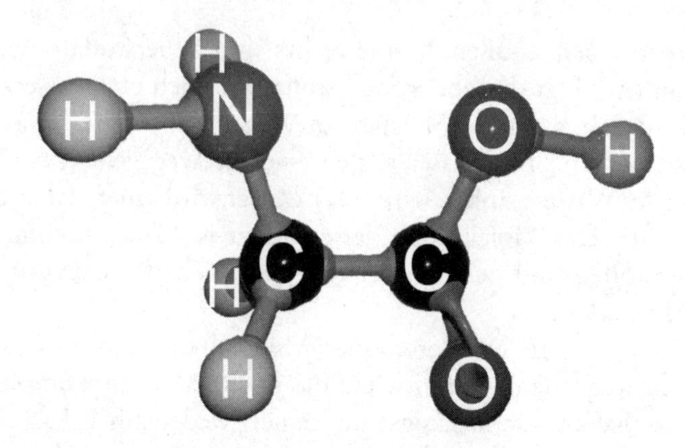


Abb. 15 Glycin, die einfachste aller Aminosäuren. Sie findet sich im freien Weltraum in Materiewolken, die die Masse unseres Sonnensystems übertreffen.

Viel wichtiger aber ist die Tatsache, dass Aminosäuren im Gegensatz zu Ethan oder Essigsäure in einem weiteren Schritt mit sich selbst reagieren können. Dann reagiert die Aminogruppe der einen Aminosäure mit der Säuregruppe der anderen Aminosäure, und wie lang man diese Kette auch fortsetzt, es wird immer eine Aminogruppe auf der einen Seite des Moleküls frei sein und eine Säuregruppe auf der anderen Seite. Auf diese Weise können auch Aminosäuren eigene Ketten bilden, die wie aus Puzzleteilen zusammengesetzt sind. Sie sind die Basis der Proteine, aus denen das Leben besteht.

Kann ein für das Leben so grundlegendes Molekül wie Glycin nun einfach in der unbelebten Natur entstehen? Um diese Frage zu beantworten, setzten sich in den 1950er Jahren der Biologe Stanley Miller und der Chemiker Harold Clayton Urey zusammen und entwarfen ein Experiment, dessen Ergebnisse Furore machen sollten.

## Das Miller-Urey-Experiment

Ihre Annahme war, dass die Bedingungen der frühen Erdatmosphäre ausgereicht haben könnten, um aus den simpelsten Molekülen anspruchsvollere Moleküle zu entwickeln, die die Basis des Lebens darstellen.

Wie heiß die Erde vor vier Milliarden Jahren war, kann man nicht sagen, aber es war wohl heiß genug, um kein flüssiges Wasser zu erlauben. Stattdessen bestand die Erde auf ihrer Oberfläche aus heißem, zum Teil flüssigem Gestein und darüber hing dumpf eine dichte, aus allem Möglichen bestehende Atmosphäre. Stellen Sie sich vor, die Ozeane der Welt wären verdampft und würden als Dampf in der Atmosphäre hängen. Sobald ein Tropfen auf die Erde fiel, verdampfte er gleich wieder.* Es regnete 40 000 Jahre lang, doch der Regen brachte nur langsam Abkühlung; eigentlich schirmten die Wolken die Erde vor dem Weltraum ab und verhinderten, dass die Erde schneller abkühlte. Am Ende dieser Jahrzehntausende andauernden Regenfälle hatte sich dann endlich Oberflächenwasser angesammelt, was bedeuten muss, dass die Temperatur auf der Erde etwa 100 °C unterschritten haben musste (die genaue Temperatur hängt vom herrschenden Druck ab). Die Bühne war damit bereitet.

Was nicht abgeregnet war, hing noch weiter in der frühen Erdatmosphäre. Das waren einfache Moleküle wie Wasserdampf, Kohlenmonoxid, Kohlendioxid, Schwefelwasserstoff, Ammoniak und Methan. Es war heiß, es herrschte ein hoher Druck und da es noch keine Ozonschicht gab, sorgte die Sonne für ein gerüttelt Maß an harter UV-Strahlung. Durch die elektrische Aufladung, die unter anderem von dieser UV-Strahlung verursacht wurde, zuckten Blitze durch den Himmel, die tausendmal heftiger waren als die, die man heute beobachten kann.

Das Wichtige an dieser frühen Erdatmosphäre aber ist, dass es noch keinen freien Sauerstoff gab. Da Sauerstoff ja so reaktionsfreudig ist, hatte er bereits mit Wasserstoff, Kohlenstoff und anderen Substanzen abreagiert. Unter den drastischen Bedingungen der damaligen Atmosphäre wären komplexe und empfindliche Moleküle recht schnell aus dem Spektrum der verfügbaren Substanzen wegoxidiert worden.

Miller und Urey suchten nun nach Möglichkeiten, diese urzeitlichen Bedingungen im Labor zu simulieren. Sie zogen sich also die Kittel an, nahmen den für die Laborarbeit unvermeidlichen Glaskolben, füllten ihn

---

* Ich habe ein solches Schauspiel einmal am Ufer des Toten Meeres in Jordanien erleben dürfen. Das Tote Meer ist der tiefste Punkt der Erdoberfläche und an einem heißen Sommertag genügen diese zusätzlichen 400 Meter Höhenunterschied, um den Regen auf dem Weg nach unten, also bereits in der Luft verdampfen zu lassen. Eigentlich zirkuliert das Wasser nur über dem Meer.

mit Wasser, Ammoniak, Methan und Wasserstoff und ließen das Ganze im Kreis laufen, mal zum Aufheizen, mal zum Abkühlen. Zusätzlich gaben Sie in regelmäßigen Abständen elektrische Entladungen durch den Reaktionsansatz und der dabei entstehende Lichtbogen lieferte auch gleich die nötige UV-Strahlung.

Es muss im chemischen Sinne heiß her gegangen sein in diesem Reaktionskolben. Nicht nur reagierte hier jeder mit jedem, sondern die Reaktionsprodukte reagierten ebenfalls mit den Ausgangsstoffen, sie reagierten mit anderen Reaktionsprodukten, mit den Produkten dieser Reaktionen und alle reagierten noch mal miteinander. Es war eine einzige chemische Orgie und selbst moderne Computer, gefüttert mit allen bekannten chemischen Gesetzmäßigkeiten, hätten es heute noch schwer, irgendwelche Ergebnisse vorauszuberechnen. Aber das musste man auch gar nicht. Das ist der Vorteil bei praktischen Experimenten.

Nachdem sie den Versuchsaufbau zwei Wochen lang hatten reagieren lassen, nahmen Miller und Urey einige Proben und analysierten sie. Und so eine chemische Analyse gestaltet sich immer einfacher, wenn man weiß, wonach man sucht. In diesem Fall Aminosäuren.

Miller und Urey fanden Glycin, alpha-Alanin, beta-Alanin, Asparaginsäure, alpha-Aminobuttersäure und einige weitere Substanzen, die sie mit ihren damaligen Mitteln und Methoden nicht identifizieren konnten.[8,9] Sie konnten nur die Anwesenheit dieser weiteren Substanzen feststellen, sie aber nicht benennen, denn die Mengen waren zu gering. All diese Substanzen lagen in sehr geringen Konzentrationen vor, und der Großteil der gebildeten Substanzen war schlicht zu einer teerartigen Substanz kondensiert. Doch Miller und Urey hatten bewiesen, dass unter simplen und urzeitlichen Bedingungen Substanzen entstehen können, die wir heute die Bausteine des Lebens nennen.

Als Millers damaliger Student Jeffrey Bada im Jahre 2008 die Originalgefäße von 1953 von Stanley Miller »geerbt« hatte und sie mit moderneren Messmethoden erneut untersuchte, fand er insgesamt 22 Aminosäuren und fünf Amine.[10] Zum Teil hatten sich aus den simplen Gasmolekülen Kohlenstoffketten bis zur Länge $C_5$ gebildet und in sehr geringen Mengen sogar Phenylalanin, eine Aminosäure mit einem Benzolring.

Millers und Ureys Werk inspirierte ihre Kollegen, vergleichbare Experimente unter ähnlichen Bedingungen, nur mit anderen Substanzen durchzuführen. Der spanische Biochemiker Joan Oró führte 1961 ein Experiment mit Blausäure und Ammoniak, zwei vergleichbar einfachen Substanzen, durch und fand später Adenin und Guanin in seinen Reaktionsansätzen.[11]

Wenngleich Miller und Urey das erste Experiment dieser Art durchgeführt und damit den Gedanken in die Welt gesetzt hatten, so sind die Ergebnisse von Oró viel bedeutender.

Miller und Urey hatten Aminosäuren gefunden, die die Bausteine von Eiweißmolekülen darstellen. Als wenn das zum Beweis nicht schon genügen würde, hatte Joan Oró Bausteine der DNA entstehen lassen. Das ist ungefähr so, als hätte ein Team von Archäologen ein Stück Feuerstein gefunden, das eventuell von Urmenschen bearbeitet wurde, und ihre Kollegen drei Meter weiter hätten eine urzeitliche technische Zeichnung zur Herstellung von Speerspitzen aus Feuerstein entdeckt.

Dabei hatten Miller, Urey und Oró nicht mal eine genaue Vorstellung, welche Ausgangssubstanzen in der Uratmosphäre eigentlich vorlagen. Wir müssen uns der Tatsache bewusst sein, dass es *die* Uratmosphäre womöglich auch gar nicht gab. Vielleicht waren ihre Ergebnisse nur repräsentativ für einen kurzen zeitlichen Ausschnitt der Atmosphäre, als die Erde noch jung war. Gab es Blausäure, Schwefelwasserstoff, Phosphorwasserstoff, Phosphorsäure, Schwefelsäure? Man weiß es nicht. Es ist aber sehr gut möglich.

Dennoch haben Urey, Miller und Oró mit ihrem Experimenten gezeigt, dass die Bausteine des Lebens unter den wildesten Bedingungen entstehen können, ja dass ihre Entstehung geradezu zwangsläufig ist, wenn das Baumaterial vorliegt und die Bedingungen zumindest nicht dagegen sprechen.

Nun gibt es aber zwei Aspekte dieser Angelegenheit, vor denen wir uns nicht drücken können, wenn wir diese Experimente auf einem gewissen Niveau diskutieren wollen. Zum einen sind bei diesen Reaktionen nicht nur die Bausteine des Lebens entstanden, sondern noch eine ganze Menge anderer Sachen, die für das Leben aber keine oder nur wenig Bedeutung haben. Sie scheinen bei der Auswahl der geeigneten Substanzen für Leben übergangen worden zu sein. Ein Beispiel:

Jede Aminosäure, die für die Herstellung von Leben benötigt wird, hat ihre Aminogruppe direkt neben der Carbonsäuregruppe. Sie befindet sich immer am ersten Kohlenstoffatom hinter jenem, das die Sauerstoffatome trägt. Dieses Kohlenstoffatom wird das alpha-Atom im Kohlenstoffgerüst genannt und die Aminosäure heißt daher auch jeweils alpha-Aminosäure. Wir schauen uns den Unterschied hier nicht am Glycinmolekül an, da Glycin nur zwei Kohlenstoffatome besitzt und daher keine alpha- oder beta-Form hat. Stattdessen nehmen wir die zweitkleinste Aminosäure Alanin, die einfach nur ein Kohlenstoffatom mehr besitzt.

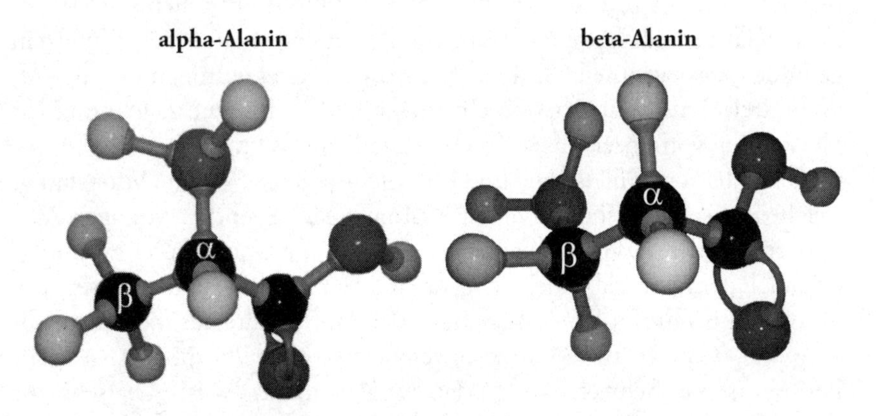


Abb. 16 alpha- und beta-Alanin im Vergleich. Der Unterschied liegt in der Stelle, an der die Aminogruppe am Kohlenstoffgerüst gebunden ist. Nur das alpha-Alanin kann sich sauber in eine Kette aus Aminosäuren einfügen. Eine beta-Aminosäure wäre in einer Kette aus alpha-Aminosäuren hinderlich wie ein nicht richtig sitzender Metallzahn in einem Reißverschluss.

Entsprechend wird die Variante, in der die Aminogruppe am danach folgenden beta-Kohlenstoffatom sitzt, die beta-Aminosäure genannt. Miller und Urey hatten sowohl alpha- als auch beta-Alanin gefunden. Beta-Aminosäuren kommen aber in Eiweißmolekülen nicht vor. Immer ist es die alpha-Variante. Ist die Entstehung von nutzlosen beta-Aminosäuren damit nicht eine gewaltige Rohstoffverschwendung? Allerdings. Aber das ganze System arbeitet ja auch nicht auf ein Ziel hin.

Der andere Aspekt ist die Tatsache, dass selbst alpha-Alanin nicht gleich alpha-Alanin ist. Auch hier gibt es zwei Varianten, von denen nur eine die richtige ist. Diese Varianten heißen D- und L-Form.

D und L, das steht für die lateinischen Wörter *dexter* und *laevus*, was übersetzt einfach rechts und links heißt. Diese Unterscheidung setzt sich mit der Frage auseinander, wie die Aminogruppe und das Wasserstoffatom sich am alpha-Kohlenstoffatom arrangieren.

Betrachten wir das alpha-Alaninmolekül in Abbildung 17. Wir sehen drei Kohlenstoffatome. Das ganz rechte Kohlenstoffatom ist mit den zwei roten Sauerstoffatomen verbunden und selbstverständlich Teil der Kohlenstoffkette. Da dieses Kohlenstoffatom aber mit all seinen Bindungen bereits ausgebucht ist, hat es keine weiteren Gestaltungsmöglichkeiten mehr. Das erste Kohlenstoffatom, an dem überhaupt etwas variabel sein kann, ist das alpha-Kohlenstoffatom in der Mitte.

Wir sehen an diesem C-Atom drei weitere, verschiedene Atome. Zum einen das beta-Kohlenstoffatom, das die Kette weiterführt. Dann gibt es ein Wasserstoffatom (hell) und eine Aminogruppe $NH_2$. Diese beiden nennen wir jetzt einfach mal Substituenten, weil sie Wasserstoffatome an verschiedenen Positionen des Kohlenstoffatoms ersetzt haben.

Jetzt können wir im Geiste versuchen, die beiden Substituenten gegeneinander auszutauschen. Können wir das tun, ohne sie vom Molekül abzuziehen und wieder anzusetzen? Nein, das geht nicht. Wir können das Molekül drehen wie wir wollen, man kann das Wasserstoffatom und die Aminogruppe nicht gegeneinander austauschen, ohne Bindungen zu lösen und wieder neu zu bilden. Es würde gehen, wenn wir das alpha-Kohlenstoffatom in der Mitte mit spitzen Fingern anfassen und um 180 ° drehen könnten. Aber dann würden wir die Bindungen des Kohlenstoffs mit seinen Nachbar-Kohlenstoffatomen lösen müssen. So sehr wir es auch versuchen, wir können die erste Variante nicht in die zweite umwandeln, ohne das Molekül zwischendurch zu zerstören. Die D- und die L-Form haben die gleichen Schmelz- und Siedepunkte, reagieren chemisch gleichwertig und sind beide gleich gut löslich in Wasser. Sie sind chemisch identisch und nur in dieser kleinen Hinsicht verschieden.

Das mag insgesamt nicht nach viel klingen, doch die belebte Materie macht da durchaus einen Unterschied, denn die beiden Varianten sind zueinander spiegelverkehrt. Zu erwarten, dass die D-Form in einem Eiweißmolekül einfach so den Platz der L-Form einnehmen kann, ist in etwa so, als würde man sich die Handschuhe vertauscht anziehen wollen. So sehr man es auch will und so nah man auch am Erfolg dran zu sein scheint, der linke Handschuh passt einfach nicht auf die rechte Hand, und umgekehrt.

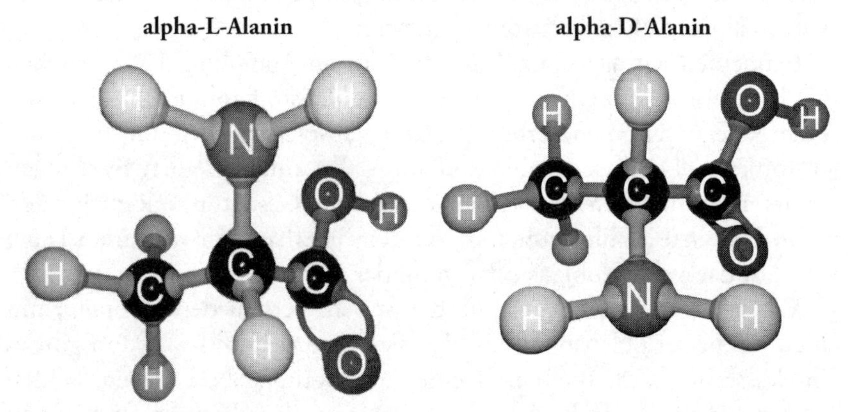


Abb. 17 alpha-Alanin in der L- und der D-Form. Theoretisch können aus beiden Varianten Proteine gebildet werden. In den Lebensformen auf der Erde hat sich aber die L-Variante durchgesetzt.

Im alpha-D-Alanin haben der Wasserstoff und die Aminogruppe am alpha-Atom die Plätze getauscht. Diese spiegelverkehrten Varianten sind nicht gegeneinander austauschbar, und das Leben sieht es auch so. Sämtliche Aminosäuren, die unsere Körper ausmachen, sind jeweils die alpha-Variante der Aminosäure, und davon auch nur die L-Form.

Es gibt nur wenige Ausnahmen in der Natur. D-Aminosäuren kommen zum Beispiel in den Zellwänden von manchen Bakterien vor. Manche D-Aminosäuren kommen in den Giften von Schlangen und Fröschen vor. Sie sind aber sonst nicht sonderlich am Aufbau von Leben beteiligt. Die DNA ist ein Speichercode zur Herstellung von Proteinen aus 20 verschiedenen Aminosäuren, und die haben alle die L-Form. Wenn eine D-Form für irgendetwas benötigt wird, dann wird sie durch umwandelnde Enzyme aus der L-Form hergestellt. Immer aber ist es die L-Form, mit der alles anfängt.

Wie kommt es nun, dass sich von all den Substanzen, die bei dem Miller-Urey-Experiment entstanden sind, in allen Lebensformen nur die mit der alpha-Aminogruppe durchgesetzt haben, und auch davon meistens die L-Form? Kann es nicht einfach sein, dass das Miller-Urey-Experiment alles Mögliche an Substanzen produziert hat und durch Zufall auch einige dabei sind, die in lebenden Organismen vorkommen? Sagt das Experiment in Wirklichkeit vielleicht überhaupt nichts aus?

Nun, natürlich hat das Experiment lediglich gezeigt, dass aus den einfachsten Systemen unter anderem Substanzen entstehen können, die heute noch von lebenden Organismen gebraucht werden. Was aber viel wichtiger ist: Wie viele Möglichkeiten gab es denn überhaupt? Ich habe hier nur Alanin als Beispiel angeführt, aber tatsächlich gibt es insgesamt 20 Aminosäuren, aus denen das Leben besteht. Sie unterscheiden sich alle nur dadurch, wie das jeweilige Molekül hinter dem alpha-Kohlenstoffatom weitergeht. Alanin hat nur ein weiteres Kohlenstoffatom dahinter, Phenylalanin hat da einen Benzolring. Asparaginsäure führt die Kette mit einem Molekül Essigsäure fort, Serin mit einem Ethanolrest. Manche Aminosäuren haben noch Schwefelatome in ihrem Fortsatz, andere haben weitere Aminogruppen. Sie alle aber sind bis zum alpha-Kohlenstoffatom gleich aufgebaut, und erst dahinter geht es auf verschiedene Arten weiter. Viel verstörender wäre es doch, wenn es bis heute nicht gelungen wäre, einfache Aminosäuren aus einer modellhaften Ursuppe herzustellen.

Und die D- und L-Formen? Warum kommt nur die L-Form in der belebten Natur vor?

Zum Aufbau komplexer Strukturen wie den Eiweißmolekülen muss eine gewisse Ordnung herrschen. Es kann nicht sein, dass die Aminogruppe einer Aminosäure, die für die Struktur eines Eiweißmoleküls an einer bestimmten Stelle benötigt wird, einfach in die falsche Richtung zeigt. Es kann nur funktionieren, wenn alle Aminosäuren die gleichen Grundeigenschaften besitzen. Dabei wäre es egal, ob alle in der L- oder alle in der D-Form vorliegen, es ist nur wichtig, dass sie alle die gleiche Form haben. Als die ersten Eiweißmoleküle entstanden sind, gab es sicherlich beide Varianten, und wenn sie rein und unter sich bleiben, haben beide die gleichen Überlebenschancen. Doch irgendwann hat sich die Variante mit den L-Aminosäuren gegen die Variante mit den D-Aminosäuren durchgesetzt.

Die Chancen standen einfach 50:50 und die L-Form hat gewonnen. Hier hat bei der Entstehung des Lebens eine Entscheidung stattgefunden, wie sie elementarer kaum sein kann!*

Die Anzahl der Möglichkeiten, sich chemisch zu verbinden, wird weiter durch die Tatsache gesteigert, dass Kohlenstoff auch Doppelbindungen eingehen kann. Das können viele andere Elemente auch, aber sie haben dann nur noch eingeschränkte Möglichkeiten, weiterhin Ketten zu bilden. Sie könnten nur noch am Rand einer Kette auftreten, aber nicht mehr in ihr.

Sauerstoff kann zwei Bindungspartner mit Einzelbindungen bedienen, oder einen mit einer Doppelbindung. Beim Schwefel sieht es genauso aus, da er in der gleichen Hauptgruppe des Periodensystems steht. Stickstoff hat drei freie Bindungsarme, kann also drei Einzelbindungen eingehen, eine Doppel- und eine Einfachbindung oder eine sehr energiereiche Dreifachbindung.

Kohlenstoff hingegen kann bei Zimmertemperatur Ketten und Ringe bilden und wenn er eine Doppelbindung eingeht, hat er immer noch zwei weitere Bindungsarme frei. Von allen Elementen im Periodensystem ist kein Element so sehr geeignet, die Schlüsselverbindung von Leben zu sein, denn er bietet die meisten Gestaltungsmöglichkeiten unter den anspruchslosesten Bedingungen. Kohlenstoff als Grundelement und Wasser als Partner für alles sind also das Dreamteam.

Bedenkt man die unglaubliche Größe des Universums und die riesige Anzahl von Sternen und Planeten darin, so kann man sich durchaus denken, dass es irgendwo auf einem kalten Planeten Siliciumlebensformen gibt. Nur ist das sehr unwahrscheinlich, denn wenn sich diese Siliciumketten mal gebildet haben sollten, reagieren sie leider sofort und explosionsartig mit dem unverzichtbaren Wasser oder mit Luftsauerstoff. Was dabei entsteht, ist auf unserem Planeten so allgegenwärtig, dass sich die Silicium-basierte Lebensform von vornherein disqualifiziert: Silicium verbrennt mit Sauerstoff zu Siliciumdioxid, und das ist Sand. Es hat gereicht, um aus unserem Planeten einen Gesteinsplaneten zu machen – mehr nicht.

---

* Ich möchte mal eine Science-Fiction-Geschichte schreiben, in der wir eine Parallelerde finden, auf der das Leben die D-Form hat. Der Knüller an der Geschichte wird sein, dass die Menschen in der D-Form sich im Alltag auch nicht schlauer anstellen als wir.

Nun kann man sich um des Gedankenspieles willen natürlich einen Planeten vorstellen, auf dem es nicht die geringste Menge Wasser, sondern, sagen wir, flüssiges Ammoniak als Medium gibt, denn Ammoniak besitzt auch eine recht ausgeprägte Polarität. Hier können ganz andere Reaktionen ablaufen als in Wasser und so könnten wir uns durchaus denken, dass es irgendwo im Universum Siliciumlebensformen in flüssigem Ammoniak geben könnte. Allerdings ist die Wahrscheinlichkeit, dass es dort überhaupt kein Wasser gibt, sehr gering. Dafür ist Wasser als Molekül einfach zu wahrscheinlich und zu allgegenwärtig. Ein Organismus, der bei Kontakt mit Wasser detoniert, hat es in diesem Universum ziemlich schwer.

## Moleküle im Weltraum – Infrarotspektroskopie

Miller, Urey und Oró hatten nachgewiesen, dass einfache Bausteine des Lebens in einer ebenso einfachen Ursuppe auf der Erde entstehen konnten. Das war ein bahnbrechendes Konzept. Aber es gewann erst in den Jahrzehnten danach so richtig an Fahrt, als man mit spektroskopischen Teleskopen dieselben Substanzen im freien Weltraum nachweisen konnte. Erst seit diesen Entdeckungen kann man die Wichtigkeit des Miller-Urey-Experiments vergleichen mit der Erkenntnis, dass sich die Erde um die Sonne dreht.

Im Rahmen dieses Forschungszweiges macht das Spitzer-Weltraumteleskop seit 2003 Aufnahmen vom Universum im Infrarotbereich und kann Moleküle im interstellaren Raum nachweisen. Um zu verstehen, wie man Moleküle im Weltraum nachweisen kann, schauen wir uns zunächst mal ein Molekül an. Wir nehmen als Beispiel Wasser, da das Wassermolekül übersichtlicherweise nur eine Art chemischer Bindung enthält, nämlich die zwischen O und H.

Jede chemische Bindung hat überall im Universum die gleiche Bindungsenergie. Es ist die Energie, die frei wird, wenn die beiden Atome sich verbinden, und die man umgekehrt aufwenden muss, um die beiden wieder voneinander zu trennen.

Albert Einstein hat, neben seiner berühmten Erkenntnis $E = m \cdot c^2$, dass Materie und Energie zwei Erscheinungsformen derselben Sache sind, noch eine Beziehung zwischen Energie und Frequenz entdeckt, die $E = h \cdot \nu$ (sprich: nü) lautet. Der Buchstabe h steht für das Plancksche Wirkungsquantum und hat in dieser Gleichung die gleiche Funktion wie die Lichtgeschwindigkeit c in $E = m \cdot c^2$, nämlich die eines konstanten Faktors. $\nu$ ist das Zeichen für Frequenz in Schwingungen pro Sekunde.

Die Energie eines Lichtstrahles ist also proportional zur Frequenz des Lichtes. Je höher die Schwingungsfrequenz des Lichtes ist, desto größer ist seine Energie. Wenn eine chemische Bindung also immer die gleiche Energie hat, dann müsste es doch zu jeder chemischen Bindung einen Lichtstrahl geben, der die gleiche Energie besitzt. Es ist nur eine Frage der Frequenz, irgendein Lichtstrahl wird sie haben!

Wenn wir jetzt ein Wassermolekül nehmen, einen Lichtstrahl genau dieser Frequenz darauf richten, und hinter dem Wassermolekül eine Photozelle anbringen, dann stellen wir fest, dass an der Photozelle nichts ankommt. Das Wassermolekül hat das Licht einfach verschluckt.

Wo ist die Energie des Lichtstrahls hin? Sie kann ja nicht weg sein, und das ist sie auch nicht. Das Wassermolekül hat den Lichtstrahl und seine Energie absorbiert und hat dafür angefangen zu schwingen. So wie ich ein Kind auf einer Schaukel immer höher stoßen kann, wenn ich es immer im richtigen Moment anschubse, mich also an die richtige Frequenz halte, so kann das Licht ein Wassermolekül immer stärker zum Schwingen anregen, wenn es lange genug mit der richtigen Frequenz auf das Molekül einstrahlt.

Denken wir weiter: Ein Molekül Methan besitzt ausschließlich chemische Bindungen vom Typ C-H und auch diese Bindung hat eine charakteristische Frequenz. Wenn ich die Frequenz kenne, kann ich also auch Methan zum Schwingen anregen oder Ammoniak oder Schwefelwasserstoff. In irgendeiner Frequenz erscheint jede Substanz schwarz, weil sie alles Licht verschluckt.

Wir können den Spieß auch umdrehen: Wenn ich ein Molekül mit allen möglichen Frequenzen bestrahle und mit der Photozelle messe, welche Frequenzen durchgelassen werden, dann kann ich aus der Differenz sagen, welche Bindungstypen in dem Molekül vorliegen müssen. Man kann damit also unbekannte Moleküle identifizieren.

Das Ganze hat noch ein paar Feinheiten, denn ein Lichtstrahl, der genau die doppelte Frequenz hat, wird ebenfalls absorbiert, und einer mit der dreifachen Frequenz ebenfalls. Nur funktioniert das nicht mehr ganz so gut, denn wenn ich eine größere Frequenz auf die chemische Bindung strahle und die Bindung bereits am Schwingen ist, dann wird die Bindung im zeitlichen Mittel seltener ihren natürlichen Abstand haben, und die Absorption fällt etwas geringer aus. Dennoch kann ich im Spektrum immer die ganzzahligen Vielfachen meiner Hauptschwingung erkennen, das mit doppelter, das mit dreifacher, das mit vierfacher Frequenz schwingende Licht wird ebenfalls absorbiert werden. Es sind die sogenannten Obertöne des Hauptstons und sie treten immer mit geringerer Intensität auf als der Hauptton.

Darüber hinaus kann die Bindung auch auf verschiedene Arten schwingen. Das Wassermolekül kann vibrieren, als wären Drahtfedern zwischen den Atomen angebracht. Das sieht ein bisschen so aus, als würde das Sauerstoffatom mit den beiden Wasserstoffatomen Hanteltraining betreiben, sie immer wieder zu sich heranziehen und sie wieder wegdrücken (Valenzschwingung). Oder das Sauerstoffatom bewegt die beiden Wasserstoffatome aufeinander zu und entfernt sie wieder voneinander, als würde es die beiden Wasserstoffe immer wieder über dem Kopf zusammenführen (Deformationsschwingung). Diese Arten zu schwingen haben leichte Unterschiede in der Energie und damit in der Frequenz.

Diese ganzen Unterarten von Schwingungen und ihre ganzzahligen Vielfachen, die bei allen Bindungen eines Moleküls auftreten, bewirken zusammen, dass jedes Molekül ein ganz charakteristisches Spektrum hinterlässt, das man in einem bestimmten, eher mühselig auszuwertenden Frequenzbereich passenderweise den Fingerprint nennt. Hier spielen die Schwingungen nicht einzelne Töne, sondern eine Melodie, bestehend aus vielen vorkommenden Schwingungen und ihren Obertönen.

Da die Energien der chemischen Bindungen sich alle nur relativ wenig voneinander unterscheiden (maximal um den Faktor zehn), befinden sich auch die Wellenlängen des Lichtes alle ungefähr im gleichen Bereich des Lichtspektrums. Es ist der Infrarotbereich, den wir mit dem Auge nicht mehr sehen können und der etwas längerwellig ist als das sichtbare Licht.

Nun kann man aber keinen planetarischen Nebel, der 8 000 Lichtjahre entfernt ist, mit Infrarotlicht bestrahlen und warten, bis das reflektierte Licht wieder bei uns angekommen ist und gemessen werden kann. Dann würden wir uns seit der letzten Eiszeit fragen, ob die Methode überhaupt funktioniert, und müssen immer noch weitere 8 000 Jahre auf das Ergebnis warten. Viel einfacher ist es, wenn man das tut, was Astronomen immer tun: Sie messen das Licht, das von einem Objekt im Weltraum bereits ausgesendet wird.

Denn genau wie man ein Molekül bestrahlen kann, damit es in Schwingung gerät, kann auch ein Molekül, das bereits schwingt, die gesuchten Frequenzen wieder abstrahlen. Infrarotstrahlung ist Wärmestrahlung. Wenn ein Molekül eine Temperatur von nur wenigen Grad über dem absoluten Nullpunkt erreicht hat, fängt es an zu schwingen, und das in genau den Frequenzen, die für das Molekül charakteristisch sind. Wenn irgendwo eine kosmische Wolke mit 2 000 Lichtjahren Durchmesser von einem Stern erwärmt wird, dann nehmen die Moleküle Energie verschiedenster Wellenlängen auf und vibrieren in ihren Lieblingsfrequenzen. Dabei geben sie dann auch Infrarotlicht genau ihrer Lieblingsfrequenz wieder ab. Und das kann man heute sehr empfindlich messen.

Wir kriegen das Spektrum also bereits frei Haus geliefert. Das Spektrum muss dann nur noch mit einer Datenbank abgeglichen werden, in der sich die Infrarotspektren aller Substanzen befinden, die wir kennen, und der Computer wird uns dann sagen können, um welche Substanzen es sich handelt. So wie zwei verschiedene Moleküle nie gleich sind, sind auch ihre Spektren nie identisch.

Innerhalb unserer Milchstraße mit ihren geschätzten 200 Milliarden Sternen gibt es riesige interstellare Materiewolken, deren Durchmesser den unseres Sonnensystems um das Millionenfache übersteigen können. Ein solch großes Objekt kann man erst sehen, wenn man sich in angemessener Entfernung davon befindet. Es ist sehr wahrscheinlich, dass wir uns ebenfalls in einer solchen Materiewolke befinden, denn aus irgendeiner interstellaren Rohstoffgrube ist unser Sonnensystem ja mal entstanden.

Die Materiewolke Sagittarius B2 befindet sich nahe dem Zentrum unserer Galaxis, etwa 27 000 Lichtjahre von unserer Sonne entfernt, und hat einen Durchmesser von rund 150 Lichtjahren. Mit etwa 2 Trilliardstel

Gramm Wasserstoff pro Kubikmeter ist sie die dichteste Wolke in unserer Galaxis. Versuchen wir, uns vorzustellen, wie weit man von einem solch dünnen Objekt entfernt sein muss, um es überhaupt wahrzunehmen.

In Sagittarius B2 haben Astronomen bisher so ziemlich jedes einfache organische Molekül nachweisen können, das mit den Gesetzen der Chemie vereinbar ist. Sie haben auch einige gefunden, die nicht mit den Gesetzen der Chemie vereinbar sind, aber diese Moleküle würden schlagartig in gewöhnliche Moleküle zerfallen, wenn jemand in der Wolke mal das UV-Licht ausmachen würde. In diesem riesigen Gebiet fanden die Astronomen unter anderem Ethanol, Ethylacetat und Essigsäure, die im richtigen Verhältnis gemischt schon mal einen günstigen Rum ergeben würden.

Viel interessanter aber sind die Entdeckungen von Wasser, Ammoniak, Glycin und einer ganzen Reihe von organischen Molekülen, die nicht nur wichtig sind für die Entstehung von Leben, sondern die auch in der belebten Materie in wichtigen Positionen vorkommen. Es gibt sogar Hinweise darauf, dass sich fünf simpel gebaute Blausäuremoleküle unter den Bedingungen des interstellaren Weltraumes zu Adenin zusammenfassen können, das einen der vier Bausteine der DNA darstellt. DNA-Bausteine im Weltall, und der Drink zum Anstoßen gleich nebenan.

Aber wo ist die Grenze? Wie komplex können die Moleküle im freien Weltraum sein und wovon hängt das ab?

Abbildung 18 zeigt die Anzahl verschiedener Verbindungen, die man im freien Weltraum gefunden hat, in Abhängigkeit von der Anzahl der Atome in den Molekülen. Wie Ihnen sicher aufgefallen ist, beginnt die x-Achse mit 2, denn 0 oder 1 Atom ist kein Molekül.

Wie wir sehen können, wird die Anzahl der Molekültypen mit steigender Atomzahl geringer. Es gibt viele Molekültypen, die nur aus zwei Atomen bestehen, und genauso viele Typen, die aus drei Atomen bestehen. Danach aber nimmt die Sache exponentiell ab. Je größer die Anzahl der Atome in einem Molekül ist, desto seltener hat man es bisher entdecken können. Das liegt nicht daran, dass es schwerer zu finden wäre, denn unsere irdischen Datenbanken enthalten einige Millionen Moleküle, mit denen man die Daten des Spitzer-Teleskops im Handumdrehen abgleichen kann. Der Grund ist vielmehr, dass ein komplexeres Molekül einfach mit geringerer Wahrscheinlichkeit entsteht. Ein komplexeres Molekül setzt bereits

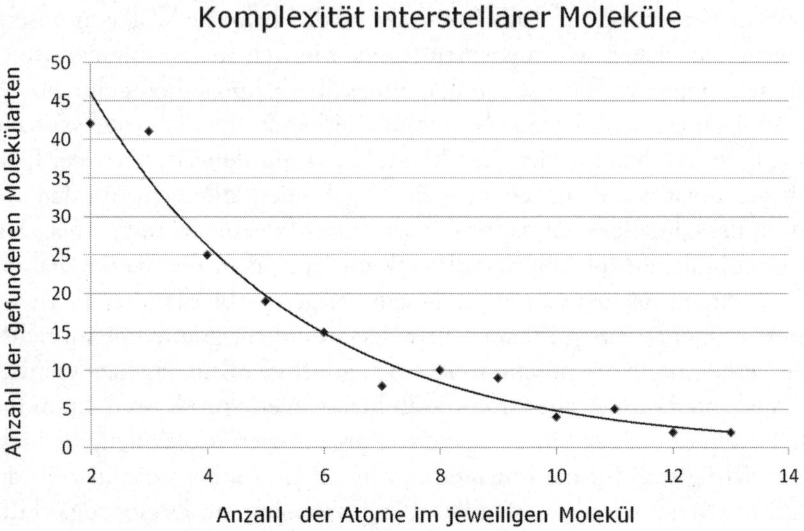

Komplexität interstellarer Moleküle

Anzahl der gefundenen Molekülarten

50 45 40 35 30 25 20 15 10 5 0

2 4 6 8 10 12 14

Anzahl der Atome im jeweiligen Molekül

Abb. 18 Die Häufigkeit interstellarer Moleküle in Abhängigkeit von ihrer Komplexität. Je größer die Anzahl der Atome im Molekül, desto weniger Arten hat man bisher im Weltraum gefunden.

einfachere Moleküle voraus, aus denen es dann entstehen kann. Es ist wie bei der biologischen Evolution auf der Erde: Das Bakterium war eindeutig früher da als das Nashorn, da ein Nashorn wesentlich komplexer aufgebaut ist als ein Bakterium. Ohne das Bakterium als Vorstufe aber konnte das Nashorn nicht entstehen.

Komplexität und Wahrscheinlichkeit sind also Gegner in diesem Spiel. Je einfacher ein Molekül ist, desto größer ist seine Chance zu entstehen. Das schließt die Entstehung komplexerer Moleküle natürlich nicht aus. Sie können sich immer noch bilden, nur ist ihre Chance geringer und ihr Vorkommen damit ebenfalls spärlicher.

Dennoch gibt es Ausnahmen von dieser Komplexitätsregel. Im Planetarischen Nebel Tc1, einige tausend Lichtjahre von der Erde entfernt, wurde im Jahre 2010 mit dem Spitzer-Teleskop das Infrarotspektrum von Buckeyball gefunden. Die beiden Varianten, die man nachweisen konnte, haben 60 und 70 Kohlenstoffatome. Buckeyball ist damit das bisher größte nachgewiesene Molekül im freien Weltraum.[12]

Man mag sich fragen, warum gerade ein so komplexes Molekül wie Buckeyball mit 60 beziehungsweise 70 Kohlenstoffatomen einfach so im freien Weltall entstanden ist, wenn schon einfache Moleküle wie Aceton mit seinen 10 Atomen eine recht geringe Chance auf Entstehung haben. Als Chemiker überrascht mich der Kohlenstoff eigentlich nicht mehr. Ich würde mich aber wundern, wenn ein solches Molekül aus etwas anderem bestehen würde als aus Kohlenstoff.

Buckeyball findet sich auf der Erde immer, wenn sich bei einer Verbrennung Ruß entwickelt. Nun kann man sich fragen, wie es im luftleeren Raum zu einer Verbrennung kommen kann, aus der sich dann Ruß und schließlich Buckeyball entwickeln. Ruß entsteht aber immer bei einer Verbrennung, bei der nicht genug Sauerstoff anwesend ist. Das ist im Weltall wohl der Fall. Kohlenstoffverbindungen werden erhitzt, und wenn kein Sauerstoff zur Verfügung steht, fügen sich die Kohlenstoffgerüste der Moleküle zu größeren Verbänden zusammen. Dass Buckeyball dabei entsteht – und hier auch bevorzugt seine $C_{60}$-Variante –, ist ein Beleg dafür, wie energetisch günstig dieses Molekül ist. Es entstehen alle möglichen Substanzen, und aus diesen entstehen wieder weitere Substanzen. Ist eine davon energetisch besonders günstig, wird sich diese Substanz mit der Zeit im Reaktionsgemisch anreichern.

Moleküle, die nur wenige Atome enthalten, können aus allen möglichen Elementen bestehen. Das Wasserstoffmolekül $H_2$ fällt in diese Gruppe, das Ammoniak $NH_3$ oder das Silan $SiH_4$. Sie kommen problemlos ohne Kohlenstoff aus. Zwischen zwei Atomen und fünf Atomen pro Molekül steigt der Anteil der kohlenstoffhaltigen Verbindungen stetig an, und ab sechs Atomen im Molekül ist jede bisher im Weltall gefundene Verbindung eine Kohlenstoffverbindung. Die Chancen, noch große Moleküle mit acht oder zwölf Atomen zu finden, die keinen Kohlenstoff enthalten, ist natürlich nicht null. Sie ist nur sehr gering, es sei denn, ihre Entstehung liegt in einer energetischen Mulde.

Die größte Siliciumverbindung aber, die man bisher hat nachweisen können, ist Silan, das siliciumbasierte Gegenstück zu Methan, und sie ist mit fünf Atomen bisher das komplexeste Molekül im Weltraum, das keinen Kohlenstoff enthält. Dieser Substanz stehen etwa 200 andere Verbindungen gegenüber, von denen die meisten mit Kohlenstoff zu tun haben und wesentlich komplexer werden können.

Die Erforschung des Weltraums gibt dem Periodensystem recht. Kohlenstoff ist unter den Bausubstanzen für komplexe Moleküle die Nummer Eins, dann kommt lange nichts, dann kommt Silicium und dann der Rest des Periodensystems.

Das Leben muss also kohlenstoffbasiert sein, es gibt keine andere Möglichkeit. Kein anderes Element im Periodensystem ist aufgrund seiner chemischen Eigenschaften so sehr dafür geeignet wie Kohlenstoff. Und kein anderes Element im Periodensystem kann so vielfältige Verbindungen entstehen lassen, deren energetische Bedürfnisse sich einem Temperaturbereich zwischen 0 und 100 °C befinden, in dem also Wasser flüssig ist.

Wir sind aus den häufigsten Elementen im Universum gemacht und wir haben im Experiment festgestellt, dass die Grundsubstanzen für Leben von alleine entstehen können. Das Material ist überall vorhanden und die Mechanismen sind ebenfalls da. Wenn jemand behauptet, dass das Leben auf der Erde einzigartig wäre, dann stellt er damit eine unglaublich unwahrscheinliche Behauptung auf.

Das Ganze macht die chemische Evolution auf der Erde fast schon unnötig. Materiewolken im Universum geben dem Leben bereits ein erhebliches Startkapital und Sterne und Planeten können sich nur aus Materiewolken entwickeln, da sie ja aus etwas bestehen müssen.

Fassen wir zusammen: Auch wenn wir uns durchaus vorstellen können, dass es irgendwo kleinteiliges Leben in flüssigem Ammoniak gibt, so hat das wasser- und kohlenstoffbasierte Leben dennoch viel größere Chancen. Zum einen, weil Wasser und Kohlenstoff so außerordentlich geeignet sind, komplexe Moleküle entstehen zu lassen. Zum anderen, weil sie im Universum so üppig zu finden sind.

## Energie

Wir haben uns jetzt mit einigen Grundstoffen des Lebens befasst, und auch wenn wir für funktionierendes Leben bisher nur das Leben auf der Erde als Beispiel anführen können, so haben wir doch gesehen, dass es anscheinend wenig Spielraum bei der Auswahl der Bausteine des Lebens gibt.

Nun ist aber der Begriff »flüssig«, den wir einige Seiten vorher diskutiert haben, keine Eigenschaft einer bestimmten Substanz, denn unter den entsprechenden Bedingungen können die meisten Substanzen den flüssigen Zustand einnehmen. Schwefel schmilzt bei 115 °C und ist ab dieser Temperatur flüssig. Kochsalz und Marmor schmelzen jenseits von 800 °C und sind dann ebenfalls flüssig. Ammoniak ist in unserer Welt ein Gas, aber bei einem Überdruck von 60 Atmosphären siedet es auch erst bei 100 °C. Können solche Substanzen das flüssige Medium für Leben darstellen?

Diese Frage leitet uns über zu einer weiteren Größe, die richtig eingestellt sein muss, damit Leben entstehen kann. Es geht um Energie.

Energie kann im Universum weder erzeugt noch vernichtet werden, man kann sie nur umwandeln. In meinem Auto wird Benzin verbrannt und als Resultat erhalte ich Bewegungsenergie (ca. 40 %) und jede Menge Abwärme und Entropie (ca. 60 %). Wenn ich einen faustgroßen Stein auf einen Kirchturm trage, wandele ich durch Muskelkraft die chemische Energie meiner Nahrung um in die Lageenergie des Steins.* Ich habe ihn gegen die Anziehung des Planeten bewegt und das kostet mich Energie. Das meiste davon ist in Wärme umgewandelt worden, denn Bewegung macht warm. Ein Teil der Energie, die ich aufgewendet habe, ist jetzt aber gespeichert in der Tatsache, dass der Stein höher über der Erde liegt als vorher. Lasse ich ihn von Kirchturm fallen, wird seine Lageenergie in Beschleunigung umgewandelt. Wohlgemerkt, der Stein behält seine Energie, sie wird nur umgewandelt. Verluste entstehen hier nur durch Luftreibung. Wenn der Stein auf dem Boden aufschlägt, wird seine Energie umgewandelt in Wärme, Verformung des Bodens unter ihm und eventuell Zerkleinerung des Steins in kleinere Brocken.

Die Auswahl an chemischen Bindungen im Universum ist begrenzt. Wir haben 92 Elemente im Periodensystem, und davon sind die meisten Metalle, die in der Organischen Chemie eher Gastauftritte geben statt tragende Rollen einzunehmen. Für den Großteil der chemischen Reaktionen in der belebten Materie sind die Elemente Kohlenstoff, Wasserstoff, Sau-

* Genauer: Hauptsächlich in meine eigene, denn ich wiege mehr als der Stein.

erstoff, Stickstoff, Phosphor und Schwefel zuständig. Natürlich brauchen wir Menschen auch Natrium, Kalium, Magnesium, Calcium, Eisen, Arsen etc., aber diese Elemente treten in lebenden Organismen eher als Ionen auf, sind also nicht an echten molekularen Bindungen beteiligt, sondern schwimmen hauptsächlich als geladene Teilchen in der Lösung herum und katalysieren hier und da in einem Enzym eine chemische Reaktion. Wie wichtig das für manche Schritte in der Entstehung des Lebens auch sein mag, es kann bei allen Temperaturen stattfinden, solange wir ein flüssiges Medium haben, das Ionen lösen kann (womit ein Benzinplanet schon mal ausscheidet). Die chemischen Bindungen, die die Entstehung des Lebens ausmachen, finden zwischen unseren Hauptdarstellern C, H, O, N, P und S statt.

Es ist bei allem, womit man sich beschäftigt, immer wichtig, auch die einfachsten Fragen nicht aus den Augen zu verlieren. Also stelle ich jetzt die Frage: Warum gibt es überhaupt Moleküle? Was genau ist der Anreiz für Atome, sich zu Molekülen zusammenzufinden?

Chemie ist eine Wissenschaft, die nach den Regeln sucht, warum Materie sich zu bestimmten Verbindungen zusammenfindet. Manchmal tut sie das von alleine und manchmal muss man nachhelfen, wenn etwas Bestimmtes dabei herauskommen soll. Der Schlüssel zu diesem Problem ist Energie. An der Energiebilanz einer Reaktion entscheidet sich, ob sie von alleine geschieht oder nicht.

Sie kennen doch dieses simple Geschicklichkeitsspiel, das es früher im Deckel einer Röhre Pustefix-Seifenblasenlösung gab. Dieses Spiel, wo man kleine Kugeln in kleine Löcher bewegen musste. Da man die Kugeln nicht anfassen konnte, musste man das ganze Ding so lange schütteln, bis alle Kugeln in den Löchern waren, ohne dass die Kugeln, die schon in den Löchern sind, wieder herausfallen. So ist das auch mit Molekülen.

Die Kugeln stehen in diesem Beispiel nicht für Moleküle, sondern jeweils für eine chemische Reaktion zwischen Molekülen. Noch genauer: die Tiefe des Lochs ist ein Maß für die Energie, die bei der Reaktion frei wird wie die Energie des Steins, die ich durch das Hinauftragen erhöht habe und die beim Aufprall auf den Boden wieder frei wird. Das ist dann gleichzeitig die Energiemenge, die man aufwenden muss, um die Kugel wieder aus dem Loch zu bringen, die Reaktion also rückgängig zu machen, so dass die Ausgangsverbindungen wieder vorliegen.

Wenn ich Wasserstoff und Sauerstoff in einer zischenden Flamme miteinander verbrenne, erhalte ich Wasser und eine bestimmte Menge Energie. Genau diesen Betrag werde ich benötigen, wenn ich das entstandene Wasser später wieder in Wasserstoff und Sauerstoff aufspalten will. Für jede definierte chemische Reaktion ist die Energiemenge immer gleich groß, hin wie zurück. Jede Reaktion ist charakterisiert durch ein Loch bestimmter Tiefe, also seine energetische Mulde.

Je tiefer das Loch ist, desto geringer ist die Chance, dass die Kugel durch geringfügiges Schütteln wieder herauskommt. Je mehr Energie bei einer Reaktion frei wird, desto mehr Energie muss ich aufwenden, um sie wieder rückgängig zu machen. Die Tiefe des Lochs ist also gleichzeitig ein Maß für die Stabilität des gebildeten Moleküls und seine Reaktionsfreudigkeit.

Das Loch in diesem Beispiel heißt in der Welt der Chemie die Enthalpie. Es ist ein energetischer Ort oder besser Zustand, an dem sich Moleküle bevorzugt aufhalten. Dabei gilt: Je tiefer die Mulde, desto stabiler. Wenn eine Kugel auf der Oberfläche des Spiels ziellos umher rollt, dann ist dieser Zustand nicht wirklich stabil. Bewegt sie sich lange genug herum, wird sie irgendwann in ein Loch fallen. Die Kunst bei diesem Spiel besteht ja darin, die Kugeln durch gezieltes Schütteln in die Löcher zu bekommen.

Aber ist auch jedes Loch geeignet? Manche Löcher sind so flach, dass die Kugeln immer wieder herausfallen, das Molekül also nicht stabil genug ist. Andere Löcher sind so tief, dass die Kugel nie wieder herauskommt und sie für die nächste Runde verloren ist. Ein Reaktionsprodukt, das in ein sehr tiefes Loch gefallen ist, ist dann zu stabil, um noch an weiteren Reaktionen teilnehmen zu können.

Ich habe in Abbildung 19 einige Bindungsenthalpien aufgezeigt, wie sie in der belebten und in der unbelebten Natur vorkommen. Die Werte gelten nur näherungsweise, da die Bindungsenthalpie auch davon abhängt, welche Molekülteile sich am anderen Ende des jeweiligen Atoms befinden. Sie sollten uns aber in guter Näherung zeigen können, wie die Sache aussieht.

| **in belebter Materie** | | **nicht/kaum in belebter Materie** | |
|---|---|---|---|
| **Bindung** | **Energie** | **Bindung** | **Energie** |
| **[-]** | **[kJ/mol]** | **[-]** | **[kJ/mol]** |
| C-C | 348 | C-Cl | 339 |
| C-H | 413 | $N_2$ | 945 |
| C-O | 360 | $O_2$ | 498 |
| C-N | 308 | $Cl_2$ | 242 |
| C-S | 272 | Cyanid | 891 |
| C-P | 264 | Alkin | 839 |

Abb. 19 Einige Bindungsenergien. Im Bereich zwischen 260 und 500 kJ/mol sind die Bindungen zu finden, die den Großteil der belebten Materie ausmachen.

Die häufigsten Bindungen in der belebten Materie liegen zwischen 260 und 500 kJ/mol. Hier scheint die Balance optimal zu sein; chemische Reaktionen können ohne großen energetischen Aufwand stattfinden und gleichzeitig sind die gebildeten Produkte nicht so stabil, dass sie keine weiteren Reaktionen mehr eingehen.

Aus der Tabelle der nicht in der belebten Materie stattfindenden Bindungen sticht $N_2$ mit seinen 945 kJ/mol deutlich heraus. Stickstoff macht vier Fünftel der Luft aus, die wir atmen, und er reagiert mit absolut nichts in unserem Körper, wenn wir ihn inhalieren. Das Stickstoffmolekül ist zu stabil, um aufgebrochen zu werden, so dass die Stickstoffatome sich andere Bindungspartner suchen könnten. Keine chemische Reaktion in unserem Körper bringt genug Energie auf, um das zu bewirken. Die einzige bekannte Ausnahme sind Knöllchenbakterien, die sich an die Wurzeln von Hülsenfrüchten anheften und Stickstoff aus der Luft in nutzbares Ammoniak umwandeln können.* Dieser Prozess ist allerdings erst innerhalb der Evolution der Landpflanzen entstanden und kann uns daher bei der energetischen Frage, wie das Leben ursprünglich mal entstanden ist, nicht weiterhelfen.

* Aus diesem Grund haben Erdnüsse, Erbsen, Soja und Bohnen den höchsten Eiweißgehalt aller Pflanzen. Für sie ist der dafür benötigte Stickstoff keine Mangelware, denn sie können ihn sich aus der Luft holen. Die anderen Pflanzen könnten das wahrscheinlich auch gerne.

In der Tabelle der Bindungen, die nicht oder kaum in belebter Materie vorkommen, sehen wir noch das Chlormolekül mit erstaunlich niedrigen 242 kJ/mol. Es ist so reaktiv, dass es bereitwillig mit fast allem reagiert. Und da eine Reaktion immer entweder selektiv – also sehr wählerisch – ist oder leicht stattfindet, scheidet Chlor bei der Auswahl der Zutaten für Leben anscheinend auch aus. Bedenkt man die riesigen Mengen von Chlor, die sich im Salzwasser der Ozeane befinden, scheint klar zu sein, dass Chlor trotz seiner Häufigkeit auf der Erde als Bindungspartner nicht geeignet ist. Es reagiert bereitwillig mit allem und jedem und hatte sich, als das Leben auf der Erde entstand, daher bereits in die Bedeutungslosigkeit verabschiedet. Obwohl seine Bindungsenthalpie mit Kohlenstoff bei 339 kJ/mol sehr gut ins Schema passt, hat es doch lieber mit Natrium und anderem Metallen reagiert, denn bei solchen Reaktionen wird noch mehr Energie frei, was dem Chlor die Entscheidung erleichtert hat. Daher kommt Chlor im Salz unseres Körpers vor, und dort auch in recht großen Mengen. Als Baustoff für unsere Gerüstsubstanz kam es jedoch nicht in Frage. Nur wenige Organismen können organische Chlorverbindungen herstellen, und das sind alles Abfallprodukte ihres Stoffwechsels.

Es scheint also ein energetisches Fenster, einen Temperaturbereich zu geben, in dem sich das kohlenstoff- und wasserbasierte Leben optimal entfalten kann. Wo genau nach oben und unten die Grenzen sind, lässt sich nicht genau sagen, aber abschätzen können wir es.

Mikrobiologielabore frieren ihre Bakterienkulturen in speziellen Kühlschränken bei –85 °C ein. Sie geraten dort in Stasis, ihr Leben ist buchstäblich eingefroren. Taut man sie irgendwann auf, geht alles wieder seinen gewohnten Gang. Leben kann bei –85 °C in Wasser nicht entstehen, da es dann nicht flüssig ist. Aber selbst wenn wir ein anderes Medium hätten, in dem Bakterien entstehen können und das bei –85 °C flüssig ist, hätten wir immer noch ein energetisches Problem.

Die RGT-Regel der Chemie besagt, dass die Geschwindigkeit einer chemischen Reaktion sich mit zehn Grad Temperaturerhöhung verdoppelt bis vervierfacht. Wenn wir jetzt auf dieser Skala von den 20 °C unseres Planeten auf –85 °C Celsius heruntergehen, so stellen wir fest, dass die Temperatur 10,5 mal zehn Grad Celsius niedriger ist. Die Reaktionen würden bei dieser Temperatur also mindestens um den Faktor $2^{10,5}$

(= 1 500) langsamer ablaufen, bei Faktor vier wären es $4^{10,5}$ (= ca. zwei Millionen). Selbst optimistisch betrachtet würde das Leben dort etwa 1 500-mal langsamer entstehen als es auf der Erde geschehen ist. Als die Temperatur auf der Erde nach ihrer Entstehung so weit gesunken war, dass flüssiges Wasser existierte, entstanden die ersten Lebensformen etwa nach 400 Millionen Jahren. 400 Millionen Jahre mal 1 500, das wären also 600 Milliarden Jahre. Pessimistisch betrachtet – bei einer Verlangsamung um den Faktor vier – wären es knapp achthundert Trilliarden Jahre.

Unser Universum ist nach heutigem Wissen 13,8 Milliarden Jahre alt, die ersten Sterne sind ca. 400 Millionen Jahre nach dem Urknall entstanden. Sie mussten erst in Supernovae untergehen, um die chemischen Elemente zu schaffen, aus denen Planeten und Leben entstehen können. Bleiben also 13,4 Milliarden Jahre Zeit. Selbst wenn ein Stern, der in der Frühphase des Universums entstanden ist, heute noch existieren würde, wäre bei weitem noch nicht genug Zeit vergangen, um Leben bei –85 °C entstehen zu lassen, egal in welchem flüssigen Medium.

Und wo ist die energetische Grenze nach oben? Wir können zur Orientierung wieder nur das uns bekannte Leben anführen, aber wir sollten natürlich versuchen, darüber hinaus zu denken.

Lebensmittelbetriebe, die Konservendosen herstellen, erhitzen sie nach der Versiegelung für 20 Minuten auf 120 °C, um das Gut zu sterilisieren. Diese Maßnahme stellt sicher, dass kein bakterielles Leben mehr in der Konserve existiert. Man richtet besonderes Augenmerk dabei auf die Abtötung von Sporen, die von manchen Bakterienspezies wie den Bazillen als überlebensfähigste Form gebildet werden. Nach zwanzig Minuten bei 120 °C sind auch sie sicher abgetötet.

Die temperaturresistenteste Lebensform auf der Erde sind die Bärtierchen. Sie sind anderthalb Millimeter große Wesen, die sich genau wie die Bazillen eine Dauerform zugelegt haben. Diese Dauerform, Tönnchen genannt, kann in flüssigem Helium eingefroren oder zu Pulver getrocknet werden und übersteht die tausendfache Strahlungsdosis dessen, was einen Menschen sofort töten würde. Die Tönnchen der Bärtierchen halten aber auch nicht mehr als 150 °C aus.

Nun ist Leben nicht nur an die Entstehung von komplexen Molekülen geknüpft, sondern Leben ist letztendlich nichts anderes als die Selbstreproduktion komplexer Moleküle. Und je komplexer ein Molekül ist, desto empfindlicher ist es gegenüber pH-Wert, Druck, UV-Strahlung und auch gegenüber Temperatur.

Glucose zum Beispiel ist ein Molekül von noch vergleichbar geringer Komplexität und die einzelnen Glucosemoleküle üben eine starke Anziehungskraft aufeinander aus, da das Molekül viele OH-Gruppen enthält. Die Anziehungskraft ist so stark, dass sie durch Erhitzen nicht überwunden werden kann, ohne die Moleküle zu zerstören. Wenn wir Glucose auf 150 °C erhitzen, fangen die Moleküle an, Wasser abzuspalten, und ihr Kohlenstoffgerüst zerfällt. Das können wir jedes Mal beobachten, wenn wir Zucker in der Pfanne schmelzen und der Karamellisierung zuschauen. Einem der wichtigsten Moleküle des Lebens, wie wir es kennen, ist hier also bereits eine energetische Grenze in Form einer Zersetzungstemperatur gegeben.

Wasser scheint also nicht nur als Molekül wichtig für Leben zu sein, sondern es markiert mit seinem Gefrier- und Siedepunkt indirekt auch energetische Grenzen, in denen Leben stattfinden kann. Natürlich kann es immer noch Leben unter 0 °C und oberhalb von 100 °C geben, aber die größte Wahrscheinlichkeit ist in diesem Intervall zu erwarten und nicht bei 300 °C oder –60 °C. Die chemischen Gesetzmäßigkeiten, die zweifellos überall im Universum gültig sind, geben uns diesen Bereich vor. Nicht nur weil Wasser hier flüssig ist, sondern weil die energetischen Bedürfnisse der Kohlenstoffverbindungen sich ebenfalls in dieser Größenordnung befinden.

## Evolution und Entropie

Wir haben jetzt das Wasser, den Kohlenstoff und die richtige Menge Energie als die Großen Drei für die wahrscheinlichste Entstehung von Leben etabliert. Nun stellt sich noch die Frage, was diese Größen damit anstellen. Hier müssen wir wieder eine Eigenschaft von Leben hervorholen, die wir ganz zu Anfang dieses Kapitels angekündigt haben: die Fähigkeit, eine bestimmte Ordnung herzustellen. Um uns diesem Begriff zu nähern, schauen wir uns zunächst an, was für Prozesse unsere Großen Drei durchmachen können.

Es gibt in der Natur hauptsächlich drei Arten von Prozessen: selbstverstärkende, selbstdämpfende und solche, die ein Gleichgewicht anstreben.

Prozesse, die sich selbst verstärken, haben eine positive Rückkopplung auf sich selbst. Jedes Mal, wenn ein solcher Prozess stattfindet, erleichtert er sich selbst sein weiteres Stattfinden mit den nächsten Molekülen seiner Art. Beispiele dafür sind Kettenreaktionen wie die Explosion von Sprengstoffen. Ein Molekül Sprengstoff zerfällt, setzt Energie frei, und diese Energie regt die umliegenden Moleküle zum Zerfall an, die wiederum Energie freisetzen, die andere Moleküle zum Zerfall anregt, und so weiter. Ein solcher Prozess wird sich so lange fortpflanzen, bis das zur Verfügung stehende Material aufgebraucht ist oder die Bedingungen sich so verändern, dass die positive Rückkopplung wegfällt. Dann kommt ein solcher Prozess zum Erliegen.

Doch es muss nicht immer so drastisch sein wie bei der Detonation von Sprengstoff. Selbst in milderen Maßstäben kann man solche Prozesse in der Natur beobachten.

Nehmen wir einen Acker, der zur Winterzeit mit einer wenige Zentimeter dicken Schneeschicht bedeckt ist. Es ist eine gleichmäßige, weiße Ebene und die Sonne scheint an einem wunderschönen Januartag auf diesen Acker. Der Schnee schmilzt nur sehr langsam. Da Schnee weiß ist, absorbiert er nur wenig Sonnenlicht und wärmt sich kaum auf.

Allerdings ist die Schneeschicht nicht überall gleich stark. Dort, wo sie dünner ist, schimmert ein wenig von der dunklen Erde durch. An diesen kleinen Stellen wird ein wenig mehr Sonnenlicht absorbiert und diese Stellen werden in der Sonne etwas wärmer als der Schnee. Hier beginnt der Schnee nun schneller zu schmelzen als anderswo und je dünner die Schneeschicht wird, desto mehr schimmert die dunkle Erde durch, und desto mehr Sonnenlicht wird absorbiert. Irgendwann liegt die Erde frei.

Da sie immer noch Sonnenlicht aufnimmt, ist es auch an ihrem Rand etwas wärmer als auf dem puren Schnee. Die Löcher im Schnee werden größer, noch mehr Sonnenlicht kann absorbiert werden, und es dauert nicht lange, bis die einstige Schneedecke nur noch ein dünnes Netzwerk aus Schneestreifen ist. Irgendwann ist der Schnee ganz weggeschmolzen.

Auch das ist ein selbstverstärkender Prozess. Die Basis dafür ist der konstante Zustrom an Sonnenenergie, der an jeder noch so kleinen Unregelmäßigkeit ansetzt und dafür sorgt, dass diese Unregelmäßigkeit größer wird. Dadurch kann er sie noch mehr ausnutzen, die Unregelmäßigkeit wird noch größer und so weiter.

Es ist ein Vorgang, der sich weder selbst dämpft noch einen Gleichgewichtszustand anstrebt. Er wird eskalieren, bis das Material verbraucht ist oder die äußeren Bedingungen eine weitere Eskalation unmöglich machen, zum Beispiel wenn Wolken aufziehen.

Ein Beispiel aus der Erdgeschichte ist die große Eiszeit vor etwa 700 Millionen Jahren. Unvorstellbare Mengen an Bakterien in den Ozeanen hatten über Millionen Jahre durch Photosynthese $CO_2$ aus der Atmosphäre aufgenommen. Der Gehalt an $CO_2$ war so weit gesunken, dass der »gute« Treibhauseffekt wegfiel. Es wurde kälter auf der Erde. Irgendwann wurde ein kritischer Punkt überschritten: Da ein Großteil der Erdoberfläche nun mit Eis bedeckt war, wurde zu viel Sonnenlicht wieder in den Weltraum abgestrahlt, so dass die Sonne den Planeten nicht mehr erwärmen konnte. Die Temperatur sank weiter, die Eispole breiteten sich aus und reichten irgendwann herunter auf den Breitengrad, auf dem sich heute Rom befindet.

Es ist klar, dass ein selbstverstärkender Prozess in der belebten Materie vermieden werden muss. Prozesse müssen dort, wo wir von Leben sprechen wollen, unter Kontrolle gehalten werden. Jeder eskalierende Prozess droht die Ordnung zu zerstören, und Leben ist doch letztendlich das Herstellen eines bestimmten Ordnungssystems. Geordnete Prozesse müssen an definierten Orten zu definierten Zeiten in definierten Mengen stattfinden und definierte Produkte bilden. Anders kann Leben nicht funktionieren; alles andere nennen wir nicht Leben.

Das andere Extrem ist ein selbstdämpfender Prozess. Solche Prozesse machen sich selbst, wie der Name schon sagt, das Leben schwer. Indem der Prozess abläuft, erschwert er sich die Bedingungen, um weiterhin stattfinden zu können. Hier können wir auch nichts erwarten, was das Leben in Schwung bringen könnte.

Ein Beispiel für die dritte Möglichkeit – das Anstreben eines Gleichgewichtes – ist das Abkühlen einer Tasse Kaffee. Um das Beispiel wissenschaftlich anspruchsvoller zu gestalten und uns auch inhaltlich voranzubringen, stellen wir die Tasse mit dem heißen Kaffee in eine Schublade, schließen sie und stellen uns vor, die Schublade wäre so konstruiert, dass weder Materie noch Wärmeenergie in die Schublade eindringen noch sie verlassen können. In der Schublade befindet sich nur, was wir hinein getan haben, und alles, was wir hinein getan haben, bleibt auch darin. Thermodynamiker nennen das ein abgeschlossenes System.

Zu Beginn, also dem Zustand 1, ist der Kaffee heiß und die Luft in der Schublade nicht. Dann kühlt die Tasse Kaffee langsam ab, während sie die Luft in der Schublade erwärmt. Am Ende wird überall in der Schublade die gleiche Temperatur herrschen, und diese wird niedriger sein als die Anfangstemperatur des Kaffees und höher als die Anfangstemperatur der Luft. Genau genommen wird die Temperatur ein Mittelwert sein, der sich errechnen lässt aus den beiden Temperaturen zu Beginn, den Massen an Kaffee samt Tasse und Luft sowie ihren jeweiligen spezifischen Wärmekapazitäten.

Wenn wir die Schublade eine ausreichende Zeit, sagen wir, einen Tag, sich selbst überlassen, so wird sie mit Sicherheit überall die gleiche Temperatur haben. Die Wärmeenergie wird sich im gesamten System, also dem Kaffee, seiner Tasse und der Luft in der Schublade gleichmäßig verteilt haben. Nennen wir es Zustand 2.

Das mag insgesamt wie kalter Kaffee klingen, birgt aber einen Knüller: Solange das System sich im Zustand 1 befand, also ein Temperaturunterschied zwischen dem Kaffee und der Luft herrschte, konnte das System Arbeit verrichten. Man hätte den Temperaturunterschied nutzen können, um im Aufwind über dem Kaffee kleine Windräder anzutreiben oder mit einem Thermoelement elektrischen Strom zu gewinnen.

Nun stellt sich uns die Frage, woher diese Arbeit kommt. Die Gesamtenergie des Systems ist ja unverändert, denn ein abgeschlossenes System ist halt genau dadurch definiert, dass die Gesamtenergie gleich bleibt.

Das bleibt sie auch. Nur wäre die Endtemperatur des Zustandes 2 niedriger, wenn Energie zum Verrichten von Arbeit abgeführt worden wäre. Der Kaffee würde schneller abkühlen und die Endtemperatur wäre niedriger. Wird also der Temperaturunterschied zwischen dem Kaffee und der Luft in Zustand 1 nicht genutzt, bevor er sich ausgeglichen hat, so geht nicht Energie verloren, sondern die Chance, mit dieser Energie Arbeit zu verrichten. Und das unwiederbringlich.

Wo ist sie hin, diese Chance? Wenn wir anfangs den Temperaturunterschied zwischen Kaffee und Luft hätten nutzen können und das System uns durch seinen langsamen Temperaturausgleich Richtung Zustand 2 dieser Chance beraubt hat, dann muss sich etwas entscheidend verändert haben, obwohl die Gesamtenergie gleich geblieben ist. Hätten wir aber im System Arbeit verrichtet, wäre die Gesamtenergie die gleiche geblieben, Zustand 2 wäre lediglich etwas kühler ausgefallen. Aber die Chance ist im Zustand 2 weg für immer. Es ist zumindest sehr unwahrscheinlich, dass der Kaffee in diesem System noch einmal von alleine heiß wird und die Luft sich dabei um einen entsprechenden Betrag abkühlt, damit wir eine zweite Chance erhalten, den Temperaturausgleich zum Verrichten von Arbeit nutzen zu können.

Das Schlüsselwort hierbei lautet Entropie. Die Entropie ist ein Maß für die Anzahl der möglichen Zustände eines Systems und kennt unterm Strich nur eine Richtung: Sie wird größer. Gelegentlich wird sie auch als ein Maß für Unordnung in einem System bezeichnet, und die wird von alleine größer – wer wüsste das nicht. Und wenn Entropie einmal entstanden ist, gibt es – zumindest im globalen Maßstab – keinen Weg zurück.*

Solange wir uns im Zustand 1 befinden, herrscht ein gewisser Ordnungszustand im System, der von alleine nicht hätte entstehen können. Er muss bewirkt werden, indem jemand eine Tasse heißen Kaffee in eine Schublade stellt. Jeder Zustand, der sich dann von selbst ergeben wird, wird eine höhere Entropie haben als Zustand 1, also unordentlicher sein. Anders ausgedrückt werden wir weniger Information besitzen über das, was die einzelnen Teilchen in der Luft und im Kaffee so treiben. Wir wissen, dass sie im Zustand 2 alle die gleiche Temperatur haben, aber genau das macht sie weniger unterscheidbar. Information über die Anzahl der möglichen Zustände ist verloren gegangen. Das ist nicht dasselbe wie Unordnung. Es ist Beliebigkeit. Schauen wir uns das an einem anderen Beispiel mal näher an.

---

* Die unweigerliche Zunahme der Entropie im Universum wird sogar für die Definition von Zeit benutzt. Zeit ist demnach der Verlauf der Ereignisse in Richtung höherer Entropie. Bedauerlicherweise sind die Begriffe *Verlauf* und *Ereignisse* ihrerseits davon abhängig, dass man Zeit bereits definiert hat.

Wie Sie zuhause sicherlich bereits festgestellt haben, ist Aufräumen immer mit Arbeit verbunden. Unordentlich wird jeder Haushalt von alleine, aber kein Kinderzimmer der Welt hat sich je von selbst aufgeräumt. Das muss doch einen Grund haben!

Hier ist er: Dass das Aufräumen, das Herstellen eines bestimmten, gewünschten Ordnungszustandes Energie benötigt, liegt daran, dass wir eine bestimmte Vorstellung von Ordnung haben. Ein Kinderzimmer mit fünf Hosen, 47 Socken (eine fehlt immer), sechs T-Shirts, etlichen Buntstiften und all den Dingen, die heutzutage noch in Kinderzimmern herumliegen, kann eine ziemlich hohe Anzahl an verschiedenen Zuständen einnehmen. Jeder Zustand, den ein Kinderzimmer haben kann, hat seine eigene Wahrscheinlichkeit, von alleine zu entstehen, wenn man im Zimmer nur lange genug Veränderungen vornimmt. Zum Beispiel, indem man darin wohnt.

Gäbe es nun eine begrenzte Anzahl von Plätzen, die die einzelnen Gegenstände im Zimmer einnehmen können, und wäre diese Zahl noch so hoch, so könnte man ohne weiteres errechnen, wie wahrscheinlich es ist, dass das Zimmer durch bloßes Bewohnen irgendwann perfekt aufgeräumt ist. Leider findet das nicht statt, denn Socken wollen getragen werden, statt in der Schublade herumzuliegen.

Wenn wir aufräumen, also Ordnung herstellen wollen, so wollen wir eine bestimmte Ordnung herstellen. Die Socken sollen in die Sockenschublade, die Stifte in den Halter, die Hosen in den Schrank. Was wir wollen, ist ein einziger von allen möglichen Zuständen, die das Zimmer haben kann. Die Wahrscheinlichkeit, dass dieser Zustand von alleine entsteht, ist zumindest theoretisch genauso groß wie für alle anderen Zustände, aber die sind für uns alle gleich unbedeutend. Zu bekommen, was man will, kostet Energie.

Der Begriff Entropie beschreibt nun, wie viele mögliche – für uns uninteressante – Zustände ein System gegenüber den gewünschten Zuständen haben kann. Gäbe es in einem Kinderzimmer insgesamt 1 000 Möglichkeiten, die Klamotten irgendwo im Zimmer liegen zu lassen, und wir würde vier dieser Möglichkeiten als aufgeräumt bezeichnen, so läge ihr Verhältnis bei 1:250. Mit einer Wahrscheinlichkeit von 0,4 % ergibt sich der gewünschte Zustand also irgendwann von alleine. Allerdings stimmt hier an der Statistik nicht, dass wir immer dagegen an arbeiten, dass sich die gewünschte Ordnung einstellt. In der Sockenschublade wohnen die Socken, wir aber nicht. Mit größerer Wahrscheinlichkeit holen wir also die Socken aus der Schublade, statt hineinzusteigen und diesen Zustand erwünscht zu nennen.

Da die meisten Vorgänge, die man in den Naturwissenschaften betrachtet, mit großen Anzahlen von Atomen zu tun haben, ist die Anzahl der möglichen Zustände natürlich ebenfalls viel größer. Es interessiert uns zwar nicht, welches Kohlenstoffatom genau nun an welcher Stelle der ersten Aminosäure im Hämoglobinmolekül sitzt, denn die Kohlenstoffatome sind für uns alle gleichwertig. Es gibt also auf unserer Seite auch eine ziemliche Liste an Kombinationen, die wir als gleichwertig brauchbar bezeichnen. Dennoch ist klar, dass die Wahrscheinlichkeit, dass etwas wie das Hämoglobinmolekül einfach so durch Zufall entsteht, sehr gering, und das ist noch untertrieben. Es ist geradezu unmöglich. Nur die chemischen Gesetzmäßigkeiten machen seine Entstehung wahrscheinlich. Die Thermodynamiker haben ihre eigene Definition von Evolution: Evolution ist die Veränderung eines Systems unter Abnahme seiner Entropie.

Aber habe ich nicht gerade geschrieben, dass Entropie immer nur zunehmen kann? Nein, das gilt nur in einem abgeschlossenen System, in dem weder Energie noch Materie ausgetauscht werden können. Lebensformen aber sind offene Systeme, denn sie tauschen laufend Energie und Materie mit ihrer Umwelt aus. Einen Stoffwechsel zu besitzen, ist sogar eines der Definitionskriterien für Leben.

Es ist also sehr wohl möglich, die Entropie in einem System zu verringern. Das geht aber nur, wenn sie anderswo größer wird. Entropie kann immer nur örtlich verringert werden. Das heißt also, dass Entropie der Gegenspieler der Evolution ist. In einem abstrakten Sinn kann man Evolution auch als das ständige Erschaffen von neuen, auf früheren Ordnungszuständen aufbauenden, höher geordneten Systemen bezeichnen.

Wenn ein Mensch einfach nur so bleiben will, wie er ist, dann braucht das bereits Energie. Nicht nur für Atmung und Herzschlag, die ja durch Muskelarbeit erreicht werden. Nein, jeder Substanz aufbauende Prozess im Körper verbraucht nebenbei Energie. Eine tote Zelle wird abgebaut und ihre Reste entweder recycelt oder über die Nieren ausgeschieden. Um eine neue Zelle zu bauen, die ihren Platz einnimmt, muss neben den Bausubstanzen beim Zusammenbau Energie aufgewendet werden. Jede unserer Zellen braucht laufend Energie, um zum Beispiel den Konzentrationsunterschied gegenüber anderen Zellen aufrechtzuerhalten. Bekommt sie keine Energie mehr, kann sie ihren Zustand nicht mehr aufrechterhalten und verchaost. Dann nimmt die Entropie in der Zelle sehr schnell zu. Wenn ein Organismus stirbt, dann kommen die Prozesse in seinem Inneren zum Erliegen. Riesige Moleküle zerfallen in kleinere Bruchstücke, Zellwände lösen sich auf, Flüssigkeiten und in ihnen gelöste Stoffe übertreten jetzt Grenzen, die der Organismus ihnen zu Lebzeiten gesetzt hat. Entropie entsteht überall.

Die Energie, von der ich die ganze Zeit rede, ist kein metaphysisches Konzept, sondern es sind ganz reale Kilokalorien. Auf der Ebene der Zelle müssen diese Kilokalorien allerdings eine bestimmte Währung haben, wir nennen sie Adenosintriphosphat oder kurz ATP. Zellen stellen in ihren Mitochondrien aus Zucker laufend ATP her, das überall im Körper immer gerne entgegengenommen wird, denn ATP heißt arbeiten können, ATP heißt Konzentrationsunterschied aufrechterhalten, ATP heißt Muskeln bewegen, ATP heißt Proteine herstellen zu können.

Und die Entropie, wo kommt die jetzt vor? Wir atmen sie als $CO_2$ und als Wasserdampf aus, die aus der Verbrennung von Zucker entstanden sind. Zucker ist nämlich ein viel geordneteres Molekül als $CO_2$ oder Wasser, und aus einem Zuckermolekül entstehen 12 $CO_2$-Moleküle und 12 Wassermoleküle, allesamt klein und hochbeweglich, was die Unordnung weiter erhöht.

Wir produzieren also laufend Entropie, nur um selber zumindest teilweise davon verschont zu bleiben. Es ist ein bisschen, als ginge man eine Düne hinauf. Mit jedem Schritt bewegen wir unsere 75 kg etwa 30 cm nach oben, und mit jedem Schritt rutschen unter uns 100 kg Sand einen Meter tiefer. Die Düne kann dadurch nur flacher werden – was der unweigerlichen Zunahme der Entropie entspricht – auch wenn es am hinteren Ende unseres Fußabdruckes eine kleine Stelle gibt, wo der Sand höher liegt als im Fußabdruck selbst. Langsam und beschwerlich ist der Weg, ich sagte es schon. Doch es gibt keine Alternative. Wenn Evolution die Veränderung eines Systems unter Abnahme der Entropie ist, dann heißt das, dass außerhalb des Systems grundsätzlich mehr Entropie entstehen muss.

Ich muss jetzt mal ein Beispiel wählen, das zwischen Atomen und Molekülen auf der einen Seite und Socken und Buntstiften auf der anderen Seite steht. Ich schlage zwei gleich große, nebeneinander liegende Badeseen an einem warmen Sommertag vor. In dem einen Badesee schwimme ich dauernd zwischen dem Ostufer und dem Westufer hin und her. In dem anderen Badesee befinden sich einhundert Billionen Bakterien.

Teilen wir die Seen nun jeweils in der Mitte mit einer Leine in die Westseite und die Ostseite. Wenn Sie sich die Augen verbinden und raten sollen, ob ich mich gerade auf der Westseite oder der Ostseite befinde, so haben sie die wirklich fairste aller Chancen, richtig zu liegen, denn Ihre Chance liegt bei 0,5 oder 50 %.

Wenn Sie nun die Augenbinde ablegen und zu dem See mit den Bakterien hinüberblicken, sieht die Sache ganz anders aus. Ihre Chance, dass ein bestimmtes Bakterium sich gerade auf der Westseite befindet, liegt ebenfalls bei 0,5. Da es sich um 100 Billionen Bakterien handelt, können wir schon fast davon ausgehen, dass sie gleichmäßig im Wasser verteilt sind.

Wie groß ist jetzt aber die Wahrscheinlichkeit, dass die Bakterien im Badesee sich in dem Moment, in dem Sie hinschauen, zufällig alle gerade auf der Westseite tummeln und die Ostseite zufällig leer ist?

Sie beträgt für jedes einzelne Bakterium 0,5. Sie beträgt für die Wahrscheinlichkeit, dass sich gerade zwei bestimmte Bakterien auf der Westseite befinden, 0,5 mal 0,5. Für drei Bakterien beträgt sie 0,5 mal 0,5 mal 0,5. Die Wahrscheinlichkeit, dass ein Bakterium sich auf der Westseite befindet, wird ausgeglichen durch die Wahrscheinlichkeit, dass es sich auf der Ostseite gerade nicht befindet. Teilt man diese beiden Wahrscheinlichkeiten durcheinander, kommt immer die Wahrscheinlichkeit 1 heraus, denn sie befinden sich mit Sicherheit irgendwo im See.

Die Wahrscheinlichkeit, alle unsere Bakterien gleichzeitig auf der Westseite des Sees anzutreffen, beträgt also für das gesamte System eine Zahl von 0,5 x 0,5 x 0,5 x 0,5 und so weiter, 100 Billionen Mal hintereinander. Das sind $0{,}5^{100\,000\,000\,000\,000}$. Es ist eine geradezu lächerlich niedrige Zahl; der Windows-Taschenrechner, in den ich sie gerade eingegeben habe, wollte sie mir nicht mehr nennen. Sie ist aber auch gleichzeitig die Wahrscheinlichkeit, dass die Ostseite des Sees leer ist, was denselben Zustand von der anderen Seite aus beschreibt. Teilen wir diese beiden Wahrscheinlichkeiten wieder durcheinander, erhalten wir nach wie vor die Wahrscheinlichkeit 1.

Sie sehen, dass das betrachtete System viel übersichtlicher ist, wenn ich mit den 100 Billionen Zellen, aus denen mein Körper besteht, von einer Seite zur anderen schwimme. Das ist Evolution. Hier treffen sich die biologische und die thermodynamische Definition des Begriffes.

Wenn ich eine Substanz wie Zucker in einem Glas Wasser löse, so steigt die Entropie des Systems. Zuckerkristalle zerlegen sich in einzelne Zuckermoleküle, die ungeordnet durch die Flüssigkeit schwimmen. Es herrscht mehr Unordnung und beim Betrachter herrscht mehr Unwissenheit darüber, welcher aller denkbaren Zustände gerade vorliegt. Dieser Zustand ist beliebiger.

Eine Ausnahme sind Phospholipide, bei denen die chemischen Gesetzmäßigkeiten ein anderes Resultat erzwingen. Sie sind aufgebaut wie molekulare Streichhölzer, denn sie haben einen langen, unpolaren Körper, der Wasser meidet und in dieser Hinsicht mit Benzin oder Kerzenwachs vergleichbar ist, und einem kleinen kugeligen Kopf, der etwa so gut wasserlöslich ist wie Zucker. Das Phospholipid leidet bereits an einem erheblichen inneren Konflikt, womit es für die Hauptrolle in dem nun kommenden Schauspiel prädestiniert ist.

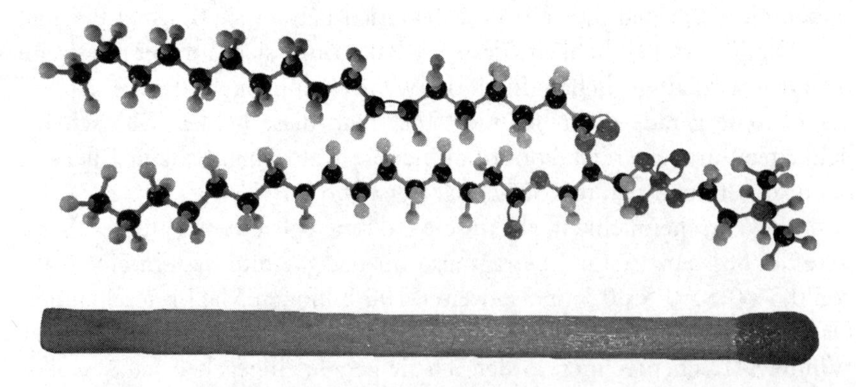

Abb. 20 Oben ein Phospholipid, wie es in jeder heutigen Zellmembran auf Erden vorkommt. Die Kohlenstoffketten links sind das wasserabweisende Streichholzstäbchen, auf der rechten Seite ist der wasserlösliche Kopf. Diese Moleküle werden sich in Wasser immer so anordnen, dass das wasserabweisende Stäbchen möglichst wenig Kontakt zum Wasser hat.

Gibt man einen Tropfen dieser molekularen Streichhölzer in Wasser, so werden sie wie alle anderen Moleküle auch zunächst wild durch das Wasser treiben, sie werden rotieren, schwerelos umhertreiben wie kleine Raumstationen. Dann jedoch kommen sie zusammen und bilden kleine Figuren, die zylindrisch oder kugelförmig sein können.

Wenn sich zwei Streichhölzer treffen, so bleiben sie beieinander, berühren sich mit ihren Stielen, um sie so wenig Wasser auszusetzen wie möglich, und halten ihre wasserliebenden Köpfchen zum Wasser. Ein drittes Streichholz treibt vorbei. Es kommt mit fast der richtigen räumlichen Ausrichtung angetrieben, wird durch schwache Anziehungskräfte zwischen den Stielen in die richtige Position gedreht und legt nun seinen Stiel zu den anderen beiden Stielen. Da ihre Köpfe zwar Wasser mögen, die Köpfe sich aber wiederum gegenseitig nicht sonderlich mögen, bilden sie nun einen sehr empfindlichen Dreistern, in dessen Mittelpunkt die drei Stielenden liegen. Die Köpfe zeigen ins Wasser und haben gleichzeitig den größtmöglichen Abstand voneinander, wie bei einem Mercedes-Stern.

Ein viertes Streichholz kommt herangetrieben. Es stößt mit seinem Kopf an den Kopf eines der drei, die schon in Formation sind. Es prallt ab, gerät in Rotation und kommt wie bestellt Stiel an Stiel in der Gruppe zu liegen. Sie sind fortan zu viert.

Jetzt aber ist es energetisch günstiger, dreidimensional zu werden, denn dann haben die Köpfe einen etwas größeren Abstand voneinander, als wenn sie sich wie ein Kreuz anordnen würden. Sie bilden also einen Tetraeder. Währenddessen kommen weitere molekulare Streichhölzer hinzu. Die mit dem Kopfende werden ignoriert und hoffen bei der nächsten Gruppe auf Anschluss, und diejenigen, die mit dem Stiel zuerst angeschwommen kommen, dürfen Teil des Teams werden. Und so geht es weiter. Es lässt sich überhaupt nicht verhindern, dass die Gruppe irgendwann so groß wird, dass sich ein Zwischenraum bildet. Sie stellen jetzt eine Kugel oder eine Ellipse dar, in deren Mitte sich wieder Wasser befindet. Das ist zwar ein gewisser energetischer Aufwand, aber der geringste Aufwand unter allen denkbaren Möglichkeiten.

Hat das ganze System eine gewisse Größe erreicht, werden keine neuen Mitglieder mehr aufgenommen, denn in zweiter Reihe parken ist nicht erlaubt. Wer immer jetzt noch ankommt, muss einen eigenen Club gründen oder sich einem unvollständigen Club anschließen. Eine dritte Möglichkeit besteht darin, dass die Kugel sich in zwei kleinere Kugeln aufspaltet, die wieder Wachstumspotential haben, bis sie ihrerseits eine gewisse Größe erreichen und sich wieder aufspalten. Eine solche Kugel nennen wie Mizelle.

Nun ist die Mizelle aber eine Kugel, deren Innenraum mit Wasser gefüllt ist, und hier treffen also die wasserabweisenden Stäbchen auf das Wasser. Ist das nicht genau das, was die molekularen Streichhölzer verhindern wollten? Haben sie sich nicht genau deshalb zu einer Mizelle geformt?

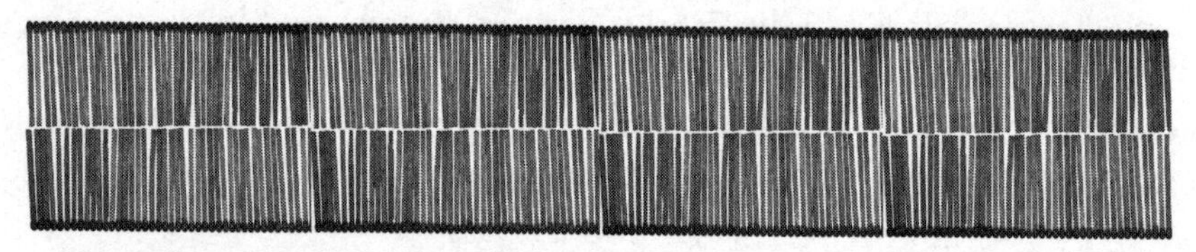

Abb. 21 Ein Streichholzmodell der Lipiddoppelschicht, die sich sofort und ausschließlich aufgrund chemischer Gesetzmäßigkeiten bildet, sobald man solche Moleküle in Wasser löst.

Ja, das haben sie. Allerdings haben sie es energetisch vorgezogen, sich eine zweite Streichhölzerschicht zuzulegen, deren Köpfe nach innen zeigen. Von außen nach innen haben wir jetzt also Wasser auf der Außenseite der Mizelle, Köpfchen, Stäbchen, Stäbchen, Köpfchen, Wasser innerhalb der Mizelle. In diesem System haben alle Köpfchen Kontakt zum Wasser, und alle Stäbchen haben die Gelegenheit, Wasser zu meiden.

Das alles habe ich jetzt recht lang und ausführlich beschrieben. In Wirklichkeit geschieht es jedes Mal, wenn Spülmittel in Wasser gelöst wird, und zwar innerhalb von Millionstel Sekunden, denn Spülmittel ist als Molekül sehr ähnlich aufgebaut. Was hier geschieht, ist Ordnung, die sich von selbst einstellt. Hier verschwindet Beliebigkeit von allein.

Moment mal! Das läuft doch spontan ab. Seit wann stellt sich Ordnung von selbst ein?

Nun, Ordnung kann sich von selbst einstellen, aber nur, wenn anderswo dafür mehr Unordnung entsteht. In diesem Fall müssen wir das molekulare Streichholz im Geiste umdrehen und uns die Sache von der anderen Seite ansehen, nämlich vom Streichholzkopf her.

Wenn die Streichholzköpfe nach innen zeigen würden, dann könnten sie nur mit den anderen Streichholzköpfen in der Gruppe wechselwirken. Die sind aber sehr behäbig, denn an jedem Streichholzkopf hängt ein Stück Holz, das die Beweglichkeit erheblich einschränkt. Hier kann ein wenig Unordnung herrschen, aber eben nur sehr wenig. Es müssen beide Möglichkeiten verglichen werden, und die unordentlichere von beiden wird sich durchsetzen.

Die Version, in der die Streichholzköpfe nach außen zeigen, ist da viel attraktiver. Die Köpfe können mit den Wassermolekülen wechselwirken, und die sind viel lebhafter als die Streichhölzer. Sie bewegen sich laufend hin und her, schwimmen heran, haften am Streichholzkopf, werden von schnelleren Wassermolekülen weggestoßen, die dann auch mal am Streichholzkopf schubbern. Der Zustand ist grob gesehen immer derselbe, auch wenn er nie stillsteht. Das ist eine besondere Form der Unordnung.

Wenngleich in der Mitte der Mizelle ein wenig Ordnung entstanden ist, so ist die Unordnung an der Oberfläche der Mizelle doch eine viel größere. Unterm Strich entsteht also immer noch Unordnung, wenn ich Spülmittel in Wasser löse.

Ich schreibe das hier nicht, weil es eine putzige Anekdote aus der Teilchenphysik wäre. Was wir hier beobachten, ist eine fundamentale Voraussetzung für die Entstehung von Leben.

Unsere Lipid-Biomembranen, einmal in Wasser gegeben, legen sich von selbst zu kleinen Kugeln zusammen. Sie tun das nicht mit Absicht. Es geschieht auch laufend das Gegenteil, die Kugeln verlieren auch mal an Komplexität, wenn ein Streichholz mit hoher Geschwindigkeit auf die Mizelle trifft und ein anderes Streichholz herausschlägt. Oder wenn die Struktur wächst, in die nächstgrößere Form übergeht und ein Teil bei der Umlagerung den Kontakt zum Verbund verliert und wegdriftet. Nur ist das viel seltener der Fall und in der Summe wächst die Mizelle heran zu einem Hohlraum, der etwas beherbergen kann.

Bemerkenswert ist auch, dass diese dünne Doppelschicht aus molekularen Streichhölzern jederzeit ohne bleibende Schäden von etwas durchstoßen werden kann. Bohrt man mit einer feinen Pipette ein Loch in diese Hülle, weichen die einzelnen Streichhölzer einfach zur Seite. Nimmt man die Pipette heraus, schließt sich das Loch wieder von allein. Wir haben jetzt die Zellmembran. Es wird Zeit, sie mit etwas zu füllen.

*»Glück und Bakterien haben eines gemeinsam:*
*Sie vermehren sich durch Teilen.«*
RUTVIK OZA

# 5. Ein einfaches Leben

Zellmembranen können sich in Wasser spontan bilden und die Bausteine des Lebens können aus einfachen Molekülen ebenfalls entstehen. Im freien Weltraum gibt es sie. Ob die ersten Bausteine dann hier auf der Erde entstanden sind oder (auch eine gängige Vermutung) mit Kometen auf den Planeten niederregneten, ist nicht geklärt und letzten Endes auch nicht wichtig. Wenn sie im Weltraum entstehen können, dann ist das unter milderen Bedingungen im Wasser der Erde wohl auch möglich.

Auch scheint die Gerüstsubstanz schon festgelegt zu sein. Wie immer das Leben im Detail aussieht, ob es Wasser benötigt oder flüssige Blausäure, es kann eine gewisse Komplexität nur erreichen, wenn der Kohlenstoff die Hauptrolle spielt. Sein Repertoire ist mit Abstand am größten und seine Vielschichtigkeit erlaubt eine unglaubliche Bandbreite an Gestalten. Von den rund zehn Millionen chemischen Substanzen, die wir heute kennen, enthalten etwa neun Millionen Kohlenstoff.

Es ist ein wenig wie mit Sekundärliteratur. Sie wissen schon, die Bücher, die uns sagen wollen, was andere Autoren mit ihren Büchern sagen wollen. Die Chemie ist die Sekundärliteratur der Elemente. Die Elemente sind die Autoren der Romane, Novellen und Gedichte und die Chemiker schreiben die Interpretationen davon. Alle Metalle des Periodensystems und einige weitere Elemente sind jener riesige Haufen Autoren, die immer vom großen Erfolg geträumt haben und gelegentlich eine Rezension erhalten. Kohlenstoff ist Shakespeare.

Die energetischen Bedingungen für Leben müssen ebenfalls in einem gewissen Fenster vorherrschen, denn wenn es zu kalt ist, laufen die Prozesse langsam bis gar nicht ab, und ab einer gewissen höheren Temperatur sind diese Prozesse nicht mehr in geordneter Form möglich, da dann alle möglichen für das Leben schädlichen Prozesse einsetzen.

Doch wie kamen die Prozesse des Lebens eigentlich zustande? DNA bildet sich nicht, nur weil es eine Hülle dafür gibt. Leere Gefäße haben nicht die Neigung, sich von selbst zu füllen. Andererseits sind diese Gefäße selbst von alleine entstanden. Es muss auf molekularer Ebene andere Gesetzmäßigkeiten geben als in der Welt, die wir mit unseren Augen sehen können.

Gemäß der Komplexitätsregel muss das Leben klein angefangen haben. Die Vertreter der Panspermie-Theorie gehen davon aus, dass nicht nur die ersten Biomoleküle, sondern gleich die ersten Lebensformen mit Asteroiden oder Kometen auf die Erde kamen. Das ist zwar eindrucksvoll und ausgesprochen N24-tauglich, aber es verschiebt nur die Frage nach der Entstehung des Lebens, statt sie zu beantworten.

Man ist sich heute nicht einmal sicher, ob die DNA der erste Träger der Erbinformation auf der Erde gewesen ist oder ob es nicht eher ihr Generalbevollmächtigter war, die RNA. Die RNA ist vielseitiger einsetzbar als die DNA, aber sie ist auch weniger stabil. Das altbekannte Grundprinzip der Chemie, dass eine Substanz entweder reaktionsfreudig ist oder stabile Verhältnisse erlaubt, greift auch hier, wenngleich in zarterem Maßstab.

Die Entstehung des ersten Lebens ist noch immer eine ungelöste Frage in der Wissenschaft. Es ist ein Henne-und-Ei-Problem. Die erste teilungsfähige Zelle muss aus etwas entstanden sein, das entweder noch keine Zelle war oder sich noch nicht teilen konnte. Wie dieser Ahne dann entstanden ist, bleibt ein Rätsel. Zumindest vorerst. Leider ist die Datenlage aus dieser Zeit vor 3,5 Milliarden Jahren so dürftig, dass ein Beweis für eine brauchbare These in der Wissenschaft wohl für immer ausbleiben wird. Hier wird sich die Wissenschaft wohl auf die plausibelste These einigen müssen. Das ist immer noch mehr als den Menschen aus Lehm zu erschaffen und die Frau (man achte auf die Unterscheidung) aus seiner Rippe.

Doch es ist möglich, dass sich die Zellmembran von selbst gefüllt hat. Kleine Teilchen können durch diese Membran wandern. Wenn sie sich im Inneren der Membran gemäß den Gesetzen der Chemie miteinander verbinden, erreichen sie irgendwann eine Größe, mit der sie die Membran nicht mehr verlassen können, denn sie erreichen nicht mehr genug Bewegungsenergie, um die Membran zu durchstoßen. Von den Millionen möglichen Bauweisen von großen Molekülen in diesen Membranen wird der Großteil nutzlos gewesen sein. Das spielt aber keine Rolle, denn wenn irgendwann etwas entsteht, das sich vermehren kann, wird es schnell die

Oberhand gewinnen. Es wird dann weiter wachsen und irgendwann zu groß für die Membran werden. Sie muss sich teilen. Nicht nur, um Platz zu schaffen für die Selbstverlängerung eines Moleküls, sondern auch, um eine neue Zelle herzustellen.

Die Betonung liegt hier auf neu, denn das Leben muss der Entropie davonlaufen und deshalb die Uhr des Zerfalls immer wieder auf null stellen, indem es aus frischen Materialien neue Kopien von sich selbst zusammensetzt. Wäre das nicht so, dann müssten wir Menschen nicht mehr essen, sobald wir ausgewachsen sind.

*****

Die ältesten Bakterien, die wir kennen, sind heute keine mehr. Ende der Siebzigerjahre wurde aufgrund einiger fundamentaler Unterschiede zwischen den Archaeen und den Bakterien beschlossen, dass Archaeen und Bakterien nicht nur zwei verschiedene Gattungen oder Familien innerhalb des Stammbaums des Lebens seien, sondern zwei verschiedene Domänen. Somit gibt es heute drei Domänen: die Archaeen, die Bakterien und die Eukaryoten (Besitzer eines Zellkerns). Zu den Eukaryoten zählen Champignons, Regenwürmer, Gras, Nashörner, Menschen und allgemein alles, was mehrzellig ist und vor allem einen Zellkern hat. Wir Eukaryoten mögen recht verschieden aussehen, aber wir funktionieren alle auf die gleiche Weise. Archaeen und Bakterien mögen unter dem Mikroskop gleich aussehen, aber sie sind im Inneren doch sehr verschieden aufgebaut. Und je einfacher Organismen aufgebaut sind, desto bedeutsamer ist ein kleiner Unterschied zwischen ihnen. Der Aufbau der Zellwand kann dem Biologen da schon genügen, um eine neue Domäne aufzumachen. Vielleicht ist das erste Leben auf der Erde auch gleich zweimal entstanden, weil es so zwangsläufig ist.

Die Archaeen betrieben zusammen mit den Bakterien schon früh Photosynthese. Sie sammelten Kohlendioxid aus der Luft und benutzten den darin enthaltenen Kohlenstoff, um Kopien von ihresgleichen herzustellen. Sie waren insofern mit dem heutigen Menschen vergleichbar als dass dabei in großem Maßstab Gifte produziert wurden, über die sich niemand Gedanken machte. Die Rede ist von Sauerstoff, denn er war für diese frühen Organismen tödlich.

Vor etwa 2,7 Milliarden Jahren gab es keine nennenswerten Mengen von freiem Sauerstoff in der Atmosphäre, obwohl einzellige Algen, die heute noch der Grund für die Schließung unsere Badeseen sind, in stoischer Photosynthese Sauerstoff produzierten. Denn lange Zeit war dieser Sauerstoff nur ein Tropfen auf dem heißen Stein.

Wenn Sie im Garten schon mal Wasser aus einer altmodischen Gartenpumpe gefördert und in einem Eimer einige Zeit stehen gelassen haben, dann konnten Sie ziemlich genau beobachten, was damals geschah. Irgendetwas Braunes bildet sich im Wasser und sinkt als Flocken zu Boden oder schwimmt als dünner öliger Film auf der Oberfläche. Es sind Eisenverbindungen, die mit dem Luftsauerstoff reagieren.

Eisenverbindungen können sich in Wasser lösen. Eisensulfat, Eisenchlorid und einige andere Eisenverbindungen sind gut löslich in Wasser, besonders wenn das Wasser leicht sauer ist. Wer aber im Labor eine frische Lösung aus Eisensulfat herstellen will, der tut gut daran, das Wasser vorher aufzukochen, um die gelöste Luft aus dem Wasser zu entfernen. Wenn man das nicht tut, dann geschieht das Gleiche wie mit der Gartenpumpe.

Eisen kann zwei Arten von Ionen bilden, denn ein Eisenatom kann entweder zwei oder drei Elektronen abgeben. Tendenziell können die zweiwertigen Ionen des Eisens (im Folgenden *Eisen(II)* genannt) löslichere Salze bilden als die dreiwertigen Ionen (*Eisen(III)*), aber die zweiwertigen Ionen sind chemisch nicht so stabil wie die dreiwertigen. Ein zweiwertiges Eisen-Ion wird immer das Bestreben haben, entweder wieder festes Eisen zu werden (selten) oder noch ein Elektron abzugeben, damit es dreiwertig ist (meistens). Dreiwertiges Eisen ist sein stabilster Zustand. Man erkennt das daran, dass Eisen rostet. Wäre metallisches Eisen die stabilste Form, dann gäbe es keinen Rost auf der Welt und jeglicher Rost, teuer und kompliziert unter Laborbedingungen in winzigen Maßstäben hergestellt, würde sich dann in kurzer Zeit in metallisches, glänzendes Eisen und Sauerstoff zerlegen. Jedoch: Es ist das Eisen(III), auf das die Dinge hinauslaufen.

Was die einzelligen Algen der Urzeit an Sauerstoff produzierten, löste sich im Wasser und reagierte bei jeder sich bietenden Gelegenheit mit dem gelösten Eisen(II), das die unterirdischen Vulkane ausspuckten. Das Eisen(II) oxidierte zu Eisen(III), das als der allseits bekannte Rost zu Boden sank. In heutigen Gesteinen aus Bändererz kann man die einzelnen Schübe an Eisenfällungen sehr gut sehen. Sie wechseln sich ab mit Schichten aus silikathaltigem Gestein, wobei je nach Fundstätte ein bis drei Meter dieser Schichten rund einer Million Jahren Zeit entsprechen. Wie diese einzelnen Schichten entstanden sind und was für chemische oder atmosphärische Ereignisse sie repräsentieren, ist noch nicht abschließend geklärt.

Irgendwann aber war das Eisen der Meere verbraucht. Da die Algen unbeirrt weiter Sauerstoff produzierten, stieg er letztlich an die Oberfläche und ging in die Atmosphäre. Während zu Beginn dieses Prozesses der Sauerstoffgehalt der Atmosphäre bei weniger als einem Prozent lag, so stieg er im Laufe der folgenden zwei Milliarden Jahre bis auf 12 Prozent an. Für uns Menschen würde das zum Atmen bei weitem noch nicht genügen, aber es brachte die Dinge in Gang.

Hier geschahen nämlich in der Evolution des Lebens drei wichtige Dinge: Eine Gefahr wurde abgewendet und zwei Chancen wurden genutzt.

Die Gefahr war der Sauerstoff selbst, denn für viele frühe Organismen, die ihr Leben in nach faulen Eiern stinkendem Wasser verbracht hatten, war Sauerstoff in solchen Konzentrationen ungewohnt und das heißt erst einmal: giftig. Maßnahmen mussten ergriffen werden, um mit diesem Gift leben zu können.

Sauerstoff ist sehr reaktiv. Wie ich im Kapitel *Bausteine des Lebens* im Abschnitt über Kohlenstoff bereits dargestellt habe, ist eine chemische Reaktion immer entweder intensiv oder spezifisch: Wenn etwas gerne reagiert, dann tut es das auch mit allem und jedem. Wenn etwas reaktionsträge ist, dann geht es nur bestimmte Reaktionen ein. Die Kunst in der Evolution besteht darin, den gesunden Mittelweg zu finden, also das molekulare Feuer nutzbar zu machen.

Sauerstoff ist für uns heute überlebenswichtig und unsere Beziehung zu diesem Element ist geradezu romantisch verklärt. Es ist nämlich eigentlich ein sehr aggressives Gas und in reiner Form verursacht es Krämpfe, Tunnelblick und schließlich Bewusstlosigkeit, was auch mir durchaus paradox anmutet, zumal wir Menschen ihn brauchen wie… die Luft zum Atmen.

Aber auch in den für uns angenehmen Konzentrationen muss eine bestimmte Begleiterscheinung des Sauerstoffs unterdrückt werden. Er neigt zur Bildung von Wasserstoffperoxid und dieses Wasserstoffperoxid, das dem Wasser in mancher Hinsicht sehr ähnlich ist, versteckt sich zwischen den Wassermolekülen, die überall in unserem Körper sind, und reagiert ungehemmt mit allen Bestandteilen der Zelle. Eine unspezifische, unkontrollierte Reaktion muss in einem hoch komplexen System wie einem Lebewesen unbedingt vermieden werden, denn sie stiftet molekulares Chaos und ist ziemlich genau das Gegenteil jener Ordnung, die das Leben auf molekularer Ebene ausmacht. Besonders aber kann Wasserstoffperoxid die DNA und die RNA in nutzlose Bruchstücke zerlegen, und das haben sie nun wirklich nicht verdient.

Daher besitzt jedes Lebewesen, das Sauerstoff tolerieren kann, ein Enzym namens Katalase. Katalase schwimmt zu jedem beliebigen Zeitpunkt durch unsere Blutbahn und hat die einzige Aufgabe, jedes aufkommende Wasserstoffperoxidmolekül sofort in Wasser und Sauerstoff zu spalten. Die Katalase hat von allen bekannten Enzymen die höchste Wechselzahl. Die Wechselzahl ist nichts anderes als die Zahl der Moleküle, die ein Enzym pro Sekunde aufgabengemäß bearbeiten kann, und liegt im Falle der Katalase bei etwa zehn Millionen Wasserstoffperoxidmolekülen. Dass dieses Enzym der Rekordhalter der enzymatischen Leistungsfähigkeit ist, möge uns verdeutlichen, wie wichtig diese Funktion ist.

Die Entwicklung der Katalase war ein wichtiger Schritt in der Anpassung des Lebens an die neuen Bedingungen und ohne sie wäre aerobes – also Sauerstoff benötigendes Leben – nicht denkbar. Dies war die Gefahr, die abgewendet werden musste, als die Atmosphäre der Erde sich so grundlegend änderte.

Die Chancen, die damals ergriffen wurden, lagen in den Möglichkeiten, die der Sauerstoff bietet. Er ist, wie gesagt, sehr reaktiv und wenn es gelänge, sich dieses Potential zunutze zu machen, dieses Feuer zu bändigen, so könnte das Leben fortan in ganz anderen Größenordnungen Energie gewinnen. Das Leben könnte dann mehr sein als ein bloßes Vor-sich-hin-Dümpeln in fauligem Wasser, träge und unbewusst. Mit Sauerstoff als Energiequelle können Lebensformen nicht nur körperlich größer werden, sie können ihre Umwelt auch in kürzeren Zeitspannen erleben und reagieren. Es geht hier um nichts Geringeres als die Entwicklung des Tieres als Lebensform, die die Zeit in Sekundenbruchteilen erlebt statt Minuten oder Stunden.

Der Asbesthandschuh, mit dem das Leben dieses Feuer bändigen und nutzbar machen konnte, heißt Mitochondrium. Das Mitochondrium ist ein kleines Bauteil einer jeden Zelle, die Sauerstoff nutzen kann. Die verschiedensten organischen Substanzen werden ins Mitochondrium verbracht und ihre Energie dort in eine einheitliche Energiewährung umgewandelt, die jeder biochemische Prozess in der Zelle nutzen kann. Ob Sie Zucker zu sich nehmen, Alkohol oder Fett, es wird im Mitochondrium zu Adenosintriphosphat (ATP) umgesetzt. Dieses ATP kann dann überall in der Zelle für die verschiedensten Zwecke genutzt werden. Und hier, im Mitochondrium einer jeden Zelle, entsteht im Citratzyklus auch das $CO_2$, das Sie rund um die Uhr ausatmen.

Dabei begann das Mitochondrium seine Karriere als Parasit. Es war ursprünglich ein kleinwüchsiges, kugeliges Bakterium, vermutlich aus der heute noch existierenden Gattung Rickettsia. Dieses Bakterium hat die Angewohnheit, ähnlich einem Virus in andere Organismen einzudringen und sich an den energiehaltigen Molekülen dieser Organismen zu bereichern. Doch irgendwann kurz vor dem Kambrium traf eine Rickettsie auf ein anderes Bakterium, das sich aus diesem Befall nichts machte. Aus irgendeinem Grund konnte weder die Rickettsie dem Wirtsbakterium schaden noch konnte das Wirtsbakterium die Rickettsie erfolgreich abwehren und vernichten. Ob die Rickettsie einen echten Vorteil aus ihrem Aufenthalt in diesem Bakterium hatte oder einfach nur keinen Nachteil, kann man heute nicht mehr sagen. Auf jeden Fall aber hatte der Wirt davon einen Vorteil, denn sonst wäre er wohl ausgestorben statt dem Leben auf der Erde einen gewaltigen Sprung nach vorne zu bescheren.

Das Wirtsbakterium muss zu diesem Zeitpunkt bereits die Katalase entwickelt haben, um den neuen Sauerstoffgehalt der Atmosphäre überleben zu können. Der kleine Parasit in seinem Inneren aber konnte, sofern er durch seinen Wirt noch mit Sauerstoff versorgt wurde, jegliche Form von Nährstoffen in das universell nutzbare ATP umwandeln und stärkte damit den Wirt. Der Wirt war nun nicht mehr auf seine üblichen Wege der Energiegewinnung angewiesen – er musste nur irgendwelche

Nährstoffe aufnehmen und dem Parasiten in seinem Inneren zuführen. Man weiß heute nicht, zu welcher Art der Wirt gehörte und wie er seinen Lebensunterhalt bisher bestritten hatte. Jetzt aber hatte er ganz neue Möglichkeiten.

Es ist ein bisschen wie mit einem Angestellten, der mit seinem Gehalt gerade so über die Runden kommt und unerwartet eine lebenslange Sofortrente gewinnt. Plötzlich muss er vieles nicht mehr machen (zum Beispiel arbeiten), sondern kann anfangen, mit seinem Leben zu experimentieren. Und sofern er sich nicht zu Tode säuft, kann etwas durchaus Nutzbringendes dabei herauskommen.

Die zweite Chance, die genutzt wurde, war die Mehrzelligkeit. Eine gewisse Verfügbarkeit von Sauerstoff ermöglichte die Herstellung eines weiteren Bausteins des Lebens. Die Aminosäure Prolin kommt in jedem Lebewesen der Erde vor, aber wenn genug Sauerstoff zur Verfügung steht und – noch wichtiger – seine Kraft gut dosiert genutzt werden kann, dann kann ein Teil des Prolins in Hydroxyprolin umgewandelt werden. Hydroxyprolin ist ein wichtiger Baustein des Kollagens, das bekanntlich die Aufgabe hat, Tiere zusammenzuhalten. Die gummiartige Festigkeit des Fleisches kommt daher, dass Kollagen so geschmeidig ist. Unsere Sehnen und Bänder, unsere Haut und Haare wären nicht denkbar ohne Kollagen und es ist sogar das häufigste Protein in unserem Körper.* Wir kochen es mit Salzsäure aus Fleischresten und machen Götterspeise daraus, wir stellen Medikamentkapseln damit her, verkaufen es als Mittel gegen Hautalterung oder lassen uns die Lippen damit aufspritzen.

Die ersten Organismen, die Kollagen in der neuen sauerstoffreichen Atmosphäre herstellten, waren wahrscheinlich die Schwämme. Da ansonsten nur Tiere Kollagen enthalten, zählt man die Schwämme zu den Tieren. Und erst mit der Produktion von Kollagen konnten die Zellen, die nach der Zellteilung bisher getrennte Wege gegangen waren, nun aneinander bleiben und mehrzellige Tiere bilden. Dadurch war es möglich, sich nun

---

* Um aus Prolin auf verlässliche Weise Hydroxyprolin herzustellen, braucht es Sauerstoff, um das Molekül zu oxidieren, und Ascorbinsäure (Vitamin C), um diese Oxidation in Grenzen zu halten. Da wir Menschen keine körpereigene Ascorbinsäure herstellen können, erleiden wir ohne Ascorbinsäure irgendwann Skorbut und Haare und Zähne fallen uns aus, da wir kein Bindegewebe mehr herstellen können. Fast alle Tiere können eigene Ascorbinsäure herstellen; wir Menschen haben diese Fähigkeit in der Evolution verloren.

die Aufgaben zu teilen, denn eine Firma funktioniert besser, wenn jeder eine bestimmte Aufgabe hat und nicht jeder alles können muss.

Um es mit Goethe zu sagen: Die Pfosten waren, die Bretter aufgeschlagen und jedermann… musste noch ein wenig warten.

## Schneeball Erde

Die enorm ansteigende Photosynthese hatte nicht nur Sauerstoff produziert, sondern auch Kohlendioxid aus der Atmosphäre entfernt. Zu jener Zeit, vor etwa 750 Millionen Jahren, existierte auf der Erde nur ein einziger großer Kontinent namens Rodinia. Stellen Sie sich vor, alle Kontinente der Erde wären zusammengefügt zu einem großen und es gäbe Bereiche im Hinterland, die 5 000 Kilometer von der nächsten Küste entfernt wären. Rodinia war so groß, dass es in seinem riesigen Hinterland noch nie geregnet hatte, es war eine einzige, große, nutzlose Wüste. Pflanzen gab es noch nicht, die ersten Landpflanzen würde es erst in 350 Millionen Jahren geben. Jetzt begann der Kontinent auseinanderzubrechen. Es bildeten sich kleinere Kontinente, und da das Meerwasser nun statt dieses Superkontinents mehrere kleine Kontinente umspülte, konnte der Regen tiefer in das Land eindringen. Der Regen brachten unvorstellbar große Mengen Kohlendioxid mit sich. Als der $CO_2$-haltige Regen über dem ausgetrockneten ehemaligen Hinterland von Rodinia abregnete, reagierte das $CO_2$ mit dem ausgedörrten Boden und blieb als kalkhaltiges Gestein dort. Da diese riesigen Landmassen auch begierig das Wasser aufnahmen, war der Regen über Rodinia ein Vorgang in nur eine Richtung, und der Meeresspiegel sank um irgendetwas zwischen fünfzig und hundert Metern.

Die $CO_2$-Bindung durch die Photosynthese und durch das Gestein bewirkten eine Verminderung des $CO_2$-Gehaltes der Atmosphäre sowie eine Abschwächung des Treibhauseffektes. Es wurde kälter auf der Erde.

Durch die Abkühlung hatte sich sehr viel Eis auf der Oberfläche des Planeten gebildet, und nun kam es zu einem selbstverstärkenden Prozess. Das Eis reflektierte das Sonnenlicht und schickte es wieder hinaus in den Weltraum. Dadurch gelangte weniger Sonnenlicht auf dunklen Boden und auf Wasser, wo seine Wärme gespeichert werden könnte. Also kühlte die Erdoberfläche weiter ab, mehr Eis bildete sich, weniger Sonnenlicht konnte die Erde erwärmen, mehr Eis bildete sich. Am Ende dieses Prozesses war der Planet von den Polkappen bis zum Äquator mit Eis überzogen.

Das Leben in den Meeren blieb in Lauerstellung. Frei schwimmende Organismen in den tiefsten Schichten der Meere, die bisher Photosynthese betrieben hatten, wurden durch die Eisschicht über ihnen nicht mehr mit Licht versorgt und starben. Glück aber hatten die Bakterien, die im Eis eingefroren waren, denn das fror auch ihren Stoffwechsel ein. Das bedeutet, dass sie in diesem Zustand auch keine Rohstoffe und kein Licht benötigen. Bakterien sind sehr kälteresistent und können auch bei –150 °C über Jahrhunderte überleben. Wenn man sie auftaut, wischen sie sich lässig den Schnee von der Schulter und machen einfach weiter wie bisher.

Wodurch aber wurde nun das Auftauen bewirkt? Der selbstverstärkende Prozess hatte den Planeten fast vollständig eingefroren, und was immer das ändern könnte, müsste gegen diesen selbstverstärkenden Prozess anarbeiten.

Man weiß nicht genau, was es war. Vielleicht hat das Eis auf der Erde verhindert, dass weiteres $CO_2$ von Gestein auf Rodinia gebunden werden konnte. Damit hätte sich der $CO_2$-Gehalt der Atmosphäre wieder erhöhen können und der Treibhauseffekt hätte wieder eingesetzt. Dabei bliebe die Frage, woher das $CO_2$ gekommen sein soll, denn das bisherige $CO_2$ war ja schon in Gestein gebunden und nun zusätzlich von einer gewaltigen Eisschicht bedeckt. Wenn der Geologe nicht mehr weiter weiß, zieht er gewöhnlich einen Vulkanausbruch heran. Ob es so war, kann man noch nicht sagen. Gewiss ist nur, dass irgendetwas geschehen ist und die Erde sich wieder erwärmte. Das Eis schmolz, der Meeresspiegel stieg wieder an, die Bakterien wurden wieder freigesetzt, und $CO_2$ wurde wieder gegen Sauerstoff ausgetauscht.

Insgesamt war die Erde zwischen 780 und 580 Millionen Jahren vor unserer Zeit mindestens vier Mal vereist und wieder aufgetaut. Was immer der Grund oder die Gründe dafür gewesen waren, sie tauchten ab 580 Millionen Jahren vor unserer Zeit nicht mehr in diesem Maße auf. Das Leben auf der Erde hatte nun günstige Zeiten und konnte sich frei entfalten. Darüber hinaus hatten die Vulkane, wenn sie denn die Ursache für die Erwärmung waren, auch gleich riesige Mengen $CO_2$ in die Atmosphäre entladen, und der Kohlenstoff darin war der Baustoff für neues Leben. Erst für Pflanzen, dann für pflanzenfressende Tiere, dann für Raubtiere. Er wurde dankbar entgegengenommen.

*****

Wir können jetzt eintauchen in diese so ganz andere Welt der Mikroben, um uns dort ein wenig zurechtzufinden und ein Gefühl für das Leben eines Bakteriums zu bekommen.

Bakterien zu verstehen heißt, einfach zu denken. Bakterien haben keinen Willen, keine Angst, keinen Plan, keine Religion. Sie sind die einfachste Form der aktiven Existenz und brauchen keinen Sinn hinter irgendetwas in ihrem Leben.

Wenn man Bakterien verstehen will, dann gibt es nichts zu beachten als biochemische Prozesse. Wenn man sie von der Kette lässt, schnurren sie ab und vermehren sich als ihr einziges Ziel. Ja genau genommen sterben sie nicht einmal einen natürlichen Tod, denn sie vermehren sich durch Teilung. Ist die Mutterzelle dadurch gestorben? Nein, sie lebt weiter in ihren Tochterzellen.

Die Bakterien sind auch wie keine andere Gruppe von Lebewesen als Anschauungsobjekt geeignet, um das Leben an sich als bloße Abfolge von biochemischen Reaktionen zu verstehen.

Man muss in der Biochemie ein wenig anders denken als in unserer Welt. Die gesamte Biochemie besteht nicht aus Mechanismen, die auf Knopfdruck funktionieren, sondern aus funktionswilligen Mechanismen, die die meiste Zeit aktiv davon abgehalten werden, ihren Job zu machen. Es ist eine Welt aus vorgespannten Federn und eifrigen Mitarbeitern mit erhobenen Hämmern, die nur in bestimmten Momenten kontrolliert auf ihre Aufgaben losgelassen werden.*

* So ist der natürliche Zustand der Muskeln in Ihrem Körper nicht das Lockersein, sondern das Angespanntsein. Das Ineinandergleiten der Muskelfilamente liegt in der Natur Ihrer Muskeln und wird unter Verbrauch von Energie laufend unterbunden. Und es ist erst der Nervenimpuls aus dem Gehirn, der den Muskeln sagt, dass sie es genau jetzt tun dürfen. Stirbt der Organismus und damit auch der Mechanismus des aktiven Zurückhaltens, so werden die Muskeln als letzte Handlung das tun, was sie immer tun wollten: sich zusammenziehen, was wir als Totenstarre kennen.

Die Zellmembran spielt in der Welt der Bakterien eine besondere Rolle. Sie ist keine bloße Hülle aus Lipid-Biomembranen mehr, denn dann könnten den Bakterien jederzeit kleinere Bauteile abhandenkommen. Hat man als äußere Hülle und Abgrenzung von der Umwelt nur ein Sieb, und sei es noch so fein, dann muss man zwangsläufig auf alle Bausteine verzichten, die dieses Sieb passieren können, denn ihr Betreten und Verlassen in der Zelle kann man nicht sinnvoll handhaben. Stattdessen mussten Kontrollen eingeführt werden. Sie bestehen aus zwei Komponenten: Einerseits musste das Sieb versiegelt werden. Und tatsächlich sind die Hüllen der Bakterien für fast alle Substanzen undurchdringlich. Andererseits mussten kleine Kanäle geschaffen werden, die auf bestimmte Substanzen reagieren und sie unter bestimmten Bedingungen in die Zelle lassen, wenn sie gebraucht werden. Und sie dürfen nicht mehr hineingelassen werden, wenn man genug davon hat.

Es ist ein wenig wie mit dem Würfel, der quadratische, dreieckige, runde und ovale Löcher hat, damit ein Kleinkind diese geometrischen Körper besser kennenlernt. In der Tat kann man sich die verschiedenen Kanäle, die eine Bakterienzellwand besitzt, als Löcher von verschiedener Form denken, durch die nur bestimmte Moleküle mit der entsprechenden Form passen.

Wie kann man das kontrollieren? Woher weiß das Bakterium, dass es jetzt genug Glucose oder Natriumionen aufgenommen hat und dass es Schaden nehmen würde, wenn es die Glucose- oder Natriumtür weiter offen ließe?

Nun, das Bakterium hat kein Rechenzentrum, das die Füllstände der verschiedenen Bausteine laufend überwacht und Korrekturen befiehlt. Gewöhnlich geschieht es über die chemischen Eigenschaften der Substanz, die in das Bakterium gelangen will.

Geladene Teilchen wie Ionen oder Aminosäuren, sofern der pH-Wert stimmt, tragen eine elektrische Ladung. Jedes Mal, wenn geladene Teilchen das Bakterium betreten, ändern sie damit den elektrischen Unterschied zwischen der Innenseite des Bakteriums und der Außenseite. Sie ändern damit das sogenannte Membranpotential. Wird ein gewisses Membranpotential überschritten, ändern diese Türsteherproteine durch chemische Prozesse ihre Form und verschließen den Kanal. Damit können dann so lange keine weiteren geladenen Teilchen mehr in das Bakterium gelangen, bis ein gewisses Membranpotential wieder unterschritten wird. Dann wird wieder Substanz ins Bakterium gelassen. Das Membranprotein kann also die Konzentrationen der Substanzen, für die es zuständig ist, in sehr engen Grenzen halten.*

Und für fast alle Substanzen, die ein Bakterium betreten dürfen, gibt es entsprechende Membranproteine. Das Bakterium lässt also kein unentwegtes Rein und Raus von Stoffen geschehen, sondern lässt nur bestimmte Bedingungen in seinem Inneren zu. Es schafft Ordnung in einer chaotischen Welt.

*****

Bakterien übertreffen in ihrer Vielfalt mit links alles restliche Leben auf der Erde. Man schätzt, dass wir erst fünf Prozent aller Bakterienspezies auf der Erde entdeckt haben, und angesichts ihrer Fähigkeiten dürften die biochemische Forschung und die Medizin hier noch einige erstaunliche Entdeckungen machen.

Ein *Escherichia Coli*-Bakterium (*coli* heißt übersetzt »des Darms«, wo es zuerst entdeckt wurde) ist in etwa geformt wie eine Mini-Salatgurke und im Schnitt etwa 3 µm lang. Man müsste also etwa 333 *E. coli*-Bakterien aneinander legen, damit sie einen Millimeter Länge ergeben, oder eine Million Bakterien, damit sie zusammen etwa so hoch wären wie die Zimmerdecke in einer Altbauwohnung. *E. coli*-Bakterien gehören zu den Prokaryoten, die sich dadurch auszeichnen, keinen Zellkern zu besitzen. Ihre DNA treibt lose als ringförmiges Molekül im Inneren des Bakteriums herum.

Wenn ich meinen Wagen von der Front bis zum Heck abschreite, so stelle ich fest, dass er viereinhalb Meter lang ist. Wenn wir ein *E. coli*-Bakterium auf die Dimensionen meines Autos vergrößern würden, dann könnten wir neben diversem anderem Kleinkram eine ringförmige Schnur darin finden, die sich durch Folgendes auszeichnet:

---

* Es funktioniert im Prinzip wie ein Bimetallschalter. Wird er zu heiß, unterbricht er automatisch den Stromkreis; kühlt er wieder ab, wird der Stromkreis wieder geschlossen, ohne dass man das Gerät selber laufend an- und wieder ausschalten muss.

Sie besteht aus vier Typen von Bausteinen, von denen etwa 4,6 Millionen Paare hintereinander angeordnet sind. Die Schnur wäre etwa ein Zweitausendstel eines Haares breit und etwa 2 200 Meter lang.* Mir könnte so ein unscheinbares Knäuel im Wagen leicht abhandenkommen, den schätzungsweise 50 Milliarden *E. colis* in meinem Verdauungstrakt hingegen scheint das sehr selten zu passieren.

Die 4,6 Millionen Basenpaare in dieser Schnur sind der genetische Code sämtlicher Informationen, die man zum Bau eines *E. coli*-Bakteriums benötigt. Man muss zur Herstellung jedes Bauteils nur jeweils an einer bestimmten Stelle auf dieser Schnur anfangen zu lesen und an einer bestimmten Stelle aufhören. Da jedes der 4,6 Millionen Basenpaare aus zwei von vier Typen von Bausteinen bestehen kann, enthält diese Informationsschnur 2 Bit pro Paar und damit insgesamt 9,2 Millionen Bit an Informationen, also 1,15 Megabyte. Das entspricht nicht mal der Dateigröße eines Smartphone-Fotos, ist also eigentlich gar nicht so viel. Menschliche DNA ist im Schnitt nur etwa 800 Megabyte groß und passt damit knapp auf eine CD. Die DNA Ihrer gesamten Familie passt auf eine einzige Blu-ray Disc.

Bakterien brauchen sehr wenig, um zu wachsen. Es ist klar, dass ein Organismus umso anpassungsfähiger sein kann, je anspruchsloser er ist. Wir Menschen brauchen Wasser, Fett, Eiweiß, Kohlenhydrate, Mineralien und Spurenelemente, Vitamine, Sauerstoff und Licht, um gesund zu bleiben. All die Dinge, die wir täglich zu uns nehmen und deren regelmäßige Aufnahme wir in jeder Ecke der Welt zu einer Esskultur erhöht haben, brauchen wir nur, damit alles so bleibt wie es ist. Wenn wir uns dann vermehren wollen, benötigen wir noch mehr Nährstoffe.

Bakterien sind da sehr genügsam. Manche Bakterien gedeihen in Mineralwasser und nutzen die Weichmacher der Plastikflasche als Energiequelle. Andere können Photosynthese betreiben und haben, als die Erde noch sehr jung war, über Jahrmillionen die sauerstoffhaltige Atmosphäre unseres Planeten erst geschaffen. Die meisten Bakterien sind harmlos und werden uns erst gefährlich, wenn sie in großer Zahl in die Blutbahn

---

* Das längste menschliche Stück DNA wäre in diesem Vergleich dann etwa 12,3 Kilometer lang, aber genauso dünn. Das sind zwar alles vertraute Zahlen, die es in unserem Phaneron durchaus gibt, aber ich kenne sonst nichts, das 200 Millionen Mal so lang wie dick wäre.

eindringen und schneller wachsen als das Immunsystem sie fressen kann. Wir sprechen dann von einer Blutvergiftung, und trotz unserer modernen Antibiotika ist auch heute noch jede vierte Blutvergiftung tödlich, weil die Menschen zu spät zum Arzt gehen. Das hat mit dem exponentiellen Wachstum von Bakterien zu tun.

Unter optimalen Bedingungen teilt sich ein Bakterium etwa alle zwanzig Minuten. Unser Immunsystem kämpft natürlich vehement dagegen an, aber zu irgendeinem Zeitpunkt in diesem Kampf gibt es einen Wendepunkt, an dem sich entscheidet, ob wir oder die Bakterien gewinnen werden. Hat das Immunsystem zwei Tage gebraucht, um diesem Kampf zu verlieren, so können wir diese zwei Tage der Infektion vom Wachstum der Bakterien abziehen und von diesem neuen Nullpunkt aus mit exponentiellem Bakterienwachstum in unserem Blut rechnen. Das Wachstum, das wir im folgenden Beispiel ausrechnen wollen, bezieht sich also nicht auf die Gesamtzahl an Bakterien im Blut, sondern nur auf den Überschuss an Bakterien, den das Immunsystem nicht wegfressen kann.

Stellen wir uns dazu vor, um Mitternacht wäre das eine Bakterium zu viel in unserer Blutbahn, und dieses Bakterium würde sich in zwanzig Minuten teilen. Um zwanzig nach zwölf haben wir dann für unser Immunsystem zwei Bakterien zu viel im Blut. In den nächsten zwanzig Minuten werden diese zwei Bakterien sich erneut geteilt haben. Um zwanzig vor eins haben wir also vier Bakterien, die sich auch jedes für sich erneut teilen werden. Um ein Uhr morgens werden es acht Bakterien sein. Um zwei Uhr haben wir schon 64 Bakterien, um drei Uhr werden 512 Bakterien in unserem Blut sein. Um vier Uhr morgens haben wir 4 096 Bakterien, und um sechs Uhr werden es 262 144 sein. Um zehn Uhr morgens haben wir die Milliarde erreicht und unser Ende wäre damit gekommen.

Wann zwischen Mitternacht und zehn Uhr morgens war die Infektion nur halb so schlimm? Das war nicht um fünf Uhr morgens, genau in der Mitte, sondern um zwanzig vor zehn, nur einen Teilungsschritt vorher! Als wir um viertel vor acht aufstanden, uns nicht so richtig wohl fühlten und feststellten, dass wir zum Arzt müssen, hatten wir nur ein einziges Prozent der tödlichen Menge Bakterien im Blut.*

* Noch eine Anekdote aus der Fernsehwerbung: Wenn ein Desinfektionsmittel 99,9 % der Bakterien auf meiner Klobrille tötet, dann sind also 0,1 % übrig geblieben. Um sich zu

Es spielt dabei fast keine Rolle, mit was für einem Bakterium wir uns infiziert haben. Ein aggressiver Stamm kann unser Ende ohne Zweifel früher einleiten, aber selbst der harmloseste Keim kann uns umbringen, wenn er sich da rumtreibt, wo er nicht hin gehört. Durch seinen Stoffwechsel, durch sein normales Geschäft des Lebens produziert das Bakterium Substanzen, die unseren Organen schaden, unser Blut zersetzen oder unser Immunsystem so sehr anfeuern, dass wir selbst unter diesem Kräfteaufwand leiden. Harmlose Bakterien haben es schwerer, sich gegen das Immunsystem durchzusetzen, aber wenn man sich ein fauliges Stück Holz in die Hand rammt, haben auch sie eine reale Chance.

Dabei waren Bakterien früher hier als wir. Alles Leben, das später entstand, musste sich mit einer Welt arrangieren, die bereits voll war von Bakterien, Hefen und Schimmelpilzen. Wir Menschen haben ein bis zwei Kilogramm Bakterien in unseren Gedärmen, und sie machen einen sehr guten Job. Sie machen Vitamine und viele andere Nährstoffe aus der Nahrung für uns verfügbar und sorgen mit ihrer mächtigen Überzahl dafür, dass schädliche Bakterien oder Pilze es schwer haben, sich in unseren Eingeweiden zu etablieren. Sie haben Gewohnheitsrecht.

Die meisten Bakterien sind für uns harmlos, manche machen krank und sie bekämpfen sich auch gegenseitig, wo sie nur können. Vielleicht sind wir alle auch nur Transportmittel für das Leben in seiner elementarsten Form und unser Daseinszweck besteht nur darin, Bakterien zu verbreiten. Dann sind sie es, die den Planeten beherrschen.

*****

Man sollte also annehmen, dass wir bereits vorbereitet sind. Das wären wir sicherlich auch, wenn die Bakterien sich nicht auch laufend weiterentwickeln würden. Anfang Mai 2011 registrierte das Gesundheitsamt Hamburg zehn gleichzeitig auftretende Fälle des hämolytisch-urämischen Syndroms, das häufig von einer aggressiven Sorte von *E. coli*-Bakterien verursacht wird und von dem jedes Jahr in ganz Deutschland weniger als hundert Fälle auftreten. Da man sich der Gefahr einer solchen Infektion

vertausendfachen und die alte Unhygiene wieder herzustellen, brauchen die Bakterien lediglich zehn Teilungsschritte.

bewusst ist, ist diese Krankheit meldepflichtig und jeder Arzt und jedes Krankenhaus muss solche Fälle sofort an das Gesundheitsamt melden, das die Anzahl der Fälle und ihre regionale Häufigkeit beobachtet. Mitte Mai waren es bereits 60 Fälle. Es war soweit: Man hatte einen Ausbruch.

Als die Lage erkannt wurde und die Krankenhäuser sich mit Kranken füllten, die vor Schmerz und Verwirrung einen Bleistift nicht mehr von einer Bratpfanne unterscheiden konnten, begann man fieberhaft die Ursache zu ermitteln und durchsuchte Kühlschränke und Mülleimer von Erkrankten und den Gaststätten, in denen sie gegessen hatten. Tausende von Lebensmittelproben wurden innerhalb weniger Wochen untersucht, und nachdem man Hinweise auf spanische Tomaten und Salatgurken gefunden hatte, gab man eine schnelle, aber leider unzutreffende Warnung an die Verbraucher heraus. Diese Produkte wurden von der Bevölkerung in den nächsten Wochen gemieden, aber die Epidemie wuchs dennoch weiter. Die spanischen Bauern, die nun auf ihren Produkten sitzen blieben, erhielten von der EU 210 Millionen Euro Entschädigung. Aber welche Wahl hatte man denn! Es war eine Falschmeldung gewesen, aber es war die erste Erkenntnis, die man gewonnen hatte, und die musste schnell an die Verbraucher. Sollte man warten, um die Messergebnisse besser abzusichern, und dabei weitere Menschen krank werden lassen? Natürlich nicht.

Am 10. Juni 2011, nach sechs Wochen, gab das Robert-Koch-Institut bekannt, dass man die Ursache gefunden hatte. Bockshornkleesamen aus Ägypten hatten einen Gartenbaubetrieb in Niedersachsen mit einer neuen, krankheitserregenden Sorte *E. coli*-Bakterien kontaminiert. Dort hatten sich die Keime auf Soja- und Mungbohnensprossen verbreitet und wurden auf den modernen Vertriebswegen in kurzer Zeit in eine Vielzahl von Gaststätten und Großküchen ausgeliefert. Insgesamt starben bei diesem Ausbruch 50 von etwa 3 400 Infizierten. Etwa einhundert Überlebende werden für den Rest ihres Lebens Dialysepatienten bleiben oder auf Spendernieren warten.

Die Epidemie wurde Ende Juli 2011 für überwunden erklärt, als man drei Wochen nach der letzten Neuinfektion sicher sein konnte, dass keine neuen Fälle mehr eintreten würden. Das verantwortliche Bakterium war durch eine Kreuzung zweier bereits bekannter Krankheitserreger entstanden. Sie müssen nicht durch eine Verletzung in die Blutbahn des Menschen gelangen, um ihm zu schaden. Wenn sie es durch das Verdauungssystem in dem Darm schaffen, wird die Krankheit mit hoher Wahrscheinlichkeit ausbrechen.

Das Besondere daran ist, dass unsere Magensäure diese Bakterien eigentlich abtöten sollte, und gewöhnlich kann sie das auch. *E. coli*-Bakterien gehören aber genau wie die Salmonellen zu den gramnegativen Bakterien. Der Unterschied zu den grampositiven Bakterien liegt in ihrer äußeren Hülle. Die äußere Hülle der gramnegativen Bakterien besteht aus einer Lipidschicht, die mit den bereits erwähnten Phospholipiden verwandt ist. Das *E. coli*-Bakterium ist also auf seiner Oberfläche fettig und daher hat es die Neigung, sich in der Nahrung mit Fetten und Ölen zu überziehen. Diese zusätzliche Fettschicht macht sie gegen die wasserlösliche Magensäure wesentlich resistenter, und da wir unseren Salat gerne mit einem Schuss fettigem Dressing zu uns nehmen, machen wir es den Bakterien damit einfach, bis in den Darm zu gelangen.

Wie viel einfacher sie es dann haben, kann uns ein Beispiel aus den USA zeigen. Im Jahre 1996 verzeichnete das Center of Disease Control einen landesweiten Salmonellen-Ausbruch mit knapp einer Viertelmillion Erkrankter. Als Infektionsquelle wurde kontaminiertes Speiseeis identifiziert. Allerdings fand man in einer beliebigen 65-Gramm-Portion des kontaminierten Eises nie mehr als sieben Salmonellen. Da es normalerweise hunderttausend bis eine Million Salmonellen braucht, um einen Menschen krank zu machen, werden Salmonellen also zehn- bis hunderttausendmal gefährlicher, wenn sie mit fettigen Lebensmitteln in den Verdauungstrakt gelangen.

Die EHEC (enterohämorrhagische, also Darmbluten verursachende *E.coli*) dieser Epidemie hatten sich durch unsere modernen Vertriebswege schnell verbreiten können. Es gab keinen Schuldigen in dieser Sache. Mit solchen Dingen müssen wir leben, denn vor der Evolution ist niemand sicher. Wenngleich man die Kreuzung zweier Krankheitserreger zu einer neuen Gefahr nicht verhindern kann, so kann man die Epidemie wenigstens eindämmen und wir können trotz allem Leid dankbar und zufrieden sein mit den Leistungen aller Beteiligten. Der exponentielle Anstieg an Erkrankten konnte durch schnelles Handeln und die hochmodern ausgerüstete Suche nach der Ursache schnell aufgehalten werden.

Wie groß die Epidemie hätte werden können, lässt sich schwer sagen. Allerdings wäre ohne Gegenmaßnahmen irgendwann ein Punkt erreicht worden, an dem die Erreger sich nicht mehr durch Bockshornkleesamen und Sprossen verbreiten müssen, sondern sich so weit verbreitet haben, dass sie neue Wege finden, wie Trinkwasser oder Flugzeugessen. Da die Zeit zwischen der Infektion und den ersten Symptomen zwei Wochen betragen kann, wäre eine Übertragung von Mensch zu Mensch ebenfalls sehr gut möglich gewesen. Mit dem hygienischen Standard des Mittelalters hätten die Erreger eine ganze Großstadt entvölkern können. Dabei ist es noch gar nicht so lange her, dass wir diese Standards hinter uns gelassen haben. Hören Sie nun die Cassandrarufe des Mannes, der dahinterkam.

## Die Entdeckung der »kadaverösen Parthikel«

In der Mitte des 19. Jahrhunderts waren die Ärzte Europas ihren Patienten keine große Hilfe. Die erste Narkose mit Chloroform wurde im Jahre 1847 durch James Young Simpson in England durchgeführt, doch es dürfte ein wenig gedauert haben, bis diese Technik sich bis in die preußische Provinz durchgesetzt hatte. Operationen, Amputationen und all die schrägen, vor allem aber schmerzhaften Einfälle, die sich die Ärzte Europas hatten einfallen lassen, mussten bei vollem Bewusstsein oder bestenfalls im Alkoholrausch ertragen werden.

Besagte Operationen wurden oftmals mit demselben Besteck und auf denselben Tischen durchgeführt, auf denen man die Patienten des Vortages sezierte. Man trug keine OP-Kleidung, sondern den normalen Rock und wischte sich höchstens die Finger daran ab, wenn sie mit Blut oder Eiter verkleckert waren. Die Eiterflecken trug man wie Orden als Zeichen großer Taten und der widerliche Gestank von Fäulnis und Verwesung in den Krankenhäusern war der »gute Geruch der Chirurgie«. Denen, die an einer Wundinfektion gestorben waren, nahm man die eitrigen Binden ab, wusch sie mit kaltem Wasser aus und legte sie dem Nächsten an. Zeigte sich *Pus bonum et laudabile* – der gute und löbliche Eiter – auf einer Verletzung, galt es den Ärzten als Zeichen, dass die Wunde Fortschritte machte. Wohin, das konnte man nicht sagen. Es würde sich die Spreu vom Weizen trennen und mit diesem selbst gefällten Gottesurteil konnte man als Arzt jeden der beiden Ausgänge einer Patientengeschichte akzeptieren. Man würde Gottes Werk zuschauen können.

Das gemeine Volk hingegen schwebte in niedrigeren Sphären und war der Ansicht, dass man in einem Krankenhaus eine geringere Überlebenschance hatte als auf den Schlachtfeldern Europas – es sein denn, man verletzte sich dort und wurde Patient.

Die Ärzte schien das wenig zu kümmern. Im Gegensatz zum Volk konnten sie lesen und schreiben und hatten schon mal ein menschliches Gehirn in Händen gehalten. Was der Pöbel fürchtete, war unter ihrem Niveau. Auf jeden Fall aber waren sie blutfest, denn das Wort Chirurg ist griechischen Ursprungs und heißt schlicht »Handwerker«. Sie schnitten, sägten, nähten, brachen, gipsten und bandagierten in schwindelfreier Selbstüberschätzung an ihren Patienten herum und verursachten eigentlich mehr Leid als Heilung.

Im Jahre 1847 leitete der österreichische Mediziner Jakob Kolletschka einen Kurs in Leichensektion im Allgemeinen Krankenhaus in Wien. Durch eine gewisse Ungeschicklichkeit verletzte einer seiner Studenten den Professor mit seinem Skalpell am Finger. Die Wunde entzündete sich und in den folgenden Tagen zeigte Professor Kolletschka die typischen Symptome einer Blutvergiftung (Fieber, Schüttelfrost, Herzrasen), an der er am 13. März 1847 verstarb. Sein Leben wäre zu retten gewesen, wenn er oder einer seiner Mitärzte sich die Frage gestellt hätten, wie man die Opferzahlen systematisch niedrig halten könnte. Dazu wäre zu ergründen gewesen, woran es genau lag, wenn jemandes Wunde Eiter entwickelte.

Der Mann, der diese ungestellte Frage hätte beantworten können, war der 29-jährige deutsch-ungarische Arzt Ignaz Semmelweis. Er arbeitete zu jener Zeit als Assistenzarzt in der Geburtsstation eben jenes Allgemeinen Krankenhauses in Wien und grübelte als Einziger seiner Zunft über der Frage, warum ihm so viele Kinder und ihre Mütter bei der Entbindung unter den Händen wegstarben.

Das Beunruhigende an der Sache war, dass die andere Entbindungsabteilung des Krankenhauses normale Sterblichkeitsraten aufwies. Die Hebammenschülerinnen nebenan führten an den Schwangeren keine Untersuchungen durch. Bei Semmelweis und seinem Chef Professor Klein hingegen starb jeder Fünfzehnte, der eingeliefert wurde oder dort zur Welt kam. Letztes Jahr war es schon jeder Zehnte gewesen, im April sogar jeder Fünfte, und sie alle starben an Kindbettfieber. Die Chefärzte und Professoren seiner Zeit sahen allerdings keinen Handlungsbedarf. Wenn ein Patient erkrankte, dann war das immer ein Einzelfall, ein Aus-dem-Gleichgewicht-Geraten der vier Körpersäfte, und das – so räsonierte man – könne nicht von außen kommen. Das Mittel der Wahl war ein Aderlass, und der erbärmliche Gestank des abgelassenen Blutes schien diese Einschätzung zu bestätigen. Vielleicht war ihnen der Gedanke, dass die Sache System haben könnte, auch einfach unheimlich. Dann müsste nämlich eine Erklärung her und Professoren erklären sich nicht gern.

Nun also war Professor Kolletschka, einer der wenigen Freunde von Ignaz Semmelweis, ebenfalls an einer Form von Fieber gestorben. Wenngleich Semmelweis wenig Zeit für freiwillige Nachforschungen hatte, denn er und seine Kollegen waren gleichzeitig zuständig für das Öffnen von Leichen, so wollte er der Sache mit dem sterbenden Kindern dennoch auf den Grund gehen. Ihm fiel auf, dass Professor Kolletschka die gleichen Symptome wie seine Patientinnen gezeigt hatte: Eitrige Wunde, gefolgt von Fieber, hohem Puls, schneller Atmung. Später Delirium und Tod. Auch Kolletschka hatte mit Leichen gearbeitet. Und erst als er sich dabei verletzt hatte, war er krank geworden.

Aber die Schwangeren, die zur Entbindung kamen und ihr Leben und das ihrer Kinder den Ärzten anvertrauten, hatten gar keinen Kontakt zu den Leichen nebenan. Dennoch schien es Semmelweis, als würde es da einen Zusammenhang geben. Sollten die Leichen ein Gas verströmen, das die Menschen krank machte? Nein, dann würden die Ärzte, die die Leichen aufschnitten, alle an etwas erkranken. Das aber geschah nur selten. Man musste sich verletzen, um krank zu werden. Die Schwangeren auf der Entbindungsstation waren auch irgendwie verletzt, das Entbinden ist ein recht strapaziöser Vorgang. Die Nabelschnur wird durchgeschnitten und oft kommt es im Geburtskanal zu kleinen Rissen. Hier wurde ein Stück Körper verletzt und etwas von den Leichen schien dann auf die Gesunden überzugehen.

Seine Abteilung hatte mittlerweile einen so schlechten Ruf, dass Schwangere auf dem Weg in die Klinik lieber auf der Straße entbanden, statt ihr Leben im Krankenhaus aus Spiel zu setzen. Was Semmelweis darüber hinaus beunruhigte, war die Tatsache, dass die Sterblichkeit bei den Frauen mit den Straßengeburten immer noch niedriger war als bei ihm. Als herrschte in seiner Abteilung eine besondere Gefahr. Es war zum Verrücktwerden.

Was war es nur Unheilvolles, das die Ärzte auf dem Weg von der Pathologie zum Kreißsaal hereinbrachten? Konnten es Bakterien sein? Unwahrscheinlich, dachte Semmelweis. Der Holländer Anton van Leeuwenhoek hatte zwar vor fast zweihundert Jahren kleine Tierchen unter seinem Mikroskop entdeckt, die sich in einem Tropfen Teichwasser tummelten und die er Animalcules nannte. Aber nach dem heutigen Wissen waren diese Tierchen einfach zu klein, um Menschen schaden zu können. Es war jedoch klar, dass die Ärzte den schwangeren Frauen in irgendeiner Form Tod aus der Pathologie mitbrachten.

Was immer es war, das die Leichen verströmten – es musste von den Schwangeren und ihren Kindern ferngehalten werden. Da das Krankenhaus niemals einwilligen würde, für eine solche bloße Hypothese ein neues Gebäude zu bauen, mussten günstigere Mittel her. Das Waschen der Hände war den Ärzten zwar vorgeschrieben, diente aber eher ihrer eigenen Hygiene, denn als Ärzte repräsentierten sie die Zivilisation und konnten nicht wie alle anderen mit Schmutz unter den Fingernägeln herumlaufen. Auch war es vielen Ärzten im Laufe eines langen Tages zu müßig, sich jedes Mal zwischen den Patienten die Hände zu waschen.

Im April 1847, einen Monat nach Kolletschkas Tod, lag die Sterblichkeit bei Schwangeren und Kindern bei 18 Prozent. Semmelweis hatte noch immer keine Erklärung für das Phänomen und er litt unter dieser Tatsache. Er vermutete jedoch mittlerweile, dass irgendwelche »an der Hand klebende Kadavertheile« aus der Pathologie für dieses Massensterben verantwortlich waren. Eine Erklärung war ihm zweitrangig, er wollte Leben retten. Es musste doch etwas unternommen werden!

Im Mai ordnete Semmelweis an, dass alle Ärzte und ihre Helfer sich vor einer Entbindung die Hände mit einer Lösung von Chlorkalk waschen sollten, denn der widerliche Gestank der Verwesung ließ sich mit Chlorkalk am besten entfernen. Im Juni, dem ersten vollen Monat, in dem die Hände mit Chlorkalk behandelt wurden, betrug die Sterblichkeit 2,2 Prozent, im Juli 1,2 Prozent, im August 1,9 Prozent. Jetzt starben ihm in manchen Monaten weniger Patienten weg als drüben bei den Hebammen. Hier schien der Schlüssel zu liegen.

Im Herbst nahm die Sterblichkeit wieder ein wenig zu, denn mit der Routine hatte sich beim Personal auch die Schlampigkeit wieder durchgesetzt. Semmelweis beschloss, den Studenten und seinen Kollegen seine aufbrausende Persönlichkeit nicht vorzuenthalten, und führte ab Januar 1848 strikte Kontrollen durch. Die Sterblichkeit sank wieder merklich. Im gesamten Jahr 1848, in dem in Europa so viele Revolutionen stattfanden und viele Leben kosteten, fand im Allgemeinen Krankenhaus Wien eine lebensspendende, stille Revolution statt. Zu still jedoch. Obwohl Semmelweis aufgeregte Briefe an die Chefärzte Deutschlands und Österreichs schrieb und man ihm durchaus eine bahnbrechende Erkenntnis zubilligte, nahm man seine Überlegungen lediglich auf einer theoretischen Ebene zur Kenntnis. Das Waschen der Hände mit Chlorkalk führte niemand in seiner Abteilung ein, da es keine Erklärung für das Wirken dieser Technik gab.

Da Semmelweis‘ Brüder an einigen proungarischen Revolten teilgenommen hatten, musste er sich 1849 auf seine Stelle als Assistenzarzt erneut bewerben, verlor aber die Abstimmung gegen Carl Rudolf Braun und wurde aus seiner Anstellung entlassen. Er kehrte nach Budapest zurück. Bis zu seinem Ausscheiden aus dem AK Wien blieb die Sterblichkeitsrate in der Geburtsabteilung unter drei Prozent. Da Semmelweis seine Kollegen und Studenten ab dann nicht mehr kontrollieren konnte, stieg sie danach wieder an.

In Budapest arbeitete er im St. Rochus Hospital, wo das Kindbettfieber wild grassierte und jede dritte Patientin tötete. Semmelweis ordnete das strikte Waschen der Hände mit Chlorkalklösung an und erreichte, dass in den vier Jahren danach nur acht von 933 Kindern starben. Ein neuer Rekord.

Dennoch übernahm immer noch niemand seine Methode. Seine Theorie, dass alle Fälle von Kindbettfieber dieselbe Ursache hätten, war den Professoren zu unwissenschaftlich. Eingeschüchtert durch diese Vorurteile wagte er nicht, seine Erkenntnisse zu veröffentlichen.

Als die Professorenstelle für Geburtshilfe an der Universität von Pest (die Städte Buda und Pest wurden erst später zu Budapest vereint) nach fünf Jahren frei wurde, bewarb sich Semmelweis um den Posten. Er verlor die Abstimmung des Gremiums gegen jenen Carl Rudolf Braun, der sich von Wien aus, wie um ihn zu ärgern, ebenfalls ins Rennen um die Professur geworfen hatte. Im Jahre 1855 bekam Semmelweis dann doch die Professorenstelle, nachdem Carl Braun wieder nach Wien gegangen war. Er ordnete erneut das Waschen der Hände mit Chlorkalk an und senkte so die Fälle von Kindbettfieber, das sein Vorgänger Carl Rudolf Braun auf Gott vertrauend hatte grassieren lassen.

Seine Theorie, erst im Jahre 1858 veröffentlicht, erntete nichts als Spott und Hohn von den Großen seiner Zeit. Obwohl Semmelweis spektakuläre Erfolge bei der Prävention des Kindbettfiebers vorweisen konnte und seine Schüler seine Theorie ebenfalls über ganz Europa verbreiteten, tat es ihm kaum jemand gleich. Die meisten blieben bei verkopften Anschuldigungen, seine Theorie wäre unwissenschaftlich und naiv. Nach dem Waschen der Hände mit Seife sei es unwahrscheinlich, dass genug infektiöse Materie oder Dämpfe auf den Fingernägeln blieben, um einen Menschen zu töten. Auch wäre es beleidigend, den ehrwürdigen Professoren zu unterstellen, sie würden auch nur versehentlich Menschen töten. Man warf Semmelweis vor, sich nicht für die genaue Ursache des Kindbettfiebers zu interessieren, also interessierte man sich auch nicht für seine Lösung, auch wenn sie sich mehrfach bewährt hatte. Semmelweis hatte keine Erklärung für die Wirkung seiner Methode, und das mochten die Professoren nicht.

Mit Hass im Bauch schrieb er 1861 sein wichtigstes Buch, *Die Ätiologie, der Begriff und die Prophylaxe des Kindbettfiebers*, in dem er die maßgeblichen Professoren unverantwortliche Mörder nannte. Da die erwartete öffentliche Anerkennung überraschend ausblieb, schrieb Semmelweis offene Briefe an die großen Mediziner seiner Zeit, in denen er seine Vorwürfe direkt und persönlich adressiert wiederholte. Sie dürfen raten, welche Wirkung das hatte.

Semmelweis' seelischer Zustand verschlimmerte sich. Er führte jedes aufkommende Gespräch mit wem auch immer in kürzester Zeit auf das Thema Kindbettfieber, brachte sich selbst damit regelmäßig in Rage und wurde bald gesellschaftlich gemieden. Seine Frau Maria glaubte nicht mehr an ihn und traf sich schließlich mit einigen der maßgeblichen Professoren. Im Sommer 1865 schlug sie ihrem Mann vor, einen erholsamen Familienausflug nach Österreich zu machen.

Am 30. Juli 1865 nahm Ferdinand Ritter von Hebra, Dermatologe und Semmelweis' früherer Professor, ihn an die Hand und zeigte ihm sein neues Institut in der Lazarettgasse in Wien. Als Semmelweis plötzlich von einer Gruppe von Wärtern mit einer einladend geöffneten Zwangsjacke umringt war, dämmerte ihm die Falle.

Doch es war zu spät. Bei der anschließenden Prügelei mit den Wärtern, die für einen gegen seinen Willen einzuliefernden Professor seiner Epoche selbstverständlich gewesen sein dürfte, verletzte er sich an der Hand und wurde weggesperrt. Er starb zwei Wochen später, am 14. August 1865, in der Irrenanstalt Döbling an einer Blutvergiftung. Er wurde 47 Jahre alt.

*****

Es liegt eine gewisse Genugtuung in der Tatsache, dass die meisten seiner Kritiker zeitlebens das geblieben sind, was sie waren: uneinsichtige Herumwurster. Sie vermuteten schlechte Luft oder unreine Unterleiber als Ursache des Kindbettfiebers und verordneten Spaziergänge oder Abführmittel. Der dänische Professor Carl Edvard Marius Levy, der Prager Chirurg Janosch Balassa, der Semmelweis' Einweisung in die Irrenanstalt vorschlug, und jener Carl Rudolf Braun sind der Nachwelt hauptsächlich dafür bekannt, Semmelweis' Erkenntnisse ignoriert zu haben. Das ist ein schmaler Verdienst, aber ein gerechter.

Vieles an Semmelweis' Schicksal hat das Zeug zu einer Tragödie von griechischen Ausmaßen. Da ist die geradezu beschämende Selbstzufriedenheit seiner akademischen Zeitgenossen, die wider bessere Erkenntnis seine Methode ablehnten und damit tausende in Lebensgefahr brachten. Da sind die vielen Schicksale der Schwangeren, denen nicht geholfen wurde; wie viele Waisen, wie viele Witwer, alleinerziehend oder nicht, hätte es nicht geben müssen, wenn die Ärzte sich bei der Entbindung die Hände mit Chlorkalk gewaschen hätten. Da ist der Verrat seiner Frau, der ihm die Einweisung und den Tod brachte; auch sie hatte er zuletzt verloren. Man kann ihm nur wünschen, in seinen letzten zwei Wochen in der Zwangsjacke in Wien zu wütend gewesen zu sein, um zu merken, wie einsam er war.

Und nicht zuletzt ist da die fürchterliche Ironie seines frühzeitigen Todes durch genau das Leiden, das aus der Welt zu schaffen man ihm so schwer gemacht hatte.

Man hielt seinen Ansatz für grundsätzlich falsch, denn nach dem Waschen der Hände könne nicht genug von irgendeinem Gift an den Händen kleben, um Menschen krank zu machen. Das ist auch heute für viele nur schwer vorstellbar und widerspricht unserem Phaneron. Wer sich zwischen dem Schneiden von Fleisch und dem Anrichten eines Salates die Hände desinfiziert, gilt als Keimphobiker, obwohl es eigentlich richtig ist und Lebensmittel verarbeitende Betriebe sogar noch striktere Regeln haben, wenn sie ein Hygiene-Zertifikat erhalten wollen. Die passende und vor allem korrekte Erklärung dafür ist, dass es in der Welt Gifte gibt, die sich vermehren können. Das auch nur für möglich zu halten, war von Semmelweis‘ Zeitgenossen anscheinend zu viel verlangt.

Auch Ignaz Semmelweis – es sei hier noch einmal betont – hatte keine Ahnung, dass es Bakterien waren, die das Kindbettfieber verursachten. Sich die Hände mit Chlorkalk zu waschen, war ein Weg, der funktionierte, und das war eigentlich alles, was er hatte verbreiten wollen. Dass er keine Erklärung anbieten konnte, warum das funktionieren könne, ließ seine Erkenntnisse in der akademischen Welt verpuffen.

Es sollte noch zwanzig Jahre dauern, bis Louis Pasteur im Jahre 1878 im Rahmen eines Vortrages die Erkenntnis äußerte, dass Bakterien krank machen können. Er machte das Clostridium septicum als Erreger der Blutvergiftung aus. Später erkannte man, dass jedes Bakterium krank machen kann, wenn es in die Blutbahn gerät.

Semmelweis‘ persönliches Schicksal ist bestürzend, tragisch und ungerecht. Nach Aristoteles ist die Tragödie das Ereignis, an dem der Held seine wahre Identität erkennt. Daher war sein Wirken nicht umsonst, denn er machte seine Zunft auf die Wichtigkeit der Hygiene aufmerksam. Der Gedanke war in der Welt.

Auch die Wissenschaft hat in ihrer langen Geschichte eine Evolution durchgemacht. Damit meine ich nicht die Summe an Erkenntnis, die ja stetig größer wird. Das ist normal, wenn ein Gedanke in die Welt kommt und bleiben darf. Was ich meine, ist etwas anderes.

Semmelweis' Fall hat die folgenden Generationen von Wissenschaftlern im Ablehnen von neuen Ideen vorsichtiger gemacht. Skeptiker und Kollegen, die Neues rigoros ablehnen, wenn es ein Umdenken erfordert, gibt es auch heute noch und es wird sie wohl immer geben. Beispiele wie den Fall Semmelweis kann man heute aber gegenüber den verbohrten Kollegen anführen, um ihren Blick auf das zu lenken, was es wirklich zu bewerten gibt: die Fakten. Und auf das, was es für jeden angehenden Wissenschaftler zu lernen gibt: die Demut vor den Fakten.

Und noch etwas können wir aus dem Fall Semmelweis lernen: die Tatsache nämlich, dass alle Wissenschaftler seiner Zeit nicht die geringste Ahnung hatten, wie klein ihre Sicht der Welt noch war. Jemand hatte bereits kleine Tierchen in Teichwasser gefunden, aber das gereichte den Koryphäen jener Zeit höchstens zum Amüsement. Es war eine putzige Neuigkeit, mehr nicht. Sie glaubten, die Größe maximaler Erkenntnis bereits abschätzen zu können. Sie hatten nasse Füße und vermuteten nicht einmal, in einer Pfütze zu stehen. Dabei war es ein Ozean, der uns die Füße schon umspülte, als wir noch gar keine Menschen waren. Unsere Ahnungslosigkeit war von spektakulärer Dauer.

*****

Da man im Mittelalter keine Ahnung von der Existenz von Bakterien hatte und den Menschen weder Präventions- noch Eindämmungsmaßnahmen bekannt waren, konnte der Erreger Yersinia pestis innerhalb von sechs Jahren ein Drittel der Bevölkerung Europas töten. Das lag auch an der spektakulären Unfähigkeit der Ärzte, die die Ursache der Pest in faulen Winden aus Asien vermuteten und den Menschen rieten, die Fenster nur nach Norden zu öffnen. Die medizinische Fakultät in Paris vermutete andererseits, dass eine ungünstige Konstellation von Jupiter, Saturn und Mars drei Jahre zuvor das Ereignis ausgelöst haben müsste. Nicht könnte. Müsste!

Doch der Tod war auf anderem Wege gekommen. Wanderratten trugen Flöhe, die mit den Yersinien infiziert waren. Ein mit Yersinien infizierter Floh leidet unter einem mit Bakterien verstopften Saugrüssel. Wenn er eine Blutmahlzeit sucht, sticht er in die Ratte und muss abwechselnd drücken und saugen, um den Rüssel frei zu bekommen. Damit pumpt er den Erreger in die Blutbahn der Ratte. Eine Ratte stirbt, wenn ihr Blut einige Millionen bis eine Milliarde Yersinien pro Milliliter enthält. Für den Menschen genügen aber schon zehntausend. Indem die Ratte die Bakterien vermehrt, schafft sie erst die Bedingungen, um Menschen zu infizieren. Denn wenn sie stirbt, muss der hochinfektiöse Floh sich einen neuen Wirt suchen. Das kann auch ein Mensch sein. Haben sich irgendwann genug Menschen infiziert, können sie selbst der Verbreiter sein und andere Menschen anstecken.

Wenn die Yersinien in den Menschen eindringen, kommt die große Stunde des Immunsystems. Die weißen Blutkörperchen werfen sich den Yersinien entgegen, denn ihre einzige Aufgabe besteht im Wegfressen von Schädlingen. Sie stülpen sich über das Bakterium, isolieren es damit und beginnen es zu verdauen. Doch die Yersinien haben einen Weg gefunden, damit umzugehen. Die weißen Blutkörperchen verschlingen die Pesterreger, doch sie können sie nicht verdauen und zerstören, denn die Yersinien sind immun dagegen und existieren nun im Inneren der weißen Blutkörperchen weiter. Die Pesterreger vermehren sich nun in genau den Zellen, die zu ihrer Zerstörung ausgezogen waren.

Mit den gehighjackten weißen Blutkörperchen rasen die Yersinien nun durch die Blutbahn und gelangen so in die Lymphknoten. Dort bilden sie aus dem Gewebe des Menschen eine Schutzkapsel, die sie vor den Angriffen des menschlichen Immunsystems schützt. Die Lymphknoten schwellen an und verfärben sich dunkel. Dies ist der beulige Teil der Beulenpest. Haben die Bakterien ein gewisses Wachstum absolviert und die Beule eine gewissen Größe erreicht, beginnen die Yersinien ihre Schutzkapsel aufzulösen und brechen massiert in die Blutbahn ein. Da die Bakterien dazu neigen, in Blutgefäßen kleine Klumpen zu bilden, breitet sich eine Unterversorgung des Körpers mit Blut aus. Das geschieht zuerst in den feinsten Blutgefäßen, die sich an den Händen, den Füßen und im Gesicht befinden. Das Gewebe stirbt ab und wird schwarz. Das ist der schwarze Teil des Schwarzen Todes.

Doch warum waren nicht alle Menschen des Mittelalters an der Pest gestorben? Bei einem so drastischen Verlauf der Krankheit und der Chancenlosigkeit der Menschen kann man sich wundern, dass der Schwarze Tod »nur« ein Drittel der Europäer dahingerafft hatte.

Ein Mann, der sich Ende der vergangenen Neunzigerjahre besonders darüber wunderte, war der amerikanische Genetiker Stephen J. O'Brien. Ihn interessierte die Geschichte des englischen Dorfes Eyam, das im Herbst 1665 von der Pest heimgesucht wurde und sich daraufhin – man beachte die Selbstlosigkeit! – selbst unter Quarantäne stellte. Niemand von außen betrat das Dorf in den folgenden 14 Monaten, und niemand aus dem Dorf verließ es in dieser Zeit. Als die Bewohner der nächsten Ortschaft über ein Jahr später nach Eyam kamen, fanden sie knapp ein Viertel der Bevölkerung noch lebend vor und es ging diesen Menschen den Umständen entsprechend gut.

Da war eine Frau namens Elizabeth Hancock, die in acht Tagen ihre sechs Kinder und ihren Ehemann durch die Pest verloren und höchstpersönlich beerdigt hatte. Sie zog einige Tage nach dieser Tragödie nach Sheffield und hatte bis an ihr Lebensende nie irgendwelche Symptome der Pest. Die junge Frau Margaret Blackwell war an der Pest erkrankt und hatte furchtbar gelitten, jedoch erholte sie sich im Laufe einiger Wochen. Da sie in ihrer Verwirrung einen Krug mit Schweineschmalz für Wasser gehalten und ausgetrunken hatte, glaubte man darin eine Heilung für die Pest gefunden zu haben. Trotz des Elends, das sie umgab, erfreute sich Margaret Blackwell bester Gesundheit, als die Besucher kamen. Aber das erklärte nicht, warum Elizabeth Hancock überhaupt nicht krank geworden war. Marshall Howe, der selbsternannte Totengräber von Eyam, war zu Beginn der Epidemie selbst erkrankt, dann genesen und beerdigte bis zum Ende der Pest einige hundert Tote, ohne selbst jemals wieder zu erkranken. Er lebte noch 32 Jahre.

Stephen O'Brien vermutete in diesen Geschichten eine genetische Ursache und begab sich nach Eyam, um die Nachfahren dieser anscheinend immunen Engländer kennenzulernen und zu untersuchen. Er nahm Speichelproben von einigen hundert Einwohnern, die nachweislich seit der Pest in Eyam gewohnt hatten und direkte Nachfahren der Überlebenden waren. Wenn es eine genetische Ursache war, dann war sie noch im Dorf, bewahrt in der Erbsubstanz der heutigen Bewohner.

O'Brien war Spezialist auf diesem Gebiet, da er gerade untersuchte, warum einige Menschen der Gegenwart gegen HIV immun zu sein scheinen. Sie alle haben auf dem Gen CCR5 eine Mutation namens delta-32, die es den HI-Viren unmöglich macht, in ihre weißen Blutkörperchen einzudringen.[13] O'Brien vermutete, dass diese Mutation auch die Pestbakterien davon abhielt, die weißen Blutkörperchen zu infiltrieren, denn das HI-Virus und das Bakterium benutzen den gleichen Trick.

Er begab sich mit einigen hundert speichelfeuchten Wattestäbchen zum University College in London und übergab sie Dr. David Goldstein zur Untersuchung auf genetische Gemeinsamkeiten. Goldstein fand, dass 14 % der heutigen Bevölkerung in Eyam die CCR5-delta-32-Mutation besaßen.[14] Da sich die heutige Bevölkerung von Eyam in Laufe der Jahrhunderte mit Menschen aus anderen Ortschaften gekreuzt hat, kann die Häufigkeit dieser Mutation zu Zeiten der Pest 1665 viel höher gewesen sein.

O'Brien setzte sich mit Kollegen aus aller Welt in Verbindung und bat sie, die gleiche Messung in ihrer örtlichen Bevölkerung vorzunehmen, um zu sehen, ob diese Mutation überhaupt etwas Besonderes war. Er fand, dass zehn Prozent aller Europäer diese Mutation besitzen. Außer den Europäern und Nordamerikanern, die von Europäern abstammen, besitzen noch etwa drei Prozent einiger zentralasiatischer Volksgruppen diese Mutation. Asiaten, Afrikaner, Inder, Araber und Indianer besitzen sie nicht. Durch eine Rechenmethode namens Koaleszenz können Genetiker zurückverfolgen, wann der gemeinsame Vorfahre aller Träger eines Gens gelebt haben müsste. O'Brien und seine Kollegen errechneten, dass das Gen vor etwa 11 bis 75 Generationen, also vor 275 bis 1875 Jahren in Europa entstanden sein musste. Über diesem gesamten Zeitraum war Europa in regelmäßigen Abständen von der Pest und den Pocken heimgesucht worden. Auch die Pocken reichern sich in den Lymphknoten an und brechen von dort aus massiert in die Blutbahn ein.

Es schien, als wäre die Antwort gefunden. Die Mutation CCR5-delta-32 verhindert, dass Yersinien, HI-Viren oder Pocken in die weißen Blutkörperchen eindringen können, und macht die Träger dieser Mutation immun gegen diese Krankheiten.

Dennoch stellt sich die Frage, warum nicht alle Europäer durchgehend diese Mutation besitzen, da sie doch alle von Überlebenden der Pest abstammen. Und es bleibt die Frage, warum einige Träger der Mutation wie Margaret Blackwell oder Marshall Howe an der Pest erkrankt waren und sie dennoch überwinden konnten. Mit einem täglichen Glas Schweineschmalzschorle hatte das jedenfalls nichts zu tun.

Nun, das mutierte Gen kann vom Vater oder der Mutter auf das Individuum übertragen werden, aber auch von beiden. Jemand, der das Gen nur von einem Elternteil geerbt hat, besitzt beide Arten weißer Blutkörperchen, nämlich die, die immun sind, und jene, die infiziert werden können. Welchen Verlauf die Krankheit dann nehmen wird, steht nicht in den Genen, sondern unterliegt dem Zufall. Auf jeden Fall aber wird ein Teil dieser Menschen erkranken und dann genesen, wenn die mutierten, immunen weißen Blutkörperchen die Oberhand gewinnen.[15]

Und wie kann es noch Europäer geben, die das Gen nicht aufweisen? Nun, die Pestepidemien Europas waren zweifelsohne ein Anreicherungsprozess, in dessen Verlauf der Anteil der Mutationsträger zugenommen hat. Die Anfälligen sterben in größerem Ausmaß weg als die Immunen, und so steigt der Anteil der Immunen in der Bevölkerung. Er muss aber nicht auf 100 Prozent steigen, damit die Epidemie abflaut. Ab einem gewissen Prozentsatz in der Bevölkerung wirken die Immunen wie eine schützende Verdünnung der Population für die Anfälligen und verhindern, dass Anfällige mit dem Bakterium in Berührung kommen. Die Chance, sich mit den Bakterien zu infizieren, ist geringer, wenn der Großteil der Mitmenschen die Ausbreitung der Bakterien behindert, statt sie zu fördern. Daher muss der Anteil der Immunen in Europa nie 100 Prozent gewesen sein, und dennoch konnte Europa diese Katastrophe überstehen. In genetischer Hinsicht ist die Bevölkerung Europas sogar gestärkt aus der Katastrophe hervorgegangen. Durch Migration und Kreuzung hat sich der Anteil der Immunen im Laufe der Jahrhunderte wieder verringert, und die moderne Seuchenbekämpfung wird dafür sorgen, dass eine erneute Pestepidemie bei weitem nicht die damaligen Ausmaße erreichen wird. Wir werden wahrscheinlich nie wieder so immun gegen die Pest sein wie damals, und das ist auch gut so, denn der Preis war zu hoch für unsere heutigen Ansprüche.

*****

Wir haben mit den Beispielen der EHEC-Epidemie und der Pest nun zwei Fälle gesehen, in denen eine Mutation die Situation gewaltig verändert hat. Beim EHEC-Bakterium hat die Kreuzung zwischen zwei Stämmen für eine drastische Verschärfung der Pathogenität gesorgt und im Falle der delta-32-Mutation wurde ein Teil der europäischen Bevölkerung immun gegen die Pest und ist heute immun gegen HI-Viren. Träger dieser Mutation können andere Menschen immer noch infizieren und wenn man den Prozess gewähren ließe, dann würde er die Entwicklung der Menschheit in eine neue Richtung lenken. Die Menschheit würde dezimiert, aber die Überlebenden wären immun und damit würde die Spezies aus dieser Konfrontation gestärkt hervorgehen.

Das setzt aber voraus, dass eine Krankheit die anfälligen Menschen umbringt, bevor sie Nachkommen zeugen können. Wenn das Leiden Jahrzehnte dauert, dann kann ein Infizierter immer noch Nachkommen zeugen, die sich bei der Geburt infizieren und alt genug werden, um selbst Nachkommen zu haben. Damit wäre die Spezies Mensch dann nicht gestärkt, sondern die Lebensqualität würde sinken.

Ein Beispiel dafür ist Sichelzellanämie. Sichelzellanämie ist keine Infektion, sondern eine Erbkrankheit, die vor langer Zeit in Afrika entstand, und sie betraf bis ins zwanzigste Jahrhundert nur Afrikaner oder afrikanischstämmige Menschen.* In der Sichelzellanämie ist eine Mutation aufgetreten, die das Hämoglobin des Blutes einer kleinen Veränderung unterzogen hat. Hämoglobin besteht aus zwei Eiweißmolekülen. Eines dieser Moleküle besteht aus 146 Aminosäuren und irgendwann hat es in Afrika einen Menschen gegeben, dessen DNA eine kleine Veränderung durchgemacht hat. Sein genetischer Code hatte sich ein wenig verändert, was in jedem Menschen häufig vorkommt. Meistens geschieht nichts, manchmal etwas Schädliches und manchmal etwas Sonderbares.

Das neue Stück DNA in jenem Afrikaner sorgte dafür, dass in einer seiner beiden Hämoglobinketten an der sechsten Stelle die Aminosäure Glutaminsäure durch die Aminosäure Valin ersetzt wurde. Die sechste

* In den multikulturellen Wohngebieten der USA kreuzt sich dieses Leiden mittlerweile auch in andere Volksgruppen ein. Besonders Latinos sind hiervon betroffen.

Perle dieser molekularen Kette hatte eine andere Farbe und Größe und verband sich nun chemisch anders mit den anderen Perlen. Das ist alles. Es bewirkte aber, dass das gesamte Eiweißmolekül nun eine andere Struktur einnahm, und damit waren die roten Blutkörperchen des Betroffenen nicht mehr geformt wie kleine Scheiben, sondern hatten eher die unregelmäßigen Formen von Sicheln oder Süßkartoffeln. Diese Blutkörperchen können Sauerstoff nicht so gut transportieren wie die gesunden Exemplare und sie neigen auch dazu, sich in den Adern des Betroffenen zu verheddern und zu verklumpen. Die Lebenserwartung eines Sichelzellanämikers beträgt unbehandelt etwa 30 Jahre und sie ist bis dahin geprägt von schmerzenden Körperteilen, Kurzatmigkeit und häufigen Thrombosen.

So etwas kann sich im menschlichen Erbgut verbreiten, da die Betroffenen durchaus alt genug werden, um Nachwuchs zu zeugen. Es hat aber etwas Besonderes an sich: Jener erste Träger der Sichelzellanämie und seine Nachkommen waren fortan immun gegen Malaria. Die Plasmodien, die Erreger der Malaria, nisten sich in den roten Blutkörperchen des Menschen ein und vermehren sich dort. Bei Sichelzellanämikern können sie das aufgrund der anderen Struktur nicht. Wenngleich die Lebenserwartung des Sichelzellanämikers geringer und seine Lebensqualität eingeschränkt ist, so hat er dennoch einen Selektionsvorteil, da er sich mit einer der größten Plagen der Menschheit nicht beschäftigen muss. Ob die Sichelzellanämie nun Leiden aus der Welt geschafft oder neues Leiden in die Welt gebracht hat, ist eine Frage, wie sie nur Menschen stellen. Die Mutation hatte keinen Grund. Sie entstand durch Zufall und wenn die Umstände sie nicht wieder schnell aus der Welt schaffen, dann wird sie bleiben.

Doch Malaria ist ein gewaltiger Umstand. Im Moment leben über 200 Millionen Menschen auf der Welt mit Malaria, was in etwa der Bevölkerung Russlands entspricht. Manche Wissenschaftler schätzen, dass Malaria seit der Steinzeit die Hälfte aller jemals geborenen Menschen getötet hat.

Hätte diese Mutation ihrem Träger keinen Selektionsvorteil gebracht, dann würde sie sich trotzdem verbreiten können, da der Betroffene immer noch Nachwuchs zeugen kann. Indem er aber gegen Malaria immun wurde, beschleunigte dieser Vorteil die Ausbreitung seines Leidens noch, denn es hatte auch wertvolle Züge.

Evolution hat nicht das Ziel, die Organismen laufend zu verbessern. Evolution beschreibt, dass das Leben sich verhält wie eine Flüssigkeit auf einer unregelmäßigen Oberfläche. Jede Lücke wird genutzt, jeder Freiraum von der Flüssigkeit ausgefüllt. Und dabei gelangt sie manchmal auch an schaurige Orte. Das Schicksal des Individuums spielt dabei leider keine Rolle.

Wie immer man es dreht und wendet, aus einer beliebigen Situation scheint immer irgendjemand einen Vorteil ziehen zu können. Und das Gesetz, nach dem dieser Jemand ausgewählt wird und die Überlebensmedaille erhält, heißt Evolution.

*»Sie sind das Ergebnis von 4 Milliarden Jahren evolutionärem Erfolg. Benehmen Sie sich entsprechend.«*
SYLVIA PLATH

# 6. Nobody's perfect

Evolution ist ein Konzept, das mit sehr langen Zeitspannen arbeitet. Daher erscheint es völlig natürlich, dass ein Mensch, der in dieser Welt aufwächst und sich umschaut, den Eindruck haben wird, es sei immer schon alles so gewesen, wie es sich ihm darstellt. Ein Schwein war schon immer ein Schwein, Weizen bleibt Weizen, Champignons sind Champignons. Es wird immer Erdbeeren geben. Es scheint doch, als gäbe es überhaupt keinen Grund, etwas anderes anzunehmen, denn wenn ich mich umschaue, habe ich doch alles vor mir. Dass die Sonne um die Erde rotiert, war aber auch lange genug selbsterklärend.

Was wir sehen, wenn wir in den Zoo gehen, ist nichts anderes als eine Momentaufnahme der Evolution. Dieser Elefant hier wurde von einem Elefanten geboren – und wenn er dereinst eigene Nachkommen haben wird, werden das auch Elefanten sein. Das stimmt natürlich. Und wenn die Elefantenkuh morgen Junge bekommt, die etwas anders aussehen als ihre Mutter, dann ist damit bei weitem noch keine neue Spezies entstanden. Das leicht veränderte Junge und seine eigenen, zukünftigen und jeweils zusätzlich leicht veränderten Nachkommen können erst in einigen tausend Generationen eine neue Spezies sein. Der Anfang ist allerdings damit gemacht, dass ich die Frage offen gelassen habe, ob ich bei unserem Zoobesuch einen afrikanischen oder einen indischen Elefanten gemeint habe.

Auf jeden Fall aber wird es keinen festen Zeitpunkt, keine Stunde null, keine einzelne Geburt eines Tieres geben, an der sich festmachen ließe, dass eine neue Spezies entstanden ist. Man kann auch keinen Übergangszeitraum festmachen, der mit dem Ende der einen Spezies beginnt und mit dem Beginn einer anderen Spezies aufhört, so als wären die lebenden Tiere dieser Zwischenzeit ungeformte Rohlinge ohne Identität. Der Übergang ist fließend und dieser Fluss fließt sehr langsam. Kreationisten verlangen laufend von den Biologen, dass sie die angeblich fehlenden

Übergangsformen präsentieren. Diese Aufforderung birgt allerdings einen Fehler, denn eigentlich gibt es nichts anderes als Übergangsformen. Sie sind allesamt Unikate und eine kleine Änderung der Ausgangsbedingungen hätte ein anderes Wesen erschaffen können, das sich dann mit den gleichen Umweltbedingungen arrangieren muss und wahrscheinlich zu einen ähnlichen, aber nicht identischen Ergebnis kommt.

Wir können mit Sicherheit sagen, dass eine Fuchsart, die vom angenehmen Klima des Schwarzen Meeres nach Norden zum sibirischen Permafrost wandert, entweder ein weißes Fell und kleinere Ohren entwickelt, um von ihrer Beute nicht entdeckt zu werden und weniger Körperwärme zu verlieren, oder bei dem Versuch verhungern und aussterben wird. Deshalb gibt es keine roten Füchse in einer Gegend, die 11 Monate im Jahr von Schnee bedeckt ist. Wir können mit der Evolutionstheorie nicht vorhersagen, ob es in einer Million Jahren sprechende Hunde geben wird. Aber das Wetter für den Sommer 2037 ist uns auch noch unbekannt und trotzdem zweifelt niemand die Meteorologie an. Der Grund dafür ist, dass Wettervorhersagen keiner Heiligen Schrift widersprechen.

Evolution lebt von der Anpassung von Organismen an ihre Umweltbedingungen und sie ist ein so langwieriger Prozess, dass man die Umweltbedingungen auch nicht als statisch bezeichnen kann. Umweltbedingungen können zum Beispiel das Klima sein oder eine Verfärbung der Landschaft durch geologische Ereignisse. Es können zugewanderte Fraßfeinde sein oder eine Veränderung an einer Pflanze, auf deren Existenz das Überleben eines Insekts aufbaut. Die Bedingungen verändern sich laufend und haben damit Einfluss darauf, welche Gene letztlich selektiert werden. Es sind Dinge, die sich verändern, während das, was sich anpassen muss, sich ebenfalls verändert. Es ist ein Drahtseilakt zwischen zwei Schiffsmasten in einem Sturm, und nichts wäre zur Beurteilung der Situation wertloser als die genaue GPS-Position des Seiltänzers. Viel wichtiger für sein Überleben ist seine Position auf dem Seil.

Die Evolutionslehre ist zuweilen in der Lage, erstaunlich zielsichere Voraussagen zu machen. Charles Darwin hatte im Jahre 1862 von einem Großgrundbesitzer und Gartenbauer eine besondere Orchidee zur Begutachtung erhalten. Sie stammte aus Madagaskar und besaß auffällig lange Lippensporn-Gefäße. Darwin sah die Existenz einer Orchidee mit 30 cm langen Lippensporn-Gefäßen, auf deren Boden sich der Nektar und die Pollen befinden, als einen Abwehrmechanismus der Pflanze gegen Insekten an. Da die Orchidee aber gleichzeitig von Insekten befruchtet werden muss, kann ein solcher Abwehrmechanismus eigentlich nur zum Aussterben der Pflanze führen, es sei denn… es sei denn, es gäbe ein Insekt, für das dieser 30 cm lange Schlauch kein Hindernis ist. Darwin folgerte aus der Existenz dieser Pflanze, dass es auf Madagaskar irgendein sehr großes Insekt geben müsse, dessen Rüssel lang genug wäre, um auf den Boden dieses Schlauches zu gelangen. Alfred Russel Wallace, Naturforscher wie Darwin, schrieb 1867, es könne auch eine Motte von normaler Größe sein, die aber einen extrem langen Saugrüssel habe.

Und tatsächlich wurde im Jahre 1903 (vierzig Jahre später!) auf Madagaskar die passende Motte entdeckt. Wenn diese Motte trinken will, fliegt sie auf die Orchidee zu und beschnuppert sie zunächst. Dann nimmt sie etwa 30 cm Abstand, rollt ihren ebenso langen Rüssel aus und versenkt ihn beim zweiten Anflug auf die Orchidee in den Lippensporn wie ein Schwert in eine Scheide. Dann trinkt sie Nektar und transportiert dabei auch Pollen von Orchidee zu Orchidee. Die Motte bekam den Namen *Xanthopan morganii praedicta*. Praedicta, da Wallace ihre Existenz korrekt vorausgesagt hatte.

Es gibt also trotz aller kreationistischer Nörgelei keinen Grund, dem Gedankengebilde Darwins den Status einer echten Theorie abzuerkennen. Alles, was man an Arten und ihren Vorfahren, an Fossilien und ihrem Auftauchen in verschieden alten Gesteinsschichten auf diesem Planeten gefunden hat, deutet ohne Ausnahme in dieselbe Richtung. In der belebten wie der versteinerten Natur gibt es etliche Hinweise darauf, dass Darwin recht hat, aber ein einziger Hinweis, der Darwins Theorie ad absurdum führt, fehlt nach wie vor. Es steht einige zigtausend zu null für Darwin. Es scheint also gerechtfertigt, die Evolution nicht als Vermutung, sondern als eisernes Gesetz der Natur zu betrachten. Selbst der Papst hat 1996 eingeräumt, dass die Evolutionstheorie mehr ist als eine bloße Hypothese. Christliche Apologeten, auch wenn sie keine Kreationisten sind, sehen für Gott trotzdem immer noch die Möglichkeit, die Evolution an sich erfunden zu haben, ja sie sogar zu lenken. Aber auch das ist eine unhaltbare

Behauptung. Denn es liegt im Wesen der Evolutionstheorie, die Vielfalt des Lebens erklären zu können, ohne dass ein Wille dahintersteckt.

Natürlich sagt uns unser Phaneron, sofern wir nicht näher hinschauen, dass der Großteil des Lebens auf der Erde irgendwie den Eindruck erweckt, es sei aktiv gestaltet worden. Pflanzen produzieren Sauerstoff, den wir zum Atmen brauchen, Raubtiere haben Klauen und Reißzähne, mit denen sie Beute ergreifen, und wenn wir uns verletzen, dann treten in unserer Blutbahn Abwehrmechanismen des Immunsystems auf den Plan, bei deren Komplexität und Effizienz der Biochemiker nur staunen kann. Die Realität dahinter ist aber nicht die augenscheinliche.

Pflanzen produzieren keinen Sauerstoff, damit wir etwas zum Atmen haben, Raubtiere haben keine Klauen, damit sie besser Beute ergreifen können, und unser Immunsystem ist nicht so hoch entwickelt, damit wir vor Infektionen geschützt werden. Die Alternativen haben versagt und sind in der Versenkung verschwunden. Das Brauchbare hat überlebt.

Die Schlussfolgerung aus der Evolutionslehre ist, dass kein schöpferischer Wille notwendig ist, um die Vielfalt des Lebens zu erklären. Aber auch die einzelnen Tiere haben keinen Einfluss darauf, wohin ihre Reise gehen wird.

Wenn ein grüner Käfer, der sich bisher auf grünen Blättern gut tarnen konnte, plötzlich seinen Lebensraum wechseln und nun auf blauen Blüten leben muss, dann darf man sich nicht vorstellen, dass er sich eine Farbänderung vornimmt und einfach so lange die Luft anhält, bis er blau ist. Selbst wenn er über diese Fähigkeit verfügen würde, hätte er immer noch genug Schwierigkeiten, sein Ziel zu erreichen. Denn er muss nicht das Blau annehmen, das er selbst in der Blüte sieht; er muss die Farbe der Blüte annehmen, wie sein Fraßfeind sie sieht. Wenn der Käfer polarisiertes Licht nicht sehen kann, aber sein Fraßfeind diese Fähigkeit besitzt, dann kann er den exakten Blauton der Blüte aus seinen Augen zwar treffen, aber er würde für seinen Fraßfeind auf der Blüte immer noch aufleuchten wie eine Diskokugel. Oder die Blüte leuchtet wie eine Diskokugel und hat neuerdings einen käferförmigen, schwarzen Fleck, den sich der interessierte Fraßfeind mal ansehen wird. Es liegt also gar nicht im Rahmen seiner Möglichkeiten, aktiv Mimikri zu betreiben. Er müsste dazu die Welt durch die Augen seines Feindes sehen können. Nein, der blaue Käfer auf der blauen Blüte ist ein Produkt von tausenden von Versuchen, von denen nur er sich durchsetzen konnte.

Einer der eindrucksvollsten Belege für Evolution ist jenes Tier, das man als Kind sofort lieben lernt: die Giraffe. Sie hat einen langen Hals, mit dem sie an die Blätter hoher Bäume gelangt. Das ist unser frühester Eindruck von der Giraffe und wir haben als Kinder gedacht, dass der Herrgott sie so erschaffen hat, damit sie hohe Bäume kahl fressen kann. Den Aufgeweckteren unter uns mag damals schon die Frage eingefallen sein, warum Kühe, Rehe und andere Pflanzenfresser nicht auch solch einen langen Hals entwickelt haben. Die Erklärung dafür ist, dass es in der Evolution keinen Grund für etwas gibt, sondern immer nur Ergebnisse von etwas. Der Hals der Giraffe ist ein Weg, der funktioniert.

Wenn ein Schöpfer eine solche Gestalt wie die Giraffe erschaffen würde, dann würde er sicherlich seine bisherigen Entwürfe in der Schublade lassen und sich die Giraffe ganz neu ausdenken. Allerdings deutet in der Giraffe etwas Bestimmtes in eine andere Richtung.

Wie die meisten anderen Säugetiere hat auch die Giraffe nur sieben Halswirbel. Sie sind allerdings stark verlängert, was bei einem Wesen wie dem Menschen in einer Beweglichkeit resultieren würde, die man nur beim Tragen einer Halskrause durchlebt. Die Giraffe muss Kraft aufwenden, um ihren Hals zum Trinken zu krümmen, während wir Menschen für die gleiche Körperhaltung unseren Kopf einfach nur baumeln lassen müssen.

Da Giraffen wie alle anderen Säugetiere mit ihrer Stimme kommunizieren, schlucken und die Luft anhalten können, müssen sie auch einen Nerv dafür haben, der vom Gehirn zum Kehlkopf geht. Dieser Nerv heißt *Nervus laryngeus recurrens* und er hat die Eigenschaft, nicht den direkten Weg zu gehen. Er verläuft als Zweig des *Nervus vagus* vom Gehirn herunter zum Herzen, wendet dort unter einer Arterie und geht wieder hoch bis zum Kehlkopf. Beim Menschen ist er siebenmal länger als er es sein müsste und bei der Giraffe ist er etwa hundertmal länger als nötig.

Warum ist das so? Wenn der Herrgott uns eine Giraffe schenken wollte, dann hätte er sie so gestaltet, als wäre die Giraffe schon immer eine Giraffe gewesen, hätte sich aus nichts anderem entwickelt und würde auf ewig eine Giraffe bleiben.

Doch die Antwort sieht anders aus. Bevor wir und die Giraffen Landtiere wurden, waren wir Fische und bei den Fischen geht der Nerv tatsächlich ohne Umwege vom Gehirn zu den Kiemen. Dabei passiert sein Weg eine Herzarterie. Hier konnte er links oder rechts an der Arterie vorbei gehen, es spielte keine Rolle, solange es in einem Fisch stattfand. Später aber, als aus den Fischen über Jahrmillionen die Landtiere wurden, bildeten sich bei diesen Tieren der Kopf und der Hals weiter aus und das Herz wanderte zur gleichen Zeit tiefer in den Körper. Der Abstand zwischen den Stimmbändern und dem Herzen wurde größer und plötzlich spielte es eine Rolle, welchen Weg der Nerv im Fisch einst gegangen war. Und der Weg war nicht der optimale. Der Nerv kann jetzt nicht im Nachhinein die Seite der Arterie wechseln, weil es sich als unwirtschaftlich erwiesen hat, denn sein Weg ist in den Genen der Giraffe festgelegt.

Hier sehen wir den Mangel an Entwurf in der Giraffe. Wäre sie als langhalsiges Wesen von einem Schöpfer gestaltet worden, um Kinder zu beeindrucken, dann hätte er es sicher auf effizientere Weise getan, als einen Nerv auf einen fünf Meter langen Umweg zu schicken, weil er sich in einem anderen Teil des Körpers dringend um eine Arterie wickeln muss, um die Biologen der Welt zu täuschen. Bei der Übertragungsgeschwindigkeit des Nervs bewirkt dieser Umweg immerhin eine Verzögerung von etwa 50 Millisekunden zwischen der Absicht zu schlucken und dem Schlucken selbst.*

Und wenn der Herrgott den Fisch in der Voraussicht erfunden hätte, dass er sich eines Tages in eine Giraffe entwickeln wird, dann hätte er den Nerv einfach auf die andere Seite der Arterie gelegt. Es ist eine Fifty-fifty-Entscheidung und keine der beiden Optionen hat Vor- oder Nachteile, solange man ein Fisch ist. Entwickelt man sich aber weiter zum Säugetier, dann wird der Weg, den der Nerv in Wirklichkeit gegangen ist, ziemlich umständlich. Im Falle der Giraffe wird er grotesk und lässt sich mit der Evolution, die immer nur das Beste aus der Situation macht, viel besser erklären als mit einem Schöpfungsakt, der mit Voraussicht geschieht.

*****

* Die Giraffe wird sich dieser Verzögerung aber nicht bewusst sein, denn sie kennt nichts anderes. Es ist Teil ihres Weltgefühls.

Wer heute noch Zweifel an der Theorie der Evolution hat, der hat entweder persönliche Gründe, einen anderen Ansatz vorzuziehen; diese sind meistens religiös motiviert und wenn man damit großgezogen wurde, ist es schwer, sich von dieser Fehleinschätzung wieder zu lösen. Oder aber er spürt, dass Evolution ein gültiges Konzept ist, hat die Mechanismen der Evolution aber einfach noch nicht angemessen erklärt bekommen.

Stellen wir uns ein Nudelsieb vor, das voll ist mit Dingen, die wie Zuckerwürfel aussehen. Manche sind wirklich Zuckerwürfel, andere sind aus Marmor, manche aus Granit. Liegt dieses Sieb lange genug in einem Wasserbecken, werden die Zuckerwürfel sich auflösen und irgendwann verschwunden sein. Und die Würfel aus Marmor und Granit werden bleiben.

Liegt dieses Sieb dann lange genug in einem Becken voll Salzsäure, werden die Marmorwürfel, die dem Wasser wunderbar standhalten konnten, sich in der Salzsäure zersetzen und ebenfalls verschwinden. Nur die Würfel aus Granit bleiben übrig.

Wir heutigen Menschen sind erst spät in der evolutionären Küche angekommen. Wir warfen einen Blick in das Sieb und sahen eine Handvoll Granitwürfel. Nichts deutete darauf hin, dass sich im Sieb jemals Würfel aus Zucker oder Marmor befanden. Alles, was wir sahen, waren Würfel aus Granit, die mit der Situation klar kamen, in der sie sich befanden. Die Verhältnisse schienen stabil.

Das ist der Trugschluss mit der Schöpfung. In der Geschichte unseres Planeten sind über 99 % aller Arten ausgestorben. Schauen Sie sich die Vielfalt des Lebens auf der Erde an! Die Haie, die Flusskrebse, die Algen, die Moose, die Pilze, die Tiger, Fichten und Schildkröten sind der klägliche Rest eines unvorstellbar großen Vernichtungsprozesses. Sie sind die Granitwürfel in diesem Beispiel und das Wasser und die Salzsäure sind die Umweltbedingungen, denen sie standhalten müssen. Die Ammoniten, die Trilobiten, die Charnien, die Anomalocaren, die Eurypteren, die Panzerfische, die Dinosaurier und eine Unzahl von weiteren Spezies sind die Zucker- und Marmorwürfel. Sie sind heute nicht mehr da, und dass es sie je gegeben hat, kann man nur herausfinden, wenn man das Wasser und die Salzsäure wissenschaftlich analysiert.

Der Kreationismus ist kein reines Phänomen der USA. In Deutschland glaubt laut einer Studie der Forschungsgruppe Weltanschauungen in

Deutschland (fowid) jeder achte Einwohner an den Kreationismus als treibende Kraft hinter der Schöpfung und jeder vierte Befragte glaubt, dass ein intelligentes Design die Entwicklung des Lebens lenkt. Wenngleich die Mehrheit der Deutschen an die Evolution glaubt, sind diese Zahlen immer noch bedenklich. Immerhin glaubt auch ein Drittel der deutschen Akademiker an Kreationismus oder intelligentes Design.[16]

Und auch bodenständige Wissenschaftler sind nicht davor gefeit, die Dinge gelegentlich falsch zu erläutern, besonders wenn sie im Rahmen einer Fernsehsendung dazu angehalten werden. Viele naturwissenschaftliche Dokumentationen beschäftigen sich mit der Suche nach außerirdischem Leben, unsere Fernsehkanäle sind voll davon. Diese Dokumentationen verkürzen und vereinfachen vieles, um ein festgelegtes Sendeformat samt Zielgruppe zu bedienen, und das ist normal und liegt in der Natur der Sache. Manchmal geschehen aber auch richtige Fehler.

In einer Folge der Sendung »Unser Universum« auf dem National Geographic Kanal wurden einmal die verschiedenen Planeten unseres Sonnensystems portraitiert und unter anderem zeigte man die Venus, ihre 460 °C Oberflächentemperatur und den nicht enden wollenden Regen aus Schwefelsäure, der ihre Oberfläche seit Jahrtausenden heimsucht. Da geschah es: Der sonst untadelige Dr. Phil Plait, Astronom und Skeptiker im Nebenberuf, wurde wohl wider besseres Wissen von Redakteuren zu der Behauptung angehalten, wir Menschen könnten froh sein, auf der Erde zu leben, wo die Bedingungen für Leben so günstig sind.

An dieser Stelle haben die Autoren es leider angespitzt in den Sand gesetzt. Eine solche Aussage ist vergleichbar mit einem Mittelfeldstürmer, der dem gegnerischen Abwehrspieler überraschend den Ball abnimmt (»Kein Abseits, KEIN ABSEITS!!!«), mit dem Ball bis vor das gegnerische Tor läuft, den Torwart links liegen lässt und dann anhält, um eine zu rauchen.

Wir können nicht froh sein, auf der Erde zu leben, wo die Bedingungen dafür so günstig sind. Auf der Venus ist ja gerade niemand, der sich Gedanken über die Gründe seiner Nichtexistenz machen könnte. Nur wo das Leben entstehen kann, kann sich auch jemand wundern, dass die Bedingungen für seine Entstehung so erstaunlich günstig sind. So erstaunlich, dass das jemand gemacht haben muss.

Dies ist eines der großen Themen in der Wissenschaft und man nennt es das schwache anthropische Prinzip. Wer lebt, darf sich nicht darüber wundern, dass er dort lebt, wo er leben kann. Denn nichts anderes ist möglich. Nur eine Spezies, die an einem absolut lebensfeindlichen Ort entsteht, hätte Grund, sich über ihre Existenz zu wundern, und wir mit ihr. Dass man dort lebt, wo Leben möglich ist, ist keine große Sache, denn alles andere ist ein Paradoxon. Wir werden uns später noch einmal mit dem anthropischen Prinzip beschäftigen, dort aber in seiner starken Ausprägung.

Wir werden uns in diesem Kapitel nun an einigen Beispielen die Evolutionslehre näher anschauen. Zunächst werden wir ein Gen betrachten, das es *E. coli*-Bakterien ermöglicht, schnell auf wechselnde Umwelteinflüsse zu reagieren. Genauer gesagt, auf recht effiziente Weise von ihrer Standardnahrung Traubenzucker auf Milchzucker zu wechseln, wann immer die Situation es erfordert. Dieser Mechanismus ist in seinem Ablauf alles andere als perfekt, aber was er bewirkt, hat dennoch eine hohe Effizienz. Die Rede ist vom *lac*-Operon, und es ist ein grandioses Beispiel dafür, dass sich in der realen Welt durch Evolution auch zweitklassige Dinge prächtig entwickeln können. Dabei würden sie unter anderen Umweltbedingungen wahrscheinlich genauso versagen wie der nackte Mensch auf der Venus.

Danach schauen wir uns Mutation selbst an, die die Grundlage der Evolution darstellt. Sie ist die reinste Definition der Unvollkommenheit auf molekularer Ebene, aber ohne Mutation wären wir über das Stadium der Mikrobe nie hinaus gekommen. Wenngleich Mutation ein zufälliges Ereignis ist, so wird sie durch den Prozess der Selektion zu einer zielgenauen Methode der Spezieserschaffung, die leicht mit einem schöpferischen Willen verwechselt werden kann.

Als drittes Beispiel werden wir uns ein Gift anschauen, das innerhalb der Evolution an verschiedenen Stellen auftaucht, weil es nützlich ist. Es zeigt, dass die Dinge nicht zielorientiert sind, sondern auf der Basis des Zufalls und der Selektion nur das übrig lassen, was eine reale Chance hat.

Zuletzt betrachten wir dann einige Dinge, die evolutionär gesehen offensichtlich wertlos oder gar schädlich sind, die es aber trotzdem geben kann, solange sie nicht zum Aussterben führen. Wenn die Evolutionslehre richtig ist, dann muss es solche Dinge geben, und tatsächlich finden wir sie allerorten.

Wissenschaftler sind alles andere als ein trost- und illusionsloser Haufen, weil sie die Dinge nüchtern sehen statt zu glauben. Der ideale Wissenschaftler, so sagt der amerikanische Biologe Edward O. Wilson, arbeitet wie ein Buchhalter und denkt wie ein Poet. Er ist vierundzwanzig Stunden am Tag verliebt in die Welt, weil er Dinge bestaunen darf, die wahr sind. Und Wahres gibt es in der Welt nun wirklich genug.

## *Lac*-Operon – und es funktioniert doch!

Wir alle haben einen Freund namens Jimmy. Jimmy ist der alte Schulfreund, der sich stets bemüht hat, die Dinge zu begreifen. Was Jimmy an Abstraktionsvermögen fehlt, machte er zeit seines Lebens mit Enthusiasmus wieder wett. Jimmy ist ein bisschen wie ein Mitarbeiter der Sendung Galileo. Der junge Spund, der zu Beginn eines Beitrags demonstrativ das Falsche macht, damit dann jemand kommen und ihm zeigen kann, wie es richtig geht.

Jimmy hat uns aufgeregt angerufen, um uns etwas mitzuteilen. Wir haben unsere Arbeit oder unseren Naherholungsurlaub unterbrochen, haben uns zu ihm zitieren lassen und wollen jetzt erfahren, was es denn so Dringendes gibt. Nun stehen wir in ratloser Erwartung mit ihm in der linken unteren Ecke eines Fußballfeldes. Jimmy erzählt uns aufgeregt, dass er einen Weg gefunden hat, zur rechten oberen Ecke des Fußballfeldes zu gelangen, wo Sex auf uns wartet.

»Ich hab es selber in mühsamer Kleinarbeit herausgefunden«, sagt er und präsentiert uns stolz seine Lösung:

»Man geht von der linken unteren Ecke drei Schritte die Seitenlinie des Feldes entlang. Dann bleibt man stehen, springt in einem Schlusssprung genau einen halben Meter ins Feld hinein. Es folgt eine Vorwärtsrolle zur Mittellinie, nach der man aufsteht und genau drei Sekunden lang stehen bleibt. Nun lässt man sich auf die rechte Seite fallen, rollt sich vier Umdrehungen weiter zur Mitte des Spielfeldes und beendet das mit einem Kopfstand. Man geht über in eine Vorwärtsrolle nach links, wobei man zugegebenermaßen wieder etwas vom Ziel abkommt. Dann aber sprintet man achtzehn Meter geradeaus, ohne sich umzusehen, und legt sich dann flach auf den Boden.«

So fährt Jimmy einige Stunden fort, bis er schließlich zum Ende kommt: »Wenn Du jetzt kurz vor der rechten oberen Ecke bist, gehst Du einfach vier Meter im Stechschritt auf die Eckfahne zu, wartest noch acht Sekunden, dann kannst Du Dich auf die Ecke stellen und bist angekommen.«

»Moment mal«, sagen wir da gelangweilt und irgendwie an Wichtigeres denkend, »kann man nicht einfach die Diagonale von der linken unteren Ecke zur rechten oberen Ecke gehen? Wäre das nicht viel einfacher als dieser lange und umständliche Regentanz?«

»Keine Ahnung«, antwortet Jimmy achselzuckend. »Das hab ich noch nie ausprobiert. Ich habe einfach einen Weg gefunden, der funktioniert.«

Ich hoffe, dass dieses Beispiel klar gemacht hat, was es zu beachten gibt. Zum einen hat Jimmy wirklich einen gangbaren Weg gefunden, zum Ziel zu kommen. Wenn man sich an Jimmys Regeln hält, wird man das Ziel immer erreichen und eine Chance auf eigene Nachkommen erhalten.

Zum anderen ist sein Weg in der Tat sehr umständlich. Wenn Robert, ein anderer und etwas begabterer Schulfreund von damals, einen effizienteren und schnelleren Weg findet als Jimmy, wird Robert früher ans andere Ende gelangen und an Jimmys Stelle Nachkommen zeugen. Es würde schon genügen, wenn er nur drei statt acht Sekunden vor der Eckfahne wartet. Jimmy geht dann leer aus, das sind leider die Spielregeln.

So gesehen ist Evolution tatsächlich ein kontinuierlicher Verbesserungsprozess. Wann immer sich ein System strafft und effizienter wird, erhöht sich für den Träger dieser verbesserten Eigenschaft die Chance, sie zu vererben. Wenn irgendwann alle Jimmys ausgestorben sind, bleiben nur noch die kompetenteren Roberts übrig und Robert könnte irgendwann gegen Jakob oder Kevin den Kürzeren ziehen. Und wenn Jimmy und Robert keine Fossilien hinterlassen, wird niemand herausfinden, dass es sie je gegeben hat.

Diese Weiterentwicklung ist zwangsläufig und wenn ein System einmal wirklich perfekt sein sollte, so ist das reiner Zufall und wurde meines Wissens noch nicht beobachtet. Wenn die sechzehntbeste von tausend Möglichkeiten, sich mit einem Umwelteinfluss zu arrangieren, sich durchgesetzt hat, dann wird der Entwicklungsprozess langsamer werden. Es müssen immer feinere Veränderungen geschehen, damit man sich von Platz 16 auf Platz 15 hocharbeiten kann. Ob Platz 1, die absolut perfekte Anpassung, jemals durch irgendeine Lebensform erreicht wurde, ist zweifelhaft. Zumal die Umweltbedingungen sich selbst laufend ändern und Platz 1 der besten Wege daher schwer zu definieren ist, da er sich zusammen mit den Umweltbedingungen ändert.

Dass die Wege der Evolution nicht immer perfekt sind, sondern sich einfach nur durchgesetzt haben, weil sie in einem bestimmten Zusammenhang funktionieren, soll uns nun das *lac*-Operon zeigen. Wir fangen langsam an.

Der französische Mediziner Francois Jacob und der Biochemiker Jacques Monod untersuchten in den frühen Sechzigerjahren das Wachstum von *E. coli*-Bakterien, ein Thema, an dem Monod bereits seit dem Zweiten Weltkrieg gearbeitet hatte. *E. colis* leben gerne von Traubenzucker, den wir im folgenden Glucose nennen wollen, um professioneller zu klingen. Sie halten zu jedem beliebigen Zeitpunkt sämtliche molekulare Ausrüstung bereit, um aus Glucose Energie zu gewinnen. Ihre Mitochondrien, die so gerne die Kraftwerke der Zelle genannt werden, können den ganzen Tag lang aus Glucose Adenosintriphosphat (ATP) herstellen, das die kleinste universelle Energiewährung aller Lebewesen auf der Erde ist.*

Jacob und Monod gaben wenige *E. coli*-Bakterien in ein Glasgefäß mit Wasser und fütterten sie mit Glucose. Mit der Zeit konnten sie durch die Vermehrung der Bakterien eine Trübung des Wassers beobachten. Sie maßen diese Trübung des Wassers mit einem Lichtstrahl und einer Photozelle und trugen die Trübung in einem Diagramm über der Zeit auf. Sie erhielten so eine klassische exponentielle Wachstumskurve, wie man sie aus Diagrammen zur Weltbevölkerung oder zum nationalen Schuldenberg kennt.

---

* Mitochondrien werden gerne die kleinen Kraftwerke der Zelle genannt, was jedoch nicht ganz richtig ist. Sie stellen keine Energie her, die dann, als was denn auch, durch die Zelle treibt. Energie muss in chemischer Form vorliegen, wenn sie genutzt werden soll. Die Mitochondrien stellen aus Zucker und anderen Substanzen ATP her, das dann zu den Verbrauchern in der Zelle transportiert wird. Mitochondrien sind also eher als kleine Raffinerien zu sehen, die aus verschiedenen Rohstoffen einen definierten Treibstoff mit einheitlicher Octanzahl machen.

Als sie den *E. colis* in einem anderen Glasgefäß aber keine Glucose, sondern Lactose (Milchzucker) als Nahrung gaben, konnten sie eine sehr interessante Beobachtung machen. Sie erhielten ebenfalls eine Exponentialkurve, die sogar die gleiche Form aufwies wie die aus dem Versuch mit Glucose. Die Verwertung der Lactose läuft für das Bakterium also genauso befriedigend ab wie mit Glucose. Als sie nun die Werte für beide Versuche in das gleiche Diagramm eintrugen, stellten sie fest, dass das exponentielle Wachstum der *E. colis* bei Lactose etwa zwei Minuten später einsetzt als bei Glucose.

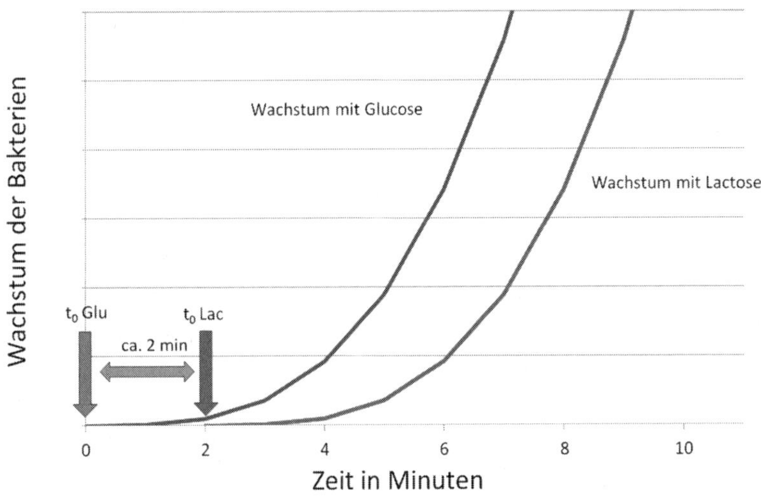


Abb. 22 Das Wachstum von *E. coli*-Bakterien bei Glucose und Lactose. Die Wachstumsraten sind gleich, aber das Wachstum der Bakterien unter Lactose ist um zwei Minuten verschoben, da die Bakterien sich an diesen Umwelteinfluss erst biochemisch anpassen müssen.

Was ist da los? Haben die *E. coli*-Bakterien dem Auf- und Abtreiben der Milchzuckermoleküle erst skeptisch zugeschaut, bevor sie zögerlich zugebissen haben? Hielten sie den Milchzucker für eine Falle, so dass sie zunächst regungslos in gespannter Haltung abwarteten und erst einmal gar nichts machten? Mitnichten. Die *E. colis* waren in diesen zwei Minuten sehr beschäftigt. Sie haben sich das molekulare Werkzeug hergestellt, um Lactose abzubauen.

Um zu beschreiben, was da genau im Bakterium abläuft, müssen wir zunächst die Akteure dieses eindrucksvollen Schauspiels kennenlernen. Man kann sich das Bakterium wie eine kleine Fabrik vorstellen, die nicht nur die Dinge des täglichen Lebens herstellt, sondern auch eine spezielle Abteilung hat, die bei Bedarf maßgeschneidertes Werkzeug produzieren kann. Da unsere Akteure alle recht sperrige Namen haben, die auch noch oft ähnlich klingen, schreibe ich immer gleich ihre biochemische Funktion dahinter und ergänze das mit ihrer Stellung in unserer Werkzeugmacherei.

*Dramatis Personae*

Lactose — Das Werkstück, für das wir ein neues Werkzeug brauchen. Ein Zuckermolekül, das nur denen Energie geben kann, die es zu verwerten verstehen.

ß-Galactosidase — Eines der Werkzeuge, die wir herstellen wollen. Ein Enzym, ohne welches das Bakterium nicht über die Gabe der Lactoseverwertung verfügt.

DNA — Das Handbuch, in dem die Anleitung zur Herstellung passenden Werkzeugs zu finden ist. Liegt als ringförmiger Datenspeicher irgendwo im Bakterium herum und wartet darauf, ausgelesen zu werden.

*Lac*-Repressor — Das Siegel auf dem Handbuch. Ein Proteinmolekül, das auf einer bestimmten Stelle der DNA festsitzt wie ein Kaugummi auf einem Reißverschluss und so verhindert, dass dieses Stück DNA kopiert wird.

RNA-Polymerase — Der Kopierer, mit dem wir die interessanten Seiten aus dem Handbuch kopieren, damit das Buch selbst geschont wird. Das Proteinmolekül, das über die DNA fährt und sie ausliest, sobald jemand das Kaugummi vom Reißverschluss gepult hat. Das Auslesen resultiert in der Herstellung von messenger-RNA.

messenger-RNA — Die kopierten Seiten aus dem Handbuch. Ein enger Verwandter der DNA, der die Informationen der DNA kopiert hat, um in einer ruhigen Ecke des Bakteriums endlich ß-Galactosidase herzustellen.

| | |
|---|---|
| Ribosomen | Die Handwerker, die schließlich das Werkzeug herstellen. Größere, klumpige Proteinmoleküle mit einem Tunnel in der Mitte, durch den die messenger-RNA fährt und dabei den Ribosomen die Informationen aus dem Handbuch Seite für Seite vorliest. |

Am Anfang des gesamten Vorganges steht – wie könnte es anders sein? – die DNA, jene Schnur, die alle Erbinformationen des Bakteriums trägt. Irgendwo auf dieser langen Schnur beginnt ein Abschnitt, der dem Thema Lactose-Verwerten-Können gewidmet ist. Um Lactose verwerten zu können, braucht das Bakterium insgesamt drei Enzyme oder Werkzeuge:

- die ß-Galactosidase, ein kugelförmiges Molekül, das aus etwa 1 000 Aminosäuren besteht und ein Molekül Lactose in der Mitte in zwei kleinere Zuckermoleküle zerteilt;
- die Permease, eine kurze Röhre aus Aminosäuren, die sich wie ein Rohr in die Zellmembran des Bakteriums einbaut und so Lactose ins Innere des Bakteriums gelangen lässt, damit sie verwerten werden kann, und schließlich
- β-Galactosid-Transacetylase, deren Funktion noch nicht ganz geklärt ist, ohne die die Sache aber nicht funktioniert. Es bleibt doch immer etwas zum Forschen übrig.

Der Abschnitt der DNA, der sich mit der Herstellung dieser drei Enzyme beschäftigt, hat wie alle sinnvollen Dinge im Leben einen eigenen Namen bekommen und heißt das *lac*-Operon. Dieses hat einen definierten Anfang und ein definiertes Ende, denn der Vorgang des Ablesens muss an einer bestimmten Stelle anfangen und an einer bestimmten Stelle aufhören. Würde man beim Lesen eines Textes um einen Buchstaben verrutschen, würde sich der Sinn des Textes kaum erschließen, und das ist bei der DNA genauso. Esw äres onsts chwerv erständlich.

Am Anfang des Operons befindet sich der Repressor. Dieses Eiweißmolekül sitzt auf der DNA und verhindert zunächst, dass die DNA ausgelesen werden kann und das Gen zur Herstellung unserer drei Enzyme umgesetzt wird. Denn in der Tat wäre es pure Verschwendung von Rohstoffen und Energie, dieses Gen immer auszulesen und die Enzyme herzustellen.

Das wäre so, als würde ich immer mit Messer und Gabel in den Händen durch die Welt gehen für den Fall, dass ich an einer Mahlzeit vorbeikomme. Ich hätte keine Hand frei, um andere Dinge zu tun.

So sitzt der Repressor auf der DNA und sorgt dafür, dass zunächst einmal nichts geschieht. Er kann eigentlich nur eine weitere Sache: Er kann sich von der DNA ablösen, wenn er die Anwesenheit von Lactose bemerkt. Kommen Lactosemoleküle in den Innenraum des Bakteriums, können sie durch ein Enzym, dessen Namen ich später nennen will, eine Umwandlung in Allolactose durchmachen. Allolactose ist immer noch Lactose, sie unterscheidet sich von normaler Lactose nur dadurch, dass sie ein wenig anders gefaltet ist. Und genau daran ist sie für den Repressor zu erkennen. Ein Molekül Allolactose kommt am Repressor vorbeigetrieben, heftet sich an eine kleine Aussparung im Repressor und verformt ihn damit ein wenig. Plötzlich passt er nicht mehr auf die DNA, er löst sich ab und treibt frei durch das Innenleben des Bakteriums. Das *lac*-Operon ist damit frei zum Auslesen; das Siegel ist geöffnet, das Buch liegt offen vor uns.

Ein anderes Eiweißmolekül namens RNA-Polymerase kann sich nun auf diese Stelle der DNA setzen und aus der DNA ein Stück messenger-RNA kopieren. Wie der Lichtkopf des Kopierers den Text entlangfährt, um ein Duplikat herzustellen, fährt die RNA-Polymerase die DNA entlang und stellt dabei die messenger-RNA her, kopiert also die Erbinformationen der DNA mit 70 Basen pro Sekunde.

RNA, in diesem speziellen Fall messenger-RNA, kann man sich vorstellen wie eine längs halbierte DNA mit ein paar Änderungen im Aufbau auf Kosten der Stabilität, aber zugunsten der Flexibilität. RNA ist in gewisser Weise der Gipsabdruck der DNA. Der Gipsabdruck gibt die Eigenschaften des Originals sehr detailgetreu wieder, mit der Einschränkung, dass der Abdruck spiegelverkehrt ist.*

* Da mit der RNA aber ein funktionierendes Protein hergestellt wird, kann sie so spiegelverkehrt nicht sein; wahrscheinlich war die RNA zuerst da und die DNA ist später als die spiegelverkehrte Speicherform der RNA entstanden. Immerhin ist das ganze System ja an einer funktionierenden Praxis orientiert. Es wäre in der Tat verwunderlich, wenn in der Ursuppe zuerst ein DNA-Molekül mit Erbinformationen entstanden wäre und danach erst ein Molekül, das die DNA lesen kann.

Die RNA-Polymerase hat also aus den Informationen der DNA ein Stück messenger-RNA hergestellt, die nun als die kopierten Seiten des Handbuches fertig und einsatzbereit durch das Bakterium schwimmt.

Jetzt schlägt die Stunde der Ribosomen, von denen ein *E. coli*-Bakterium etwa 20 000 Stück besitzt. Ein Ribosom besteht aus einen kleinen und einem großen Bauteil, zwischen denen ein Tunnel bleibt, in den die messenger-RNA passt. Die messenger-RNA fährt durch diesen Tunnel des Ribosoms und liefert ihm damit die Informationen, welche Aminosäure das Ribosom als Nächstes benutzen soll. Es produziert nun das Enzym ß-Galactosidase, das wie ein unangenehm langer Kassenbon oben aus dem Ribosom gerattert kommt. Hat das Ribosom den Herstellungsprozess beendet, zerfällt es wieder in sein kleines und großes Bauteil, die dann wieder in den Zellenraum verschwinden. Das Enzym ß-Galactosidase ist entstanden und kann nun damit beginnen, Lactosemoleküle in nutzbare Bruchstücke zu zerlegen. Das Ganze hat etwa zwei Minuten gedauert, die Herstellung der ß-Galactosidase selbst rund 75 Sekunden.[17]

Dieser Prozess läuft gleichzeitig für alle drei Enzyme ab, die durch das *lac*-Operon codiert werden. Es werden beim Ablesen der DNA also eigentlich drei verschiedene messenger-RNAs hergestellt, je eine für die ß-Galactosidase, die Lactose zerlegen kann, eine für die ß-Galactosid-Transacetylase, deren Bedeutung noch nicht ganz geklärt ist, und eine für die Permease, die überhaupt erst ermöglicht, dass Lactose ins Bakterium eindringen kann, um den ganzen Prozess auszulösen, beginnend mit der Ablösung des Repressors von der DNA.

Dem aufmerksamen Leser wird hier sicherlich auffallen, dass etwas nicht stimmt. Wie kam denn nun das erste Lactosemolekül in den Innenraum des Bakteriums, mit dem alles anfing? Es ist ja paradox, dass Lactose bereits im Bakterium den Repressor von der DNA entfernen muss, damit unter anderem das Enzym hergestellt werden kann, das Lactose überhaupt in die Zelle lässt. Das ist, als wolle man einen Safe öffnen, in dem sich der einzige Schlüssel für den Safe befindet. Wie soll das gehen? Nun, die ganze Sache ist nicht fehlerfrei. Manchmal geht die Safetür von alleine auf.

Ein Repressor kann auch mal versehentlich von der DNA abfallen, und da er kein Pflichtbewusstsein besitzt, das ihn wieder auf Position treibt, liegt die DNA so lange frei, bis sie wieder von einem Repressor besetzt ist.

In dieser Zeit kann durchaus eine RNA-Polymerase vorbeikommen und das *lac*-Operon auslesen. Die RNA-Polymerase wartet ja auch nicht die ganze Zeit ungeduldig auf Gelegenheit, sondern ist vielleicht mal zufällig zur rechten Zeit in der Nähe der DNA. Dann werden kleine Mengen Permease und ß-Galactosidase hergestellt, die zumindest ein wenig Lactose ins Bakterium lassen, so dass die ganze Sache überhaupt einen Anfang hat und kein logisches Paradoxon die Verwertung von Lactose verhindert. Ist keine Lactose anwesend, hat ein *E. coli*-Bakterium etwa zehn Enzymsätze zur Einschleusung und zum Abbau von Lactose vorrätig. Wenn Lactose erkannt wurde und der Prozess so richtig anläuft, ist die Aktivität des Lactoseabbaus etwa tausendmal so groß wie in der Lauerstellung.[18]

Die ß-Galactosidase, das spaltende Enzym, macht übrigens auch mal Fehler. Wie ich schon sagte, hat sie die Aufgabe, ein Lactosemolekül in zwei kleinere Zuckermoleküle zu spalten. Das tut sie auch, aber gelegentlich schleichen sich auch hier kleine Fehler ein. Mit einer gewissen Wahrscheinlichkeit gelingt die Spaltung des Lactosemoleküls nicht, und statt es in der Mitte zu zerteilen, verbiegt die ß-Galactosidase es nur ein wenig.

Sie haben es wahrscheinlich schon erraten: Auf diese Weise entsteht Allolactose, das eigentliche Signalmolekül für den Repressor. Sie ist die verbogene Form der Lactose und ist damit als Einzige in der Lage, sich an den Repressor anzuheften, ihn zum Abwandern zu zwingen und den ganzen Prozess einzuleiten.

Das Enzym, dessen Namen ich vorhin nicht genannt habe, ist also die ß-Galactosidase, unser Werkstück. Sie hat neben ihrer Tätigkeit der Lactosespaltung die Aufgabe, kleine Fehler zu machen, die zum festen und unverzichtbaren Bestandteil des gesamten Mechanismus geworden sind.

Dieser wundervolle Apparat könnte also gar nicht funktionieren, wenn er nicht kleine Fehler hätte, die auch noch aufeinander aufbauen. Ein Repressor rutscht mal von der DNA, ein Enzym erledigt seine Aufgabe nur halb. Es ist alles andere als perfekt. Würden wir einem Ingenieur einen Entwurf präsentieren, der ohne ganz bestimmte kleine Fehler nicht funktionieren kann, würde er uns ein gehöriges Maß an Unprofessionalität vorwerfen, und das zu Recht.

Wenn wir uns fragen, ob das Ganze jetzt von geradezu göttlicher Perfektion sei, so müssen wir uns eingestehen, dass unsere Vorstellung von göttlicher Perfektion irgendwie anders ausfällt. Es ist eben nicht als perfektes System mit einem Ziel vor Augen entworfen worden. Es hat einen Weg gefunden, der durchaus besser sein könnte, wenn er vorher durchdacht und am Reißbrett entworfen worden wäre, und er verrichtet daher seine Arbeit nur so gut es geht. Es ist aber ein Weg, der funktioniert, und das genügt.

Unsere Spezialabteilung zur Herstellung von maßgeschneidertem Werkzeug arbeitet also ohne Management. Solange die Sache funktioniert, ist alles in Butter. Die Mitarbeiter der Spezialabteilung haben sich durch Versuch und Irrtum eine Handlungsanweisung ausgearbeitet wie Jimmy auf dem Fußballfeld. Wenn sie ein Management gehabt hätten, wäre die Sache wohl etwas gründlicher durchdacht worden.

Dennoch sind die Ergebnisse dieses Prozesses von beeindruckendem Nutzen. Das Bakterium muss nicht zu jedem beliebigen Zeitpunkt die volle Einsatzbereitschaft zum Lactoseabbau haben, denn das kostet Energie und vor allem Rohstoffe.

Doch die Sache geht weiter: Ein *E. coli*-Bakterium ignoriert sogar die Anwesenheit von Lactose, solange noch Glucose zur Verfügung steht. Dies ist eine weitere Steigerung in der Effizienz des *lac*-Operons. Ist es doch wirtschaftlicher, zunächst Glucose abzubauen, denn der Enzymapparat dafür ist im Bakterium immer vorhanden. Nur wenn die primäre Energiequelle versiegt und sich Lactose als Alternative auftut, steigt das Bakterium auf Lactose um.

Das liegt daran, dass jedes Glucosemolekül beim Betreten der Zelle von einer Art Türsteherprotein eine kleine Eintrittskarte in Form eines Phosphatmoleküls bekommt. Der Glucose-Türsteher hat immer nur ein Phosphatmolekül dabei, das er vergeben kann. Wenn der Glucose-Türsteher die Eintrittskarte an ein Glucosemolekül vergeben hat, fällt er dem Lactose-Türsteher nebenan unangenehm auf und die beiden beginnen zu interagieren. Der Lactose-Türsteher ahnt, dass dieser Streit länger dauern könnte, und schließt seine Tür für Lactose. Das bedeutet unterm Strich, dass die Lactosetür jedes Mal zugeknallt wird, wenn ein Glucosemolekül hereingelassen wurde. Kommt irgendwann keine neue Glucose mehr, lassen die beiden Türsteher voneinander ab. Der Glucosetürsteher steht wieder höflich, die Karte in der Hand, an seiner Tür und wartet auf Kundschaft. Die Lactosetür wird jetzt also nicht mehr laufend zugeknallt, sie bleibt geöffnet und lässt so lange Lactose herein, bis wieder ein Glucosemolekül anklopft.

Zusammenfassend können wir sagen, dass das *lac*-Operon sowohl sehr wirtschaftlich im Umgang mit Ressourcen ist als auch äußerst flexibel auf wechselnde Umwelteinflüsse reagieren kann. Das ist bemerkenswert für ein Konzept, das ohne seine Fehlerhaftigkeit nicht funktionieren kann. Hier können wir deutlich sehen, dass es in der Evolution nicht darum geht, sich Stück für Stück einem perfekten Weg zu nähern. Im Falle des *lac*-Operons wäre das eh nicht weiterhin möglich, denn seine Fehlerhaftigkeit ist genau wie beim Kehlkopfnerv der Giraffe so elementar, dass als Verbesserungsmaßnahme ein komplett neues Konzept erforderlich wäre. Da müsste dann ein Management kommen und sich der Sache annehmen.

In der Evolution geht es ausschließlich um das Endresultat, und das kann auch auf einem fehlerhaften Weg erreicht werden. Entscheidend ist nur, ob die Methode zur Umweltsituation passt. Fällt der Fehler nicht unangenehm auf, kann alles so bleiben wie es ist. Im Falle des Kehlkopfnervs der Giraffe und des *lac*-Operons haben die Mechanismen ihre maximale Nützlichkeit erreicht. Sie müssten grundsätzlich überarbeitet werden, um ihre Effizienz weiter zu steigern. Und genau hier wäre ein Schöpferbeleg zu erwarten, der in der Natur noch nie beobachtet wurde. Jacques Monod und Francois Jacob erhielten für die Identifizierung der Mechanismen des *lac*-Operons im Jahre 1965 den Nobelpreis.

## Mutation – nichts ist so konstant wie Veränderung

Hier ist nun die Frage angebracht, warum das *lac*-Operon überhaupt entstanden ist. Es funktioniert mit seinen kleinen Fehlern wunderbar, aber es muss auch mal irgendeinen Anreiz gegeben haben, das *lac*-Operon zu entwickeln.

Höchstwahrscheinlich ist dieser Mechanismus in einem *E. coli*-Bakterium entstanden, das im Darm irgendeines Säugetieres siedelte. Ist es doch logisch, dass die Fähigkeit zum Abbau von Lactose erst nach der Entstehung der Lactose selbst aufkam, die wiederum an die Entwicklung der Säugetiere und ihrer Milch gebunden war.

Dieses Bakterium wurde abwechselnd mit den verschiedenen Nährstoffen versorgt, die das Tier zu sich genommen hat. Fraß das Tier Körner, wurden die Stärkemoleküle dieser Körner in einzelne Glucosemoleküle zerlegt und das Bakterium im Darm konnte davon wunderbar leben. Bei jungen Tieren aber läuft das etwas anders, denn sie fressen zu Beginn ihres Lebens noch keine Körner, sondern werden von ihrer Mutter gesäugt.

Da es in der Natur selten hygienisch zugeht, befinden sich *E. coli*-Bakterien immer im Darm der Tiere, auf ihrer Zunge, auf der Haut und auf den Zitzen des Euters. Wenn also ein Bakterium auf diesem Wege in den Darm eines Jungtieres gelangt, so wird es dort wenig Glucose vorfinden. Da Milch auch Glucose enthält, wird das Bakterium zunächst davon gelebt haben. Als die Glucose verbraucht war, gab es nur noch Lactose, davon aber das Fünfhundertfache. Wenn ein Bakterium nun diese Lactose nutzen könnte, dann würde es nicht vor sich hin vegetieren wie die anderen Bakterien, es würde einfach ungestört weiterwachsen können und sich viel schneller vermehren als seine Artgenossen. Das ist ein ziemlicher Anreiz.

Dieser Anreiz, etwas Neues zu entwickeln, um zum Überleben ausgewählt zu werden, heißt in der Biologie Selektionsdruck. Denn letzten Endes bedeutet es, sich weiterzuentwickeln oder unterzugehen. Damit ein Organismus sich weiterentwickeln kann, muss es laufend kleine Änderungen in seinen Genen geben, so dass neue Wege ausprobiert werden können. Diese kleinen Veränderungen heißen Mutationen.

Mutation ist ein zufälliges Ereignis. Niemand kann sagen, an welcher Stelle die DNA Schaden nehmen wird oder welcher Lesefehler dafür sorgen wird, dass das Kind gegenüber seinen Eltern ein leicht verändertes Gen haben wird. Dennoch kann die Selektion, das Auswählen des zu den Umweltbedingungen passenden Organismus, die Mutationen in bestimmte Bahnen lenken, so dass die einzelne Mutation letzten Endes nur wenig bedeutet. Die zu den vorherrschenden Umweltbedingungen passende Mutation wird sich durch die Selektion im Erbgut der Spezies anreichern und viele andere, weniger erfolgreiche Mutationen werden verschwinden, als hätte es sie nie gegeben.

Durch Mutationen können drei Dinge geschehen: Einerseits kann der Organismus darunter leiden, weil der Prozess, für den dieses Stück DNA verantwortlich ist, nicht mehr oder nur noch schlecht funktioniert, die Mutation dem Organismus also einen Nachteil beschert. Andererseits kann die Mutation weder Vorteile noch Nachteile bringen. Dann wird sie einfach weiter vererbt und geistert fortan folgenlos im Genom der Spezies herum. Der Großteil aller stattfindenden Mutationen ist nach heutigen Erkenntnissen folgenlos. Folgenlos heißt lediglich, dass die Mutation keinen Einfluss auf die Anpassung des Organismus an die Umweltbedingungen hat.

Die dritte Möglichkeit besteht darin, dass dem Organismus durch die Mutation ein Vorteil entsteht. Dabei ist ein klitzekleiner Vorteil in seiner Entstehung wesentlich wahrscheinlicher als ein großer Sprung. Dass ein System wie das *lac*-Operon in nur einer Generation durch Mutation entsteht, ist so unwahrscheinlich wie Kreationisten es gerne anführen. Die Zahl unter dem Bruchstrich dieser Wahrscheinlichkeit wird tatsächlich größer sein als die Anzahl der Atome im Universum. Einem bestehenden System aber eine kleine, zunächst unauffällige Änderung beizufügen, deren Nutzen sich erst später zeigen wird, stellt eine schrittweise Änderung dar und macht die Entstehung komplexer Systeme viel wahrscheinlicher. Ich will die dritte Variante, die schrittweise Verbesserung durch gewinnbringende Mutationen, am Beispiel des Auges verdeutlichen.

Im Kreationismus herrscht die Auffassung, dass das Auge viel zu komplex sei, als dass es durch Zufall entstanden sein könne. Der britische Astronom Fred Hoyle war ein Mitbegründer des Intelligent Design, ohne es zu wollen. Die Chance, so sagte er, dass eine höhere Lebensform von allein entsteht, sei vergleichbar mit der Chance, dass ein Tornado durch einen Schrottplatz fegt und durch Zufall eine Boeing 747 zusammensetzt.

Und mit Sicherheit hat kein augenloses Paar irgendeiner Spezies jemals ein Kind auf die Welt gebracht, das durch Mutation plötzlich ein funktionierendes Auge samt Sehnerv und entsprechendem Hirnareal hatte. Der Prozess wird schrittweise verlaufen sein.

Da das Computerspiel an sich in unserer heutigen Gesellschaft ein selbstverständliches Phänomen ist und so gut wie jeder zumindest ein wenig Erfahrung damit hat, halte ich die Zeit für reif, es einmal als ein Beispiel für schrittweise Evolution zu benutzen, denn es eignet sich hervorragend.

Es ist Weihnachten und Sohnemann hat unter dem Tannenbaum seinen größten Wunsch erfüllt bekommen: eine hochmoderne Spielekonsole samt dem brandneuen *Call of Duty: Black Ops XIV – Mal wieder die Welt retten*. Dass er überhaupt keine Erfahrung damit hat, hindert ihn nicht im Geringsten, die Konsole sofort anzuschließen und das Spiel zu starten.

Nun müssen wir für dieses Beispiel ein paar Bedingungen festlegen. Sohnemann spielt zum ersten Mal *Call of Duty* und ist auch in der Welt der Computerspiele an sich völlig neu. Er hat noch keine Übung im Umgang mit dem Joypad und hat keinen Schimmer, was die einzelnen Levels ihm abverlangen werden. Er weiß nichts von plötzlich auftauchenden Gegnergruppen, unerwarteten Hubschrauberangriffen, versteckten Sprengfallen und so weiter. Um das Beispiel an die Realität anzupassen, muss das Spiel für ihn komplett vorbei sein, wenn er stirbt, so als würde sich die DVD im Moment seines Ausscheidens von selbst zerstören.

Das Spiel hat eine Gesamtspielzeit von, sagen wir, sechs Stunden und alle 30 Sekunden kommt er an eine Stelle, an der er einen Kampf für sich entscheiden muss, um weitermachen zu können. Das bedeutet, dass sich in dem Spiel insgesamt 720 Mal entscheidet, ob er das große Spiel verlassen muss oder nicht. Setzen wir einfach mal voraus, dass alle Stellen gleich schwer sind und seine Chance weiterzukommen jeweils 50:50 ist.

Wir groß ist jetzt seine Chance, auf Anhieb alle Situationen zu meistern, das Spiel also in einem Zug durchzuspielen, ohne dabei ein einziges Mal zu sterben? Seine Chance ist eins zu $0{,}5^{720}$ – und das sind etwa eins zu $10^{217}$. Mit Fug und Recht kann man sagen, dass es so gut wie unmöglich ist, *Call of Duty: Black Ops XIV – Mal wieder die Welt retten* beim ersten Mal durchzuspielen, ohne dabei ein einziges Mal zu sterben.

Hier betonen Kreationisten gerne die Einzigartigkeit der Natur und die angebliche Unmöglichkeit, dass sich etwas Kompliziertes von allein entwickelt. Mit dieser Argumentation habe ich auch gerade bewiesen, dass es unmöglich ist, *Call of Duty: Black Ops XIV – Mal wieder die Welt retten* durchzuspielen. Dennoch ist es in der Realität ohne weiteres möglich, das Spiel durchzuspielen, und Millionen Kids haben so etwas schon getan. Denn man kann die Information, eine Stelle im Spiel gemeistert zu haben, abspeichern.

Ein Speicherstand ist ein unverrückbares Gut, das einem niemand mehr nehmen kann. Nachdem Junior zum ersten Mal in eine Sprengfalle getappt ist, stirbt er und er kann seinen Speicherstand laden und die Szene erneut spielen. Jetzt weiß er aber, dass sich an dieser Tür eine Sprengfalle befindet, und wird es durch eine andere Tür oder durchs Fenster versuchen. Wann immer er eine schwere Stelle im Spiel gemeistert hat, speichert er das Spiel ab und dieser Speicherpunkt wird für ihn der neue Ausgangspunkt zum Bewältigen der nächsten Stelle. Auf diese Weise kann er also gar nicht anders als das Spiel durchzuspielen, wenn er es nur lange genug versucht. Er gewinnt an Erfahrung, sammelt neue und bessere Ausrüstung, kann sich also immer besser gegen seine Gegner behaupten. Und in der Tradition der Spielemacher werden die Gegner im Verlauf des Spiels auch immer besser, so dass man hier fast von jenem Wettrüsten sprechen kann, das man in den Jäger-Beute-Verhältnissen in der Natur so oft beobachtet.

Der Speicherstand in unserem Computerspiel ist in der Natur das Erbgut einer Spezies. Wenn ein Tier eine Eigenschaft entwickelt hat, die ihm einen gewissen Selektionsvorteil bietet, dann wird es diese Eigenschaft an seine Nachkommen vererben. Für die Nachkommen ist diese Eigenschaft bereits der Ausgangspunkt, der ihre Überlebenschancen erhöht hat, und in irgendeiner der folgenden Generationen wird es einen weiteren Schritt geben, der die Eigenschaft noch weiter ausbaut und noch besser an die Bedingungen anpasst. Es werden auch andere Veränderungen geschehen, aber wenn die sich nicht durchsetzen und vererbt werden, verschwinden sie wieder in der Vergessenheit. Es sind all die Versuche, eine Szene im Spiel zu bewältigen, die sich als erfolglos herausgestellt haben, die in der Liste der gespeicherten Spielstände nicht auftauchen und die brauchbaren Spielstände um einen hohen Faktor übertreffen.

Ein Organ zu besitzen, das hell und dunkel unterscheiden kann, ist besser als nichts. Besser als das ist ein Organ, das Objekte als schemenhafte Umrisse erkennen kann. Der Selektionsvorteil erhöht sich weiter, wenn man zwei dieser Organe hat und damit die Richtung erfassen kann, aus der dieses Objekt kommt. Noch viel besser wird es, wenn das Organ Farben unterscheiden kann, um verschiedene Objekte besser voneinander unterscheiden zu können. Und schließlich wird es noch besser, wenn man die Objekte scharf sehen kann, was wiederum von der Fähigkeit übertroffen wird, nahe oder ferne Objekte nach Belieben scharf sehen zu können. Das mag Millionen Jahre dauern, aber so gelangt man unter anderem zum heutigen Säugetierauge.

Diese Entwicklung führt nicht zwangsläufig zum menschlichen Auge, aber doch unweigerlich zur Entwicklung von Organen, mit denen man Objekte wahrnehmen kann, ohne sie zu berühren. Bisher haben wir in der Natur vierzig verschiedene Typen von Augen entdeckt, die unterschiedlich funktionieren und sich unabhängig voneinander entwickelt haben. Sie haben jeweils Vor- und Nachteile, aber alle konnten sich entwickeln und im Genpool ihrer Träger blieben, weil sie dem Individuum einen gewaltigen Vorteil boten.

Das Facettenauge der Insekten ist grundlegend anders aufgebaut als unser Auge. Es besteht aus zigtausenden von einzelnen, gleich aufgebauten Röhren mit Linsen und seine Auflösung ist eigentlich ziemlich schlecht. Aber es hat eine wesentlich geringere Regenerationszeit als unser Auge und ermöglicht einer Fliege damit Reaktionszeiten, die uns fast spukhaft erscheinen. Dem Auge der Insekten ist hinsichtlich der theoretischen Auflösung allerdings eine Grenze gesetzt, denn je feiner die einzelnen Facetten des Auges werden, desto lichtschwächer werden sie. Das Auge einer jeden Insektenart ist also ein Kompromiss zwischen Bildschärfe und Sehvermögen bei schwachen Lichtverhältnissen. Das bedeutet, dass jedes Insektenauge abhängig von der Spezies Möglichkeiten bietet, die das jeweilige Insekt in seinem Lebensraum benötigt. Sein Sehen ist an die Lebensweise des Insekts angepasst.

Bei aller Anpassung kann eine Spezies natürlich jederzeit durch äußere Einflüsse zugrunde gehen. Die perfekte Anpassung an eine Ernährungs-, klimatische oder Jagdsituation ist wertlos, wenn ein Vulkan ausbricht und die gesamte Spezies ausradiert. Das ist in unserem Beispiel vergleichbar mit einem Stromausfall oder einem Systemcrash, der alle Speicherstände vernichtet.

Es hat wahrscheinlich hunderttausende bis millionen Jahre gedauert, bis Entwicklungen wie das Auge oder das *lac*-Operon stattgefunden hatten, wobei nicht klar ist, was genau der Ausgangspunkt war. Hat sich der Mechanismus des *lac*-Operons ohne nennenswerte Vorstufe entwickelt, kann die Sache durchaus Millionen Jahre gedauert haben. Hat sie sich aber durch Mutation aus einem bereits bestehenden System entwickelt, kann das in weit kürzeren Zeitspannen ablaufen. Wie schnell so etwas gehen kann, hat der amerikanische Evolutionsbiologe Richard Lenski in einem beeindruckenden Langzeitexperiment gezeigt.

## Esel und Möhre

Lenski stellte sich nicht die Frage, ob Bakterien irgendwann auf veränderte Umweltbedingungen reagieren würden. Es ist bekannt, dass sie das tun. Lenski wollte Veränderungen vielmehr selbst provozieren. Er setzte *E. coli*-Bakterien einem Selektionsdruck aus, um zu sehen, welchen Weg sie finden würden und wie lange das dauern würde. Es ist ein bisschen wie mit dem Esel und der Möhre.

Im Jahre 1988 nahm Lenski einen Esel in Form eines *E. coli*-Bakterienstammes und pipettierte ihn in eine Lösung aus Glucose, von der *E. colis* wunderbar leben können, und viel unverwertbarem Natriumcitrat als Möhre an der Angel vor ihnen.

Lenski nahm nur geringe Mengen Glucose, damit immer ein gewisser Mangel daran herrscht. Das sollte den Selektionsdruck erhöhen und die Wahrscheinlichkeit steigern, dass die Bakterien alternative Strategien entwickeln. Der Esel sollte hungrig bleiben. Dass Lenski auch viel Citrat in die Lösung gegeben hatte, sollte den Bakterien ein Anreiz sein, diese Quelle in Zukunft zu nutzen, denn bisher können *E. coli*-Bakterien dies nicht.* Die Möhre war also schön groß und saftig.

Also ließ Lenski die Bakterien in der Glucose-Citrat-Lösung wachsen und gedeihen, zumindest im Rahmen ihrer Möglichkeiten. Er nahm jeden Tag eine kleine Menge dieser Bakterien-Glucose-Citrat-Mischung ab und pipettierte sie in eine frische Glucose-Citrat-Lösung, damit sich keine

---

* Die Unfähigkeit, Citrat zu verwerten, wird in der mikrobiologischen Analytik sogar genutzt, um *E. coli*-Bakterien von Salmonellen zu unterscheiden. Man trägt den fraglichen Bakterienstamm auf einen Nährboden auf, der Citronensäure und einen pH-Indikator enthält. Wenn die Bakterien die Citronensäure abbauen, wird der Nährboden weniger sauer und der pH-Indikator ändert seine Farbe; es muss sich dann um Salmonellen handeln. Dieser Citrattest möge dem Leser verdeutlichen, wie selbstverständlich es den Mikrobiologen ist, dass *E. coli*-Bakterien kein Citrat verwerten können.

anderen Bakterien in die Lösung verirren und so das Ergebnis verfälschen würden. Zusätzlich nahm er alle 75 Tage eine weitere Probe und fror sie ein, damit er im Falle eines größeren Missgeschickes nicht wieder ganz von vorn würde anfangen müssen. In 75 Tagen werden die Bakterien in dieser Nährlösung etwa 500 Generationen durchlebt haben.

Die Jahre vergingen und immer wieder nahm Lenski Proben aus seinem Erlenmeyerkolben und machte den Citrat-Test. Ihm war klar, dass die Sache sehr lange dauern könnte, und so war er mit seinem Optimismus entsprechend vorsichtig. Dann, im Jahre 2003, fiel der erste Citrattest positiv aus. Lenski hatte seinen Versuch zwölffach angesetzt, musste also jeden Tag zwölf Lösungen umpipettieren, alle 75 Tage zwölf Proben einfrieren und so weiter. Doch in einem dieser Ansätze war es tatsächlich geschehen. Die *E. coli*-Bakterien konnten zum ersten Mal in der drei Milliarden Jahre langen Geschichte ihrer Existenz Citrat verwerten. Lenski errechnete, dass das Erlernen dieser Fähigkeit etwa 31 500 Generationen gedauert hatte.[19] Für Menschen wären 31 500 Generationen fast eine Million Jahre, für *E. coli*-Bakterien waren es nur fünfzehn.

Was genau war geschehen? War ein gänzlich neuer Weg entstanden? Das wäre weit weniger wahrscheinlich als die Möglichkeit, dass ein bestehendes Konzept sich so gewandelt hat, dass der neue Weg möglich wurde.

Denn *E. colis* können prinzipiell Citrat verwerten. Citrat ist ein zentraler Bestandteil des Energiestoffwechsels allen Lebens auf der Erde, vom Bakterium bis zum Mathematikprofessor. Das biochemische Verfahren, das hinter dem Abbau von Citronensäure steht, wird Citratzyklus genannt und hat sich in der Evolution wahrscheinlich mehrfach unabhängig voneinander mit verschiedenen Graden an Effizienz entwickelt.

*E. colis* können Citrat aber nicht von außen verwerten, weil sie kein Türsteherprotein haben, das Citrat erkennt und herein lässt. Im Inneren des Bakteriums gibt es zu jeder Zeit reichlich Citrat-Moleküle, aber es geht den Türsteher nichts an, ob in der Zelle irgendwo Citrat gebildet wird. Solange es keinen Türsteher gibt, der Citrat erkennt und herein lässt, wird Citrat nicht in das Bakterium gelassen und kann nicht als Energie- und Kohlenstoffquelle dienen.

Doch genau das ist in Lenskis Experiment in einer *E. coli*-Kolonie geschehen. Irgendetwas in der Zelle hat sich geändert und lässt nun Citrat-moleküle in das Bakterium, so dass sie dort verwertet werden können. Es ist möglich, dass sich ein neues Türsteherprotein gebildet hat. Dass neue Proteine spontan gebildet werden, ist allerdings viel seltener als die zweite Möglichkeit: Ein bereits existierendes Türsteherprotein hat sich durch Mutation verändert und lässt nun Citrat in die Zelle.

Zumindest ist die Wahrscheinlichkeit für die zweite Variante viel größer. Mutationen entstehen unter anderem dadurch, dass DNA bei der Zellteilung fehlerhaft gelesen wird. Sie trägt dann andere Informationen, und wenn dieses Stück DNA dann von der RNA korrekt abgelesen wird, entsteht ein neues Protein, das es vorher nicht gab. Das kann dann ohne Konsequenzen sein, und in der Vielzahl der Fälle ist es das auch. Oder es ist etwas Nützliches entstanden. Wenn es dann auch noch so nützlich ist, dass es genau in die von Professor Lenski vorgegebene Versorgungslücke passt, dann hat das Bakterium davon einen gewaltigen Vorteil. Bei der nächsten Zellteilung, die dann etwa dreieinhalb Stunden später einsetzt, wird diese Information an die Nachfolgegenerationen weitergegeben. Die Idee ist in die Welt gekommen.

Da unsere Citrat-*E. colis* sich dann im Vergleich zu den anderen Bakterien, die diese Fähigkeit nicht entwickelt haben, wesentlich schneller vermehren werden, wird sich diese Fähigkeit im Kolben Nr. X sehr schnell durchsetzen. Sie ist die perfekt passende Antwort auf die Bedingungen, die Lenski festgelegt hat, und deshalb ist der Selektionsvorteil auch besonders groß.

Es zeigt sich damit auch, dass Evolution umso schneller verläuft, je größer der Selektionsdruck ist. Hätte Lenski viel von der gewohnten Glucose und nur wenig Citrat vorgegeben, so hätte der Prozess wahrscheinlich viel länger gedauert und vielleicht wäre, genau wie in den Jahrmillionen zuvor, überhaupt nichts geschehen. Ist der Esel satt, braucht er die Möhre nicht. Hätte Lenski überhaupt keine Glucose und nur wenig Citrat in die Lösung pipettiert, hätten die Bakterien sich kaum vermehrt und das Experiment wäre früh beendet gewesen. Wenn die Möhre zu hoch hängt, hat der Esel keine Chance und verhungert.

Es wäre sicherlich interessant, auch einmal den Prozentsatz der Mutationen im Erbgut zu erfahren, aus denen einer Spezies tatsächlich ein Vorteil erwächst. Richard Lenski schätzt, dass in seinem *E. coli*-Langzeitexperiment einige hundert Millionen Mutationen stattgefunden haben, von denen etwa 100 der Spezies tatsächlich Vorteile brachten. In seinem Experiment war also etwa jede millionste Mutation von Vorteil. Auch wenn Junior also eine Million Anläufe braucht, um einen neuen Speicherpunkt zu erreichen, wird er immer noch vorankommen.

## Zur Geschwindigkeit der Evolution

Die Kambrische Explosion brachte innerhalb von zwanzig Millionen Jahren einige Millionen neue Spezies hervor. Das ist eine Geschwindigkeit, wie wir sie auf der Erde selten gefunden haben. Die Evolution lief hier auf Hochtouren und bewirkte das Aufkommen nicht nur einer neuen Spezies nach der anderen. Es wurden auch neue Bauteile von Tieren entwickelt, die es heute noch gibt, was ein Beleg ihrer jeweiligen evolutionären Durchsetzungskraft ist.

Im Jahre 1938 entdeckte die Museumsleiterin Marjorie Courtenay-Latimer in Südafrika in einem Fischerboot eine Art Fisch, die sie noch nie gesehen hatte. Er war stahlblau, etwa 50 kg schwer und hatte sehr fleischige Flossen, die schon fast mit Stummelbeinen und -armen vergleichbar waren. Sie witterte eine Rarität, nahm das Tier mit ins Museum und versuchte es in eine Gruppe von bekannten Fischen einzuordnen. Sie zeigte den Fisch dem südafrikanischen Professor James Leonard Brierley Smith, der die Sensation bestätigte: es handelte sich um einen Quastenflosser.

Die Quastenflosser sind Knochenfische und gelten als die Vorfahren der Amphibien. Die ältesten Fossilien der Quastenflosser wurden auf 400 Millionen Jahre vor unserer Zeit datiert und bis zu diesem Fund war man der Auffassung gewesen, sie seien zusammen mit den Dinosauriern vor 65 Millionen Jahren ausgestorben. Nun aber zeigte sich der Wissenschaft ein lebendes Exemplar.

Das Besondere daran ist, dass sich diese Tiere in den letzten 400 Millionen Jahren nur wenig verändert haben. Nun ist der in Südafrika gefundene Quastenflosser nicht identisch mit einer der bekannten fossilen Spezies. Das wäre in der Tat sehr verwunderlich. Nein, die Quastenflosser-Arten von damals sind nach wie vor ausgestorben. Das in Südafrika gefundene

Exemplar ist eindeutig ein Nachfolger der früheren Arten, aber dennoch sehr verwandt.

Erstaunlich verwandt. Nach 400 Millionen Jahren Evolution sollte man erwarten, dass dieser Fisch fliegen gelernt hat, zur Echse wurde oder heute als Gebrauchtwagenhändler in Illinois arbeitet. Doch das Ausmaß seiner Veränderungen ist sehr klein gewesen. Ja fast wirkte es, als könnte die Evolution anhalten, wenn sie mit einem Tier zufrieden ist.

Die Geschwindigkeit der Evolution ist also variabel, alles deutet darauf hin. Mutation ist die Grundlage der Evolution, denn sie bewirkt Veränderung. Selektion ist der Mutation nachgeschaltet und bestimmt, was aus diesen Mutationen wird.

Doch was war hier wirklich geschehen? Warum brachte die Kambrische Explosion in kurzer Zeit Unmengen an Arten hervor, während andere Arten in hunderten von Millionen Jahren kaum eine Änderung durchmachten?

Mutationen treten in der DNA grob gesehen immer gleich häufig auf. Da die DNA ein Molekül ist, das aus immer den gleichen Bausteinen besteht, ist die Mutationsrate der DNA auch in jeder Spezies etwa dieselbe. Unterschiede in der Mutationsrate ergeben sich höchstens dadurch, dass manche Organismen vor der kosmischen Höhenstrahlung geschützt sind, die der DNA schaden kann. Im Falle der Quastenflosser ist das durchaus denkbar, aber noch nicht alles.

Zu Zeiten der Kambrischen Explosion war der Eispanzer der Erde gerade verschwunden. Neue Lebensräume entstanden und mit diesen neuen Lebensräumen entwickelte sich auch der Kampf um diese. Das ist ein erheblicher Selektionsdruck und da das Leben sich zu dieser Zeit in alle Richtungen entwickeln konnte, tat es das auch. Das Leben verbreitete sich wie eine Flüssigkeit auf dem Boden und lief in alle Ritzen, die beim Abschmelzen des Eises entstanden waren. Der überlebende Anteil der Mutationen, die sich damals wie heute entwickelten, konnte sich damals freier entfalten als heute. Die korrekte Deutung der Kambrischen Explosion ist eigentlich, dass sie die beste bisher beobachtete Angleichung an das evolutionäre Tempolimit ist, das von der Mutation vorgegeben wird.

Beim Quastenflosser allerdings scheinen die Dinge anders zu liegen. Da er in einigen hundert Metern Tiefe lebt, ist seine DNA weniger anfällig gegen kosmische Strahlung. Seine Mutationsrate dürfte also schon mal etwas niedriger liegen als an der Erdoberfläche. Zudem lebt er in Höhlen, was einerseits die Strahlung weiter verringert, andererseits die Erforschung seines Lebensraumes und seiner Lebensweise erschwert.

Vor allem aber ist die Geschwindigkeit der Evolution auch ein Resultat des Selektionsdrucks. Wenn der Quastenflosser fast perfekt an seinen Lebensraum angepasst ist, dann ändert sich die Mutationsrate nicht, aber die Mutationen haben andere Folgen. Bei fast perfekter Anpassung der Spezies an ihren Lebensraum wird nun jede neue, durch Mutation entstandene Variante der Spezies aus dem Genpool der Quastenflosser eliminiert. Die Mutationsrate der Quastenflosser mag in den letzten hunderten von Millionen Jahren gleich geblieben sein, aber nun wird jede Abweichung von dieser fast perfekten Anpassung bestraft. Der Quastenflosser als Spezies ist in seinem Lebensraum gefangen. Vielleicht haben einige Quastenflosser vor zehn Millionen Jahren ihre Höhle verlassen und haben sich weiter entwickelt oder sind bei dem Versuch ausgestorben. Die, die in der Höhle geblieben sind, werden sich aber weiterhin nur wenig verändern und erst dann größere Sprünge machen, wenn ihr Lebensraum sich ändert.

Und der Quastenflosser ist damit bei weitem nicht allein. Die Perlboote, die Neunaugen, der Ginkgo, der Schachtelhalm, die Pfeilschwanzkrebse, die Schnabeltiere (ein eierlegendes Säugetier!) und die Riesensalamander sind nur einige Beispiele von Evolution, deren Geschwindigkeit sich verringert hat, weil es schwerer und schwerer wird, sich von Platz sechs auf Platz fünf in der perfekten Anpassung hochzuarbeiten.

## Die Erfindung der binären C-Waffen

Durch Mutation und die anschließende Selektion des Funktionierenden hat sich in der Vielfalt der Arten ein ganzer biochemischer Werkzeugkasten angesammelt. So wie Kugellager, Zahnräder, Kondensatoren und Federn so allgemein nützlich sind, dass man in fast jedem gebauten Stück Technik mindestens eines dieser Dinge findet, so haben sich auch auf molekularer Ebene einige Prinzipien durchgesetzt, die immer wieder in irgendwelchen biochemischen Abläufen auftauchen. Die meisten dürften

Variationen von bereits existierenden Mechanismen sein, so wie das Citrat hereinlassende Protein im Falle von Lenskis *E. coli*-Bakterien.

Manche Mechanismen aber sind so nützlich, dass sie immer wieder neu erfunden werden. Natürlich werden sie nicht erfunden, WEIL sie nützlich sind. Nein, sie entstehen vielleicht mit der gleichen Wahrscheinlichkeit wie nutzlose oder weniger nützliche Mechanismen. Aber wenn sie entstehen, dann bedeutet das für den Träger der neuen Erbinformation einen solchen Schub in der Überlebenschance, dass die Mutation mit sehr hoher Wahrscheinlichkeit erhalten bleiben wird.

Einer dieser Mechanismen, die in jedem lebenden System immer wieder auftauchen, ist das Prinzip der Kompartimente. Es ermöglicht Tieren, Pflanzen und Pilzen, Gifte einzusetzen, mit denen sie sich eigentlich selbst umbringen würden.

Das Prinzip ist einfach: In jeder Zelle befindet sich eine kleine Blase namens Vakuole. Die Vakuole ist eine Mischung aus Lagerhalle und Mülleimer. Schadhaftes, verbrauchtes oder zunächst nutzloses Material wird hier gelagert. In der Vakuole können sich hunderte von verschiedenen Substanzen befinden. Außerhalb der Vakuole, aber noch innerhalb der Zelle herrscht mehr Ordnung. Hier findet das Tagesgeschäft des Lebens statt. Andauernd werden Substanzen von Enzymen hergestellt, abgebaut, umgebaut und in die Vakuole hinein oder aus ihr heraus transportiert.

Es befinden sich also einerseits Enzyme in der Zelle und andererseits alle möglichen Substanzen in der Vakuole, die zunächst keine Aufgabe in diesem Uhrwerk haben. Doch manchmal geschieht etwas, das keiner vorausahnt.

Wie Sie wahrscheinlich schon bemerkt haben, schmeckt roher Weißkohl ein wenig scharf. Gekocht ist er eher süßlich. Die chemische Substanz, die rohem Weißkohl den scharfen Geschmack verleiht, heißt Allylisothiocyanat. Da dieser Begriff recht sperrig ist, wollen wir es im Folgenden Senföl nennen.

Senföl kommt, wie der Name schon sagt, in Senf vor, aber auch in Weißkohl, Meerrettich, Wasabi, Raps, Rucola und Radieschen, die alle zur botanischen Familie der Kreuzblütler gehören. Senföl produziert jene Art Schärfe, die so unnachahmlich in die Nase steigt und uns die Augen tränen lässt. Für uns Menschen ist es ein Tränengas und erst etwa zehn

Gramm davon wirken auf uns tödlich. Für die Pflanze selbst ist es noch viel giftiger, da es unkontrolliert mit allen möglichen wertvollen Substanzen in der Zelle reagieren würde, wenn die Pflanze es zuließe. Senföl ist so gefährlich, dass die Pflanze es nicht handhaben kann, ohne sich selbst zu verletzen. Außerdem ist Senföl wegen seiner Reaktionsfreudigkeit nicht sehr stabil und zerfällt in Wasser innerhalb weniger Minuten. Kontakt mit Luft beschleunigt den Zerfall erheblich. Es ist giftig, kurzlebig und sehr reaktionsfreudig.

Doch irgendein Vorfahre dieser Pflanzenfamilie ist auf Umwegen an das Geheimnis dieser Waffe gekommen. Auf irgendeinem molekularen Fließband der Pflanzenzelle ist irgendwann eine Substanz namens Sinigrin hergestellt worden. Sinigrin ist nichts anderes als Senföl, das mit einem Zuckermolekül und einem Sulfatmolekül verbunden ist, die dem Senföl seine gefährlichen Eigenschaften nehmen. Es war sicher nicht geplant, Senföl für die Pflanze handhabbar zu machen. Das Sinigrinmolekül ist wahrscheinlich als Abbauprodukt oder Nebenprodukt der Proteinherstellung entstanden und wurde in der Vakuole gelagert, denn es hatte zwar keine Funktion, enthielt aber wertvolle Rohstoffe wie Schwefel und Stickstoff, die man nicht einfach wegwerfen kann.

Dann aber geschah etwas Bemerkenswertes. Außerhalb der Vakuole, aber noch innerhalb der Zelle muss ein Enzym eine Mutation durchgemacht haben, die sein Aufgabenfeld erweiterte. Welches Enzym das war und welche Aufgaben es vorher hatte, ist uns nicht bekannt. Seine neue Aufgabe hat dieses Enzym so wertvoll für die Pflanze gemacht, dass es in der Biochemie einen eigenen Namen erhalten hat: Es heißt Myrosinase.

Denn Myrosinase kann den Stift aus der Granate ziehen. Der Nutzen dieser Angelegenheit gibt sich aber erst im Ernstfall zu erkennen. Wenn die Zelle zerstört wird, werden der Inhalt der Vakuole und des Zellinnenraums miteinander vermischt und die Myrosinase aus dem Zellinnenraum kommt dann in Kontakt mit dem Sinigrin in der Vakuole. Dabei entfernt die Myrosinase das Zuckermolekül und den Sulfatrest vom Sinigrin und produziert damit innerhalb von Millisekunden Senföl. Senföl wirkt auf Tiere tränenreizend, auf Insekten als Nervengift und Bakterien und Pilze werden sicher abgetötet.

Hier hat der Vorfahre des Kohls, des Rapses und des Rettichs einen entscheidenden Selektionsvorteil erhalten. Wird die Pflanze verletzt und die Zelle aufgebrochen, desinfiziert sich der Innenraum der Zelle sofort von selbst. Die Pflanze hat dann zwar ein Loch, wo mal die Zelle war, aber die Pflanze ist jetzt wieder in sich geschlossen. Das Einfallstor für Bakterien wurde vergiftet und zugeschüttet. Deshalb können diese Gemüse so lange gelagert werden und sie trocknen eher ein als zu verschimmeln.

Wird die Pflanze von einem Tier gefressen, nützt ihr das natürlich nur wenig. Aber falls das Tier sich merken kann, welche Pflanze heute Mittag so entsetzlich geschmeckt und Magenschmerzen verursacht hat, dann besteht eine Chance, dass das Tier es in Zukunft mit anderen Pflanzen versuchen wird. Die Pflanze hat dann zum Wohle ihrer Art ein Opfer gebracht, das ihr selbst nicht klar ist. Hier wird auch deutlich, dass die Pflanze sich die Veränderung nicht vornimmt, sondern dass es einfach geschieht.

Es stellt sich nun noch eine der berühmten philosophischen Fragen. Wenn wir Menschen heute Raps, Weißkohl, Senf, Meerrettich, Rucola und all die anderen Kreuzblütler anbauen, ging dann für die Pflanzen der Schuss nach hinten los? Sie haben diesen Abwehrmechanismus doch entwickelt, um nicht gefressen zu werden. Nun aber werden sie zu Millionen Tonnen im Jahr angebaut und sind aus den Kochrezepten der Welt nicht mehr wegzudenken.

Aber mal ehrlich: War es nicht ein gewaltiger Gewinn für diese Pflanzen, in die Obhut des Menschen zu gelangen? Solange es den Menschen gibt, werden wir diese Pflanzen anbauen. Wir werden sie vor Fraßfeinden schützen, wir werden sie wässern, düngen, züchten und Unkraut aus ihren Äckern entfernen. Indem wir ganze Landstriche mit Kohl, Raps und Rettichen bestellen, stellen wir jetzt ihr Überleben als Spezies sicher. Wenn der Sinn des Lebens in der puren Existenz liegt, dann haben wir den Kohlpflanzen wahrlich geholfen, dieses Ziel zu erreichen.

*****

Der Gedanke der binären C-Waffe war nun also in der Welt und konnte von den Kreuzblütlern genutzt werden. Wir Menschen haben dann den Urkohl in verschiedene Richtungen weitergezüchtet. Als wir größere

Blätter haben wollten, züchteten wir den Weiß-, den Rot- und den Grünkohl. Wir haben das Gesamtwerk dann wieder verkleinert und nannten es Rosenkohl. Als wir die Blüte größer züchteten, erhielten wir Blumenkohl und Broccoli und später kreuzten wir diese beiden zu Romanesco. Als wir uns auf die Früchte konzentrierten, erhielten wir Senf und Raps. Und als wir uns der Wurzel der Pflanze annahmen, erhielten wir Steckrüben, Radieschen und Kohlrabi.

Das Senföl kommt in diesen Pflanzen in verschiedenen Konzentrationen vor. Senföl ist eine äußerst effektive Waffe und sollte sich daher in der Natur auf evolutionärem Wege verbreiten können. Und tatsächlich taucht das Senföl noch einmal im Tierreich auf, dort aber aus zweiter Hand.

Blattläuse leben zu hunderten auf ihren Wirtspflanzen, und jeder Hobbygärtner fragt sich manchmal, wie er sie wieder los werden soll. Und so blinzelt der Hobbygärtner an seinem Strohhut vorbei in die Sonne und hofft auf eine Saison voller Marienkäfer, die die Blattläuse wegfressen. In den meisten Fällen gelingt das auch. Nur bei Kohlpflanzen will die Sache nicht so recht in Schwung kommen, denn die Blattlaus *Brevicoryne brassicae* hat sich vorbereitet.

Ein Marienkäfer kann beim Anblick einer saftigen Blattlaus nicht anders als er es schon immer gemacht hat: sich vollfressen, neue kleine Marienkäfer zeugen und die Larven gleich auf dieser Pflanze lassen, die so schön voll mit Blattläusen ist, denn die Larven der Marienkäfer fressen ebenfalls Blattläuse. *Brevicoryne brassicae* aber trägt genau wie der Senf Myrosinase in ihrem Körper.

Die Blattlaus lebt selbst vom Kohl und reichert dabei im Laufe ihres Lebens das Sinigrin des Kohls in ihrem »Blut« an, der Hämolymphe. Die Myrosinase eigener Herstellung befindet sich im Kopf der Blattlaus und hat vorläufig keinen Kontakt zum Sinigrin.

Wenn der Marienkäfer nun in die Blattlaus beißt, zerkaut er den Kopf und mischt ihn so mit der Hämolymphe. Es entsteht sofort Senföl in großer Menge. Wie die Sache jetzt weitergeht, hängt davon ab, welche Art Marienkäfer in die Blattlaus gebissen hat. Der Zweipunkt-Marienkäfer überlebt diese Erfahrung selten. Der Siebenpunkt-Marienkäfer hingegen hat eine recht hohe Wahrscheinlichkeit, sich von diesem letzten Angriff zu erholen. Wenn seine Larven allerdings in die Blattlaus beißen, werden sie den Versuch nicht überleben, was auch schlecht für den Marienkäfer ist.

Jetzt sollte man sich natürlich fragen, wie die Blattlaus an das Enzym gekommen ist, das den Stift aus der Senföl-Granate ziehen kann. Die Myrosinase kommt in den Kreuzblütlern wie Senf, Kohl und Meerrettich vor und es ist schwer vorstellbar, wie die Fähigkeit, dieses Enzym herzustellen, von der Pflanze auf die Blattlaus übergesprungen sein soll. Ein Austausch von Genen zwischen einer Pflanze und einem Tier ist möglich, aber sehr selten.

Nun, das Gen ist nicht über die Artengrenze gesprungen. Die Myrosinase der Blattlaus heißt nur so, weil sie die gleiche Aufgabe erfüllt. In ihrem Aufbau und ihrer evolutionären Entstehung hat sie mit der Myrosinase der Kohlpflanze wenig gemeinsam. Sie hat sich aus der ß-Glucosidase entwickelt, die auch im *E. coli*-Bakterium vorkommt und mit der ß-Galactosidase aus dem *lac*-Operon verwandt ist. Sie spaltet beruflich Zucker. Jetzt trennt sie Zucker von einem Molekülrest ab. Das ist evolutionär gesehen nur ein kleiner Schritt. Und natürlich hat da auch nicht der bärtige Ältestenrat einer Blattlauskolonie abends lange und nachdenklich am Feuer gesessen und mit weisen Worten und kryptischen Metaphern darüber beraten, wie man die Marienkäfer wieder los wird. Die einzelne Blattlaus selbst hat ja auch nichts davon, sie muss erst einmal gefressen werden, um ihren Kampfstoff zu entfalten.

Vielmehr ist es wie immer in der Evolution einfach ein Zusammenspiel von Zufällen. Solche Entwicklungen geschehen hundertfach in jeder Spezies pro Generation und manchmal ist eine kleine Offenbarung dabei. Die Offenbarung begünstigt das Überleben einer Spezies, so dass diese Errungenschaft bevorzugt an ihre Nachkommen weitergegeben wird und die anderen Organismen, die diese Fähigkeit nicht haben, mit der Zeit weniger werden.

Sinigrin und Senföl gehören zur Gruppe der sekundären Pflanzenstoffe. Die sekundären Pflanzenstoffe zeichnen sich dadurch aus, dass sie weder am Auf- oder Abbau von Körpersubstanz noch am Energiestoffwechsel der Pflanze beteiligt sind. Sie sind die größte Kategorie der Substanzen, die in der Vakuole gelagert werden. Und so selten sich mal ein Verwendungszweck für einen sekundären Pflanzenstoff findet, so vielfältig sind auch die Aufgaben, die sie dann erhalten können.

Vanillin ist ein sekundärer Pflanzenstoff. Da es süß und angenehm riecht, lockt es Ameisen an, die die Vanillepflanze bestäuben. Die meisten sekundären Pflanzenstoffe wie Nikotin, Strychnin, das Eugenol der Gewürznelken und das Limonen der Orangenschalen haben eine Aufgabe als Insektizid oder als Desinfektionsmittel gefunden. Andere sind von widerlich bitterem Geschmack, aber sonst harmlos, wie Chinin, die Tannine vieler europäischer Baumrinden oder Koffein. Aber auch Strychnin, Atropin und viele andere Gifte schmecken bitter.

Der Mensch, immer auf der Suche nach Nahrung, hat diese interessante Entwicklung mitgemacht. Wir haben etwa 25 verschiedene Rezeptorarten auf der Zunge, die auf bittere Substanzen reagieren, aber für den Geschmackseindruck »süß« haben wir nur eine Art Rezeptor. »Süß« heißt meistens gut und essbar, aber es ist viel wichtiger für das Überleben, auch die Abwesenheit von »bitter« bestätigen zu können. Im Übrigen gibt es auch einige Gifte, die süß schmecken, wie Bleiacetat oder Trichloressigsäure. Bitter aber ist keine Eigenschaft eines Moleküls, sondern ein subjektiver Sinneseindruck, der von Rezeptoren auf der Zunge erzeugt wird. Wir haben im Laufe unserer Evolution auf der Zunge Möglichkeiten gesammelt, giftigen Substanzen das Attribut »bitter« zu verleihen. Und es gruselt mich bei dem Gedanken, wie viele von uns durch dieses Raster gefallen sind und aussteigen mussten aus dem Großen Spiel.

## Von der Richtigkeit, schwul zu sein

Wir können zum Abrunden noch einen Blick auf die wertlosen Mutationen werfen, denn sie haben die Eigenschaft, sich im Genom einer Spezies so lange anzureichern, bis sie hinderlich werden und das Genom wieder verlassen. Hauptsächlich dadurch, dass ihre Träger aussterben. Wenn das aber nicht der Fall ist, dann bleiben sie.

Wie Ihnen vielleicht schon mal aufgefallen ist, gibt es bei Verkehrsunfällen unterm Strich drei Sorten von Ersthelfern: Es gibt die Besonnenen, die sich beim Anblick von Blut und offenen Frakturen nicht beirren lassen und seelenruhig das Notwendige tun, die Verletzten nach Dringlichkeit sortieren und Wunden verbinden, bis der Notarzt da ist. Es gibt die Gefassten, denen die Situation schon sichtlich zusetzt, die sich aber zusammenreißen und versuchen, sich nützlich zu machen, indem sie den Besonnenen assistieren; und es gibt die Entsetzten, die beim Anblick von Blut sofort kreidebleich werden und die Anzahl der Hilfsbedürftigen damit eigentlich nur erhöhen.

Wie kann es so etwas in evolutionärer Hinsicht geben? Ich meine, warum bleibt so eine Eigenschaft in unserem Erbgut? Funktioniert Evolution nicht so, dass das Brauchbare sich vermehrt und alles andere schonungslos ausgemerzt wird? Oder haben wir da etwas übersehen? Eine Nische für andere Dinge, deren Zweck nicht klar zu sein scheint?

Da die Evolution kein Ziel verfolgt, ist die Frage, warum es hilflose Helfer gibt, auch nicht angebracht. Die Frage ist vielmehr, ob die Möglichkeit besteht, dass es sie gibt.

In der Tat ist es wenig hilfreich, wenn sich jemand beim Holzhacken schwer am Bein verletzt und der einzige potentielle Helfer vor Ort sich vor Entsetzen umgehend in die Wunde erbricht. Das hat allerdings wenig Einfluss auf die Erbgutchancen des hilflosen Helfers, sondern eher auf die des Verletzten.

Wenn der Verletzte dem hilflosen Helfer unter den Händen wegstirbt, dann hat das keine Folgen für die Fortpflanzung des hilflosen Helfers. Die Neigung, beim Anblick von Blut sofort selbst hilfsbedürftig zu werden, kann sich also im Erbgut des Menschen durchaus verbreiten. Es wird eben nicht immer nur nach Verbesserung gesucht und alles andere vernichtet. Wenn sich eine Gelegenheit ergibt, dass ein Gen für die Codierung von irgendwas sich fortpflanzt, dann wird das geschehen. Und aus dem Erbgut verschwinden wird es erst, wenn es sich in der Selektion als nachteilig für den Träger dieses Gens herausstellt. Wenn andere darunter leiden müssen, dann kann dieses Gen eigentlich nur eliminiert werden, wenn die ganze Gruppe ausstirbt. Etwa, indem sich alle Mitglieder eines Clans bei irgendeinem Ereignis tödlich verletzen und nur die hilflosen Helfer übrig bleiben. Durch ihr spektakuläres Unvermögen, ihrem Clan angemessen zu helfen, berauben sie sich selbst aller potentiellen Partner, so dass ihr Hilfloser-Helfer-Gen nicht mehr weiter vererbt werden kann.

Da solche Ereignisse wohl selten waren gegenüber denen, wo nur einzelne Personen gefährdet sind, besteht eine gewisse Chance, dass das Hilfloser-Helfer-Gen sich im Erbgut des Clans verbreitet.

Das Wichtige an diesem Beispiel nun ist die Erkenntnis, dass nicht jede genetische Information, wenn man sie auf ihren Nutzen untersucht, auch ein plausibles Ergebnis liefert. Es gibt nutzlose und überflüssige Dinge, die sich trotzdem im Erbgut einer Spezies festsetzen können, einfach weil es möglich ist.

Und es gibt Dinge, die auf den ersten Blick für das Überleben der Spezies abträglich erscheinen. Doch da es sie gibt und sie von der Selektion nicht aus dem Erbgut entfernt wurden, könnten sie auch einfach keinen Einfluss auf die Überlebensfähigkeit der Spezies haben. Das ist beim Frostspanner der Fall.

Der Frostspanner ist ein europäischer Schmetterling, dessen erwachsene Tiere im Winter leben. Die Mundwerkzeuge dieses Schmetterlings sind so verkümmert, dass er gar nicht mehr fressen kann. Alle Energie für sein Leben hat er noch aus seinem Raupenstadium übrig behalten, und die reicht nur für einige Tage. Wenn er sich bis dahin nicht gepaart hat, ist es vorbei. Da er aber im Winter lebt, gibt es eh keine Blüten und keinen Nektar, und so braucht er seine Mundwerkzeuge gar nicht. Das befruchtete Weibchen legt seine Eier auf Bäumen ab und die Eier schlüpfen erst im Frühling, wenn sich neue Blätter zum Fressen gebildet haben. Trotz aller Widrigkeiten gedeiht der Frostspanner prächtig, denn das Verkümmern seiner Mundwerkzeuge war seiner Arterhaltung nicht abträglich. Es spielt dabei keine Rolle, ob dem Frostspanner erst die Mundwerkzeuge abhandenkamen und er sich eine neue Lebensweise suchte oder ob er sich an neue klimatische Bedingungen anpasste und die Mundwerkzeuge daher ohne Folgen verkümmern konnten. Er lebt weiterhin und er lebt gut.

Andererseits kann es in Spezies vermeintlich schädliche Entwicklungen geben, die aber immer noch einen Grund haben können, der nicht sofort einleuchtet. Zum Beispiel Homosexualität.

Wenn man darüber nachdenkt, kommt man schnell zu dem Schluss, dass es Homosexualität eigentlich gar nicht geben dürfte. Jeder Homosexuelle sollte sich doch selbst umgehend aus dem Genpool der Spezies entfernen, da er mit einem gleichgeschlechtlichen Partner keine Nachkommen zeugen kann. Und dennoch hat man bisher in über tausend Spezies Homosexualität beobachtet und beim Menschen bezeichnen sich in der westlichen Welt zwischen ein und zwei Prozent der Männer und Frauen als homosexuell. Also muss es eine evolutionäre Erklärung dafür geben. Bisher gibt es dazu einige Hypothesen.

Da ist zunächst die Gay-Uncle-Hypothese, wie sie vom amerikanischen Biologen Edward O. Wilson angeführt wird.[20] Ein Homosexueller wird mit größerer Wahrscheinlichkeit zuhause bei den Weibchen bleiben als von den eher maskulinen Männchen zur Jagd eingeladen zu werden. Wenn er zuhause bleibt, macht er sich nützlich und versorgt den Nachwuchs der Clanmitglieder, was dessen Überlebenschancen erhöht.

Es bleibt die Frage, wie er denn nun das schwule Gen weitervererbt. Nun, wenn es in seiner Familie ein schwules Gen gibt, dann wird nicht nur er es haben, sondern auch seine Nichten und Neffen, an deren Überlebenschancen er mithilft. Somit kann Homosexualität, auch wenn sie per Definition fruchtlos bleibt, einen Platz im Genpool eines Clans haben.

Eine weitere Erklärung, warum Homosexualität immer noch existiert, bietet die sogenannte Sneaky-Fucker-Strategie von John Maynard Smith. Die betont maskulinen Männchen des Clans werden ihre Weibchen nur ungerne mit einem heterosexuellen Männchen alleine lassen, denn er könnte ihre Weibchen befruchten. Sie würden also einen Homosexuellen bevorzugen, denn von ihm geht keine Gefahr für ihr eigenes Erbgut aus.

Was aber, wenn der Homosexuelle in Wirklichkeit bisexuell ist? Ein Bisexueller könnte die anderen Männchen glauben lassen, an ihren Weibchen nicht interessiert zu sein, und sich so einen Platz zwischen den Weibchen sichern. Dann legt er los und zeugt bisexuelle Nachkommen. Mit dieser Bisexualität könnte genetisch auch eine Homosexualität vergesellschaftet sein. Solange Bisexuelle sich den Weg zu den Weibchen erschleichen, würde Homosexualität sich damit im Genpool der Spezies halten können. Allerdings kann diese Hypothese eher Bisexualität erklären als Homosexualität und sie müsste dann um ein Vielfaches höher auftreten. Tatsächlich ist Bisexualität in den westlichen Gesellschaften aber nur halb so häufig verbreitet wie reine Homosexualität.

Und es gibt die Hypothese des sozialen Drucks. Wenn ein Homosexueller gesellschaftlich gezwungen wird, die Finger von den Männchen zu lassen und Weibchen zu befruchten, dann wird seine genetische Veranlagung sich auf diesem Wege verbreiten. Wenn er bei seinen ersten homosexuellen Kontaktversuchen nur Gewalt statt Erwiderung geerntet hat, dann wird er lernen zu tun, was die anderen Männchen tun. Er wird aus gesellschaftlichem Zwang heraus Nachkommen mit den Weibchen zeugen, auch wenn er es hasst.

Da Homosexualität bisher aber in über tausend verschiedenen Spezies beobachtet wurde, stellt sich die Frage, ob es in jeder Spezies so aggressiv auf Kontaktversuche reagierende Männchen gibt. Denn ein Homosexueller ist in keiner Spezies allein, es wird immer Gleichgesinnte geben. Dass sie dennoch nicht zueinander finden, liegt dann in den Moralvorstellungen des Clans begründet, und dass Wellensittiche oder Faultiere moralische Konzepte haben, ist keine gesicherte Erkenntnis.

Außerdem gibt es Methoden, um festzustellen, ob an dieser Hypothese etwas dran ist. Wenn heute in der westlichen Welt Homosexualität kein Tabu mehr ist und Schwule gesellschaftlich nicht mehr gezwungen werden, Weibchen zu befruchten, dann sollte Homosexualität in der westlichen Welt mit der Zeit tatsächlich abnehmen. Wenn jeder Schwule sich heute ganz unproblematisch einen schwulen Partner suchen kann, um sein Leben mit ihm zu verbringen, dann müsste die Homosexualität letztendlich in jene Fruchtlosigkeit abdriften, die ihr so eigen ist.

Beobachten wir das schon? Bisher nicht. Der Coming-out-Effekt bewirkt zwar eher den Eindruck, dass Homosexualität in der Gesellschaft zunimmt. Das dürfte aber eine Täuschung sein. Sie fällt aber hauptsächlich christlich-moralisch geprägten Menschen unangenehm auf und dient ihnen als Zeichen des bevorstehenden Untergangs der Menschheit, in dem Homosexuelle dann für ihre »Widernatürlichkeit« bestraft werden.

Zu guter Letzt bleibt noch die Möglichkeit, dass sexuell überdurchschnittlich aktive Familien auch immer einen gewissen Prozentsatz Homosexualität produzieren. Die Familien mit dem Sex-Gen werden aufgrund ihrer hohen Aktivität viele Nachkommen haben, unter denen sich dann auch immer welche mit dem schwulen Gen befinden. Wie die italienischen Forscher Camperio-Ciani, Corna und Capiluppi herausgefunden haben, hat ein homosexueller Mann tatsächlich auf seiner mütterlichen Abstammungslinie mehr homosexuelle Verwandte als auf der väterlichen

Seite.[21] Darüber hinaus haben die Mütter, die das homosexuelle Gen tragen, auch durchschnittlich mehr Nachwuchs. Was also bei den Frauen die Fruchtbarkeit erhöht, könnte bei den Männern Homosexualität bewirken, denn Gene können mehrere Erbinformationen beherbergen. Damit wäre Homosexualität eine Begleiterscheinung von weiblicher Fruchtbarkeit und wird in jeder Generation neu erzeugt werden. Sie läuft keinesfalls Gefahr, eines Tages die Menschheit zu übernehmen, sondern wird immer nur ein Nischendasein haben. Und wer nun behauptet, Homosexualität sei unnatürlich, der setzt seine Prioritäten eher aus einem moralischen System heraus, das mit biologischen Erkenntnissen wenig gemein hat.

*****

Ich habe einige Seiten zuvor mit dem *Call of Duty*-Beispiel gezeigt, dass es wesentlich wahrscheinlicher ist, aus einem bestehenden System ein neues zu entwickeln als dass spontan ein funktionierendes System entsteht. Mit diesem Argument können wir aber nicht bis ganz an den Anfang der Evolution zurück gehen, denn es muss ja so etwas wie ein erstes Protein gegeben haben, das den Ursprung bildete. Aus diesem Protein haben sich durch Mutation und Auslese neue Proteine gebildet, die andere Aufgaben übernehmen konnten. Es muss also doch irgendwann der unwahrscheinliche Fall eingetreten sein, dass sich eine Art Urprotein gebildet hat, und zwar aus etwas, das selbst kein Protein war.

Nun, es war wohl nicht so unwahrscheinlich wie wir befürchten mögen. Natürlich ist es weniger wahrscheinlich als eine Veränderung an einem existierenden Protein. Undenkbar ist es aber nicht, es wird nur wesentlich länger gedauert haben. Wir können uns ein Maß für diese Wahrscheinlichkeit zurechtlegen, wenn wir uns die Zeiträume anschauen, die nach heutigem Wissen zwischen den wichtigen Stationen des Lebens liegen.

Wenn wir die Entstehung des Planeten Erde als den Zeitpunkt null festsetzen, dann haben sich nach bereits 1,1 Milliarden Jahren die ersten Einzeller gebildet. Da die Erde anfangs für Leben allgemein sehr wenig geeignet war, müssen wir diese Totzeit von etwa 700 Millionen Jahren abziehen. Es bleiben dann für die Entstehung der ersten Einzeller etwa 400 Millionen Jahre übrig. Die ersten Einzeller, die sich 400 Millionen Jahre nach Beginn dieser wohlmeinenden Bedingungen gebildet haben, waren Archaeen, Bakterien ohne Zellkern. Vierhundert Millionen Jahre! Hier hat das Leben die elementaren biochemischen Prozesse entwickelt, nach denen auch wir heute noch funktionieren. Hier entstand der Citrat-Zyklus. In schneller Generationenfolge, über Millionen von Jahren entstand hier eine Zelle mit DNA, mit Ribosomen, mit Enzymen und Türsteherproteinen. Es geschah mit viel mehr Ausscheiden aus dem Spiel als mit Überleben. Nicht mal Kreationisten wagen ernsthaft zu behaupten, dass vierhundert Millionen Jahre dafür nicht ausgereicht hätten. Sie setzen dann das Alter der Erde gemäß der Heiligen Schrift einfach auf sechstausend Jahre herab, um bei der Schöpfungsgeschichte bleiben zu können.

Es hat dann über zwei Milliarden Jahre gedauert, bis aus diesen Prokaryoten die ersten Einzeller mit Zellkern entstanden waren. Da die Entwicklung von Eukaryoten (= mit Zellkern) etwa fünfmal so lange gedauert hat wie die Entstehung von Einzellern überhaupt, muss dieser Schritt sehr anspruchsvoll gewesen sein. Wenn man sich einen Zellkern anschaut, versteht man, warum. Er hat aber spätere, komplexere Lebensformen erst ermöglicht.

Nach weiteren 700 Millionen Jahren waren aus diesen Eukaryoten dann die ersten mehrzelligen Organismen entstanden. Der Schritt vom Eukaryoten zum Mehrzeller war anscheinend etwas einfacher. Nur 100 Millionen Jahre später waren die ersten Wirbeltiere entstanden, nach weiteren 300 Millionen Jahren die ersten Säugetiere. 200 Millionen Jahre später, nach insgesamt 3,7 Milliarden Jahren, entstand schließlich der Mensch.

Welche Energie doch in der Evolution steckt! Über riesige Zeiträume gab es kaum Veränderungen. Aber wenn mal eine nutzbringende Veränderung eingetreten war, beschleunigte sich der Vorgang erheblich. Eine existierende Komplexität war immer nur die Voraussetzung für eine noch höhere Komplexität.

Dennoch steht der Systemabsturz jederzeit an. Trotz aller Selektionsvorteile kann auch eine überlegene Spezies mitsamt ihren zweitklassigen Rivalen jederzeit aussterben, wenn ein äußeres Ereignis eintritt, das dem Spiel der Evolution nicht folgt, sondern mit übermächtiger Kraft das gesamte Spielfeld zertrampelt. Es ist klar, dass das Leben ein immerwährender Prozess ist und sein muss. Man kann das Leben in schwierigen Zeiten nicht einfach für hundert oder zehntausend Generationen anhalten, bis die Zeiten wieder besser sind. Nachwuchs muss gezeugt werden, solange die gerade lebenden Weibchen dazu in der Lage sind. Leben ist ein Kampf gegen die Zeit und muss sich mit ihr arrangieren, wenn es erfolgreich sein soll. Doch bei manchen Großereignissen können die Uhren… nun, oft genug wurden sie auf der Erde schon beträchtlich zurückgestellt. In dieser Hinsicht haben wir wirklich Glück gehabt.

*»Ist die Zeitachse nur lang genug,*
*sinkt die Überlebenschance für jeden auf null.«*
CHUCK PALAHNIUK

# 7. Ein hartes Leben

Würden wir uns mit einer Zeitmaschine in die Anfänge des Kambriums vor 540 Millionen Jahren versetzen können, so sollten wir nicht vergessen, uns etwas zu essen, trinkbares Wasser und vor allem Atemgeräte mitzunehmen. Der Sauerstoffgehalt der Atmosphäre lag damals bei nur etwa 12 % und Kohlendioxid machte etwa 0,5 % der Atmosphäre aus. Jeder Atemzug schmeckte sauer wie die Luft über einem Glas Mineralwasser. Und als wäre das nicht schon unwirtlich genug, enthielt die Atmosphäre auch noch eine Dosis Schwefelwasserstoff, die uns in wenigen Minuten umgebracht hätte. Die Erde war nicht immer unser Freund. Wir sind genau genommen eher Freunde der heutigen Bedingungen auf der Erde.

Doch die Dinge hatten sich bereits beträchtlich geändert. Die einzelligen Algen hatten in großem Maße Sauerstoff produziert und die Evolution hatte mit der Entwicklung der Katalase, der Mitochondrien und des Kollagens reagiert. Das Leben konnte nun energiereichere Wege beschreiten, größer werden und neue Lebensstile entwickeln.

Einer der ältesten Mehrzeller auf der Erde ist Charnia. Charnia ähnelte in Größe und Gestalt einem Farnblatt und war einige tausend Meter unter dem Meeresspiegel im Boden verankert, doch es war ein Tier oder, sagen wir, es war irgendetwas zwischen Pflanze und Tier, denn zu jener Zeit war das Leben noch nicht so weit, sich hier zu unterscheiden. Charnia hatte nur sechs bis acht Gene. Zum Vergleich: Ein *E. coli*-Bakterium hat 4 500 Gene, Bäckerhefe hat 6 000 Gene, Weißkohl hat etwa 100 000 Gene. Wir Menschen haben 23 000 Gene.*

---

* Die absolute Zahl der Gene sagt nur wenig über die Position einer Spezies auf der »evolutionären Leiter« aus, auf deren Spitze wir uns so gerne vermuten. Gene sind unterschiedlich lang wie die Kapitel eines Buches. Weißkohl hat viele kurze Gene, so als wäre jeder Absatz im Buch seines Lebens ein eigenes Kapitel. Unsere Kapitel sind zwar recht lang, aber effizient organisiert. Bei sechs bis acht Genen aber ist schon eine untere Grenze erreicht, denn je länger das Gen ist, desto anfälliger ist es für Schäden und Lesefehler. Die Information in Charnias Genen dürfte also tatsächlich gering gewesen sein.

Charnia und viele ihrer Zeitgenossen haben trotz ihrer geringen Menge an genetischer Information eine erstaunliche Komplexität der Formen erlangt. Der Trick bestand darin, dass das Blatt die gleichen Abzweigungen hat wie der Stamm, aus dem das Blatt sich abzweigt. Am Blatt selbst sind wieder kleine Blätter, die die gleiche Form haben. Alles, was man dafür braucht, ist die genetische Anweisung, einen Stamm mit Blättern herzustellen, und die Anweisung, das Ganze noch einmal am Blatt zu wiederholen. Die genetische Anweisung, ein bestimmtes Bauteil herzustellen, wiederholt sich einfach jeweils in einem kleineren Maßstab. Während moderne Bäume verschiedene genetische Informationen für den Bau eines Stammes, größerer Äste, kleinerer Äste und von Blättern, Wurzeln und Früchten besitzen müssen, wiederholt sich bei Charnia der gleiche Prozess einfach immer wieder.

Stellen Sie sich vor, wir Menschen hätten keine Arme, sondern verkleinerte Versionen unseres Rumpfes an den Schultern, die wie Arme funktionieren. Unsere Arme hätten dann an der Schulter keine Oberarmknochen und unter dem Ellenbogen nicht Elle und Speiche, sondern es käme einfach eine kleinere Wirbelsäule aus der Schulter. Und an den Enden dieser kleineren Wirbelsäulen wären wieder kleine Wirbelsäulen, die wie Finger funktionieren. Es wäre ein durchaus vorstellbarer Weg, einen Menschen aus möglichst wenig genetischer Information herzustellen.

Wenn Charnia die genetische Information zum ersten Mal anwendet, bildet sie einen Stamm mit 20 Blättern. Setzt sie die genetische Information zur Bildung von Blättern zum zweiten Mal ein, bilden sich an allen 20 Blättern jeweils 20 neue, kleinere Stämme mit Blättern, das sind insgesamt schon 420 Blätter. Wird die genetische Information ein drittes Mal angewendet, bilden sich 8 000 neue, noch kleinere Blätter an den Blättern der Blätter. Das sind nach drei Schritten 8 420 Blätter. Im nächsten Schritt wären es 160 000, aber da die neuen Blätter immer kleiner werden, werden sie irgendwann zu empfindlich für ein Leben in der Tiefsee sein und verloren gehen und ihre Produktion ist dann reine Energie- und Rohstoffverschwendung. Eine dreifache Wiederholung ist der wahrscheinlichste Fall.

Es ist ein einfaches mathematisches Prinzip, das man auch bei Schneeflocken oder Kristallen findet. Es ist Fraktalkunst. Ein Organismus kann mit diesem Trick zwar nicht größer werden, aber an Oberfläche gewinnen. Und das war entscheidend für Organismen wie Charnia, die Nährstoffe aus dem Wasser filterten.

Charnia und ihre Zeitgenossen lebten mit dieser Errungenschaft etwa 20 Millionen Jahre lang in den Tiefen der Meere. Das ist immerhin hundert Mal so lang wie wir Menschen bisher. Doch der evolutionäre Weg, den sie eingeschlagen hatten, war eine Sackgasse. Da sie 20 Millionen Jahre mit so wenig genetischer Information gut zurechtgekommen waren, bestand für Charnia wenig Druck und wenig Gelegenheit, sich weiterzuentwickeln. Ihr Genom wurde nicht größer, und genau das ist notwendig, wenn man Evolution betreiben will. Wenn Gene mutieren sollen, um neue Möglichkeiten zu erkunden, dann muss man auch eine gewisse Zahl an Genen besitzen. Nicht ist witzloser als ein Fass aufzumachen, das bis auf eine Pfütze am Boden leer ist.

Charnia besaß schlicht nicht die Fähigkeit, sich in die Richtung späterer Tiere mit Scheren, Muskeln, Beinen, Flossen, Mäulern und Augen zu entwickeln. Dass ich diese Körperteile heute aufzählen kann, ist bereits ein Zeugnis ihrer evolutionären Nützlichkeit. Charnia konnte sich nicht bewegen, sie war im Meeresboden verankert. Da es noch keine Fressfeinde gab, blieb ihr damit ein frühes Aussterben erspart. Doch verringerte sich das Nährstoffangebot, wenn zu viele Charnias auf einem Fleck wuchsen, dann konnten die Charnias im Inneren dieses Feldes nichts dagegen unternehmen und verhungerten. Charnia war damit kein echter Akteur im Großen Spiel des Lebens, sondern nur ein Spielball der Ereignisse. Das geht gewöhnlich nicht lange gut.

Es ist ein wenig wie im Krieg. Wenn eine Kriegspartei eine neue Waffe entwickelt, dann muss die andere Partei sie ebenfalls schnellstmöglich in die Finger bekommen, da sie sonst im Nachteil ist. Mit diesem Argument lässt sich aber auch das eigene Forschen nach neuen Waffen begründen, die der Gegner dann kopieren muss. Und es entstehen Abwehrmaßnahmen. Im Kambrium wurden erfunden: die Körpersymmetrie, das Auge, der Fraßfeind, der Panzer, das Gift, das Gehirn, der Wirbel und die Sexualität. Erfinderische Zeiten, durchaus. Doch nichts hält für die Ewigkeit.

*****

Wenn Sie aus dem Fenster blicken, deutet nichts darauf hin, dass sich der Planet gerade in einem Massensterben befinden könnte. Dank Hollywood denken wir bei globalen Massenaussterben immer an Asteroiden, gewaltige Vulkanausbrüche oder John Cusack, wie er 60 Filmminuten lang zu Fuß, per Motorrad, per Limousine und auf der Landebahn vor einem Riss im Boden flieht, der ihn erstaunlich zielsicher verfolgt.

Die größten Massenaussterben auf der Erde haben in Zeitspannen von Hunderttausenden bis Millionen Jahren stattgefunden. Daher ist es durchaus möglich, dass wir uns gerade in einer solchen Phase befinden. Phaneron und Weltgefühl sind machtlos, solche Dinge überhaupt zu bemerken. Man muss es messen. Und tatsächlich sind zwischen 1970 und 2008 rund 25 % aller Landtierspezies ausgestorben.[22] Das sind alarmierende Zahlen, denn die Geschwindigkeit des Aussterbens ist um ein Vielfaches größer als bei den natürlichen Ereignissen. Im Gegensatz zu den anderen Ereignissen ist hier durch das Roden von Urwald und die Überfischung der Meere hauptsächlich der Mensch verantwortlich.

Diese Schuld ist unsere Last und wir können uns nicht damit herausreden, dass es so etwas schon immer gegeben hat. Allerdings haben die natürlichen Aussterbeereignisse eine philosophische Komponente. Sie rücken unsere eigene Existenz in ein angemesseneres Licht.

*****

Dass man überhaupt Angaben über die Dauer der Kambrischen Explosion machen kann, bedeutet auch, dass sie irgendwann vorbei war. Ab einem gewissen Zeitpunkt, der je nach Autor zwanzig Millionen Jahren früher oder später stattfand, starben mehr Spezies aus als neue entstanden. Man hat noch keine Gewissheit, was die Ursache war. Es kam vielleicht eine neue Eiszeit oder der Sauerstoffgehalt des Wassers nahm drastisch ab. Eventuell fand beides statt. Auf jeden Fall aber starb bei diesem Ereignis, welches das Ende des Kambriums markiert, etwa die Hälfte aller Spezies aus.*

* Genau genommen gab es im Kambrium vier große Massenaussterben. Aber erst das letzte Ereignis markiert die Grenze zur nachfolgenden Periode, dem Ordovizium.

Dieses Ereignis war noch relativ klein gegenüber anderen Massenaussterben. Das größte bisher dokumentierte ist die Perm-Trias-Grenze vor 251 Millionen Jahren. Selbst die Insekten, eine der hartnäckigsten Klassen des Lebens, wurden hier in ihrer Artenvielfalt erheblich reduziert. Das Ereignis war so groß, dass es für die Paläontologen nicht nur den Übergang zwischen zwei Perioden, sondern gleich zwischen zwei Erdzeitaltern markiert. Hier starben die Trilobiten aus und auch die Ammoniten büßten erheblich an Vielfalt ein. Insgesamt wurden bei diesem Ereignis 94 Prozent aller Meerestierspezies und 70 Prozent aller Spezies von Landwirbeltieren vernichtet.

Die amerikanische Geologin Luann Becker ist der Ansicht, dass ein Komet oder Asteroid das Leben auf der Erde so drastisch reduziert hat. Sie fand in einer Gesteinsschicht, die in diese Zeit fällt, eine gewisse Menge an Buckeyball-Molekülen. Das ist noch keine große Sache, wenngleich Buckeyball auch im freien Weltraum nachgewiesen werden kann. Das Besondere an diesen Buckeyball-Molekülen ist jedoch, dass sie in ihrem Inneren Helium- und Argonatome eingeschlossen haben. Da ein Edelgasatom diesen molekularen Käfig nicht verlassen kann, kann es ihn auch nicht betreten, es sei denn, der Käfig ist um das Atom herum entstanden. Etwa, wenn kohlenstoffhaltige Wolken im Weltraum mit Edelgaswolken gemischt sind und sich dann ein Buckeyball bildet, der zufällig eines dieser Atome eingeschlossen hat.

Nun entstehen Buckeyball-Moleküle auch auf der Erde und Helium und Argon gibt es hier auch. Das Besondere an diesem Helium ist aber der hohe Anteil des Isotops Helium-3, und analog fanden Becker und ihr Team auch Argon-36. Sie kamen genau in den Mengenverhältnissen vor, wie man sie in Meteoriten findet.[23] Als einen möglichen Ort für einen solchen Einschlag bietet Luann Becker eine Gesteinsformation nördlich von Australien an. Dort findet man eine kraterförmige Felsformation im Meer, die etwa 250 Kilometer Durchmesser hat und sich ziemlich genau auf den Zeitraum des Massenaussterbens festlegen lässt.

Dieses Ereignis kann weitere Folgen gehabt haben. Da die Region, in der dieser Himmelskörper niedergegangen ist, geologisch sehr aktiv ist, kann sein Einschlag eine ganze Reihe von heftigen Vulkanausbrüchen nach sich gezogen haben, die die Erde verdunkelten und mit Schwefelwasserstoff vergifteten.

Eine ganze Handvoll an wissenschaftlichen Belegen deutet in die gleiche Richtung. Wie diese Belege funktionieren, schauen wir uns aber bei der nächsten Katastrophe an, die auch viel berühmter ist.

## Die Kreide-Tertiär-Grenze

Wenn man vor einer senkrechten Felskante steht, so kann man eine Vielzahl von einzelnen Gesteinsschichten darin erkennen. Sie sind für den Laien, zu denen ich mich auch zähle, nur als Gesamtwerk beeindruckend und erinnern irgendwie an die Jahresringe von Bäumen. Für den Geologen aber hat die Natur hier eine riesige, kostenlose Schautafel aufgestellt.

Mit etwas Glück findet man einen der Ammoniten, die schon vor 400 Millionen Jahren die Weltmeere bevölkerten. Sie sehen schneckenähnlich aus, sind aber in Wirklichkeit die Vorfahren der Tintenfische. Oder man findet einen Trilobiten, eine merkwürdige Mischung aus Krebs und Assel, die bis vor etwa 520 Millionen Jahren nachweisbar ist. Und einige Schichten weiter oben – dort, wo es jünger wird – findet man manchmal auch Teile eines Dinosauriers.

Dabei stehen die Chancen eigentlich schlecht. Man schätzt, dass weit weniger als ein Prozent aller Spezies, die es je gab, überhaupt irgendein fossiles Individuum hinterlassen hat. Aber die Vielfalt, die wir schon aus den Fossilien erkennen können, ist atemberaubend.

Die einzelnen Gesteinsschichten entstehen durch unterschiedliche Mechanismen. Manche entstehen tief in der Erde aus erstarrtem Magma und werden durch geologische Aktivität über Jahrmillionen an die Oberfläche transportiert. Auch Magma, das aus einem Vulkan auf die Erdoberfläche geflossen ist, kann eine solche Schicht bilden. Diese beiden Typen heißen magmatische Gesteinsschichten. Hier finden sich keine Fossilien, denn das Tier hätte dazu von geschmolzenem Gestein eingeschlossen werden müssen, und dabei wird auch sein Skelett zerstört.

Der andere große Typ sind die Sedimentgesteine. Hier können die Reste von toten Muscheln und ähnlichen Lebewesen auf dem Meeresboden eine Kalkschicht bilden. Lagern sich durch andere Prozesse immer neue und neue Schichten anderen Materials darüber ab, so wird der Druck auf die Kalkschicht immer größer und sie wird immer fester zusammengepresst, bis eine Art bröseliges Gestein entsteht. Auch aus Sand kann auf diesem Wege ein Gestein entstehen, das man treffenderweise Sandstein nennt, das häufigste Baumaterial im Nahen Osten zum Beispiel. Es ist einfach Sand, dessen Teilchen durch langsame Bildung kleiner Kristallbrücken miteinander verwachsen sind. Die meisten Sedimentgesteine sind regional begrenzt und können, wenn man zum Beispiel eine Schicht Muschelkalk in einem Wüstenfels findet, darauf hindeuten, dass diese Wüste mal der Boden eines Ozeans war. Die gefundenen Sedimentschichten können dann regional oder kontinentübergreifend nachzuweisen sein. Wie der Biologe die einzelnen Jahresringe eines Baumes erkennen kann, da sie das Abbild des Wachstums in einem warmen oder kalten Sommer sind, kann der Geologe einzelne Schichten der Erdgeschichte identifizieren und auf der Landkarte einzeichnen. Er erkennt dann Gemeinsamkeiten von Hamburg bis Kopenhagen, von Alabama bis Texas oder von Ägypten bis Libyen.

Manchmal stößt er aber auch auf eine Schicht, die überall auf der Welt zu finden ist. Sie ist nicht dadurch entstanden, dass tote Muscheln oder Strände vom Erdboden verschluckt und als Gestein wieder hoch transportiert wurden. Sie ist dadurch entstanden, dass ein Ereignis eine große Staubwolke produziert hat, die sich dann über der gesamten Erde niedergelassen hat. Eine wirklich große Staubwolke, bewirkt durch ein wirklich großes Ereignis.

Im Jahre 1980 veröffentlichte der amerikanische Physiker Luis Alvarez zusammen mit seinem Sohn, dem Geologen Walter Alvarez, und den Chemikern Frank Asaro und Helen Michels eine bahnbrechende Hypothese.

Sie hatten in Italien, Dänemark und Neuseeland eine Gesteinsschicht identifiziert, die sich zwischen zwei härteren Gesteinsschichten fand und die Grenze zwischen zwei Erdzeitaltern markierte. Sie ist nach den Zeitaltern auch als Kreide-Tertiär-Grenze bekannt. Man wusste, dass oberhalb der Kreide-Tertiär-Grenze kaum noch Dinosaurierskelette zu finden sind, man wusste nur noch nicht, warum. Es ist aber nicht überraschend, dass die Grenze zwischen den Erdzeitaltern einen Wendepunkt markiert, denn die Erdzeitalter werden von Menschen willkürlich festgelegt und die

Grenze zwischen zweien muss ein Wendepunkt in irgendetwas sein. In diesem Fall unter anderem in dem Verschwinden der Dinosaurier.

Alvarez' und ihre Kollegen hatten in den Gesteinsschichten, die diesen Zeitpunkt markieren, eine besondere Sedimentschicht gefunden. Sie war nur zwei Zentimeter dünn, aber besaß eine hohe Konzentration an Iridium. Iridium ist ein seltenes Schwermetall, das hauptsächlich im Erdkern vorkommt und nur in geringen Spuren in der Erdkruste zu finden ist. In dieser besonderen Schicht aber fanden sie bis zu 160-mal mehr Iridium als in anderen Schichten, und das auf verschiedenen Kontinenten der Erde.

Wenn Iridium hauptsächlich tief im Inneren der Erde vorkommt, dann erscheint es logisch, dass diese Iridiumspur durch irgendein Ereignis an die Erdoberfläche transportiert wurde. Vulkane tun das andauernd und die Bilder von sprudelnder Lava sind uns heute so vertraut, dass die Sache selbstverständlich zu sein scheint: Es war ein großer Vulkanausbruch, der seine Asche über den ganzen Planeten verteilte, und so finden wir überall auf der Erde in dieser bestimmten Schicht ein erhöhtes Aufkommen von Iridium.

Das ist zwar ein guter Hinweis, aber für Wissenschaftler noch lange kein Beweis. Zunächst hatten sie nur eine besondere Sedimentschicht gefunden. Auf der Suche nach weiteren Hinweisen machten sie eine interessante Entdeckung in der Verteilung der Chromisotope, die in der gleichen Schicht zu finden waren. Um das Interessante daran zu verstehen, müssen wir einen kleinen Einschub machen.

Wie im Kapitel *Der Wirklichkeit auf der Spur* bereits erläutert, besteht der Atomkern aus Protonen und Neutronen. An der Zahl der Protonen entscheidet sich, welches Element es ist. Ein Atom mit 24 Protonen im Kern wird immer ein Chromatom sein. Nicht, weil wir einfach alles Chrom nennen, das 24 Protonen hat, sondern weil ein Kern mit 24 Protonen alle chemischen und physikalischen Eigenschaften von Chrom hat.

Die Zahl der Neutronen in einem Kern kann aber variieren. Im Falle des Chroms sind die gängigsten Varianten $^{50}Cr$, $^{52}Cr$, $^{53}Cr$ und $^{54}Cr$. Ihre Atomkerne bestehen je aus 24 Protonen und das Isotop $^{50}Cr$ besitzt 26 Neutronen (24 + 26 = 50), das schwerste Isotop $^{54}Cr$ hingegen 30 Neutronen (24 + 30 = 54). Diese vier Varianten von Chrom haben alle die gleichen chemischen Eigenschaften und unterscheiden sich nur durch ihr

Atomgewicht, und das kann man mit empfindlichen Messgeräten bestimmen. Dabei stellt sich heraus, dass das Mischungsverhältnis der Chromisotopen überall auf der Welt gleich ist. Aber nur weltweit. Im Weltall sind andere Mischungsverhältnisse möglich, denn dort herrscht härtere Strahlung, die den Atomkernen auch andere Dinge antun kann.

Alvarez' und Kollegen hatten leider keine Fördergelder für ihr Projekt auftreiben können und so mussten sie die Messungen der Chromisotope nach Feierabend durchführen. Doch es lohnte sich. Die Schicht der Kreide-Tertiär-Grenze, die Alvarez und Kollegen an verschiedenen Stellen der Welt gefunden hatten, zeigte neben einer großen Menge Iridium noch ein ganz besonderes Verhältnis von Chromisotopen. Es entsprach genau dem Mischungsverhältnis, das man in einer bestimmten Sorte von Asteroiden findet.

Es war also ein Asteroid gewesen, der die Iridium-Anomalie und das Vorkommen der außerirdischen Chromisotope verursacht hatte. Irgendwo auf der Welt war ein riesiger Brocken eingeschlagen und hatte weltweit Spuren hinterlassen. Aber wo? Alvarez und Kollegen errechneten für den notwendigen Krater eines Asteroiden, der eine solche Schicht auf der ganzen Welt verteilen kann, einen Durchmesser von etwa 200 km. Würde man diesen Krater finden, so würde man Messungen vornehmen und sagen können, ob dieser Krater zu der globalen Staubschicht passte. Sie suchten zehn Jahre lang erfolglos. Dabei gab es die fehlenden Daten schon seit Jahrzehnten.

*****

Im Jahre 1991 gingen dann der Geophysiker Brent Dalrymple und seine Kollegen nach Haiti. Knapp unter der von Alvarez gefundenen Kreide-Tertiär-Schicht (die auf Haiti schon 50 cm dick war) fanden sie kleine Glaskugeln von einigen Millimetern Durchmesser. Diese Glaskugeln waren nichts anderes als Gestein, das durch einen gewaltigen Einschlag geschmolzen und weggeschleudert worden war. Noch im Flug erstarrten diese flüssigen Gesteinstropfen wieder zu kleinen Kugeln und regneten über der Erde ab, als hätte jemand winzige Murmeln aus dem Flugzeug geworfen. Mit einer Messmethode namens Kalium-Argon-Datierung konnten die Wissenschaftler den Zeitpunkt bestimmen, an dem diese Glaskugeln das letzte Mal geschmolzen waren.

Kalium kommt in so gut wie jedem Gestein auf der Erde vor. Das Kaliumisotop $^{40}K$ ist leicht radioaktiv und zerfällt mit einer Halbwertszeit von 1,3 Milliarden Jahren zum Edelgas Argon. Ist das Gestein flüssig, wird dieses Edelgas durch die hohen Temperaturen, die flüssigem Gestein so eigen sind, aus dem Gestein ausgetrieben. In dem Moment aber, wo das Gestein fest wird, kann das Argon das Gestein nicht mehr verlassen und reichert sich an. Eine chemische Uhr beginnt im Moment des Erkaltens zu laufen. Die Wissenschaftler im Labor müssen jetzt nur noch das Verhältnis von Kalium und Argon messen und können dann zurückrechnen, wann das Argon begonnen hat, sich anzureichern.

Sie bestimmten für die Glaskügelchen ein Alter von 65 Millionen Jahren. Weitere Glaskugeln fand man in Montana im Norden der USA und in Arroyo el Mimbral in Mexiko. Ihre chemische Zusammensetzung und Alter waren gleich. An der Grenze zu Kanada fand man Gestein, das aus Mexiko stammte!

In Europa fand man diese Kugeln nicht, auf Haiti, im Norden der USA und in Mexiko schon. Der Staub hatte sich über die ganze Welt verbreitet, die größeren Stücke waren nicht so weit gekommen, und in der Karibik war die Iridiumschicht auch dicker gewesen. Der Asteroid musste also auf einem der beiden Amerikas heruntergekommen sein. Auf jeden Fall aber auf dem Festland oder in Küstennähe, denn wenn er über dem offenen Meer niedergegangen wäre, dann hätten sich Staub und Glaskugeln nicht verteilen können. Das Wasser wäre verdampft und hätte so einen Großteil der Hitze des Aufschlags abgefangen. Ab einer bestimmten Wassertiefe wäre die Temperatur dann nicht mehr hoch genug gewesen, um Silikatgestein einzuschmelzen und tausende von Kilometern weit wegzuschleudern.

Wir müssen uns klar werden, in welchen Dimensionen hier gedacht werden muss. Wenn wir uns auf einem Boot auf der Nordsee befinden, bemerken wir schnell unsere Hilflosigkeit gegenüber der Natur. Wasser tut uns an sich nicht viel, aber wenn um uns herum bis zum Horizont nur noch Wasser zu sehen ist, dann kommt es uns immer etwas mutig vor, sich auf eine schwimmende Blechpfanne zu begeben und den Gesetzen des Auftriebs blind zu vertrauen. Diese monotone dunkle Masse unter uns, die mit jedem noch so milden Wellenschlag demonstriert, wie unverhandelbar ihre Position ist, gruselt uns nicht nur wegen der gewaltigen Raubtiere, die in ihren Tiefen wohnen. Die endlose Masse Salzwasser selbst macht uns Angst, weil sie uns klar macht, wie sang- und klanglos unser Ende darin wäre. Und nun schlägt ein Sandkorn mit zwanzig Kilometern pro Sekunde (von Berlin nach München in 30 Sekunden) auf eine taufeuchte Billardkugel ein. Die buchstäblich hauchdünne Tauschicht auf der Kugel ist das Wasser, vor dem wir eben noch Angst hatten. Die Billardkugel bleibt davon unbeeindruckt, wackelt nicht und dreht sich danach stoisch weiter um sich selbst. Aber der schmale Streifen Leben auf ihr muss leiden.

Es musste irgendwo auf dem Festland einen Kratzer in unserer Billardkugel geben. Oder vorsichtiger: Dort, wo der Asteroid eingeschlagen war, musste vor 65 Millionen Jahren einmal Festland gewesen sein.

Auf der Halbinsel Yucatan am Golf von Mexiko hatten Geologen in den Fünfzigerjahren des Zwanzigsten Jahrhunderts auf der Suche nach Erdöl eine ringförmige Gesteinsstruktur von 70 km Durchmesser gefunden, die zur Hälfte an der Küste, zur Hälfte im Wasser lag und sich unter einigen hundert Metern Sand befand. Wie sich herausstellte, was das nur der innere Ring. Der äußere Ring des Kraters hatte einen Durchmesser von 180 km.

Die Geologen der Erdölfirma hatten das Gestein, das sie in diesem Krater fanden, für vulkanisches Gestein gehalten. Dabei war es durchsetzt von kleinen Stücken von Quarzmineralien, die durch einen heftigen Stoß eine Umwandlung ihrer Kristallstruktur durchgemacht haben mussten. Dieser Schock-Quarz entsteht nur unter den drastischsten Bedingungen, und das sind Einschläge von Himmelskörpern und Atombombenversuche. Obwohl es der Hinweis war, den Alvarez und Kollegen so dringend gebraucht hätten, diente die fehlinterpretierte Gesteinsprobe den Erdölgeologen jahrzehntelang nur als Briefbeschwerer und hielt Rechnungen und Beschwerden der Umweltorganisationen nieder.

Wenn der Meteorit zur Hälfte auf dem Wasser eingeschlagen war, dann musste er eine gigantische Flutwelle verursacht haben, die tief in das Land reichen würde. Und tatsächlich fand man im Süden der USA noch eine weitere Schicht zwischen den Glaskugeln und der Iridiumschicht. Die neue Schicht bestand aus Sandstein, war etwa 3 Meter dick und setzte sich zusammen aus gepresstem Sand, der mit kleinen Stückchen von Holzkohle und verbrannten Pflanzenteilen gespickt war. Dieser Sand hatte nicht viel Zeit gehabt, sich zwischen den Glaskugeln und der Iridiumschicht niederzulassen.

Einige Minuten bis Stunden nach dem Einschlag des Himmelskörpers regneten die Glaskugeln auf das gesamte Gebiet zwischen Texas und Montana herab, was immerhin die volle Höhe der USA und bis fünftausend Kilometer vom Einschlagsort entfernt ist. Wenige Stunden danach rollte ein gigantischer Tsunami von einigen hundert Metern Höhe über die damaligen Regenwälder von Texas und New Mexiko, die durch die Hitzestrahlung der Explosion bereits seit einigen Stunden in Flammen standen. Der Tsunami löschte den Feuersturm und ließ eine drei Meter dicke Sandschicht zurück. Dann, in den nächsten Wochen bis Monaten, legte sich der iridiumhaltige Staub der Explosion wie abschließender Puderzucker über die Erde. Er hatte einige Zeit die Sonne verdunkelt und eine kurze Eiszeit verursacht. Pflanzenfressende Dinosaurier verhungerten zuerst, sofern sie nicht beim Einschlag selbst verbrannt waren. Die Fleischfresser konnten noch eine kurze Zeit von diesem Massensterben profitieren, dann ging auch ihnen das Material aus. Es überlebten nur die kleinen Tiere.

Der Grund dafür ist, dass kleine Tiere in große Populationen leben. Wenn 99 % aller Individuen einer Art sterben, dann ist das bei Großtieren viel, und ihre Restpopulation fällt unter das Mindestmaß, das zum Aufrechterhalten der Art erforderlich ist. Wenn 99 % der Kleintiere sterben, dann bleiben immer noch genug Individuen übrig, um sich zu vermehren, denn ihre Population fällt nicht unter das Mindestmaß. Der T-Rex hatte keine Chance, und die Nager nutzten sie.

Der Asteroid in Yucatan war auf Kalkgestein eingeschlagen. Durch die hohe Temperatur hatte er das Calciumcarbonat des Kalksteins zerstört und dabei riesige Mengen $CO_2$ freigesetzt. Und obwohl der Staub der Explosion zunächst eine Eiszeit von ein bis zwei Jahren verursacht hatte, bewirkte das freigesetzte $CO_2$ in den nächsten Jahrzehnten einen beträchtlichen Treibhauseffekt. Auf die Eiszeit folgte schnell eine Wüstenzeit. Solch ein drastischer Wechsel innerhalb einer Generation ist viel zu kurz, um der Evolution der Pflanzen und Tiere eine Chance zur Anpassung zu geben.

Die Ammoniten, die nahe der Wasseroberfläche lebten, fanden keine Nahrung mehr, da die globale Dunkelheit die Photosynthese der Algen zum Erliegen gebracht hatte. Nach all den Jahrmillionen und nach all den Strapazen war nun auch ihre Zeit gekommen. Die Ammoniten hatten 350 Millionen Jahre lang eine Rolle in diesem Stück namens »Leben auf der Erde« gehabt. Heute gibt es nur noch einen lebenden Abkömmling der Ammoniten, und das sind die Perlboote, die in einigen hundert Metern Tiefe leben. Sie sind faszinierende Wesen und gewähren uns Einblick in eine Zeit, als alles anders war. Ein Asteroid hatte die Karten neu verteilt und die Ammoniten waren nicht mehr unter den Spielern. Dafür aber unsere Vorfahren.

## Menschenaffen

Stellen Sie sich vor, es kommt eine neue Religion in die Welt. Die Erwachsenen müssen die Religion wechseln, ihre alten Glaubensgefüge über Bord werfen und die neue Religion kennen und lieben lernen. Oft genug ging das einher mit Bestrafung, Tod, Ausrottung, Zwangstaufe und dem Verbot, über die alte Religion auch nur zu sprechen. Dann werden Sie geboren. Sie sind der erste Mensch, der in dieser neuen Religion aufwächst. Was wäre naheliegender als zu glauben, die Welt wäre immer schon so gewesen!

Doch dann finden Sie eine Schatulle im Garten, die gefüllt ist mit Schriften aus alter Zeit. Und Sie lernen, wie die Welt einmal war. Und dann sehen Sie ihre eigene Welt in einem ganz anderen Licht.

Die Anthropologen und Paläontologen unserer Zeit sehen unsere Welt sehr nüchtern. Sie finden regelmäßig Knochen, Steinwerkzeuge, Tonkrüge und all die anderen Hinweise auf jene Zeiten, in denen nichts sicher und alles möglich war. Für sie sind Schädel und Speerspitzen Schriften aus alter Zeit, aus denen sie rekonstruieren können, wie die Welt des Menschen einmal aussah.

Die Familie der Menschenaffen besteht aus vier Stämmen: den Orang Utans, den Gorillas, den Schimpansen und den Hominiden. Vor etwa sechs Millionen Jahren haben die Schimpansen sich von uns getrennt, oder besser: Der Menschenaffe, der davor lebte, hat sich in Schimpansen und Menschenvorfahren aufgespalten. Ich schreibe Vorfahren, da wir die ersten Menschen erst bei zweihunderttausend Jahren vor unserer Zeit ansetzen. In den Millionen Jahren dazwischen lebte der Australopithecus als eigene Art, die noch kein Mensch war, aber auch mit den Schimpansen nur noch wenig gemeinsam hatte. Er lebte immerhin zwanzigmal so lange auf der Erde, wie wir Menschen es bisher tun, und kann wohl mit Fug und Recht eine eigene Art genannt werden.

Wir dürfen uns nichts vormachen. Die heutige Phase des Menschen, in der wir nur Schimpansen und Bonobos als naheste Verwandte haben, ist noch sehr jung. Unsere Vorfahren haben über Jahrhunderttausende in einer Welt gelebt, die voll war von anderen Menschenarten. Wenn ein Clan zu wandern begann, konnte er einem anderen Clan begegnen, der sich von seinesgleichen mehr unterschied als ein blonder Schwede von einem Aborigine.* Sie sind alle verschwunden. Alle bis auf uns.

Es existierten einst ein Dutzend Hominidenarten, die alle vom Homo erectus abstammten. Neandertaler waren kräftiger gebaut und konnten größere Kaltphasen des Klimas ertragen als unsere Vorfahren, brauchten aber auch mehr Nahrung als wir. Was genau mit den Neandertalern geschehen ist, weiß man nicht; die Theorien gehen von Territorialkonflikten mit unseren Vorfahren über Ausrottung durch Krankheiten nach Kontakt mit unseren Vorfahren bis zu der Annahme, sie hätten sich mit unseren Vorfahren gemischt und wären in unserer Spezies aufgegangen. Auf jeden Fall aber hat man bisher keine Neandertalerreste gefunden, die jünger wären als 24 000 Jahre.

Homo floresiensis lebte in Indonesien auf der Insel Flores. Es ist belegt, dass er dort bis vor etwa 18 000 Jahren lebte. Da er wahrscheinlich während einer Eiszeit auf die Insel gekommen war, war er nach dem Abschmelzen des Eises auf der Insel gefangen. Durch den evolutionären Prozess der Inselverzwergung, der solche geographisch gefangenen Populationen ergreifen kann, waren die ausgewachsenen Exemplare dieser Spezies

* Die sich übrigens in weniger als 0,1 % ihrer DNA unterscheiden. Schimpansen haben größere Vielfalt untereinander und innerhalb der Menschheit findet man die größte genetische Vielfalt unter Afrikanern. So etwas wie »den Schwarzen« gibt es nicht.

nur etwa einen Meter groß und hatten einen Schädel von der Größe einer Grapefruit. Obwohl die Einwohner von Flores noch Geschichten von winzigen Menschen kennen, die kleine Kinder klauten und erst vor zweihundert Jahren absichtlich ausgerottet wurden, ist Homo floresiensis wohl spätestens vor 12 000 Jahren bei einem Vulkanausbruch ausgestorben.

Nun sind wir allein. Homo sapiens sapiens, der Cro-Magnon-Mensch. Und auch wir hätten beinahe dran glauben müssen.

## Das prähistorische Licht der Erkenntnis

Pinnacle Point zwischen Cape Town und Port Elizabeth ist eine schroffe Felsenkante in Südafrika, an der sich der Atlantik und der Indische Ozean treffen. Der amerikanische Archäologe Curtis W. Marean ging im Jahre 1999 mit einem Team nach Pinnacle Point, da er sich zu jener Zeit mit einem Flaschenhals beschäftigte. Dieser Flaschenhals ist allerdings keine ausgegrabene Glasscherbe, sondern eine Metapher für etwas Furchtbares.

Die Untersuchung menschlicher DNA ist heute eine einfache Sache. Seit Kerry Mullis Ende der Achtziger die PCR-Methode (Polymerase Chain Reaction) etablierte, lassen sich Vaterschaftsfragen wissenschaftlich gesichert beantworten, können DNA-Spuren an einem Tatort den Täter mit einer Wahrscheinlichkeit von neunhundert Millionen zu eins überführen und man kann sich heute mit einer einfachen Blutprobe auf eine genetische Veranlagung für Alzheimer, Diabetes oder Brustkrebs untersuchen lassen, wie Angelina Jolie es getan und die einzig richtige Konsequenz daraus gezogen hat. Wenn Sie wissen wollen, wer Sie wirklich sind, gehen Sie lieber zum Genetiker als zum Hellseher.

Die PCR-Methode hat den Biologen und Anthropologen der Welt eine neue, riesige Spielwiese aufgemacht. Wenn man in die Krankenhäuser der Welt geht und anonyme Blutproben von Menschen aller Nationen und Ethnien auf ihre Gene untersucht, macht man eine interessante Entdeckung: Die genetische Vielfalt des Menschen durchläuft ein Minimum. An irgendeinem Punkt in der Geschichte der Menschheit gab es nur noch wenige Vorfahren, von denen wir heute alle abstammen. Diese Epoche der Menschheit nennt man den genetischen Flaschenhals. Es ist eine schmale Stelle im Genpool der Menschheit, vergleichbar mit der Taille einer Sanduhr. Vorher gab es größere genetische Vielfalt, danach gab es neue Vielfalt. Während der fraglichen Zeitspanne allerdings gab es nur wenig Variation, und das bedeutet eine geringe Zahl an Trägern von Erbinformation. Die grausame Folgerung daraus ist, dass zu einem bestimmten Zeitpunkt in der Geschichte der Großteil der Menschheit gestorben ist und nur wenige übrig blieben.

Mit Koaleszenz kann man modellhaft zurückrechnen, wann das ungefähr gewesen sein muss. Der genetische Flaschenhals des Homo Sapiens begann demnach vor etwa 170 000 Jahren und dauerte knapp 100 000 Jahre. Danach war etwas Schlimmes vorbei und die Menschheit erholte sich. Da Vulkanausbrüche und Erdbeben selten hunderttausend Jahre dauern, ist eine lange Kaltzeit die wahrscheinlichste Erklärung. Schätzungen aus der Koaleszenz ergeben, dass die Weltbevölkerung in dieser Zeit ein Minimum von etwa 2 000 Menschen durchlaufen hat. Von dieser kleinen Gruppe von Menschen stammen wir heute alle ab. Dies betrifft zumindest den Homo Sapiens, der in Afrika lebte. Die Neandertaler lebten zu jener Zeit bereits in Europa, aber für eine Untersuchung ihrer Bevölkerungsentwicklung fehlt es uns an frischer DNA.

Curtis W. Marean und sein Team untersuchten die Höhlen in Pinnacle Point mit äußerster Akribie. Während der Ausgrabende sich mit Pinseln und Präpariernadeln Millimeter für Millimeter durch die Sedimente arbeitet, steht hinter ihm ein Gunner mit einer Stereokamera samt Richtlaser bereit. Wenn der Ausgrabende etwas findet, nimmt der Gunner ein Bild auf, das in der Datenbank gespeichert wird. Am Ende dieses Prozesses ist das Team in der Lage, aus allen gemachten Aufnahmen ein dreidimensionales Modell der Ausgrabungsstätte anzufertigen, in dem jeder einzelne Fund mit seiner Lage, dem Zeitpunkt des Fundes und einer Seriennummer aufrufbar ist. Wenngleich eine Ausgrabung wie früher auch immer noch die Zerstörung des Fundortes bedeutet, existiert er heute als Computermodell weiter. So lässt sich auch im Nachhinein rekonstruieren, in welcher Schicht welcher Fund gemacht wurde, und die zeitliche Reihenfolge ihrer Entstehung ist damit ebenfalls jederzeit nachvollziehbar. Man kann damit Fragen beantworten, die man sich während der Ausgrabung noch gar nicht gestellt hatte.

Und sie datierten jeden Fund, den sie machten. Mit einer Technik namens Optically Stimulated Luminescence (optisch angeregtes Leuchten) konnten Marean und sein Team bestimmen, wann ein Sandkorn das letzte Mal dem Licht ausgesetzt war. Sie ist so faszinierend, dass ich sie Ihnen nicht vorenthalten will.

In jedem Sandkorn auf der Erde befinden sich auch Spuren von radioaktiven Elementen. Diese Elemente geben laufend radioaktive Strahlung ab, so dass das Sandkorn immer eine gewisse Hintergrundstrahlung hat, die die Elektronen des Sandkorns anregt. Die angeregten Elektronen fallen größtenteils wieder zurück in stabilere, nicht angeregte Zustände und geben dabei ein wenig Licht ab. Das ist mit dem bloßen Auge nicht zu erkennen, aber messen kann man es. Manche dieser angeregten Elektronen aber verirren sich in merkwürdigen Zwischenzuständen, da der Kristall nicht rein und perfekt ist, und finden einfach nicht zurück zum Ausgangspunkt.

Der Trick an der Methode ist, dass alltägliches Sonnenlicht diese verirrten Elektronen augenblicklich wieder in normale Zustände eines Elektrons zurückbringt. Bleibt das Sonnenlicht aber aus, nehmen die verirrten Elektronen durch die radioaktive Strahlung im Sandkorn mit der Zeit langsam zu. In dem Moment, in dem Sand nicht mehr an der Oberfläche liegt, sondern von anderen Sandschichten verdeckt ist, beginnt also eine quantenmechanische Stoppuhr zu laufen.

Wenn Dr. Marean das Alter einer Speerspitze bestimmen will, die sein Team in Pinnacle Point gefunden hat, dann nützt es ihm natürlich nichts, das Alter des Steins zu bestimmen, aus dem sie gefertigt wurde. Stattdessen nimmt er an der Fundstelle unter Lichtausschluss eine Probe des Sandes. Das geht einfach, indem man eine Plastikröhre in den Boden stanzt, mit dem Sand darin wieder aus dem Boden zieht und verschließt. Im Labor bestrahlt Marean den Sand mit UV-Licht, und die verirrten Elektronen im Sandkorn werden sich wieder in energetisch angenehmeren Positionen einfinden und dabei ein wenig Licht abgeben, das zwischen blauem und UV-Licht liegt. Man kann das mit jeder Probe nur ein einziges Mal machen, denn indem man den Sand bestrahlt, stellt man seine quantenmechanische Uhr wieder auf null zurück.

Je länger der Sand in der Dunkelheit lag, desto mehr verirrte Elektronen wird er enthalten und desto mehr Licht wird er bei Bestrahlung mit UV-Licht abgeben. Auf diese Weise kann man das Alter einer Speerspitze über den Sand bestimmen, in dem sie lag. Die Methode hat eine Genauigkeit von fünf Prozent und ist bis zu einem Alter von 100 000 Jahren einsetzbar.

Marean und sein Team fanden in den Höhlen von Pinnacle Point fast 2 000 Steinwerkzeuge aus Silkret, die sie mit einer ähnlichen Methode sogar bis 164 000 Jahre datieren konnten. Silkret ist für das Schlagen von scharfen Spitzen nur mittelmäßig geeignet, kann aber durch eine Hitzebehandlung bei 350 °C zu einem der besten Faustkeil- und Speerspitzenmaterialien gemacht werden. Zahlreiche Feuerstellen, in denen gehärtete Spitzen gefunden wurden, zeugen von dieser Technik, die in Europa erst für die letzten 20 000 Jahre belegt ist.

Marean und seine Kollegen entdeckten in den Höhlen von Pinnacle Point des Weiteren fünfzehn verschiedene Sorten von Muschelschalen. Die Menschen, die damals in Pinnacle Point lebten, fanden aufgrund des warmen Meeresstromes aus Osten ein reichhaltiges Angebot an Muscheln und Fischen, und das Hinterland dieses Küstenstreifens bot auch in dieser weltweiten Eiszeit eine üppige Vielfalt an Pflanzen. Die eiweißreiche Kost der Bewohner von Pinnacle Point war zusammen mit ihrem steigenden technischen Verständnis auch eine wichtige Voraussetzung für die Entwicklung eines großen Gehirns.[24]

Trotz des ansonsten in Afrika zu jener Zeit nicht gerade heimeligen Klimas konnte ihre Population wachsen und damit stellten sich ihnen auch neue Fragen. Wo sollen all die Menschen leben? Welche Sozialstruktur brauchen wir, um uns selbst verwalten zu können? Fragen, die wir uns heute noch stellen. Die Besiedelungsgeschichte der Höhlen von Pinnacle Point endet vor 40 000 Jahren. Als das Eis sich zurückgezogen hatte, packten die Menschen ihre Sachen und breiteten sich aus. Zum zweiten Mal.

In mehreren Wanderungswellen wanderten die Menschen nach Nordafrika und gingen von dort verschiedene Wege. Einige blieben im Nahen Osten und schufen die ersten Hochkulturen, manche machten sich nach Europa auf und andere wanderten nach China und sogar nach Australien. Genetische Untersuchungen an den Ureinwohnern Amerikas haben ergeben, dass eine Gruppe von maximal 70 Menschen vor etwa 15 000 Jahren zu Fuß, wie auch sonst, über die vereiste Beringstraße von Sibirien nach Alaska gewandert ist.[25] Sie wurden die Vorfahren der Indianer, Azteken, der Inkas und der Maya. Wären sie in einem Schneesturm erfroren, hätten die Wikinger oder Kolumbus einen leeren Kontinent vorgefunden.

## Vom Leid des Menschen und von seinem Treiben

In dieser Zeit sind in uns einige Verhaltensweisen entstanden, die im heutigen Menschen merkwürdige Folgen haben. Da man noch in einer Welt ohne Ackerbau, Viehzucht und Optimierung der Pflanzen lebte, musste man essen, was die Welt hergab, und zwar sobald sie es hergab. Äpfel hatten damals etwa die Größe von heutigen Walnüssen, und während ich dieses schreibe, stelle ich mir vor, wie ein Mensch von vor hunderttausend Jahren von unserer Zeit träumen würde. Er würde sich damit vollfressen wollen, und da wir diesen Zug heute noch besitzen, aber in einem Überangebot von Nahrungsmitteln leben, sind Fettleibigkeit und ihre Folgen heute ein medizinisches Problem von epidemischen Ausmaßen. Wir haben keinen Mechanismus entwickelt, der uns beim Essen sagt, ab welchem Bissen wir zunehmen werden. Wir haben ein Sättigungsgefühl, aber es hält nicht lange genug an, um uns vor einer überflüssigen Mahlzeit zu schützen. Oft genug ignorieren wir unser Sättigungsgefühl sogar und fressen gegen alle Vernunft weiter.

Die Hälfte der Kinder in dieser Zeit starb vor der Pubertät, und dies musste durch einen gewaltigen Sexualtrieb ausgeglichen werden, wenn die Art erhalten bleiben sollte. Der Mann kann mit seinem Samen großzügig umgehen, die Frau mit ihren Eizellen aber nicht. Das ist der Grund, warum Männer sich heute um Frauen bewerben und selten umgekehrt. Mit dem Aufkommen von Verhütungsmitteln konnte auch die Prostitution von diesem Trieb profitieren, und sie bedient hauptsächlich denjenigen, der mit seinen Erbanlagen großzügiger umgehen kann: den Mann. Unser Sexualtrieb ist so allgegenwärtig, dass man mit Filmen, Heften und sexuellen Dienstleistungen eine milliardenschwere Industrie aufmachen konnte.

Das Verwandtschaftsgefühl innerhalb eines Clans hat besonders merkwürdige Blüten getrieben. Indem einem jeden Clanmitglied die Erhaltung des gesamten Clannachwuchses am Herzen liegen musste, brachte das Verwandtschaftsgefühl uns dazu, die Welt in »wir« und »sie« aufteilen zu wollen. Wir, das sind die Guten, egal was sie anstellen. Die Mitglieder anderer Clans stehen alle unter Generalverdacht. Mithilfe der Sprache und der Fähigkeit, Ideen damit von einem Gehirn zu nächsten zu transportieren, konnte das Verwandtschaftsgefühl seine ursprünglichen Grenzen verlassen und das Wir und Sie heute in jede beliebige Größenordnung bringen. HSV gegen St. Pauli, Preußen gegen Bayern, Engländer gegen Franzosen, Europäer gegen Amerikaner, Schwarz gegen Weiß, Christ gegen Moslem, Arbeiter gegen das Kapital. Oft genug wird das Wir-Gefühl dadurch unterstrichen, dass man seinen Gefolgsmann Bruder nennt, was den Ursprung dieses Triebes nur verdeutlicht. Die evolutionspsychologische Erklärung für diesen Charakterzug macht die Grenzsetzungen so zwangsläufig und die Grenzen damit auch so wertlos. Das Verwandtschaftsgefühl ist ein psychologischer Grundstein aller totalitären Ideen und wir Menschen wären viel respektvoller im Umgang miteinander, wenn wir uns jederzeit bewusst wären, warum wir so ticken und dass dieses Denken eher schädlich als gewinnbringend ist.

Die Menschen wurden selten älter als dreißig. Ihr Leben war geprägt von körperlicher Anstrengung, Entbehrung, Krankheit, Missbildung, Hunger, ständigem Mangel an trinkbarem Wasser, Parasitenbefall, gesellschaftlichem Druck und häuslicher Gewalt. Nie einen Tag frei, kein Feierabendbierchen, Reisen zu schöneren Orten hatten keinen Unterhaltungswert, sondern waren eine Sache des Überlebens. Schmerzende Zähne mussten einfach nur raus, ein Fieber endete gewöhnlich tödlich, ein entzündeter Blinddarm war ein Todesurteil. In den ruhigeren Ecken der Höhlen wurde eher vergewaltigt als geliebt. Fettiges Essen war ein Segen, Schimmelbefall nie ein Problem. Für eine Arterienverkalkung wurde man gar nicht alt genug. Alle Momente der Freude konnten jederzeit überschattet werden von den Gefahren, die die Welt bereithielt.

Und doch gab es sicherlich auch schöne Momente im Leben unserer Vorfahren. Da die Menschen vor 100 000 Jahren nichts anderes kannten als ihr Leben so wie es war, werden sie es akzeptiert haben. Nichts wäre unsinniger als sich vorzustellen, dass unsere Vorfahren abends am Feuer saßen und sich all die Dinge erträumten, die sie noch nicht hatten oder erfinden mussten. Schönheit, Sauberkeit, Anmut, respektvoller Umgang waren keine Ziele dieser Menschen. Dieser Gedanke ist ein Chauvinismus unserer heutigen Zeit, der sich aus unserer gefühlten Überlegenheit ergibt. Der Mensch von damals mag von vergleichbarer Intelligenz gewesen sein, aber es gab weniger zu wissen und zu lernen und der Intelligenzquotient hängt auch davon ab, wie sehr das Gehirn in Übung ist. Der Mensch hatte kein Geschichtsbewusstsein, über das er nachdenken konnte. Es war ein Jahrzehntausende langes Dahindümpeln in bloßer Existenz, ohne ein nennenswertes Gestern oder ein verheißungsvolles Morgen. Es regierte der reine Überlebenstrieb, der nichts anderes ist als die hormongewordene Verpflichtung des Individuums, seine Art zu erhalten.

Religion, sofern es sie gab, kam erst in der Jungsteinzeit auf und beschäftigte sich wahrscheinlich nur mit dem Tod und nicht mit der Schöpfung. Wenn die Mitglieder ihren Anführer bestatteten, der sich mit einem Tiger übernommen hatte, dann wurden sie nachdenklich. Sein ganzes Leben lang war er hart gewesen, hatte viel und schnell gelernt, hauptsächlich über die Jagd, aber auch über Macht. Er hatte Hirsche, Bären und Schweine erlegt, hatte sich durch seine Kampfkraft und seine taktische Überlegenheit gegen die anderen Männer seines Clans durchgesetzt. Er regierte mit harter Hand, aber auch milde, und Gutmütigkeit kommt immer besser zur Geltung, wenn sie aus einem Berg von Grausamkeit heraussticht.

Der Anführer war also von seinem Clan gefürchtet und geachtet worden. So viel Mühe, so viel Kraft, so viel Zusammenhalten der Sinne, so viel zu tun. So viel Leid, so viel Geistesgegenwart, so viel Beherrschung, nie die Deckung fallen lassen, Schmerz ignorieren, Clanmitglieder zwingen, sich Schwäche zu verkneifen. Und nun war er gestorben. Sollte damit wirklich alles vorbei sein? Wenn ja, wofür dann das ganze? Den Menschen war, als hätte ihr Anführer mit seinem gesamten Lebenswerk immer noch nur auf etwas hingearbeitet. Ihre Intellekte waren noch nicht so weit, sich ihre eigene Nichtexistenz vorzustellen, und unsere sind es auch noch nicht. Daher wollen wir glauben, dass der gleiche Intellekt nach dem Tod neue Erfahrungen durchmacht, und nichts wäre schöner als sich vorzustellen, dass all unsere Probleme damit auch Geschichte wären.

Sie bestatteten ihn und gewährten ihm Grabbeigaben. Mit einem Toten zusammen eine durchaus brauchbare Waffe oder wertvollen Schmuck zu beerdigen, bedeutete einen Verlust an gutem Material, und der geschah nicht einfach so. Man musste gegen seinen Impuls handeln, den kräftigen Bogen und all die guten Pfeile in dieser Welt zu behalten. Es war ein Anzeichen von Ethik oder dem Glauben an ein Leben nach dem Tod, in dem der Tote diese Dinge noch brauchen würde.

In der Chauvet-Höhle in Südfrankreich findet man Felsmalereien, die einem Picasso in nichts nachstehen. Die Höhle enthält auch die Fußspur eines circa acht Jahre alten Jungen, der beim Gang durch die Höhle seine Fackel regelmäßig gegen die Felswand schlug, um ihre Helligkeit zu erhöhen. Diese Rußspuren an den Wänden wurden mit der $^{14}C$-Methode auf ein Alter von 26 000 Jahren datiert. Wie faszinierend es doch ist, Einblicke in einen einzigen Moment zu haben, der vor anderthalbtausend Generationen geschah! Aus der Jungsteinzeit stammt die berühmte Löwenmensch-Statue, die man im heutigen Baden-Württemberg gefunden hat. Sie wurde aus einem Mammut-Stoßzahn geschnitzt und ist 35 000 Jahre alt.

Es gab bereits Kunst und Mythologie in der Welt unserer Vorfahren. Es gab sicher auch Tanz, Spiele und Feste in dieser Zeit. Im Herbst, wenn die Nahrung reichlich ist, wird man sich trotz der Vorratsbildung für den Winter »etwas gegönnt« haben. In diesen Momenten, wenn man nicht von der Hand in den Mund leben musste, konnte man die Gedanken schweifen lassen, sich Geschichten ausdenken oder Musikinstrumente erfinden. Man hatte die Muße, dankbar zu sein für die »tolle Mitarbeit« der Clanmitglieder. Was diese Menschen zu sehen glaubten, wenn sie in den Himmel blickten, wissen wir nicht. Aber eines ist sicher: Es war nicht annähernd so grotesk wie die Wirklichkeit.

*»Es gibt eine Theorie, der zufolge das Universum, sobald jemand herausgefunden hat, wofür und warum es existiert, sofort verschwindet und durch etwas viel Bizarreres und Unerklärlicheres ersetzt wird. Und es gibt eine weitere Theorie, nach der das bereits geschehen ist.«*

Douglas Adams

# 8. Eines fernen Tages

Sie und ich, wir haben viel durchgemacht. Da Sie und ich und etwa sieben Milliarden weitere Menschen zurzeit am Leben sind, müssen wir alle besonders sein, denn wir stammen in direkter Linie von denen ab, die all die Angriffe der Welt auf unsere Existenz überlebt haben. Unsere Vorfahren haben die Ausrottung der Dinosaurier überlebt, als sie noch Nagetiere waren. Wir haben die afrikanische Steppe und den genetischen Flaschenhals genauso überlebt wie die Würm-Eiszeit, den Einmarsch der Römer nach Germanien, die Kriege Karls des Großen, den Dreißigjährigen Krieg, das Jahr ohne Sommer, die Napoleonischen Kriege, die beiden Weltkriege und all die Hungersnöte dazwischen. Unsere direkten Ahnen überlebten den Schwarzen Tod, die Pocken, Malaria, die Spanische Grippe, die Geflügelpest, Cholera, Typhus, Skorbut und die Ruhr.

Jeder von uns stammt in direkter Linie von diesen Überlebenskünstlern ab. Ja genau genommen stammt jeder von uns in direkter Linie von einem Bakterium ab, das sich als Erstes mit weiteren Zellen seiner Art zu einem einfachen Körper verband, der dann Körpersymmetrie und Gliedmaßen ausbildete, das Wasser verließ, den Dinosauriern die Eier stahl, als kleines Tier mit langem Schwanz und großen Augen in den Bäumen saß, sie wieder verließ, den aufrechten Gang lernte, Werkzeuge erfand, die ersten Laute seines Kehlkopfes über eine sehr lange Zeit zur Apologie des Sokrates weiterentwickelte und heute gelegentlich einen Sartre liest oder eine Katzenberger.

Es bleibt noch die Frage übrig, wie es denn mit uns Menschen weitergeht. Wie werden wir uns weiterentwickeln? Wie werden wir in tausend Jahren aussehen oder in fünftausend?

Dies wird Ihre einzige Gelegenheit sein, mich dabei zu erleben, wie ich den Menschen als etwas Besonderes in der Parade der Lebensformen auf der Erde darstelle. Denn ein paar Besonderheiten haben wir schon.

Die meisten Hervorbringnisse der Evolution haben Gifte, Panzer, Krallen, besonders gute Augen oder Ohren, exzellente Tarnung oder elektrische Organe, mit denen ein Fisch ein Krokodil töten kann. All das haben wir nicht. Im Vergleich zu anderen Spezies haben wir ein schwaches Immunsystem, ein Allzweckgebiss, das also für keine Art Nahrung besonders gut geeignet ist, wir haben keine Giftdrüsen, Stacheln oder Greifscheren. Wir können im Vergleich zu anderen Tieren nicht einmal sonderlich gut sehen und unsere Haut ist sehr empfindlich gegenüber der Sonne, die wir so lieben. Dennoch haben wir eine ganz besondere Eigenschaft, die uns von anderen Spezies unterscheidet. Wir besitzen eine nirgendwo sonst auf der Erde zu findende Mischung aus Intelligenz und technischen Fähigkeiten, die wir mit Sprache weitervermitteln können.

Bevor Sie Einwände erheben: Nein, mit Intelligenz meine ich nicht die Fähigkeit, weise und ethisch einwandfreie Entscheidungen zu fällen. Die Frage nach der Ethik kann überhaupt erst nach der Entwicklung der Intelligenz kommen. Mit Intelligenz meine ich das Vermögen, Zusammenhänge zu begreifen, abstrakten Konzepten wie »Traum« oder »Schuld« Namen zu geben und sich Szenarien und ihre Folgen vorstellen zu können, ohne dass sie stattgefunden haben müssen. Die Fähigkeit, Entdeckungen durch Worte an folgende Generationen weiterzugeben, so dass sie nicht immer wieder bei null anfangen müssen. Die Fähigkeit, Messdaten auszuwerten und zu begreifen, dass sie nur den einen Schluss zulassen, auch wenn die Intuition uns bisher das Gegenteil sagte.

Wenngleich die Verhaltensforscher im Tierreich auch schon einiges an Werkzeuggebrauch, Lernfähigkeit, Schwarmintelligenz und sogar Aberglauben entdecken konnten, so ist eine wichtige Sache anscheinend nicht zu bemerken: Tiere stellen keine Fragen. Damit meine ich nicht »um etwas zu bitten«, denn das tun sie regelmäßig. Doch man hat kein Tier bisher dabei beobachtet, wie es zu einem beliebigen Problem Überlegungen anstellte und andere um Rat fragte, wenn es nicht mehr weiter wusste.

Der Sally-und-Anne-Test macht deutlich, warum das so ist. Man erzählt einem Schimpansen mit Bildern eine Geschichte von zwei Schwestern namens Sally und Anne, die einen Keks haben. Sally nimmt den Keks und legt ihn in ihre Schachtel. Wenn sie in der Geschichte nun aus dem Raum geht und Anne alleine ist, nimmt Anne den Keks aus Sallys Schachtel und legt ihn in ihre eigene Schachtel. Der Keks ist jetzt also in Annes Schachtel und das wissen nur wir und Anne. Wenn Sally jetzt wieder den Raum betritt und man den Schimpansen fragt, wo Sally den Keks vermuten wird, dann zeigt er immer auf Annes Schachtel. Aber das kann Sally gar nicht wissen. Sallys Kenntnisstand ist, dass der Keks noch in ihrer Schachtel liegt. Tiere und Kinder bis etwa vier Jahre haben nicht die geistigen Voraussetzungen, um sich in einen anderen Geist hineinzudenken oder sich vorzustellen, dass der andere etwas nicht weiß. Menschenkinder lernen das später und es ist die mentale Voraussetzung für die Lüge. Tiere lernen es nie, denn Tiere haben keine Theory of Mind.

Ein Hund in einem Rudel kann beliebige Dinge tun und dann lernen, wie andere Hunde darauf reagieren. Die anderen Hunde machen das genauso mit ihm. Und so kann ein Hunderudel tatsächlich eine gewisse Komplexität in der Sozialstruktur erreichen, ohne dass sich auch nur einer der Akteure am Ende seines Lebens der Tatsache bewusst geworden sein muss, dass die anderen genauso ticken wie er. Für ihn waren die anderen bis zuletzt irgendwie nur Objekte, die auf sein Handeln reagierten und mit deren Verhalten er umzugehen gelernt hat.

Um den Unterschied zwischen Intelligenz und Weisheit zu verdeutlichen, ist der Film *Forrest Gump* ein grandioses Beispiel. Forrest Gump ist nicht nur ungebildet, er ist auch schwer von Begriff. Er versteht die Ideologien seiner Mitmenschen nicht und ist entsprechend immun dagegen. Alle seine Mitmenschen aber haben Ideologien, seien es diejenigen, die Schwarze nicht an die Universität lassen wollen, diejenigen, die aus Pflichtgefühl in den Vietnamkrieg ziehen, die Black Panther, die nur den Spieß umdrehen wollen, oder die Hippies, die von einer neuen Art Gesellschaft in totaler Freiheit träumen. Sie alle gehen auf verschiedene Arten zugrunde und machen sich in ihrer Verbissenheit lächerlich. Forrest Gump überdauert all ihre Weltanschauungen und bleibt sich ewig so treu wie wir alle es gerne tun würden.

Wenngleich ich mit *Forrest Gump* hier den Anfang unserer Probleme mit der Intelligenz geschildert habe, so bin ich auch noch weit entfernt vom Ende unserer Probleme damit. Denn mit unserer Intelligenz haben wir uns von der Evolution abgenabelt.

Evolution lebt davon, dass die Benachteiligten aussterben. Das ist kein schönes Prinzip und wie abscheulich wir das finden, lässt sich an unserer Einstellung gegenüber jener Ideologie messen, die Mitte der Vierzigerjahre ihr verdientes Ende gefunden hat. Doch so sehr es uns widerstrebt – wir können nicht leugnen, dass uns als Spezies mittelmäßige Zeiten bevorstehen.

Heutzutage kann man Bluter oder Asthmatiker, Epileptiker oder Allergiker, Diabetiker oder Sichelzellanämiker sein, ohne der Selektion zum Opfer zu fallen. Unsere moderne Medizin hilft uns, lange genug zu überleben, um Nachwuchs zu zeugen. Die Entwicklung der Antibiotika hat die Lebenserwartung des Menschen fast verdoppelt. Allergietabletten und Asthmasprays helfen die Symptome zu lindern, die Krankheiten der Gene aber können sie nicht beseitigen. Die moderne Medizin hilft das Leiden des Einzelnen zu lindern, und das ist gut für den Einzelnen. Wer würde ihm das Weiterleben verübeln wollen! Für die Spezies jedoch ist es bittere Medizin, denn die Erbkrankheiten folgen uns in unausweichlichem Schlepptau. Der Wunsch, eine solche Evolution nicht durchzumachen, gleicht dem Vorhaben, die eine Mahlzeit zu essen, nach der man nie wieder Hunger haben wird, oder sich ein für allemal die Haare zu schneiden.

In fünfhundert oder tausend Jahren wird es so weit sein. Dann werden wir alle von jemandem abstammen, der Diabetiker, Asthmatiker, Epileptiker, Bluter und Allergiker gegen eine Handvoll Substanzen ist. Wir haben technische Wege gefunden, die Selektion für uns abzuschaffen, und das wird die Quittung dafür sein. Das Siechtum ist dann allgegenwärtig und unsere Ethik wird diesen Zustand aufrechterhalten.

Der viel zu wenig beachtete Film *Idiocracy* (= Herrschaft der Idioten) gibt noch etwas zu bedenken. Er portraitiert zu Beginn zwei Paare. Das eine Paar ist hochintelligent, geht steilen Karrieren entgegen und wartet sein ganzes Leben lang auf den richtigen Moment, ein Kind in die Welt zu setzen. Doch der Moment kommt nie. Sie wissen schon, die Wirtschaft läuft gerade nicht so gut und so weiter.

Das andere Paar lebt bildungsfern in einer kleinen Vorstadt und rammelt trotz aller finanziellen Schwierigkeiten ungehindert drauf los.

Fünfhundert Jahre später sind es ihre Nachkommen, die den Planeten beherrschen, denn Intelligenz ist heute kein Selektionsvorteil mehr. Die Minderbegabten können sich in der durch intelligente Menschen sicherer gemachten Welt grenzenlos verbreiten, sie können mit geringem Aufwand Essen beschaffen, Medikamente einnehmen, trocken wohnen und bei geringer Kindersterblichkeit Nachwuchs zeugen. Die Intelligenten sind zu wenige und zu sehr mit Intelligentsein beschäftigt als dass sie dieser Ausbreitung mit eigenem Nachwuchs entgegenwirken könnten. Sie sind im Selektionsnachteil und wenn Intelligenz und Bildung aus den Reihen der Minderbegabten nicht im erforderlichen Maße nachwachsen, dann wird die Intelligenz in unserer Spezies tatsächlich weniger werden. Denn Intelligenz ist kein zwangsläufiges Ergebnis der Evolution. Dort geht es nur um bloße Existenz, egal in welcher Lebensqualität.

Werden wir in Zukunft dann wenigstens aussehen wie Roswell-Aliens, die viel am Computer sitzen? Graue Haut, große, linsenförmige Augen, zierlich gebaut, irgendwie asexuell? Es gibt keinen evolutionären Grund, so etwas anzunehmen. Unsere Augen müssen sich nicht mehr weiterentwickeln, wir haben Brillen. Unsere Ohren müssen nicht mehr besser werden, denn es hindert die Fortpflanzung nicht. Moderne Qualitätsstandards der Lebensmittelerzeugung machen es für uns ausreichend, verdorbenes Essen zu meiden. Geschmackssinn ist nur noch ein Luxus und kein Überlebenskriterium mehr. Unsere einstigen Fraßfeinde sitzen in Zoos hinter Gittern und warten auf ihre Erlösung von uns. Aufgrund unserer technischen Fähigkeiten, die aus der Intelligenz resultieren, sind wir der natürliche Feind allen höheren Lebens auf der Erde und Selektion findet für uns Menschen nur noch durch die Partnerwahl unserer Weibchen statt.

Wir haben diesen Weg beschritten und können nicht einfach so die Spur wechseln. Wir müssen den Weg zu Ende gehen. Ich spreche von Gentechnik und Stammzellforschung. Manche von uns haben moralische Bedenken dabei und werfen der Wissenschaft vor, Gott zu spielen. Doch wir können nicht anders. Nicht um als Spezies zu überleben, sondern um Lebensqualität beizubehalten und die Degeneration aufzuhalten, die aus unserer Fähigkeit resultiert, die Welt nach unseren Wünschen zu ändern und das Prinzip der Selektion für uns abzuschaffen.

*****

Und auch langfristig stehen die Zeichen nicht gut. Wie stabil sind die Bedingungen, unter denen wir gerade das Leben genießen? Wenn wir zurück blicken auf die Geschichte des Lebens auf der Erde, dann waren sie eigentlich nie wirklich stabil. Es gab immer stabile Phasen, deren Dauer die Vorstellungskraft des Menschen übersteigt. Aber der Begriff Phase legt auch schon nahe, dass sie ein Ende hat und nach der Phase etwas anderes kommt. Man kann die Wechsel von einer Periode zur anderen nur an den Zeitpunkten festmachen, an denen große Umbrüche geschehen sind. Das Ende des Kambriums, die Perm-Trias-Grenze, die Kreide-Tertiär-Grenze sind nicht von Massenaussterben begleitet, sie sind durch Massenaussterben definiert. Wäre das Leben bei diesen Ereignissen nicht in großem Maßstab ausradiert worden, hätte man zwischen den geologischen Perioden gar nicht unterschieden. Es ist das Ende des Perm, das den Beginn der Trias definierte. Sonst wäre einfach weiterhin Perm gewesen.

Wir befinden uns heute im Quartär, das seit etwa zweieinhalb Millionen Jahren vorherrscht. Innerhalb des Quartärs befinden wir uns im Holozän, das seit etwa 10 000 vor Christus währt und das Ende der letzten großen Eiszeit markiert. Damals lag der Meeresspiegel etwa fünfzig Meter tiefer als heute, denn das Eis auf der Welt musste ja irgendwo herkommen. Die Ostsee war damals nicht mit der Nordsee verbunden, und sie war auch ein riesiges Süßwasserbecken. Als das Eis schmolz, stieg der Meeresspiegel, und das Salzwasser der Nordsee schwappte in die Ostsee.*

Als weiterer Unterabschnitt des Holozäns wird für die letzten 200 Jahre gelegentlich auch der Begriff Anthropozän benutzt, der unseren Einfluss auf das globale Klima verdeutlichen soll. Aber 200 Jahre sind für die Erde immer noch die Gegenwart und nur ein Zehntausendstel der Zeit, die der Mensch bisher auf der Erde verbracht hat.

Zurzeit befinden wir uns in einer warmen Phase des Erdklimas. Das ist aber nur so lange richtig, bis man einen Schritt zurück geht und einen größeren Ausschnitt des Bildes betrachtet. Dann befinden wir uns in einer

---

* Da man in der Ostsee große Mengen Bernstein finden kann, muss die Ostsee auch mal ein Tal voll Nadelwald gewesen sein, bevor sie mit dem Süßwasser der skandinavischen Gletscher volllief.

12 000 Jahre langen, warmen Phase einer Eiszeit, die seit 30 Millionen Jahren vorherrscht. Innerhalb dieser warmen Phase der Eiszeit gab es vor einigen hundert Jahren wiederum eine kleine Eiszeit, die von etwa 1 350 bis 1 850 n. Chr. dauerte. Die Durchschnittstemperatur lag in Europa in dieser Phase nur weniger als ein Grad tiefer als heute, aber die Sommer waren kurz und nass, und die Winter lang und hart. Gewaltige Missernten verursachten Hungersnöte in Europa, die auf der Suche nach den Schuldigen zu Hexenverbrennungen führten, die Französische Revolution begünstigten und die Auswanderung nach Amerika für Millionen Menschen attraktiv machten. Was immer der Grund für diese Kleine Eiszeit war, mit menschgemachten Emissionsgasen hatte es jedenfalls nichts zu tun, zumal die Weltbevölkerung damals bei weniger als einer Milliarde lag und die Industrialisierung noch nicht stattgefunden hatte.

Das wissen wir heute. Stellen wir uns vor, wir hätten dem aufgebrachten französischen Mob vor den Toren von Versailles weismachen sollen, dass die Regierung nur bedingt an ihrem Hunger schuld ist und dass die Menschen sich einfach in einer mehrere hundert Jahre langen, kalten Phase innerhalb einer mehrere tausend Jahre langen, warmen Phase innerhalb einer 30 Millionen Jahre langen Eiszeit befanden. So weit denkt der Hungernde nicht und wir können es heute auch nur aus der sicheren Entfernung unserer Agrarüberproduktion tun.

Eiszeiten können ein Problem für uns werden, denn sie zeichnen sich nicht nur durch kühlere Temperaturen, sondern auch durch erhebliche Turbulenzen auf dem Weg zu den kühleren Temperaturen aus. Stürme mit steigender Stärke und Häufigkeit, steigender oder sinkender Meeresspiegel, Ozonlöcher und plötzliche Dürrezeiten, weil die Regenwolken es nicht mehr wie gewohnt über das Gebirge schaffen, sind die zerstörerischen Begleiterscheinungen eines Klimawandels. Es sind große Herausforderungen, denen wir gewachsen sein müssen, und sie werden uns in den nächsten Jahrhunderten viel abverlangen. Zu erwarten, dass alles so bleibt wie es ist, damit man ungestört fernsehen kann, ist jedenfalls zu viel verlangt. Das Leben war auf der Erde noch nie einfach, sondern immer nur ein Ausleseprozess, der sich für unsere Wünsche oder Hoffnungen nicht interessiert.

Geradezu lächerlich machen wir uns aber erst durch unser absurdes Wirtschafts- und Finanzsystem. In diesem Finanzsystem überschreiten der Einfluss der Spekulation und der Angst zu verlieren jedes sinnvolle Maß. Eine Serie von Stürmen kann irgendwo an der Küste kaum das gesamte menschliche Leben ausradieren, aber sie kann durch Zerstörung von Werten und den Ausfall von Produktion und Verdienst eine wirtschaftliche Krise von erheblichem Ausmaß schaffen, unter der dann das Hundertfache an Menschen leiden muss. So etwas kann ganze Länder ruinieren, an deren Küste gar kein Sturm geweht hat. Es kann sie von verschonten, noch wohlhabenden Ländern abhängig machen und soziale Unruhen auslösen, die ganze Erdteile erfassen können. Alles nur, weil unser Finanzsystem solche Probleme verstärkt, statt ihre Konsequenzen zu lindern. Ja selbst Zustände, die dem Menschen angenehm sind, können sich hinderlich auswirken. Milde Winter, Friedenszeiten und körperliches Wohlbefinden sind schön für uns, belasten jedoch die Energiefirmen, die Waffenindustrie und die Pharmabranche, bis Massenentlassungen unausweichlich bleiben.

Doch auch wenn wir uns eines Tages ein neues Wirtschafts- und Finanzsystem zulegen sollten, das zum Wohle der Spezies arbeitet, kann und wird immer noch genug Schreckliches geschehen.

*****

Unsere Sonne hat einen Durchmesser von 140 000 Kilometern. Das ist etwa ein Drittel der Entfernung Erde-Mond und aus unserer Perspektive gewaltig, aber eine interessante Frage ist, warum die Sonne überhaupt einen Durchmesser hat. Sie ist ein Ball aus heißem Gas, und Gas kann beliebig zusammengedrückt und gedehnt werden. Und dieser Gasball ist von Vakuum umgeben! Wie also kommt das Gleichgewicht zustande, dessen Resultat offensichtlich der heutige Durchmesser der Sonne ist?

In der Sonne wirken zwei gigantische Kräfte gegeneinander. Zum einen ist die Sonne eine große Menge Gas, die sich naturgemäß nicht zu einem Würfel oder Tetraeder, sondern zu einer Kugel zusammenballt, die von allen geometrischen Formen bei gegebenem Volumen die geringste Oberfläche hat. Aus der Sicht eines Gasatoms auf der Oberfläche der Sonne ist der ganze Horizont voll von anderen Atomen, hinter denen sich weitere

Atome befinden. Da sich alle Atome gegenseitig anziehen, wirkt also in der Summe eine Kraft zum Zentrum der Sonne hin, wie im Wassertropfen im Kapitel *Bausteine des Lebens*. Daher haben alle Atome dieses Systems das Bestreben, zum Zentrum der Sonne zu gelangen. Es ist einfach ein Resultat ihrer Schwerkraft.

Andererseits ist das Gas auch heiß und die Atome eines heißen Gases haben immer eine wesentlich höhere Geschwindigkeit als Gasatome bei Zimmertemperatur. Wasserstoffatome auf der Oberfläche der Sonne bewegen sich mit etwa 8 500 Metern pro Sekunde, aber sie kommen nicht weit, weil sie laufend mit anderen Atomen zusammenstoßen. Es ist eher ein ständiges Aufeinanderprasseln. Im Zentrum der Sonne herrschen 15 Millionen Grad Celsius und dort bewegen sich die Atome mit etwa 500 Kilometern pro Sekunde. Erst dort schlagen die Atome so heftig ineinander, dass eine Kernfusion möglich ist, die die Wasserstoffatome zu Helium verschmilzt, dadurch mehr Wärme produziert und sich somit selbst tragen kann.

Eine steigende Temperatur der Atome bewirkt eigentlich nur einen größeren Abstand zwischen ihnen, da sie schneller sind und dadurch mehr Raum einnehmen, sofern er zur Verfügung steht. Kurz gesagt, dehnt Gas sich beim Erhitzen aus.*

Dass die Sonne einen Durchmesser hat, ist also das Ergebnis eines Gleichgewichts zwischen der nach innen wirkenden Gravitation und der in alle Richtungen wirkenden Ausdehnung des Gases. Die Gravitation zwischen den Gasatomen kann sich nicht ändern, sie ist also keine Variable für die letztliche Größe der Sonne. Aber das heißt auch, dass die Größe der Sonne sich immer ändern wird, sobald ihre Temperatur sich ändert. Wird die Sonne heißer, wird der Einfluss der Atomgeschwindigkeit größer und die Sonne wird wachsen. Kühlt die Sonne ab, wird der Einfluss der Atomgeschwindigkeit kleiner und die Sonne wird sich zusammenziehen. Es wird immer ein Gleichgewicht sein, und wo sich dieses Gleichgewicht einpendelt, hängt bei gegebener Masse ausschließlich von der Temperatur der Sonne ab. Die Masse der Sonne aber verändert sich ebenfalls.

Wasserstoffatome reagieren im Kern der Sonne laufend zu Helium, und da das entstehende Heliumatom etwas weniger wiegt als die beiden Was-

* So einfach hätte ich es von vornherein ausdrücken können. Ist aber langweilig, oder?

serstoffatome, aus denen es entstanden ist, verliert die Sonne laufend an Masse. Es sind mehr als vier Millionen Tonnen Materie, die in der Sonne pro Sekunde in Energie umgewandelt werden und ihr so auf ewig abhandenkommen. Wenn ihr Ende in etwa fünf Milliarden Jahren gekommen ist, wird sie dennoch erst ein Tausendstel ihrer Masse verbrannt haben. Sie ist auch als durchschnittlicher Stern immer noch von gewaltiger Größe, zumindest für menschliche Maßstäbe.

Da im Kern der Sonne laufend zwei Wasserstoffatome zu einem Heliumatom verschmelzen, nimmt auch die Anzahl der Atome in der Sonne kontinuierlich ab und ein Heliumatom nimmt weniger Platz ein als zwei Wasserstoffatome. Dieser neu entstandene Platz im Inneren der Sonne wird nun dadurch ausgefüllt, dass Atome der äußeren Schichten nachrücken. Da ein Heliumatom viermal so schwer ist wie ein Wasserstoffatom, wird es auch laufend ein wenig dichter im Kern und es findet trotz des Masseverlustes ein wenig mehr Fusion statt. Selbst in der stabilen Phase ihres Lebens wird die Sonne also mit der Zeit trotzdem immer ein wenig kleiner und heller.

In sechshundert Millionen Jahren wird die Sonne genug an Leuchtkraft gewonnen haben, um durch harte Strahlung das Gestein auf der Erde zu verwittern. Das Gestein wird durch diese Verwitterung immer mehr Kohlendioxid aufnehmen und es wird dann nicht mehr genug für die Photosynthese übrigbleiben. Diese Phase wird geschätzt etwa 200 Millionen Jahre dauern. Sollte es zu diesem Zeitpunkt noch strahlungsresistente Tiere auf der Erde geben, so geht ihnen spätestens jetzt die Nahrung aus. Mehrzelliges Leben auf der Erde wird in achthundert Millionen Jahren, am Ende dieser Phase, nur noch eine Epoche der Vergangenheit gewesen sein. Das Leben wird sich in die Tiefsee zurückziehen und wieder einzellig sein wie in den Jahrmilliarden davor. Mehrzelliges Leben hat es dann auf der Erde insgesamt anderthalb Milliarden Jahre lang gegeben.

In etwa 900 Millionen Jahren wird die Sonne dann so heiß sein, dass die Ozeane der Erde verdampfen und das Leben auf der Erde auch für Bakterien nicht mehr möglich ist. Wenn zwischendurch keine andere Großveranstaltung das Leben bereits ausgelöscht hat, wird es also für insgesamt 4,3 Milliarden Jahre irgendeine Form von Leben auf der Erde gegeben haben, beginnend mit den ersten Bakterien vor dreieinhalb Milliarden Jahren. Und dann wird es vorbei sein.

In den folgenden Milliarden Jahren wird die Sonne in ihrem Zentrum nicht mehr genug Wasserstoff besitzen, um die Kernfusion aufrechtzuerhalten. Sie wird abkühlen, sich dadurch zusammenziehen und nun den Wasserstoff in den höher liegenden Schichten verbrennen, in denen der Druck dann ausreicht. Da das Zentrum der Hitze dann nicht mehr tief im Kern, sondern weiter draußen liegen wird, werden die darüber liegenden Schichten der Sonne sich erheblich ausdehnen und den Merkur und die Venus verschlingen. Im Kern der Sonne jedoch wird es dichter und heißer.

Dann setzt irgendwann das Heliumbrennen ein. Hier verschmelzen dann nicht mehr Wasserstoffkerne zu Helium, sondern Heliumkerne zu Beryllium, das mit weiteren Heliumkernen zu Kohlenstoff reagiert. Da hier unterm Strich aus drei Heliumkernen ein Kohlenstoffkern entsteht, ist der Atomschwund sogar noch größer als beim Wasserstoffbrennen. Daher wird diese Phase der Sonne nicht zehn Milliarden, sondern nur 120 Millionen Jahre dauern. Letzten Endes wird die Sonne dann 160 Mal größer und 2 500 Mal heller sein als heute. Die Erde wird eine Kugel aus flüssigem Gestein werden, genau wie zu Zeiten ihrer Entstehung.

Zu dieser Zeit wird die Sonne aber laufend Materie aus ihrer Oberfläche in dem Weltraum hinaus schleudern, so dass sie noch mehr Masse verliert. Die Sonne wird dann, wenn auch das Helium verbraucht ist, nicht mehr genug Masse besitzen, um die nächste Phase einzuleiten. Sie wäre das Verschmelzen von Kohlenstoff mit Helium zu Sauerstoff, das in einer Supernova resultiert. Durch diesen zerstörerischen Akt entstünden aber auch die Rohstoffe, die einst neues Leben ermöglichen würden und das vor langer Zeit für unser Sonnensystem auch getan haben.

Da unsere Sonne für eine Supernova nicht groß genug ist, wird sie nach dem Verbrauchen des Heliums einfach abkühlen. Der Gravitation der Teilchen wird dann nichts mehr entgegenwirken, so dass die Sonne zu einem Klumpen Materie verkommt, der etwa so groß sein wird wie die Erde, aber die halbe Masse der Sonne hat. Ein Schnapsglas voll von dieser Materie wird ein Gewicht von etwa 20 Tonnen haben. Es wird eine Mischung aus verschiedenen, uns bereits bekannten Atomkernen sein, aber wir würden sie nicht wiedererkennen.

Die Sonne, die in ihrem 12 Milliarden Jahre langen Leben die Ozeane der Erde wärmte, die ersten Photosynthesebakterien zu ihrer Arbeit inspirierte, den ersten Landpflanzen schien und für kurze Zeiträume ihres langen Lebens auch mal von Menschen angehimmelt wurde, wird dann nur noch eine dunkle Kugel im Weltraum sein, die nichts mehr tut, sondern einfach nur noch da ist. Wenn wir Menschen dann nicht schon lange in freundlichere Gefilde umgezogen sind, werden auch wir Geschichte sein.

*****

Innerhalb unserer Galaxie geschieht auch einiges. Unsere Sonne umrundet das Zentrum der Milchstraße etwa alle zweihundert Millionen Jahre. Sie hat das in ihrer gesamten Lebensdauer also erst etwa zwanzig Mal getan. In hunderttausend Jahren wird sich unser Sonnensystem von seiner jetzigen Position so weit weg bewegt haben, dass die heutigen Sternenbilder nicht mehr zu identifizieren sein werden. Dafür wird es neue geben. Dafür sorgt die menschliche Phantasie, sofern dann noch welche da ist.

Die Astronomen rechnen damit, dass VY Canis Majoris, der größte Stern unserer Milchstraße, innerhalb der nächsten hunderttausend Jahre in einer Hypernova explodieren wird. Er ist etwa 3 900 Lichtjahre von der Erde entfernt und könnte bei seiner Explosion einen Gammablitz produzieren, der die Ozonschicht der Erde zerstört und das Leben auf diesem Planeten einer so harten UV-Strahlung aussetzt, dass ein neues Massensterben einsetzen wird. Bis dahin wird es mit hoher Wahrscheinlichkeit ohnehin eine neue Eiszeit auf der Erde gegeben haben. Falls wir diese Eiszeit überstehen sollten, wird ein Gammablitz die Situation nicht besser machen. Die Kombination aus beiden Ereignissen könnte das Leben auf der Erde an der Perm-Trias-Grenze schon einmal in die Knie gezwungen haben, als drei Viertel aller Landlebewesen und neun von zehn Meereslebewesen ausstarben.

Das betrifft zumindest unser Sonnensystem. Vielleicht haben wir dann bereits rechtzeitig auf ein anderes Sonnensystem umgesiedelt und dadurch Zeit gewonnen. Dass das Leben ein einziger Kampf gegen die Zeit ist, kennen wir ja schon aus der Epoche, in der wir leben. Aber hat die Zeit auch ein Ende? Wie sieht die Zukunft des Universums aus?

Ende der Neunzigerjahre beschäftigte sich eine zunehmende Menge von Wissenschaftlern mit dieser Frage. Der Grund dafür war nicht, dass man sich die Frage erst jetzt gestellt hätte; die Frage nach dem Ende des Universums ist so alt wie die Astronomie. Der Grund war vielmehr, dass man zu jener Zeit eine Chance erkannte, diese Frage endlich beantworten zu können.

Der Schlüssel zur Antwort auf diese Frage waren neue Erkenntnisse über Supernova-Explosionen, genauer über einen bestimmten Typ von Supernova-Explosionen. Eine Supernova des Typs 1a verläuft nach einem bestimmten Schema. In einem Doppelsternsystem kreisen zwei Sterne umeinander und können das für Milliarden Jahre auf stabile Weise tun. Nennen wir sie Joko und Klaas. Sagen wir, Joko erreicht irgendwann sein kritisches Alter, aber Joko ist genau wie unsere eigene Sonne zu klein, um als eine Supernova zu explodieren. Er bläht sich zu einem roten Riesen auf, wie auch unsere Sonne es eines Tages tun wird. Jokos aufgeblähte Randbezirke geraten zwischen ihn und Klaas, und Klaas zieht mit seiner Schwerkraft Jokos aufgeblähte Hülle an und nimmt sie in seinen Körper auf wie ein Staubsauger. Klaas wird dadurch größer, und Joko schrumpft dafür ein wenig und endet irgendwann als ein weißer Zwerg von hoher Temperatur und hoher Dichte. Klaas hingegen hat ein wenig an Masse gewonnen und lebt noch einige Zeit davon.

Doch irgendwann ist auch Klaas dran. Wenn sein Ende naht, wird auch er sich zu einem roten Riesen aufblähen. Joko ist bereits ein weißer Zwerg geworden, der nur ein wenig zu klein war, um in einer Supernova zu explodieren. Da Klaas ihm nun aus seiner aufgeblähten Hülle reichlich Materie zurück gibt, wird Joko auch als Weißer Zwerg irgendwann eine Masse erreichen, die im Nachhinein eben doch für eine Supernova ausreicht.

Das Besondere an dieser Supernova wird dann sein, dass Joko in genau dem Moment explodiert, wo er genug Materie von Klaas erhalten hat. Das Resultat: Alle Jokos im Universum explodieren mit immer der gleichen Sprengkraft und damit auch mit der gleichen Leuchtkraft. Für den Wissenschaftler bedeutet es, dass er die Entfernung der Supernova von der Erde anhand ihrer Leuchtkraft messen kann, denn die Leuchtkraft eines Objektes verringert sich quadratisch mit der Entfernung. Doppelte Entfernung bedeutet ein Viertel der Leuchtkraft, und die vierfache Entfernung bedeutet ein Sechzehntel der Leuchtkraft. Indem man die Leuchtkraft aller möglichen Supernovae misst, kann man ihre Entfernung ausrechnen.

Und man kann mit der gleichen Messung feststellen, ob die Supernova sich von uns weg bewegt oder auf uns zukommt. Der Trick ist genau der gleiche wie bei der eiernden Bewegung von Sternen auf der Suche nach Planeten. Wenn sich das Objekt von uns weg bewegt, werden seine Lichtfrequenzen größere Wellenlängen haben (Rotverschiebung), und wenn es auf uns zu kommt, wird sein Licht kürzere Wellenlängen aufweisen (Blauverschiebung).

Aber woher wissen wir, wie das Licht eigentlich aussehen soll? Wenn wir rötliches Licht von einer Supernova empfangen, wie können wir dann wissen, welche Farbe das Licht hätte, wenn die Supernova still stünde? Vielleicht war es von vornherein rot und die Supernova bewegt sich gar nicht?

Nun, das Licht einer Supernova ist kein durchgehendes Spektrum. Da beim Tod eines Sterns bestimmte Elemente entstehen, senden sie auch ein bestimmtes Spektrum aus Lichtfarben ab. Und es ist dieses gesamte Spektrum, das sich in den roten oder blauen Bereich verschiebt. Man muss das empfangene Spektrum nur aufzeichnen und mit den normalen Spektren der Elemente vergleichen. Dann kann man sagen, um welchen Betrag sich die Spektrallinien verschoben haben, und damit kann man die Geschwindigkeit bestimmen, mit der sich die Supernova von uns entfernt oder auf uns zu kommt. Die Chance, dass man sich irrt, ist astronomisch gering.

Die amerikanischen Astrophysiker Saul Perlmutter, Adam Ries und Brian P. Schmidt haben genau das getan. Sie begannen ihre Arbeit für das Supernova Cosmology Project der Universität Berkeley im Jahre 1988, als es technisch möglich wurde, den Himmel gezielt nach Supernova-Explosionen abzusuchen. Sie konnten über einen Zeitraum von zehn Jahren die Spektren und den zeitlichen Verlauf der Helligkeit für 42 Supernovae über jeweils mehrere Monate messen.[26]

Die waagerechte Achse in Abbildung 23 zeigt uns die Rotverschiebung einer Supernova als Zahl zwischen null und eins. Ein z-Wert von 0,10 besagt also, dass das Licht eine zehn Prozent größere Wellenlänge hat als normal, und ein z-Wert von 1,0 entspricht der doppelten Wellenlänge. Es

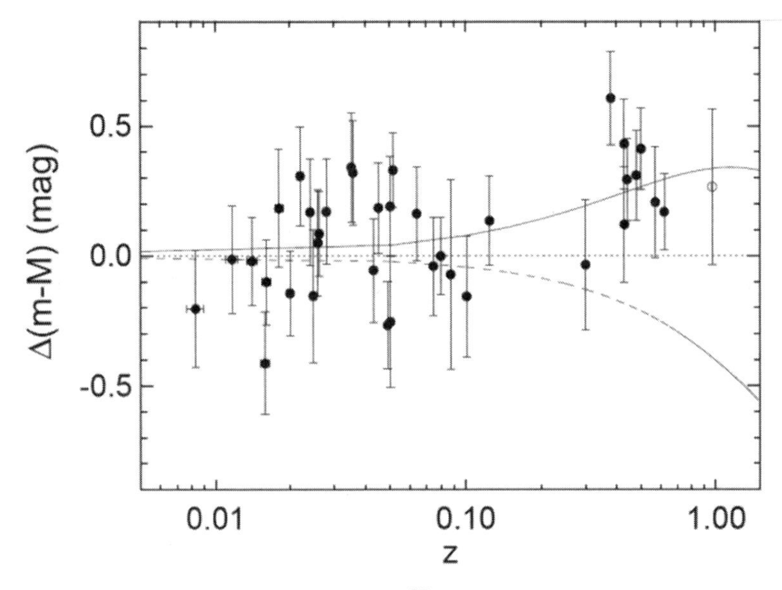


Abb. 23 Diagramm der Expansion des Universums[27]. Weiter entfernte Supernovae haben eine größere Rotverschiebung, als sich mit einem gleichmäßig oder abbremsend expandierenden Universum erklären ließe. Alles deutet auf eine zunehmende Expansion des Universums hin.

ist ein Maß für die Geschwindigkeit und gleichzeitig die Richtung der Supernova relativ zur Erde, nämlich weg von ihr. Auf der senkrechten Achse ist die Differenz zwischen der absoluten Helligkeit *M* und der scheinbaren Helligkeit *m* der Supernova angegeben, was ein Maß für die Entfernung der Supernova von der Erde ist. Die obere Linie im Diagramm beschreibt ein immer schneller expandierendes Universum, die mittlere Gerade ein konstant expandierendes Universum. Die untere Linie repräsentiert ein Universum, dessen Expansion abnimmt.

Wenngleich die Werte bis zu einem z-Wert von 0,1 keine Deutung zulassen, gewinnt die Sache bei höheren Verschiebungen an Aussagekraft. Supernovae, die weiter von der Erde entfernt sind, entfernen sich nicht nur schneller von der Erde als naher gelegene, sie entfernen sich sogar übermäßig schnell. Trotz aller Messungenauigkeiten deutet alles darauf hin, dass die Expansion des Universums zunimmt, denn die Werte verhalten sich alle so, als würden sie auf die obere Linie gehören. Zumindest sind die beiden anderen Möglichkeiten keine denkbare Interpretation.

Das Universum expandiert unaufhörlich und es dehnt sich nicht nur aus: Es dehnt sich sogar immer schneller aus, und für diese Erkenntnis erhielten Perlmutter, Ries und Schmidt im Jahre 2011 den Nobelpreis für Physik. Die Expansion des Universums ist aber nicht ganz frei von Missverständnissen, weshalb ich die Sache noch mal ein wenig erläutern sollte.

Sie und ich, wir dehnen uns nicht aus (höchstens im Rahmen von Kleidergrößen). Unser Sonnensystem dehnt sich nicht aus und unsere Galaxis dehnt sich auch nicht aus. Selbst die Lokale Gruppe von einigen hundert Galaxien, in der sich unsere Milchstraße befindet, dehnt sich nicht aus. Die Schwerkraft zwischen Sonne und Erde, zwischen den Sternen unserer Galaxie und zwischen den Galaxien unserer Lokalen Gruppe wirkt der Ausdehnung entgegen. Aber der Raum zwischen unserer Lokalen Gruppe und den nächsten Galaxienhaufen dehnt sich aus, und das Resultat davon ist, dass die Entfernungen zwischen den Galaxienhaufen immer größer werden. Schwerkraft kann Sonnensysteme, Galaxien und Galaxienhaufen zusammenhalten, aber in den großen Distanzen zwischen Galaxienhaufen kann sie sich dem Prozess der Expansion nicht entgegenstellen. Wenn zwei Galaxien einander nicht schon nahe genug sind, um sich gegenseitig anzuziehen, dann werden sie sich unweigerlich voneinander entfernen wie die Rosinen in einem aufgehenden Hefeteig. Aber auch die örtliche Gebundenheit von Galaxien hat eine Besonderheit.

## Dunkle Materie

Stellen Sie sich vor, Sie geben einige Tropfen blauer Farbe in einen Eimer Lackfarbe und rühren das Ganze mit einem Aufsatz für die Bohrmaschine um. Wenn Sie die Bohrmaschine in die Mitte des Eimers halten, entsteht zunächst ein Strudel von blauer Farbe, die sich spiralförmig in der weißen Lackfarbe verteilt, bis sie sich vollständig durchmischt hat. Wichtig für dieses Beispiel ist dabei, dass die äußeren Schichten der weißen Farbe erst spät mit der blauen Farbe in Berührung kommen. Sie bewegen sich langsamer als die inneren Schichten, wo die Bohrmaschine arbeitet.

Wenn man dieses einfache physikalische Prinzip auf eine Galaxie anwendet, erlebt man aber eine Überraschung. Hier sind die äußeren Sterne einer Galaxie viel schneller als die Berechnungen erwarten lassen. Die äußeren Sterne einer Galaxie haben eine so hohe Bahngeschwindigkeit, dass die Fliehkraft sie eigentlich aus der Galaxis schleudern müsste, denn die Gravitation aller Sterne der Galaxie reicht nicht aus, um sie auf ihrer Bahn zu halten und ihre Fliehkraft auszugleichen. Da diese äußeren Sterne sich aber offensichtlich in einem Gleichgewicht zwischen Anziehung und Fliehkraft befinden, muss die Anziehung größer sein. Das bedeutet, sie wird durch mehr Materie verursacht, als die Galaxie enthält. Genauer: Sie wird durch mehr als die sichtbare Materie verursacht.

Bereits in den Dreißigerjahren des zwanzigsten Jahrhunderts hatte der Schweizer Astronom Fritz Zwicky (laut der Fernsehserie *Unser Kosmos* der wichtigste Astrophysiker, von dem Sie noch nie gehört haben) beobachtet, dass der Coma-Galaxienhaufen, der aus über 1 000 Galaxien besteht, durch die Gravitation der Galaxien alleine nicht zusammengehalten werden kann. Zwicky vermutete, dass da viel mehr Materie Schwerkraft produzieren müsse als wir in allen Wellenlängen des Lichtes sehen können. Er gab dem Phänomen den Name Dunkle Materie.[28]

Wir wissen wenig über die Dunkle Materie. Als Natur der Dunklen Materie vermutet man Teilchen, die man WIMPs getauft hat (Weakly Interacting Massive Particles). Sie interagieren nur mit der Schwerkraft und der Schwachen Wechselwirkung, die eine sehr geringe Reichweite hat und nur innerhalb von Atomkernen zu beobachten ist. Mit elektromagnetischer Strahlung reagieren WIMPs nicht, was nicht verwundern sollte, wenn sie Dunkle Materie sind. Und da sie auch nicht der Starken Wechselwirkung unterliegen, können sie auch nicht beim Aufbau von Atomkernen mitwirken, wie es die Protonen und Neutronen tun. WIMPs fliegen genau wie die allseits bekannten Neutrinos durch die Erde und reagieren kaum mit den Dingen, aus denen wir und die Erde bestehen. Allerdings wiegt ein WIMP, sofern es denn existiert, etwa so viel wie zwei Goldatome. Ein WIMP wäre damit ein Elementarteilchen, das so viel wiegt wie 22 Wassermoleküle. WIMPs halten das Universum örtlich zusammen und verhindern, dass Galaxien auseinanderfliegen. Zwischen den Galaxienhaufen aber sind sie machtlos, und hier dehnt sich der Raum unweigerlich aus.

## Dunkle Energie

Die Messungen von Saul Perlmutter und seinen Kollegen legten die Frage nahe, warum das Universum sich ausdehnt. Ich meine nicht den Sinn dahinter, sondern die Ursache dafür. Da sie großartige Wissenschaftler sind, stellten sie sich diese Frage tatsächlich und errechneten, wie viel Energie nötig wäre, um die Anziehung der Materie im Universum in diesem Ausmaß überzukompensieren. Ihr Ergebnis war, dass der leere Raum selbst etwas enthalten müsse – dass er also nur für unsere Augen leer wäre. Wenn der leere Raum selbst rund siebzig Prozent der Energie des Universums enthalten würde, dann würde man auf genau die Ausdehnung kommen, die wir beobachten. Und Energie ist nach Einstein gleich Masse. Doch diese Energie hat nicht wie normale Materie eine Anziehungskraft, sondern eine Abstoßungskraft. Sie treibt das Universum auseinander.

Dabei hatte sich die Ausdehnung des Universums in der ersten Hälfte seiner Existenz verlangsamt. Bis etwa sieben Milliarden Jahre nach dem Urknall ist die Ausdehnung des Universums tatsächlich langsamer geworden. Dann aber überschritt sie einen Wendepunkt und beschleunigte wieder. Was immer der Grund dafür ist, man gab ihm den vorläufigen Namen Dunkle Energie. Und sie scheint mehr zu werden.

Zu Beginn des Universums bestand es zu 12 Prozent aus normaler Materie und zu 63 Prozent aus Dunkler Materie, der Rest war Strahlung. Die Dunkle Energie tauchte hier noch nicht auf. Heute, nach etwa 14 Milliarden Jahren, besteht das Universum zu fünf Prozent aus normaler Materie, zu 23 Prozent aus Dunkler Materie und zu 72 Prozent aus Dunkler Energie. Das Verhältnis zwischen der normalen Materie und der Dunklen Materie ist gleich geblieben. Die Dunkle Energie aber, die bei der Ausdehnung des Raumes entsteht, wird laufend mehr, und ihre Abstoßung bewirkt, dass das Universum sich immer schneller ausdehnt. Nach sieben Milliarden Jahren war sie stark genug geworden, eine erneute Expansion zu bewirken, und sie wird immer stärker.

Als die Arbeiten von Saul Perlmutter und seinen Kollegen veröffentlicht wurden, war die Nachricht von so grundlegender Natur, dass sie es in die Nachrichtensendungen der Welt geschafft hat. Ich persönlich war enttäuscht. Ich hatte mir lange Zeit vorgestellt, dass eine Zeit kommen würde, in der das Universum wieder in sich zusammenfällt, sich zu einer Kugel von fast unendlicher Dichte zusammenzieht und darauf ein neuer Urknall einsetzt. Dieses Szenario heißt Big Crunch. Mir gefiel die Analogie zu einem schlagenden Herzen, dessen Pulsschlag Milliarden Jahre dauert und immer wieder ein neues Universum voller Leben hervorbringt. Nun stellte sich heraus, dass das Universum wohl ewig weiter expandieren wird. Wir werden uns vom Rest des Universums entfernen und der Himmel wird leer werden. So sehr mir der Gedanke zuwider war, musste ich ihn doch akzeptieren, denn die Datenlage belegte dieses unromantische Szenario. Ich musste mir eingestehen, dass mein Wunsch nach einem neuen Urknall nur aus einem ästhetischen Bedürfnis heraus gekommen war, und das reicht nicht aus, um der Realität zu sagen, wie ich sie gerne hätte. Der Big Crunch ist heute als These überholt.

An diesem Punkt der zunehmenden Expansion endet die Gewissheit der Wissenschaft, was das Ende des Universums angeht. Es gibt nach heutiger Erkenntnis zwei Möglichkeiten.

Die erste heißt Big Freeze und besagt, dass das Universum sich ewig weiter ausdehnt. Diese Ausdehnung wird beschleunigen, aber die Beschleunigung wird konstant sein. Wichtig zu verstehen ist dabei, dass die Geschwindigkeit der Expansion in diesem Szenario weiterhin zunimmt, das aber mit konstanter Rate. Die Ausdehnung wird dann örtlich durch die Gravitation schwerer Objekte ausgeglichen werden, das heißt auf der Ebene der Galaxien. Sie werden in diesem Szenario bleiben, wie sie sind.

Örtlich kann die Schwerkraft die Ausdehnung des Universums momentan sogar mehr als ausgleichen. Die Andromedagalaxie bewegt sich aufgrund der Massenanziehung zwischen sich und der Milchstraße mit etwa dreihundert Kilometern pro Sekunde auf uns zu und in etwa zwei Milliarden Jahren wird sie uns erreicht haben. Dann werden die Milchstraße und die Andromedagalaxie sich mit all ihrem Schwung ineinander haken, einander einige Male umrunden wie zwei russische Tänzer und schließlich miteinander verschmelzen. Kollisionen von Sternen wird es nur wenige geben, denn die Sterne sind innerhalb der Galaxien immer noch sehr weit voneinander entfernt. Nach etwa drei Milliarden Jahren Umbruch wird die neue Galaxie Milkdromeda entstanden sein[29], obwohl das Universum sich insgesamt immer weiter ausdehnt.

Die zweite Möglichkeit heißt Big Rip und geht davon aus, dass die Ausdehnung des Universums in höherem Maße zunehmen wird als bisher. Hier wird angenommen, dass die Beschleunigung der Ausdehnung nicht konstant ist, sondern dass sich selbst die Beschleunigung beschleunigen wird. Warum sollte sie konstant sein? Immerhin war die Ausdehnung zu Beginn des Universums schon einmal sehr schnell, wurde dann langsamer und beschleunigt seit sieben Milliarden Jahren wieder.

Sollte die Ausdehnung des Universums sich schneller beschleunigen als bisher berechnet, könnte sie dann so sehr an Fahrt gewinnen, dass sie letzten Endes auch die Gravitation als Barriere überwindet und Strukturen ergreift, die kleiner sind als Galaxien. Das würde letzten Endes auch vor den Atomkernen nicht halt machen und dafür sorgen, dass in der fernen Zukunft nicht einmal mehr Moleküle existieren werden. Spulen wir die Zeit weiter vor, zerfallen letztlich auch die Atomkerne und schließlich die Quarks, aus denen sie bestehen. Während der Big Freeze für Trilliarden von Jahren weitergehen könnte, würde der Big Rip dem Universum in etwa 50 Milliarden Jahren ein Ende bereiten. Sein Resultat wäre die Auflösung aller denkbaren Strukturen in einem immer schneller wachsenden Universum. Riesengroß, hochentropisch und bis auf Strahlung völlig leer, ohne noch irgendeinen hypothetischen Zweck erfüllen zu können.

Da wir bisher nicht genug über die Natur der Dunklen Materie und besonders der Dunklen Energie wissen, können wir noch keine Einschätzung abgeben, in welche Richtung unsere Reise gehen wird. In den nächsten Jahrzehnten werden hier einige Erkenntnisse über die Existenz an sich stattfinden, wie sie grundlegender kaum sein könnten.

Der Großteil des Universums befindet sich außerhalb unserer örtlichen, schützenden Blase aus Schwerkraft und wird sich in den kommenden Jahrmilliarden von uns entfernen. Wir Menschen werden dann schon lange Geschichte sein, selbst unsere Sonne existiert dann nicht mehr. Mit einer gewissen Wahrscheinlichkeit hat sich aber bis dahin in unserer Galaxis auf einem anderen Planeten, der um eine jüngere Sonne kreist, neues

Leben entwickelt, das sich genau wie wir die Frage nach der Existenz stellt. Im Falle des Big Freeze werden unsere Nachfolger aber weniger Antworten auf ihre Fragen erhalten als wir.

Denn die Zeit ginge im Big Freeze unaufhaltsam und vor allem unendlich weiter. In hundert Milliarden Jahren würde sich das Universum außerhalb unserer Lokalen Gruppe von Galaxien schneller als das Licht von uns entfernen, so dass es in jenem Bereich der Raumzeit verschwindet, den unsere Nachfolger noch nicht gesehen haben. Und den sie auch nicht mehr sehen werden. Das Universum außerhalb unserer Galaxiengruppe verschwindet in der Zukunft, und die Zukunft verschwindet ebenfalls. Die restliche Strahlung, die die entfernten Galaxien bis dahin zu uns geschickt haben und die noch unterwegs zu uns ist, wird immer langwelliger werden, bis sie schließlich den Durchmesser des Universums übersteigt. Dann ist sie auch in der Theorie nicht mehr wahrnehmbar, egal mit welchen technischen Tricks man es versucht.[30]

In 150 Milliarden Jahren würde die kosmische Hintergrundstrahlung so weit abgekühlt sein, dass sie für niemanden mehr zu messen ist. Wer immer dann noch in unserer Lokalen Gruppe aus Galaxien lebt, würde nicht einmal mehr die theoretische Chance haben, dem Urknall auf die Spur zu kommen, egal wie hoch seine Technologie entwickelt ist.

In 450 Milliarden Jahren würden sich die Galaxien unserer Lokalen Gruppe, zu der dann auch Milkdromeda gehört, durch ihre gegenseitige Anziehung zu einer einzigen riesigen Hypergalaxie vermengt haben. Unsere Nachfolger, wenn sie denn Astronomen hervorbringen sollten, würden keine andere Chance mehr haben als anzunehmen, dass es im Universum nur ihre eigene Galaxie gibt und dahinter nichts mehr. Keinen Anfang des Universums und keine Hinweise darauf, wie die Sache einmal enden könnte. Man kann sich sogar fragen, ob sie überhaupt einen Begriff wie Universum entwickeln werden oder ob er für sie nicht dieselbe Bedeutung haben wird wie das Wort Galaxie.

Wie der amerikanische Kosmologe Lawrence Krauss es beschreibt: »Wir leben in einer besonderen Zeit, denn es ist die einzige Zeit in der Geschichte des Universums, in der wir durch Beobachtung beweisen können, dass wir in einer besonderen Zeit leben.«[31]

Wir Menschen haben die Vermutung, dass es Dunkle Materie gibt, aus der Beobachtung abgeleitet, dass das Universum sich schneller ausdehnt als die sichtbare Materie es bewirken kann. Unsere Nachfolger werden sich nicht einmal die Frage stellen können, ob das Universum sich ausdehnt. Das Universum, so wie es sich darstellen wird, wird die Frage nicht aufwerfen. Alles wird in sich stimmig sein und doch wird das meiste fehlen. Es werden schlechtere Zeiten für die Wissenschaft sein und bessere Zeiten für die Religion, denn was von beiden die Oberhand gewinnt, hängt in einer gegebenen Zivilisation erfahrungsgemäß von der Informationslage ab.

Hier stellt sich uns die Frage, ob wir nicht auch schon in einem solchen Zustand leben. Dass es vor vielleicht sieben Milliarden Jahren Dinge zu wissen gab, die heute verloren sind. Ich meine nicht verloren mit der Chance auf ein Wiederfinden, sondern vollständig aus der Existenz entfernt. Wenn manche Dinge ab einem bestimmten Punkt in der Zukunft nicht mehr herausgefunden werden können, dann ist es doch genauso gut möglich, dass uns manche Erkenntnisse heute schon nicht mehr zugänglich sind. Haben das Doppelspaltexperiment oder die Planck-Welt früher einmal Sinn gemacht? War es früher einmal möglich, den Zeitpunkt null des Universums zu erfassen, aber heute nicht mehr? Das Dumme ist, dass wir die Antwort darauf per Definition nicht werden erhalten können. Wie die Astronomen in 150 Milliarden Jahren könnten auch wir heute einen Teil dessen, was es über das Universum zu wissen gibt, bereits unwiederbringlich verloren haben.

All diese Szenarien könnten uns egal sein, denn es ist ja noch so unvorstellbar weit weg und lange hin. Sie sind aber der Schlüssel zu der Frage nach dem Sinn des Lebens, die wir so gerne stellen. Der Apfel der Erkenntnis verrottet vor unseren Augen.

Panta rhei. Alles fließt. Macht es Sinn, dass es so ist?

*»In dunklen Zeiten wurden die Völker am besten durch die Religion geleitet, wie in stockfinstrer Nacht ein Blinder unser bester Wegweiser ist; er kennt dann die Wege und Stege besser als ein Sehender. Es ist aber töricht, sobald es Tag ist, noch immer die alten Blinden als Wegweiser zu gebrauchen.«*

*Heinrich Heine*

# 9. Schöpfer ade

Was ist nun der Sinn des Lebens? Schlafen Sie in einem trockenen Bett? Können Sie warm essen, wann immer Sie wollen? Kümmern sich Ärzte um Sie, wenn Sie krank sind? Kommt Trinkwasser aus dem Hahn in der Küche? Ach, wozu Trinkwasser, wir haben Cola und Biermischgetränke. Denken wir an unsere Anfänge als Spezies. Die Zeiten, in denen der Mensch in Hunger, Stress, Gewalt, Krankheit und Angst lebte, waren tausendmal länger als die Zeiten, in denen es ihm gut ging. Unsere Vorfahren wurden im Schnitt nur dreißig Jahre alt. In diesem Alter habe ich die Universität abgeschlossen und mich auf mein erstes Gehalt gefreut, und ich bin jeden Tag erleichtert über die Epoche, in der ich lebe.

Ein Blick in die Natur, von der wir zweifellos abstammen (diese mehrdeutige Formulierung benutze ich durchaus mit Absicht), kann uns Antworten geben. Pflanzen betreiben seit Jahrmilliarden in stoischer Eintönigkeit Photosynthese und produzieren damit Sauerstoff und pflanzliche Biomasse. Diese Biomasse wird dann von kleinen, emsigen oder großen, trägen Tieren gefressen. Wegen des geringen Energiegehaltes sind diese Tiere den ganzen Tag mit Fressen beschäftigt und haben keine Zeit, über den Sinn des Lebens zu räsonieren. Sie werden dann gefressen von Jagdtieren, die den ganzen Tag in der Sonne dösen, um Energie zu sparen für den Moment der Jagd. Wo liegt hier der vielzitierte Sinn des Lebens, wenn es nicht das Leben selbst ist?

Was können wir also tun? Ist nicht alles sinnlos, wenn es sich am Ende auflöst, der Mensch genauso wie das Universum? Sinnlos, was heißt das? Einen höheren Sinn von allem, den eine Gottheit sich auf die Fahne schrieb, als sie das Universum schuf, hat die ganze Sache sicher nicht. Warum sollte man das glauben? Weil unser Gehirn evolutionär gelernt hat, Sinneswahrnehmungen zu interpretieren und Zusammenhänge zu erkennen, egal ob da welche sind? Es muss keinen Gott geben, nur weil unser Gehirn es so will. Unser Gehirn will die Welt auch in Gut und Böse aufteilen, in »wir« und »die«, in sauber und schmutzig, es will die Welt nur in Farben sehen, die von rot bis violett gehen. Für den Rest des Spektrums fehlen uns die Sinne, was eigentlich nur verdeutlicht, wie klein wir sind.

Einen Sinn kann das Individuum nur für sich selbst finden, nicht aber für die Welt, in der es lebt. Warum ist es für den Menschen als Individuum wichtig, hinter dem Leben einen Sinn zu vermuten, eine Bestimmung, ein Soll, das wir entrichten müssen? Es gibt keinen äußeren Grund, etwas in dieser Richtung anzunehmen, nur einen inneren. Es ist das Hierarchiebedürfnis, das dem Primaten als Hordentier eigen ist. Nach einem Sinn zu suchen, ist daher ein Automatismus, von dem das menschliche Gehirn unfrei ist. Wir wollen die Dinge kontrollieren, und wenn es einen Schöpfer gibt, so müssen wir den großen Sinn finden, denn es ist der Schlüssel zum Herzen Gottes, und diesen wollen wir uns gewogen machen, um Übel zu vermeiden.

Die Frage nach dem Sinn zu verneinen, ist der Sieg des Verstandes über das Gefühl. Das Klammern an Behauptungen vorderorientalischer Hirtenvölker, deren Phantasie so detailreich war wie die Wüste, in der sie lebten, kann heute keine Basis eines ernstzunehmenden Weltbildes mehr sein. Jeder Viertklässler ist heute über den Aufbau der Welt besser informiert als die Gründer dieser Religionen.

Natürlich sollen wir das Gefühl nicht abschaffen oder verdrängen. Ohne das Gefühl können wir nicht von Leben sprechen, wie wir es uns wünschen. Das Gefühl ist nicht unser Gegner, es ist die Voraussetzung unserer Erhebung über die bloße Existenz. Ohne das Gefühl gibt es keine Neugierde, die uns antreibt, hinter das Wesen der Dinge zu kommen. Ohne das Gefühl können wir nichts und niemanden lieben. Dennoch muss klar sein, dass ein Gefühl jederzeit mit einem rationalen Verstand koexistieren muss und auch kann. Im Zweifel ist es daher unsere Pflicht, dem Verstand zu gehorchen. Ein blutroter Sonnenuntergang am Mittelmeer ist ein wunderschöner Anblick und kann uns das Herz wärmen. Ein Gottesbeweis ist er aber nicht, denn wenn er es ist, dann ist Leukämie bei Kindern es auch.

Wir können den Sonnenuntergang am Mittelmeer jederzeit wissenschaftlich auseinandernehmen. Die Eigendrehung der Erde bewirkt, dass die Sonne in dem Moment, den wir Abend nennen, unser Sichtfeld nach unten, in Richtung des Erdmittelpunktes verlässt. Jemand in Deutschland steht vom Mond aus betrachtet zwar rechtwinklig zu jemandem, der sich in Neuseeland befindet. Wir stehen aber alle auf der Oberfläche einer Kugel und ihre Schwerkraft zieht uns zum Erdmittelpunkt. Deshalb wird die Sonne immer in die Richtung verschwinden, die für uns unten ist. Mal senkrecht runter, mal schräg runter, je nach unserem Standort. Wir können uns dem Sonnenuntergang überall auf der Welt andächtig zuwenden, und wir tun es gerne.

Durch das Auftreffen des weißen Sonnenlichtes auf die Moleküle und Partikel der Atmosphäre in flachem Winkel werden die kürzeren Wellenlängen des weißen Lichtes stärker abgelenkt als die längeren. Dem Licht des Abends fehlen daher das blaue und grüne Licht, denn sie sind bereits hinter dem Horizont verschwunden. Sie sind die Komplementärfarben des gelben und roten Lichtes. Der Abendhimmel auf der Erde hat alle Farben zwischen gelb und rot. Auf dem Mars hingegen ist der Abendhimmel blau, denn der Mars hat eine andere Atmosphäre.

Das alles weiß der Wissenschaftler in mir, der gerade mit seiner Frau am Strand einer griechischen Insel sitzt. Doch der Wissenschaftler ist gerade nicht dran. Dieser Moment gehört dem Verliebten und dem Staunenden in mir.

Wenn ich nachts in den Himmel schaue, dann sehe ich tausende von Sternen als kleine Punkte über mir. Dahinter befindet sich ein weißes Band, die Milchstraße. Doch erst weil ich weiß, dass all die kleinen Punkte selbst Sonnen sind, von denen viele Planeten haben, kann ich ergriffen sein. Gerade weil ich weiß, dass dieses weiße Band hinter den Sternen ganz einfach noch viel mehr Sterne sind, die viel weiter entfernt liegen. So weit, dass sie nur noch wie ein milchiger Schimmer den Hintergrund bilden. Und ich weiß, dass es mehr als hundert Milliarden Milchstraßen im Universum gibt. Es ist erst die Erkenntnis durch die Wissenschaft, die mir dieses Staunen geben kann. Das Staunen über die Beschaffenheit der Welt muss die Suche nach einem Sinn ersetzen. Und das kann es.

Wissenschaft ist wie eine Taschenlampe, mit der wir uns durch die Nacht tasten. Manche Dinge direkt vor uns sind deutlich zu sehen und wir können Unheil vermeiden. Am Ende des Lichtkegels wird es verschwommen, aber je weiter wir unseren Weg mit dieser Taschenlampe gehen, desto mehr werden wir erkennen. Wir schreiben mit auf unserem Weg und nichts geht mehr verloren.

Ich setze auf die gesicherte Erkenntnis, dass wir uns auf einer riesigen Kugel aus Gestein befinden, die mit nicht vorzustellender Geschwindigkeit um einen noch viel größeren atomaren Feuerball kreist, von dem wir am nächtlichen Himmel noch tausende weitere sehen können, die innerhalb von noch viel größeren Gruppen, die man Galaxien nennt, um ein zentrales Schwarzes Loch kreisen. Und Galaxien gibt es abermals Milliarden. Wer hier nicht vor Staunen schweigt, der wird ewig dazwischen reden.

## Ordnung und Chaos

Wir haben uns in Kapitel 4 mit dem Begriff Entropie beschäftigt. Um noch einmal zu rekapitulieren: Entropie ist ein Maß für unsere Unwissenheit über die Anzahl der Mikrozustände eines Systems. Vereinfacht sagt man gerne, sie sei ein Maß für Unordnung. Je höher die Entropie ist, desto weniger wissen wir, wie die Situation genau aussieht.

Und so verhält es sich auch mit Bildung und Erkenntnis. Erkenntnis zu erwerben und Bildung beizubehalten, sind Prozesse, die viel Energie erfordern. Man muss aktiv gegen das Wahrscheinliche anarbeiten und das Wahrscheinliche sind die Unwissenheit und der Informationsverlust.

Doch es gibt zwei Sorten von Erziehung: Es gibt die eine, in der die Gesellschaft ihr über die Jahrhunderte angesammeltes künstlerisches, historisches, wissenschaftliches etc. Wissen an die nächste Generation weitergibt. Die andere ist Indoktrination, die sich aber immer als Erziehung ausgibt. Sie ist gewöhnlich religiös oder politisch geprägt, schlimmstenfalls ist sie beides. Nur die erste Variante kann uns Menschen weiterbringen, auch deshalb, weil es genau der Zweck der zweiten Variante ist, eine Weiterentwicklung zu verhindern.

Ich halte die Begründung, warum man sich mit Wissenschaft beschäftigen sollte, allein schon dadurch gegeben, dass es Arbeit und Energie kostet, sich eine solche Bildung zuzulegen. Nur *weil* sie schwer zu erreichen ist, kann sie überhaupt ein richtiges Ziel sein. Fernsehen ist kein Ziel. Sich zumindest oberflächlich in der Geschichte der Griechen auszukennen (sich der Oberflächlichkeit seines Wissens aber jederzeit bewusst zu sein!), die Grundzüge der Evolution zu verstehen oder eine Fremdsprache zu erlernen, ist aufwendig und kostet Energie. Das alleine sollte als Begründung genügen. Wenn es mir nicht in den Schoß fällt, sondern Arbeit erfordert, dann muss es, populärwissenschaftlich gesprochen, entropiereduzierend sein. Und wenn Sie sich dieses Buch zugelegt haben oder es von jemandem geschenkt bekamen, der es gut mit Ihnen meint, dann sehen Sie die Sache wahrscheinlich auch so.

## Das anthropische Prinzip

Wir haben uns in diesem Buch mit recht vielen Parametern beschäftigt, die genau die richtigen Werte haben müssen, damit im Universum Leben entstehen kann. Da sind die besonderen Eigenschaften des Wassers, des Kohlenstoffs und der chemischen Gesetzmäßigkeiten, die gar keine andere Entwicklung zulassen als dass sich kleine Moleküle über kurz oder lang zu größeren Molekülen zusammentun, die sich vervielfältigen können. Da ist die quantenmechanische Erkenntnis, dass Materie eigentlich nichts anderes ist als ein fluktuierendes Meer aus Energie, die laufend ihren Zustand ändert.

Da sind die Gesetze der Evolution, die es unumgänglich machen, dass Spezies sich weiterentwickeln, sich anpassen, neue Fähigkeiten entwickeln und sich in neue Arten aufspalten, die dann genetisch so weit voneinander entfernt sind, dass sie sich nicht mehr miteinander kreuzen können. Und wie es schließlich zu einer Spezies kam, die gegenüber den meisten anderen Arten keinen Panzer, keine Krallen, keine Gifte hat, sondern nur einen einzigen geistigen Vorteil: Sie kann sich Lösungen zu Problemen vorstellen und kann die Konsequenzen ihres Handelns abschätzen. Sie ist nicht grundsätzlich darauf angewiesen, die Dinge auszuprobieren. Sie hat Vorstellungskraft.

Zusammen mit den astrophysikalischen Wechselwirkungen der Gravitation, des Elektromagnetismus und der starken und schwachen Kernkraft drängt sich manchem Beobachter der Eindruck auf, dass das alles kein Zufall sein kann. Wenn auch nur eine dieser vier Grundkräfte um einen winzigen Betrag anders wäre, würde das Universum nicht mehr funktionieren. Wäre die Gravitation stärker als sie es ist, würden Sterne schneller und heißer brennen und mehr Sterne würden in Supernovae enden. Obwohl durch mehr Supernovae auch mehr Baumaterial für Leben entstünde, würde die Lebenserwartung eines Sterns dann wahrscheinlich nicht mehr ausreichen, um auf einem seiner Planeten höheres Leben zu ermöglichen. Wäre die Gravitation schwächer, hätten sich aufgrund der fehlenden Anziehung innerhalb von großen Teilchenschwärmen gar keine Sterne gebildet und das Universum wäre einfach voll von achselzuckenden Gaswolken, die niemand beobachtet.

Wäre der Elektromagnetismus stärker als er es ist, dann würden Atome die Elektronen ihrer Hüllen nicht mehr untereinander austauschen können und es könnten keine Moleküle aus ihnen entstehen. Wäre der Elektromagnetismus schwächer, dann wäre das Universum ein heilloses Durcheinander von Atomkernen und Elektronen, die nicht zueinander finden, um die Elemente des Periodensystems zu bilden. Es gäbe nur Elektronen und Atomkerne, ziellos durchs Universum irrend wie leere Flaschen, für die es nie einen Inhalt geben wird.

Doch es kam anders. Die Bedingungen waren perfekt, um Galaxien, Sterne, Planeten und schließlich Leben zu erschaffen. Ist das die indirekte Offenbarung eines Schöpfers? Hat der Schöpfer sich alleine dadurch zu erkennen gegeben, dass die nötigen Bedingungen zur Entstehung von Leben in unserem Universum vorherrschen?

Nun, wie jede wichtige Frage muss auch diese von beiden Seiten beleuchtet werden, da sich sonst eine Antwort aufdrängen wird, die verblüffend einfach klingt und dem unkritischen Beobachter deshalb als zwangsläufig erscheint.

Die Gegenfrage lautet: Könnte in einem lebensfeindlichen Universum überhaupt jemand sein, der die Frage nach dem Schöpfer stellt? Nein, natürlich nicht, es ist ja per Definition lebensuntauglich. Die Frage nach dem Schöpfer kann nur dort gestellt werden, wo die Bedingungen die

Entstehung von Leben ermöglichen. Dass das Universum also Leben ermöglicht, kann nicht als zwangsläufiger Beweis für einen Schöpfer gelten, sondern ist lediglich die Voraussetzung dafür, dass jemand nach einem Schöpfer fragt.

Dies ist das starke anthropische Prinzip, das ich im Kapitel *Nobody's Perfect* bereits angekündigt hatte. Im schwachen anthropischen Prinzip ging es um einen von vielen Planeten, der Leben tragen kann. Wenn es genug Planeten gibt, wird mit einer gewissen Wahrscheinlichkeit einer darunter sein, der Leben tragen kann, und dann wird es mit Hilfe der chemischen Gesetzmäßigkeiten auch entstehen. Mit dem Universum ist es anders. Wie viele Universen soll es geben, damit eines darunter sein kann, in dem die vier fundamentalen Wechselwirkungen jeweils diese minutiös richtigen Werte haben? Wenn es Millionen oder Milliarden Universen gibt, dann wird wohl ein brauchbares darunter sein und unser Universum wäre dann kein Wunderkind mehr, das jemand geschaffen haben muss. Die Existenz einer Vielzahl von weiteren Universen würde das starke anthropische Prinzip auf das schwache anthropische Prinzip reduzieren. Dann würde es ohne einen Schöpfer auskommen und wäre eine Frage viel größerer Wahrscheinlichkeit.

Doch ob es außerhalb unseres Universums weitere Universen mit anderen Eigenschaften gibt, könnte nur beantwortet werden, wenn wir unser eigenes Universum entweder selbst oder mit Hilfe von Messungen verlassen könnten. Das zeichnet sich bisher nicht ab, aber das hat das Smartphone vor fünfzig Jahren auch noch nicht getan.

Die Frage, ob es weitere Universen mit anderen Eigenschaften gibt, ist in ihrer Bedeutung somit identisch mit der Frage nach einem Schöpfer. Die Antwort brächte einen Gewinn an Klarheit, ist aber mit unseren Mitteln nicht zu erlangen. Es könnte immer noch einen Schöpfer geben, der die Weichen zu unseren Gunsten gestellt hat. Er scheint dann aber auch einige Milliarden andere Planeten des Universums im Auge zu haben, auf denen sich Leben entwickeln kann, und einige Trilliarden, auf denen es nicht möglich ist. Haben all die leeren Welten einen Sinn? Wenn es einen Schöpfer gibt, der den Behauptungen der großen Religionen entspricht, dann sollte unsere Erde etwas Besonderes sein, zum Beispiel der einzige bewohnte Planet im Universum. Wir haben hier noch keine Gewissheit, doch nichts deutet bisher darauf hin, dass wir alleine sind. Trilliarden leere Welten, Milliarden belebte Welten. Wenn man sich fragt, wie ein vom Zufall regiertes Universum aussehen würde, dann würde man auf ein Universum wie unseres kommen. Mit Zufall meine ich natürlich nicht die Abwesenheit von Naturgesetzen, sondern die Beliebigkeit, mit der Leben entsteht und durch astronomische Kleinigkeiten wie Asteroideneinschläge, die für die Bewohner eines Planeten aber Großereignisse sind, wieder vernichtet wird.

Ich denke, wir werden nie erfahren, ob es einen Schöpfer gibt. Als Freund gesicherter Erkenntnisse aber bin ich der Meinung, dass es die Aufgabe der Schöpfergläubigen sein muss, seine Existenz zu belegen, denn immerhin ist es ihre Behauptung, und da sie so fundamental ist, wäre ein Beleg wirklich angebracht. Ihre Antwort ist gewöhnlich, dass der Gedanke an einen Schöpfer keine Frage des Wissens, sondern des Glaubens ist. Man muss glauben und vertrauen, wenn man einer Religion angehört. Es ist aber wichtig, zwischen der Möglichkeit eines wie auch immer gearteten Schöpfers und den Religionen der Welt zu unterscheiden, die ihn für sich vereinnahmen.

Wissenschaftler arbeiten sich langsam, aber stetig durch Tonnen von Messdaten, um Hypothesen zu beweisen und zu widerlegen, und was sie da letzten Endes produzieren, ist löffelweise Gewissheit. Sie ist viel schwerer zu erlangen als unbelegte Dogmen, an die man glauben soll, weil schon so viele Menschen so lange daran glauben. Die Gewissheit ist unendlich wertvoller. Projekte wie das Hubble Space Telescope oder der Large Hadron Collider in Genf sind überwältigende Zeugnisse menschlichen Strebens nach dieser Gewissheit.

Isaac Newton beschrieb, wie die Schwerkraft funktioniert, war aber ein religiöser Mann und glaubte privat an Alchemie. Mendelejew ordnete die Bausteine der Welt, aber er war ein religiöser Mann und glaubte tatsächlich nicht an die Existenz von Atomen. Max Planck zeigte uns die Grenzen der Physik, aber er war ein religiöser Mann. Wir, die wir erst nach diesen Männern die Welt kennengelernt haben, können uns lösen von diesen restlichen religiösen Dogmen, gerade weil diese Männer uns die Funktionen der Welt näherbringen konnten. Je mehr wir über diese Welt herausfinden, desto sicherer werden wir, dass die Sache mit der Religion nur ein psychisches Bedürfnis des Menschen ist, das uns lange von unserem ebenso psychischen Ziel abgehalten hat, Antworten zu finden. Wissenschaft kann nicht jede Frage beantworten, sie kann aber zwischen sinnvollen und sinnlosen Fragen unterscheiden und die Welt schrittweise erklären. Die Wissenschaftler wissen nicht alles; sie behaupten es aber auch nicht. Wissenschaft lebt von ihrem respektvoll vorsichtigen Umgang mit den Dingen, die sie noch nicht weiß. Und hier ehrt sie sich in viel größerem Maße als es einer Religion jemals möglich sein wird, denn die Religion beginnt mit einer Behauptung, hört dann aber mit dem Überprüfen auf und geht direkt in die Handlungsanweisung über.

All die unlösbaren Fragen über die Funktionsweisen der Welt, über Sinn und Entstehung von Blitzen, Vulkanausbrüchen, halluzinogenen Naturdrogen, betörenden Düften, Sonnenuntergängen und Kindbettfieber sind im Laufe der Jahrhunderte mit Logik und Beweisen gelöst worden und wenn es einen Schöpfer gibt, so sind die Plätze, an denen er sich vor uns noch verstecken kann, immer weniger geworden. Es ist heute der Gott der Lücken oder der Gott der Planck-Welt. Ist das wirklich sein Aufenthaltsort oder nur die Ultima Ratio der entwaffneten Theisten? Wenn er wirklich nur im Urknall die Weichen gestellt hat, dann hat er seitdem aus wunderlichem Grund geschwiegen. Warum auch immer er sich eigentlich vor uns verstecken sollte, er hätte es doch bestimmt nicht nötig. Vielleicht sind wir ihm auch einfach egal, vielleicht weiß er auch gar nichts von uns, da er außerhalb unseres Universums lebt. Dann brauchen wir aber keine Gotteshäuser.

## Gott und Wahrscheinlichkeit

Die Frage nach einem Schöpfer ist nach wie vor nicht zu beantworten. Zumindest, wenn man wissenschaftliche Maßstäbe anlegt. Auch die Vertreter der Religionen sagen selten mit Gewissheit, dass es einen Gott gibt. Sie spielen eher mit der Angst der Menschen, Gott und seine Kräfte versehentlich zu ignorieren, und tun das rhetorisch sehr geschult.

Der katholische Theologe Wilhelm Imkamp hat in dem öffentlichen Disput »Ohne Religion wäre die Welt besser dran« im März 2011 einen

Vergleich zwischen der Religionslosigkeit und der Katastrophe von Fukushima gezogen, indem er sagte:

»Was wir in Japan erlebt haben, ist die Explosion eines Restrisikos. … Sie haben die Wahl zwischen Gott als Restrisiko oder Gott als die Ressource Ihres Lebens. Entweder ist Gott die Ressource, in der wir auch Leid bewältigen können und unseren Alltag bewältigen können, oder Gott ist das Restrisiko, und dann fliegt es uns um die Ohren. Und dass es das nicht tut, dafür sorgen wir.«[32]

Imkamp bezieht sich hier auf die berühmte pascalsche Wette. Der französische Mathematiker Blaise Pascal betrachtete die Angelegenheit so: Wenn die Chance, dass es einen Gott gibt, bei 50 Prozent liegt, dann sollten man auf Gott setzen. Wenn ich nicht an Gott glaube und es keinen Gott gibt, dann habe ich nichts verloren. Wenn ich nicht an Gott glaube, aber es gibt ihn dennoch, dann komme ich in die Hölle. Das Risiko ist 50/50, aber die Gefahr, in der Hölle zu landen, muss unbedingt vermieden werden. Mal abgesehen von jenem schamlosen Opportunismus, den man hier begehen muss, ist Pascal in seiner Wette aber ausgesprochen unwissenschaftlich vorgegangen.

Nehmen wir an, die Chancen stünden wirklich 50/50. Der Gottleugner und der Gläubige hätten mangels näherer Informationen zunächst beide die gleiche Chance, recht zu haben. Dann sollte man, um die Hölle zu vermeiden, tatsächlich an Gott glauben. Pascal als Kind seiner christlichen Zeit hat in dieser Rechnung aber vernachlässigt, dass es in der Geschichte der Menschheit außer dem Christentum zahllose weitere Religionen mit unzähligen Göttern gegeben hat. Schätzen wir konservativ, die Summe aller Götter wäre fünftausend. Somit hätte der Gläubige allgemein eine Ausgangschance von 50 Prozent, aber sich für den richtigen Gott entschieden zu haben, läge dann bei einem Fünftausendstel von 50 Prozent. Das ist eine Chance von eins zu zehntausend. Um diesem Gott, wenn man denn den richtigen erwischt hat, auch auf angemessene Weise zu huldigen, muss man auch der richtigen Religion angehören. Sind Sie Jude, Christ, Moslem oder Bahai? Der Gott ist der gleiche, aber Sie müssen wieder hoffen, sich richtig entschieden zu haben. Damit liegen der Jude, der Christ, der Moslem oder der Bahai mit einer Chance von jeweils 25 Prozent richtig, also liegt die jeweilige Chance für diese Religionen jetzt bei eins zu vierzigtausend.

Doch selbst wenn das Christentum die angemessene Art der Würdigung des richtigen Gottes sein sollte, hören die Probleme damit noch nicht auf. Christentum, ja, aber welche Konfession soll es sein? Protestantisch, katholisch, Quäker, Neuapostoliker, Zeuge Jehovas, Baptist, Mormone, koptische Kirche, griechisch-orthodox, anglikanisch, Methodist, russischer Subbotnik, assyrische Kirche des Ostens, Lippische Landeskirche, Mennonit, Hutterer, Adventist? Hier verliert sich die genaue Zahl, man schätzt sie aber auf etwa vierzigtausend. Dann läge die Chance, dass der römische Katholik recht hat, nur noch bei eins zu anderthalb Milliarden. Also liegt er mit 99,999999999%iger Wahrscheinlichkeit falsch und schmort dann ewig in der Hölle seines barmherzigen Gottes. Das Hauptrisiko, Herr Imkamp, scheint bei Ihnen zu liegen und dennoch »sorgen Sie dafür, dass uns Gott nicht um die Ohren fliegt«.

Und diese Rechnung berücksichtigt nicht, wie viele Religionen es in Zukunft noch geben wird. Die Chance könnte noch viel geringer sein und in der Tat wird mit jeder neuen religiösen Strömung die Chance, dass eine dieser Religionen richtig liegt, für alle Religionen geringer. Die paradoxe Folge: Mit jedem neuen Versuch, in den Himmel zu kommen, macht der Religionsgründer es damit für uns alle weniger wahrscheinlich. Blaise Pascal war wohl zu sehr auf Zahlen fixiert und so ist ihm neben einigen historischen Faktoren die menschliche Komponente der Hölle als Idee vollständig entgangen. Nämlich, dass das alles vielleicht nur ein höchst irdisches Druckmittel ist, für das mit einer höchst irdischen, auf die Psyche des Menschen gerichteten Technik argumentiert wird. Es ist die Restunsicherheit, von der man hier Gebrauch macht.

Zwei Jahre später, im Sommer 2013, argumentierte Herr Imkamp anlässlich der Veröffentlichung seines Buches »Sei kein Spießer, sei katholisch!« in der Sendung Markus Lanz schon ganz anders. Hier sagte er, er werde sich hüten, Drohszenarien aufzubauen, wie das in der Vergangenheit geschehen ist (er meint die Vergangenheit der Kirche, nicht seine eigene). Er habe diese Drohszenarien nie selbst erlebt. Er glaube, dass diese Zeiten endgültig vorbei seien und dass Angst nie ein sinnvolles katechetisches Mittel gewesen sei. Eine Umkehr nach 37 Jahren Priestertum? Nein.

Es ist der übliche Opportunismus gegenüber den Zuhörern, der sich an die schmale Chance hängt, als junger Mann die richtige Wahl getroffen zu haben.

Doch Herrn Imkamps Entscheidung birgt noch eine weitere Restunsicherheit. Weiß er, dass die Hölle kein Ort ist, an dem Buddha oder Aphrodite ausschließlich katholischen Priestern ununterbrochen Stromkabel in die Harnröhre einführen? Sich sicher sein ist eine Sache, aber weiß er das? Natürlich kann er es nicht sicher wissen. Der Gedanke, dass Buddha Priester foltert, ist aber abwegig. Und genauso ist es mit der katholischen Lehre, nur dass der Gedanke an die Hölle schon erheblich länger die Köpfe der Menschen vergiftet als meine These der permanenten Priester- und Prälatenpein. Das ist der einzige Unterschied. Nur weil jemand mal etwas behauptet hat, muss man sich nicht gleich damit beschäftigen. Man kann dann zulassen, dass diese Restunsicherheit langsam, aber sicher von der Psyche Besitz ergreift, oder man hat den Mut, es zu bezweifeln und als bloße Drohung abzutun.

Dennoch hat der Gedanke an ein Leben nach dem Tod und der Abzweigung, die wir dann nehmen müssen, eine erstaunlich handfeste Wirkung auf Menschen und ihr Tun. Basierend auf der schmalen Chance, das Richtige zu tun, werden Kinder beschnitten, werden Homosexuelle gesellschaftlich geächtet, wird den Menschen in Afrika auf päpstliche Anordnung gesagt, dass man von Kondomen AIDS bekommt.

Basierend auf dieser schmalen Chance hat sich Ali al-Shamari im Jahre 2005 zusammen mit seiner Frau Sajida im Radisson Hotel in Amman auf eine Hochzeitsfeier geschlichen. Der Plan war einfach, die Opfer willkürlich: Sajida würde die Bombe an ihrem Körper zünden, um damit einige Dutzend Hochzeitsgäste zu töten und zu verwunden. Etwa zwanzig Minuten später, wenn genug jordanische Sicherheitskräfte und Sanitäter vor Ort wären, die Zahl der potentiellen Opfer sich also erhöht hat, würde Ali in die helfende Menge gehen und seine große Bombe zünden.

Doch Sajidas Bombe versagte. Ali änderte den Plan, sprengte sich in der Mitte der Gäste direkt in die Luft und tötete 36 Menschen, die einfach nur etwas Schönes zu feiern hatten.

Wir können uns nur schwer vorstellen, was in den Tagen vor diesem Ereignis in Ali und Sajida vor sich ging. Es wird dramatische Szenen zwischen ihnen gegeben haben. Und vielleicht haben sie in manchen Momenten auch gemeinsam geweint bei der Vorstellung, sich umzubringen. Dennoch gab es etwas in ihnen, das jede Vernunft, jede Logik, jede Nächstenliebe und jede Menschlichkeit überwinden half. Es war einerseits der traditionelle Gehorsam der Frau gegenüber dem Manne, den sie wenige Tage zuvor selbst geheiratet hatte, und andererseits die Vorstellung, ein gottgefälliges Werk zu tun und dafür im Jenseits belohnt zu werden. Für das Töten jordanischer Muslime als Protest gegen den Einmarsch der USA in den Irak würde Ali die berüchtigten 72 Jungfrauen und eine ewige Erektion erhalten und Sajida würde zur Belohnung Alis Frau bleiben dürfen. Wir alle haben sehr wohl etwas zu verlieren, wenn jemand an einen Gott glaubt, ohne Fragen zu stellen.

Fragen wie: Warum hat der Herrgott, der es zweifellos mit uns allen gut meint, sich damals nur im Nahen Osten mit seinen zwei Millionen Einwohnern manifestiert und nicht in China, wo er innerhalb eines Herrschaftskreises 60 Millionen Menschen hätte erreichen können? Und das nur gesetzt den Fall, er hätte sich entscheiden müssen, wo er auftauchen wird. Als Allmächtiger müsste er das doch gar nicht. Viel überzeugender wäre es gewesen, wenn er sich in mehreren Teilen der Welt gleichzeitig gezeigt hätte.

Warum hat der Allmächtige sich in diesem Teil der Welt gleich drei Mal offenbart, um erst das Judentum, dann das Christentum und schließlich den Islam zu gebären, der laut eigener Aussage die letzte gültige Religion und diesmal aber auch »perfekt« ist?

Und warum das Ganze erst nach Jahrhunderttausenden menschlichen Leides und Hungers, menschlicher Angst, Verzweiflung und Not? Haben all diese Schicksale ihn vorher völlig kalt gelassen? Wer ist dieser Kerl? Warum hat unsere Moral die seine schon lange hinter sich gelassen, da wir Abscheu empfinden bei Seinem Tun?

Ging es ihm nur darum, sich selbst ein Denkmal zu setzen, oder ging es eher Männern darum, einen Gott zu etablieren? Männer, denen die Sklaverei, der Tierschutz, die Umwelt und die andere Hälfte der Menschheit mit ihren eigenen Nöten an der Rückseite der Hüfte vorbei ging?

Doch der Mensch war damals noch nicht so gestrickt wie heute. Versuchen Sie, das Paradoxon zu erfühlen, das ausgerechnet Frauen zu Verteidigern des Islam macht. Die Antwort ist so einfach wie beschämend für uns alle: Nimm einem Menschen alle Freiheiten, gib ihm ein Drittel zurück und Du bist sein Befreier. So sind auch viele schwarze Sklaven im amerikanischen Bürgerkrieg bei der Ankunft der Unionstruppen dennoch ihren Großgrundbesitzern treu geblieben und haben auf ihre Freiheit verzichtet. Man hatte ihnen über Jahrhunderte den Mut genommen, die Alternativen zu durchdenken.

Religion sollte für uns etwa die Bedeutung von Dekorationsgegenständen in unserem Hause haben, also nicht mehr sein als ein harmloser Spaß. Wenn Dekoration anfängt, uns im Weg zu stehen oder Menschen zu gefährden, muss sie gehen. Das aber steht in krassem Gegensatz zur Selbstwahrnehmung der Religion. Sie sieht sich selbst jeweils als den einzig gangbaren Weg, wobei sie jeweils alle anderen Religionen als nutzlose Versuche betrachtet. Hier muss die Religion an sich arbeiten, und diese Demut stünde ihr wirklich gut.

## Wissenschaft und Religion

Im katholischen Kirchenritus wird gelehrt, dass Brot und Wein sich in der Heiligen Messe in den Leib und das Blut Jesu Christi verwandeln. Der schottische Physiker Philip Moriarty von der Universität Nottingham erzählt auf dem YouTube-Portal Sixty Symbols, wie er seinen Abschied von der kirchlichen Lehre erlebte:

»Als ich ungefähr neun oder zehn war, erzählte man uns in der Schule von der Transsubstantiation, also der Verwandlung von Brot und Wein in Leib und Blut Jesu Christi. Ich hatte zu Weihnachten ein Mikroskop geschenkt bekommen, und so hob ich meinen Arm und schlug vor, wir könnten ein tolles Experiment machen, indem wir uns die Hostie vorher unter dem Mikroskop anschauen, dann manchen wir diese Kommunionsgeschichte, und dann gucken wir uns die Hostie wieder unter dem Mikroskop an und können sie vergleichen mit dem Zustand davor. Ich wurde der Klasse verwiesen und später sagte man mir, solche Fragen solle man nicht stellen. Hier gingen Religion und ich getrennte Wege.«[33]

Ich stimme Professor Moriarty insofern zu, als die Verneinung der wissenschaftlichen Methode immer einen unseriösen Eindruck erweckt. Wer eine wissenschaftliche Untersuchung ablehnt, der scheint zu wissen, wie sie ausgehen würde. Allerdings ist das bei der Transsubstantiation nicht ganz so einfach. Denn natürlich ist sich die Kirche der Tatsache bewusst, dass eine Weizenoblate sich durch eine lateinische Formel nicht in Menschenfleisch verwandeln wird, und Wein oder Traubensaft können ebenso wenig eine chemische Umwandlung in menschliches Blut durchmachen. Vielmehr, so der katholische Katechismus, sei es das Wesen der Oblate, das sich in der Kommunion in das Wesen des Fleisches Jesu Christi verwandele. Ein Prozess also, den man nicht beobachten kann, denn das Wesen ist per Definition der mit den Sinnen nicht erfahrbare Teil eines Dings. Mal abgesehen von den widerlichen kannibalistischen Aspekten dieses Ritus erinnert die Geschichte in ihrer Glaubwürdigkeit aber eher an Schlemihl, den Verkäufer des unsichtbaren Eises aus der Sesamstraße, und die Durchführenden dieses Rituals müssen sich den Vorwurf der kindlichen Naivität gefallen lassen, sofern sie dieses Märchen ernst nehmen.

Die wissenschaftliche Methode hat in der Theologie keine Gültigkeit und da der Religionslehrer weiß, dass die Religion in einem solchen Experiment nur schlecht dastehen kann, verbietet er das Experiment einfach. Wenn die kirchlichen Lehren aufrechterhalten werden sollen, dann müssen Untersuchungen unterbunden werden. Es ist, als wäre die Realität den Religionen nur ein Ärgernis, das bei jeder Gelegenheit abgewürgt werden muss. Wann immer in der Geschichte Erkenntnis gewonnen wurde, musste die Religion Boden freimachen. Bevor es Wissenschaft gab, hatte sie freies Spiel.

Kann man nun die Frage offenlassen, ob man ein religiöses oder ein wissenschaftliches Weltbild leben will? Sicher. Religion und Wissenschaft kommen miteinander aus, solange sie nicht miteinander reden, und können dabei sogar zwei getrennte Hälften eines Kopfes einnehmen. Immer aber muss der religiöse Wissenschaftler Teile seines Wissens über die Welt vergessen, wenn er das Gotteshaus betritt. Die Unterschiede in diesen Geisteshaltungen liegen nicht nur darin begründet, dass Wissenschaft und Religion unterschiedliche Standpunkte vertreten, über das Alter der Erde zum Beispiel oder über die Stellung des Menschen in der Fauna. Die Unterschiede liegen viel mehr darin, dass Religion Schweigen fordert, wenn

Zweifel aufkommen, also dort, wo es in der Wissenschaft erst interessant wird.

Wenn es einen Konflikt zwischen einer wissenschaftlichen Aussage und einer des Korans gibt, hat in der islamischen Welt automatisch der Koran recht. Dieses Prinzip hat es der islamischen Welt eine Zeitlang ermöglicht, beträchtliche Beiträge zur Mathematik und zur Astronomie zu leisten. Wissenschaft aber kann im Islam nur Erkenntnisse über die Fragen gewinnen, die der Koran offenlässt. Im westlichen Christentum ist Gott heute weitgehend reduziert auf die Lücken in den wissenschaftlichen Erkenntnissen und sein Boden wird täglich schmaler. Im Islam darf Wissenschaft nur die Lücken füllen, die der Koran gelassen hat. Die Rangfolge ist hier genau umgekehrt und dass die Wissenschaft in Europa Priorität gegenüber dem Christentum erlangt hat, ist das Ergebnis eines jahrhundertelangen Kampfes, auf den wir stolz sein können.

Dabei hatte der Islam beachtliche Blütezeiten. Zwischen 800 und 1 100 n. U. Z. war Bagdad das intellektuelle Zentrum der Welt. In diesen dreihundert Jahren ist in Bagdad mehr wissenschaftliche Forschung geschehen als in den tausend Jahren davor in ganz Europa (der Blütezeit des Christentums). Wir benutzen heute arabische Zahlen. Algebra ist ein arabisches Wort. Chemie ist ein arabisches Wort. Alkalisch, schachmatt und Alkohol sind arabische Worte. Zwei Drittel aller sichtbaren Sterne tragen arabische Namen. Das alles konnte nur geschehen, solange die Religion der Wissenschaft nicht im Weg stand. Doch das sollte sich ändern, und zwar gründlich und mit verstörendem Stolz auf das Ergebnis.

Der Imam Abu Hamid Muhammad ibn Muhammad al-Ghazali gilt heute noch als einer der größten theologischen Denker des Islam. Er veröffentlichte im 11. Jahrhundert sein Buch *Die Inkohärenz der Philosophen*, mit dem er die geistigen Erkenntnisse der griechischen Philosophie verwarf und das Spielen mit Zahlen als Teufelswerk bezeichnete. Er verbot den Philosophen, ihre Idee der Kausalität auch auf Gott anzuwenden, denn Gott hat keine Ursache, er ist aller Dinge Ursache. Sie mussten mit dem Denken vor Gott haltmachen. Al-Ghazalis Buch ist im Frage-Antwort-Stil aufgebaut und erklärt den Menschen haarklein, was sie auf die Argumente der Philosophen antworten sollen. Hier eine Kostprobe.

»*Wenn jemand sagt*:
‚Da Du nun die Theorien der Philosophen analysiert hast, folgerst Du daraus, dass jemand, der daran glaubt, mit Ungläubigkeit gebrandmarkt und mit dem Tode bestraft werden soll?'

*Dann werden wir antworten*:
‚Die Philosophen mit Ungläubigkeit zu brandmarken ist unausweichlich, sofern drei Probleme betroffen sind – nämlich

- Das Problem der Ewigkeit der Welt, wo sie darauf beharren, dass alle Substanz ewig sei.
- Ihre Behauptung, dass göttliches Wissen individuelle Objekte nicht erfasst.
- Ihre Verleugnung der Wiederauferstehung von Körpern.

All diese drei Theorien stehen in heftigem Widerspruch zum Islam. An sie zu glauben heißt, die Propheten der Falschheit zu bezichtigen und ihre Lehren als heuchlerische Verdrehungen zu betrachten, die den Massen gefallen sollen. Und dies ist himmelschreiende Blasphemie, die keine muslimische Sekte billigen wird.'

[...] Und Gott (erhaben sei Er) ist der Geber der Stärke, um Rechtschaffenheit anzustreben.«[34]

Amen. Besonders zu beachten ist, dass nicht der Zweifel am Schöpfer, sondern der Zweifel an den höchst irdischen Propheten als Blasphemie bezeichnet wird. Al-Ghazali und der blinde Gehorsam gegenüber den Imamen der islamischen Welt sind seitdem dafür verantwortlich, dass diese heute auf dem Sektor der Naturwissenschaften keine nennenswerte Rolle mehr spielt. Sie sind schuld, dass die arabische Welt seit dem 9. Jahrhundert etwa so viele Bücher ins Arabische übersetzt hat, wie Spanien es jedes Jahr tut.[35] Er ist schuld, dass die islamische Welt mit ihren anderthalb Milliarden Einwohnern heute ein halbes Prozent aller naturwissenschaftlichen Nobelpreisträger stellt: einen Physiker aus Pakistan (1979) und einen

Chemiker aus Ägypten (1999). Wissenschaftler aber wurden sie nicht in ihren Heimatländern, sondern in Cambridge und in Pennsylvania.

Kein Newton, kein Mendelejew, kein Einstein oder Planck, kein Semmelweis oder Darwin ist seitdem aus der islamischen Welt entstanden, und sie werden auch nicht kommen, solange der Koran den Menschen sagt, was sie untersuchen dürfen und was untersuchen zu wollen schon eine Beleidigung des Islam ist.

Dem gegenüber stehen 25 Prozent aller Nobelpreisträger mit jüdischen Wurzeln. Der Grund dafür ist einfach, dass das Streben nach Bildung im Judentum eine Tugend ist. Sie hatten Glück, keinen Potentaten erlitten zu haben, der die Heiligen Schriften neu deutete und ihnen verbot, Wissenschaft zu lernen. Ich meine nicht Bakterien zählen nach den Gesetzen der Tora, sondern Wissenschaft richtig zu lernen, und das beinhaltet Hinterfragen, Anzweifeln, neu Bewerten und eine grundsätzliche Bereitschaft zum Umdenken. Dinge also, die im Islam undenkbar sind. Auch im Islam kann jemand noch Arzt werden, sogar ein guter. Für grundlegend neue Erkenntnisse über den Aufbau und die Herkunft des menschlichen Körpers, für das Bereichern der Menschheit mit neuem Wissen müsste er sich aber auflehnen, und das tun Moslems nur politisch. Die Herkunft des menschlichen Körpers ist im Islam genau wie im Christentum bereits geklärt und eine neue Erklärung zu suchen heißt bereits, den Worten der Heiligen Schrift nicht mehr zu vertrauen.

Das persische Wort »Elm« bedeutet sowohl »Wissenschaft« als auch »tiefes Verständnis des Islam«. Wenn die islamische Welt zwischen Iran und Pakistan jemals wirklich Wissenschaft betreiben will, dann braucht sie erst mal ein neues Wort dafür. Solange ein Satz wie »Du hast schlechte Wissenschaft betrieben« gleichbedeutend ist mit »Du hast den Islam nicht verstanden«, werden sie in der Welt der Wissenschaft unbedeutend bleiben.* Ihre Arbeit wird sich darauf beschränken, Schmetterlinge zu sammeln und dann umgehend Allahs Schöpfung zu preisen. Paradoxerweise sind diese islamischen Länder gerade durch die Vermutung, sie würden

---

* Das ARGUS-Projekt des Hamburger DESY-Instituts war als gemeinsames Forschungsprojekt schon Anfang der Achtzigerjahre ein Mittel der Verständigung zwischen der westlichen Welt und der Sowjetunion. Hier hat die Wissenschaft über ihr Feld hinaus Beträchtliches geleistet. Und es ist fraglich, wann so etwas mit der islamischen Welt geschehen wird, wenn schon die Sprache nicht in der Lage ist, eine gemeinsame Basis zu schaffen.

bereits Wissenschaft betreiben, weiter als alle anderen Völker davon entfernt, ihren Irrtum überhaupt zu bemerken. Der Gedanke ist noch nicht in ihrer Welt.

Der Ex-Boxer und Salafist Pierre Vogel aus Köln kann uns hier ein Beispiel geben, indem er sich in einem seiner YouTube-Beiträge erdreistet, sich mit der Frage nach Außerirdischen zu beschäftigen. Sein Standpunkt: Im Koran steht nichts davon, also gibt es sie wohl nicht. Und wenn es sie doch gibt, hat es keine Bedeutung für uns, denn sonst würde es im Koran stehen.[36] Pierre Vogel hat den Islam verstanden.

Es sind immer Warnlichter für das Aufkommen dunkler Zeiten, wenn die Realität sich den Vorstellungen der Mensch fügen soll. Die Kinderlähmung zum Beispiel gilt in Europa als ausgerottet. Wir alle haben als Kind einen Besuch beim Gesundheitsamt absolviert, wo wir einen Löffel mit einem Zuckerwürfel gereicht bekamen, der mit brauner Tinktur getränkt war. Dann waren wir sicher gegen das Polio-Virus.

In Nigeria sieht das etwas anders aus. Im Jahre 2003 verfasste Dr. Ibrahim Datti Ahmed, Arzt und Präsident des regierungsfeindlichen Scharia-Gerichtes im Norden Nigerias, ein religiöses Gutachten. Demzufolge ist die Polio-Impfung Teil einer Verschwörung der USA und der UN, um die Muslime der Welt unfruchtbar zu machen.[37] Seitdem wurden die Polio-Impfungen in seinem Herrschaftsbereich ausgesetzt und zehn Jahre später fand Nigeria sich an der Spitze der weltweiten Polio-Statistik wieder. Die Endemie greift mittlerweile auch auf die Nachbarländer über. Neun Impfhelferinnen der nigerianischen Regierung wurden im Februar 2013 von Extremisten auf offener Straße niedergeschossen.[38] So sehr die Regierung in Nigeria die Kinderlähmung auch bekämpfen will; wenn die Religion sich in weltliche Dinge einmischt, geht die Lebensqualität verloren, denn sie kann einfach nichts dazu beitragen. Die letzten Polio-Kranken in den USA tauchten im Jahre 2005 in einer Amish-Gemeinde in Pennsylvania auf.[39] Hier musste der Staat kommen, für den sie sich sonst nicht interessieren, und ihr Leiden mit Wissenschaft beseitigen.

Religion will sich nicht weiterentwickeln, ihr Kernanliegen ist die Beibehaltung ihrer Ansichten in allen Menschen. Die Weiterentwicklung aber ist der Grundstein der Wissenschaft. Sie lag auch oft genug daneben, aber sie lässt mit sich reden und will Erkenntnis sammeln, um die Welt jeden Tag neu kennenzulernen. Und nur das kann uns helfen.

Der elementarste Unterschied zwischen Wissenschaft und Religion aber liegt in der Tatsache, dass Wissenschaft auf Logik basiert, die ein allgemeingültiges, die Natur am ehesten beschreibendes Konzept darstellt. Wissenschaft ist daher in der Lage, sich selbst mit den gleichen, immer gültigen Methoden der Logik, des Beweises und der Widerlegung von außen selbst zu betrachten und sich selbst zu korrigieren. Religion kann das nicht. Wer mit einem religiösen Menschen diskutiert, wird feststellen, dass der religiöse Mensch immer nur aus seiner Religion heraus argumentieren kann, und er kann auch für Religion allgemein argumentieren, aber nie für seine Religion allein. Sie setzt sich für ihre eigene Argumentation selbst voraus. Sie ist beliebig.

Solange die bloße Möglichkeit, dass Allah nicht existiert, in der islamischen Welt kategorisch abgelehnt wird, kann Wissenschaft sich als Weltbild in diesem Kulturkreis nicht behaupten. Sie wird immer den Weisungen bärtiger Griesgrame unterworfen sein, die in jedem Ausdruck von Lebensfreude, Neugier, Skepsis und Mut des Geistes (jedes Kind wird so geboren!) eine Gefahr für die althergebrachten Werte und vor allem für ihre eigene Autorität sehen. Diese Weisungen haben sich in Ländern wie Saudi-Arabien seit dem 7. Jahrhundert nicht verändert, und den Wahabiten zufolge soll das so bleiben. Den Gebrauch von Düngemitteln, Computern oder deutschen Kriegswaffen freilich sehen sie nicht als Verstoß gegen die alte Ordnung, auch wenn die Entwicklung dieser Errungenschaften darauf basiert, dass jemand mal den Anschein der Welt hinterfragt hat.

Wissenschaft hat nicht nur den Mut, sondern auch die Pflicht, sich weiterzuentwickeln. Das ist ein Grundstein ihres Selbstverständnisses. In den Naturwissenschaften wird grundsätzlich hinterfragt, geprüft, im Lichte neuer Erkenntnisse neu bewertet, verifiziert, falsifiziert. Immer wieder kommen die Dinge, die wir bereits zu verstehen glaubten, auf den Prüfstand. Newtons Gesetze der Mechanik konnten nur aus der naturwissenschaftlichen Pflicht zur Selbstprüfung in die Relativitätstheorie eingebettet werden und diese könnte eines Tages ihrerseits in der Theorie der Quantengravitation aufgehen. Wissenschaft mag es nicht, wenn ihre Fragen unbeantwortet sind. Religionen mögen es nicht, wenn ihre Antworten hinterfragt werden.

Religion lehrt bestenfalls, Wege zu beschreiten. Wissenschaft lehrt, neue Wege zu finden. Das eine ist das Auswendiglernen von Dogmen und ethischen Ansichten. Das andere ist ein Appell, seinen Geist zu benutzen und unabhängig zu denken. Den auswendig gelernten Weg kann man nur so lange gehen, bis man auf ein Hindernis trifft. Dann braucht man Anweisungen, wie man dieses Hindernis umgehen kann. Und es gibt Menschen, die dann nur zu gerne Anweisungen geben. Diese Anweisungen werden dann so sein, dass die religiösen Dogmen möglichst wenig Schaden nehmen. Und wenn gar nichts hilft, dann wird einfach verboten, den Weg zu gehen.

Doch Wissenschaft hat keine Dogmen. In der Wissenschaft gibt es nur Arbeitstechniken, die man lernen muss, um neue Wege zu finden. In den Naturwissenschaften gibt es Experten, aber keine Autoritäten, deren Wort niemals hinterfragt werden darf. Die Naturwissenschaften sind ein weltumspannender, multikultureller Verband, der die höchstentwickelte Streitkultur der Welt besitzt. Denn das oberste Ziel ist das Gewinnen von Erkenntnis auf objektivem Wege. Es gibt öffentliche Streitgespräche zwischen Kosmologen, Quantenphysikern und String-Theoretikern, aber dort werden keine Dogmen diskutiert, die die Menschen eines Tages zur Fahne eilen lassen und auf Schlachtfeldern ausgetragen werden. Wie der amerikanische Physiker Victor Stenger sagte: »Wissenschaft fliegt uns zum Mond; Religion fliegt uns in Gebäude.«

Und irgendwo neben den diskutierenden Wissenschaftlern der Welt steht ein Kreationist aus Ohio, der den Anspruch erhebt, mit seiner Theorie einer sechstausend Jahre alten Erde von den Fachleuten der Welt gehört zu werden. Gegenüber dem tatsächlichen Alter von 4,5 Milliarden Jahren ist diese Theorie genauso daneben wie zu behaupten, Dänemark sei 1,3 Meter von der Schweiz entfernt und dieser Zwischenraum hieße Deutschland. Die Proportionen zwischen diesen beiden Fehlern stimmen jedenfalls.

Wer sich die Mühe macht, Talkshows mit Geistlichen zu schauen, erkennt ein weiteres Problem: Berufsgläubige sind nicht in der Lage, über ihren eigenen Standpunkt hinaus zu denken. Sie unterstellen Wissenschaftlern die gleiche Subjektivität, die sonst nur bei Berufsgläubigen zu beobachten ist und in der Wissenschaft zu sofortiger Disqualifizierung führt. Wissenschaftliche Fakten aber sind von persönlichen Meinungen unabhängig, was auch der Grund ist, warum sie so schwer zu erlangen sind.

Wenn alle Messdaten der Welt ausschließlich in eine Richtung deuten, die nicht seiner Position entspricht, dann hält der Berufsgläubige das immer noch für nichts weiter als die persönliche Meinung dessen, der es gerade ausspricht. Und wenn Fakten zu Meinungen verkommen, dann werden Argumente schnell Beleidigungen. Beleidigt zu sein hängt aber nicht nur von der Beleidigung ab, sondern auch von der Beleidigungsfähigkeit des Individuums. Die jedoch wird durch Religiosität erheblich gesteigert, denn nichts ist schwerer zu ertragen, als Fehler einwandfrei nachgewiesen zu bekommen. Das aber geschieht in den Wissenschaften andauernd und wer damit nicht umgehen kann, der eignet sich schlichtweg nicht dazu, am großen Projekt Wissenschaft mitzuarbeiten.

## Die Evolution des religiösen Denkens

Durch den Sonnenuntergang fühlten sich die Menschen über Jahrtausende schon zu den sonderbarsten Erklärungen genötigt. Davon ist heute nicht viel übrig geblieben. Ra, der als ägyptischer Sonnengott jeden Abend starb, unter dem Horizont das Totenreich durchquerte und jeden Morgen wiedergeboren wurde, ist heute genauso Geschichte wie Phaeton, der Sohn des griechischen Sonnengottes Helios, der sich Vaters Wagen auslieh und damit verunglückte.*

Allen Mythen über solche Ereignisse ist gemein, dass sie nur Erklärungsversuche sind für das, was die Menschen sehen konnten. Polarlichter wurden von den Wikingern als das Ende einer Schlacht irgendwo gedeutet, wenn die Walküren ausritten, um die gefallenen Krieger nach Walhalla abzuholen. Polarlichter haben die Griechen und Ägypter wahrscheinlich nie gesehen und das ist der Grund, warum sie keine Mythen darüber entwickelt haben. Wären wir als Spezies auf dem Mars entstanden, hätte es

* Wie Volkswagen diese Bedeutung übersehen konnte, ist mir schleierhaft.

diesen Mythos überhaupt nicht gegeben, denn dort liegen die Polarlichter im ultravioletten Bereich.

Und wären wir auf dem Saturnmond Titan groß geworden, so hätte es unzählige Mythen und Theorien darüber gegeben, was diese merkwürdigen Streifen bedeuten, die den Großen Ball am Himmel umgeben. Sind sie die Prankenhiebe der Gottkatze Fung-Schendu, die dem Welterschaffer, dem Allumfasser, dem wahrlich großen Blöng den Himmel stehlen wollte und dafür schwer bestraft und in die Unterwelt verbannt wurde? Immer wenn die Erde bebt, spürt man, wie sie ihren Katzenbuckel macht. Die Mitglieder des Stammes der Punfogk, eines Volkes im Süden des Titan, glauben das zumindest. Sie sind allgemein finstere Gesellen. Ihr Anführer muss jedes Jahr dem Großen Blöng ein gewaltiges Opfer bringen. Um ihn dazu zu bringen, die Gottkatze Fung-Schendu in Gefangenschaft zu halten, muss er jedes Jahr eine seiner eigenen Töchter töten. Ach ja, und er muss dann natürlich auch laufend neue Töchter zeugen. Und er muss regelmäßig viel Alkohol trinken, gut essen und sich Musiker und Gaukler kommen lassen, denen er nach getaner Arbeit die Frauen wegnimmt. Das will der Brauch so.

Oder sind diese Streifen am Himmel, wie die Sendatu auf dem Saturnmond Iapetus behaupten, die Spuren des Sonnengottes Klembuk, der schon so oft mit seinem Goldenen Streitwagen über dieselbe Stelle des Himmels gefahren ist und dadurch Abdrücke hinterlassen hat, wie nur ein Gott sie machen darf? Bauen die Sendatu ihre Straßen auf dem Iapetus nur deshalb immer schnurgerade, damit der Gott sich nicht beleidigt fühlt?

Vielleicht sind es auch nur die staubigen Ringe des Saturn, betrachtet von seinen Monden aus.

Der Kern der religiösen Beliebigkeit liegt offen vor uns, wenn wir die große Anzahl an Religionen betrachten, die es bereits gegeben hat. Von kultischen Handlungen der Neandertaler und des Cro-Magnon-Menschen, von den Regentänzen in Afrika, den Menschenopfern bei den Azteken, von Zeus, Jupiter und Odin bis zum Islam, dem Hinduismus, dem Christentum und den Sikh haben die Menschen immer wieder Wege gesucht, eine höhere Macht zu erkennen und sich deren Kräfte durch Huldigung verfügbar zu machen. Man könnte jetzt sagen, dass nur einer recht haben kann. Aber selbst das ist nicht sicher, denn es gibt keinen Grund anzunehmen, dass irgendeine dieser Religionen recht hat. Sie können auch alle falsch liegen. Zu glauben, die eigene Religion wäre die richtige, entspricht der Vorstellung, man könne eine Stadt nach der Wohnung beurteilen, in der man lebt. Ein Rundflug ist da viel geeigneter.

Die ersten Religionen dürften so alt sein wie die Sprache. Indem es gelang, einen Gedanken über etwas zu vermitteln, das man nicht anfassen kann, wurde auch der Glaube an höhere Kräfte geboren. Leider wissen wir sehr wenig über diese Zeit. Das Bestatten der Toten fand schon bei den Neandertalern statt, kann aber auch älter sein. Religiöse und kultische Handlungen sind so alt wie der Mensch selbst, und der Wunsch nach einem Leben nach dem Tod und einem höheren Wesen, dessen Gunst man erlangen muss, sind nichts anderes als Dinge, die jedes Kind fühlt. Kinder können sich den Tod nicht vorstellen und ihre Eltern erscheinen ihnen allmächtig. Erwachsene hingegen sehen ihre eigenen Eltern ebenfalls von Zahnschmerzen und Hunger geplagt und wissen daher, dass ihre Eltern genauso Spielball der Umstände sind wie sie selbst.

Nun können sie aber nicht behaupten, dass es irgendwo einen fünf Meter großen Menschen gibt, der alles kann, alles weiß und alles erschaffen hat. Dieser Mensch müsste irgendwo auf der Welt zu finden sein. Also muss diese kindliche Projektion in das Metaphysische, Nichtirdische verschoben werden, das emotionale Bedürfnis dahinter aber ist beim Erwachsenen das gleiche wie beim Kind. Darüber hinaus neigen Kinder auch dazu, die Dinge kontrollieren zu wollen, indem sie ihre Eltern geschickt manipulieren und ihnen mit ihren Wünschen nach Schmuck und Spielzeug in den Ohren hängen. Die Erwachsenen erwarten sich von ihrer Projektion reiche Ernte und Belohnung im Jenseits. Die Religion entspringt aus dem Eigennutz und ist nur ein organisierter Aberglaube, eine Auswucherung aus der evolutionär geformten Psyche des Menschen.

Schaut man sich um in der Geschichte der Ägypter, der Griechen oder der Römer, so stellt man fest, dass Religion kaum jemals ein Grund für einen Krieg war. So gut wie alle Kriege jener Zeit drehten sich um Landgewinn oder politische Vorherrschaft. Man respektierte die Götter des anderen und schlug sich aus anderen Gründen die Köpfe ein. Denn solange es jede Menge Götter gab, konnten sie nebeneinander existieren und auch ihre Religionen konnten das ohne Probleme. Religion wurde gerade durch den Polytheismus eher als Unterhaltung wahrgenommen.

Mit der Zeit aber machte die Religion ebenfalls eine Evolution durch. Der Monotheismus entstand. Nun bildete ein Volk die Anhängerschaft eines einzigen Gottes, der darüber hinaus auch den Anspruch hatte, als einziger gewürdigt zu werden. Dieser Punkt ist so wichtig, dass er im Christentum vor allen anderen Geboten kommt. Die Heilige Schrift, die bisher nur den Gläubigen galt, war nun verbindlich für alle Menschen. Das bedeutete aber auch, dass Andersgläubige grundsätzlich falsch liegen mussten und sich eventuell gegen die neue Religion wehren würden. Überzeugungsarbeit musste geleistet werden, und wenn sich jemand weigerte, den neuen Glauben anzunehmen, dann konnte sein Motiv nur ein schlechtes sein. Was das Gute sei, war nicht mehr argumentierbar, denn die eigene Heilige Schrift legte es fest. Mit dem Monotheismus entstand eine ganze Reihe von kriegerischen Auseinandersetzungen, aber auch von Logik-Problemen.

Der einzige Gott musste für alles verantwortlich sein, denn er hatte damit weder Konkurrenz noch ein Team aus Wasser-, Sonnen- oder Erntebeauftragten. Man konnte nicht mehr vermuten, dass zwei Götter um das Heil des Menschen stritten, indem der eine Gott ihm eine gute Ernte zugestand, der andere sich aber für seine Untaten an einem geliebten Volk rächen wollte. Es gab nur noch einen Gott, und wenn er perfekt und allmächtig war, dann musste auch alles nach seinem Plan verlaufen. Eine schlechte Ernte, die Vernichtung einer ganzen Stadt durch einen Vulkanausbruch oder der Infektionstod eines Kindes brauchten jetzt ganz andere Erklärungsansätze und diese sind bis heute nicht überzeugend. Es muss ja nach seinem Willen sein, aber an seinem Willen muss auch alles stimmen, denn er ist ja allmächtig, keinen äußeren Bedingungen unterworfen und liebt uns. Nichts hat Einfluss auf seine Entscheidungen und so muss er selbst der Grund sein für alles, was geschieht.

Warum lässt er also zu, dass Tsunamis ganze Landstriche entvölkern oder Asteroiden seine Schöpfung ausradieren? Gesteht der allwissende Gott Fehler ein, wenn er die Dinosaurier oder die Ammoniten ausradiert und eine neue Spezies aufkommen lässt? Die monotheistische Antwort lautet gewöhnlich, dass seine Wege unerforschlich sind. Was für ein

Nicht-Argument! Eigentlich ist es nichts als die bloße Verweigerung eines Argumentes.

Kann Gott lachen? Mit Logik argumentiert kann er das nicht, denn Lachen ist ein Erkenntnisprozess. Die Torte im Gesicht, die Pointe eines Witzes, das plötzliche Auftauchen des Ehemannes in einer Theaterkomödie sind Dinge, die uns zum Lachen bringen, denn sie überraschen uns. Aber Gott sieht die Torte kommen, er kennt die Pointe schon und weiß, dass der Ehemann im Schrank wartet. Das Lachen muss ihm fremd sein, wenn er allwissend ist, denn man lacht nicht mehr über Witze, die man schon kennt. Hier kann er uns nur leidtun. Kann Gott eine Aufgabe so schwer machen, dass er sie selbst nicht lösen kann? Natürlich nicht, er kann immer nur eines von beiden, und damit ist Allmächtigkeit prinzipiell nicht möglich.

Die Tatsache allein, dass es verschiedene Wege gibt, dem angeblich richtigen Gott zu huldigen, macht den Monotheismus als Konzept schon lächerlich und sagt mehr über das Bedürfnis der Menschen nach einem Gott und der von ihm verbreiteten absoluten Gewissheit aus, als Raum für ihn selbst übrig bleibt. Indem der theologische Blick des Menschen sich verengte, schwand der Spielraum für die Akzeptanz von Alternativen. Dieses Problem haben wir heute noch auf der Welt. Es wird erst gelöst sein, wenn alle Religionen verschwunden sind oder wenn eine von ihnen sich durchgesetzt hat. Dann aber werden wir unter der verbleibenden Religion und ihrer Selbstherrlichkeit leiden, wie wir es noch nie getan haben.

Hat sich der wirkliche Schöpfer uns etwa noch gar nicht offenbart und wird erst eines fernen Tages erscheinen, um die Christenheit, das Judentum, den Islam und den Hinduismus als ungültige Versuche beiseite zu fegen? Wenn ja, warum hat er die Menschen dann erst mit diesen Religionen getäuscht? Und was ist mit all den Menschen, die vor dem Christentum gelebt haben? Platon, Seneca, Ramses, Aristoteles, Julius Cäsar, Alexander der Große, Solon, Thukydides, Xerxes, Cleopatra, Epameinondas – sie alle müssen in der Vorhölle schmoren, nur weil der einzig wahre Gott sich einen späteren Zeitpunkt ausgedacht hat, seine Religion in die Welt zu setzen. Sie haben nichts falsch gemacht, der Schöpfer hatte sich einfach noch nicht offenbart. Sie leiden unter der Ungnade der frühen Geburt. Ein solcher Mangel an Fairness ist zumindest nicht das, was wir von einem Schöpfer und Weltenlenker erwarten, den wir für gütig halten wollen. Gott muss schon immer da gewesen sein, aber der Zeitpunkt seiner Offenbarung an die Menschen ist willkürlich und schadet damit denen, die vorher gelebt haben. Die Möglichkeit, dass das alles nur eine menschgemachte Erfindung ist, erklärt die Dinge viel besser.

Der Vatikan schien das Problem irgendwann zumindest teilweise zu bemerken und hat im Jahre 2007 den *Limbus puerorum* abgeschafft, in dem die ungetauften Kinder interniert waren. Benedikt XVI dazu: »Ich persönlich würde es aufgeben, da es immer nur eine Hypothese war.«[40] So dankbar ihm die ungetauften Kinder der Welt für diese Auflösung ihres Konzentrationslagers auch sein können, die Begründung ist armselig und man mag sich kaum vorstellen, wie schwer es dem Vatikan fallen dürfte, sich von seinen restlichen Hypothesen zu lösen.

Gott ist heute kein alter weißer Mann mit Rauschebart mehr. Man hat ihn auch nicht des göttlichen Ausgleichs wegen zu einer dicken schwarzen Frau erklärt. Gott ist heute so etwas wie ein Kraftfeld, das uns alle durchdringt, uns in die Seele schaut und – infantile Projektion des Herzens – dafür sorgt, dass am Ende alles gut wird.

Doch trotz der schweren Logikfehler, die dem Monotheismus innewohnen, geht die Sache noch viel dümmlicher weiter. Im Christentum sandte Gott seinen Sohn auf die Erde, um für unsere Sünden zu sterben. Betrachtet man diese an sich schon unverständliche Argumentation im Lichte der Dreifaltigkeit, dann wird klar, dass Gott hier gar nichts geopfert hat. Er ist der Vater, der Sohn und der Heilige Geist. Als Sohn kommt er auf die Erde, wird von den Menschen getötet und fährt wieder gen Himmel auf, um neben sich selbst Platz zu nehmen. Er hat überhaupt nichts verloren, sein Tod war nur eine Show. Der Ego-Trip eines gelangweilten Allmächtigen kann es aber auch nicht sein, denn Gott ist allwissend. Wie auch immer – es soll uns heute als Beweis seiner Barmherzigkeit dienen. So etwas kann man nur in die Welt bringen, wenn man das Hinterfragen einfach verbietet.

Oder stimmt die Sache etwa gar nicht? All die merkwürdigen Fragen, die bei der Analyse von Religion und besonders des Monotheismus aufkommen, lassen sich viel leichter mit der Annahme beantworten, dass der Gedanke an einen Schöpfer nur ein Bedürfnis des Menschen ist und nichts weiter. Denn in einem Punkt sind sich alle Religionen einig: Ohne Gott kann es nicht gehen, aber was sollte eine Religion denn auch anderes behaupten? Diese Einschätzung entspringt dem mentalen Bedürfnis des Menschen, dass immer alles einen Grund haben muss, der mit Vaterfiguren und Hierarchien zu tun hat.

## Mensch und Religion

Eine frühere Arbeitskollegin von mir hatte vor einigen Jahren einen Autounfall. Sie war mit ihrem Mann unterwegs auf dem Rückweg von Dänemark nach Bremen. Südlich von Hamburg wurde ihr Wagen im Sturm von einem umstürzenden Baum getroffen, der die Kabine der Beifahrerseite eindrückte. Sie brach sich mehrere Halswirbel und war einige Monate außer Gefecht. Als sie wieder zur Arbeit kam, hatte sie zu Gott gefunden. Sie hielt es für einen unglaublichen Zufall, dass sie einfach irgendwann in Dänemark losfuhren und einige Stunden später genau diesem Baum zum Opfer fielen. Mit unglaublich meine ich, sie hielt es für keinen Zufall. Es musste ein Gott im Spiel sein.

Ich konnte das nicht nachvollziehen. Als sie mir davon erzählte, dachte ich auch an Menschen, die ihren Glauben verlieren, wenn ihr Partner an Krebs stirbt. Ich vermute eher, dass die Menschen oftmals einfach den Standpunkt ändern, wenn er sich als untauglich erwiesen hat. Zu Gott hin, von Gott weg, es ist nur ein neuer Versuch. So wie Geschäftsmänner der spätrömischen Antike vor wichtigen Geschäften lieber zum christlichen und zu den römischen Göttern beteten, um auf der sicheren Seite zu sein, so wechseln wir Menschen jederzeit das Pferd, wenn es bockt. Die Überzeugung, etwas Bestimmtes zu tun und damit eine höhere Form der Belohnung zu erhalten, ist Aberglaube.

Ein Photon, das im Inneren der Sonne entsteht, wird für einige tausend oder zigtausend Jahre zwischen den Atomen der Sonne hin- und hergeworfen wie eine Flipperkugel, bis es schließlich die Oberfläche der Sonne erreicht. Dann wird es nach acht Minuten an der Erde vorbei fliegen oder auf der Erde auftreffen. Es kann dann in der Antarktis oder im Pazifik niedergehen und niemand wäre da, um es zu sehen. Oder Sie liegen am Strand in der Sonne und lassen sich von all den Photonen wärmen, die diesen langen und beschwerlichen Weg hinter sich haben und nun als Wärme auf Ihrer Haut weiter existieren. Oder Sie und das Photon treffen sich, während Sie in einem Flugzeug aus dem Fenster schauen.

Bedenken Sie, wie unwahrscheinlich das ist! Ein Photon entsteht im Inneren der Sonne, irrt zigtausend Jahre durch das heiße Gas, um dann schließlich Ihnen zu begegnen, während sie bei achthundert Stundenkilometern aus dem Fenster schauen. Das ist viel weniger wahrscheinlich als dass ein umfallender Baum ein Auto trifft, das vor einigen Stunden losgefahren ist. Dennoch geschieht es laufend, denn es wird ja nicht dunkel, wenn Sie sich bewegen. Der Grund liegt darin, dass es sehr viele Photonen sind, also wird eines mit der richtigen Richtung, Geschwindigkeit und dem richtigen Zeitpunkt des Austritts aus der Sonnenoberfläche dabei sein. Aber es ist unwichtig. Und so bedeutungsvoll der Einschlag des Baumes auf ein Auto auch gewesen sein mag, unwahrscheinlich ist es auf einer vielbefahrenen Autobahn im Süden einer Metropole wie Hamburg nicht. Gesteigert wird das durch die Tatsache, dass in diesem Sturm nicht nur ein Baum am Fahrbahnrand stand, sondern tausende.

Natürlich war es nicht die Wahrscheinlichkeit, die für meine Arbeitskollegin eine Bedeutung hatte, sondern das Ereignis selbst. Es hatte wohl keinen höheren Grund, dass der Baum ihr Auto traf. Aber das ist von allen denkbaren Optionen am schwersten zu ertragen.

Am erstaunlichsten ist hier jedoch die Tatsache, dass sie sich erst dann in Liebe einem Gott widmete, nachdem er ihr den Hals gebrochen hatte. Entweder lassen sich Menschen mit Schmerz in die Gottesfurcht treiben oder sie gehen die Sache mit dem Bauch an statt mit dem Verstand.

Aber es kostet ja nichts, an Gott zu glauben, möchte man jetzt sagen. Nun, die Kirchen sehen das anders. Es kostet Zeit, es kostet Geld und den aufgeklärten Menschen kostet es Nerven, dem Wahnsinn zuzuschauen. Vor allem aber kann man einer organisierten Religion keinesfalls nur teilweise beitreten. Man muss immer gleich das ganze Paket kaufen, inklusive moralischer Einschätzungen zu Homosexualität, Geburtenkontrolle, offener Ehe und Sterbehilfe. In der Praxis des deutschen Durchschnittschristen sieht die Sache allerdings anders aus. Wie die große Umfrage des Papstes Franziskus Ende 2013 ergeben hat, besteht eine erhebliche Kluft zwischen der Glaubenslehre der Kirche und dem Lebensalltag ihrer Anhänger. Die meisten Katholiken in Deutschland benutzen Verhütungsmittel, denn sie haben Sex vor der Ehe. Sie lassen sich scheiden und heiraten wieder, sie haben keine Probleme mit ihrem homosexuellen Nachbarn und sind empört von der Vorstellung, die Juden seien als ganzes Volk jemals offiziell schuld an der Ermordung Jesu Christi gewesen. Eine These, die der Vatikan erst in den Sechzigerjahren abgeschafft hat. Deutschlands Katholiken haben die katholische Kirche in allen moralischen Punkten längst hinter sich gelassen, trotz aller sittlichen Reglements und subtilen Androhungen von Höllenfeuer.

Dies sind die zwei Punkte, die ich noch diskutieren möchte: das mit der Angst und das mit der Kontrolle.

Religionen halten an Behauptungen fest, und das umso manischer, je älter sie sind. Sie werden aber mit dem Alter nicht manischer. Sie werden älter, wenn sie von vornherein manischer waren, und wir können nur rätseln über die Zahl der Religionen, die es nicht so weit gebracht haben, denn Religionen hinterlassen kaum Fossilien. Das Zweifeln und das Hinterfragen als Prinzip werden hier bestraft, denn Religion kann es sich nicht leisten, hinterfragt zu werden. Und das wissen ihre Führer. Das Christentum hat irgendwann nachgegeben und damit den Anfang seines Endes eingeleitet. Die Reformation durch Luther hat das Ende des Christentums hinausgezögert, indem sie es modernisierte. Der Islam, knapp sechshundert Jahre jünger, ist einen anderen Weg gegangen und hat hinsichtlich der Menschenführung viel aus seinen Vorgängerreligionen gelernt. Er wird ewig unerbittlich bleiben, jedenfalls solange die Muslime es zulassen. Der Islam behauptet nicht, die Erde wäre eine Scheibe, denn das lässt sich widerlegen. Allgemein hält der Islam sich mit faktischen Behauptungen über die Beschaffenheit der Welt bedeckt. Ein Satz wie »Die Welt ist eine Scheibe« kann durch Beobachtung widerlegt werden, »Ich mache den Regen« hingegen nicht. Und um Überlegungen, wie ich sie über die pascalsche Wette angestellt habe, vorzubeugen, behauptet der Islam auch gleich von sich, die letzte Religion zu sein. Alles davor war Bockmist und alles danach wird Bockmist sein. Das ist nichts anderes als cleveres Marketing, das aus den Fehlern anderer gelernt hat.

Eine anonyme salafistische Frau (Codename Reyhana, obwohl sie laut ihren Brüdern aussieht wie Angelina Jolie) gab uns Unbedarften in einem

Interview mit dem SPIEGEL die Länge und Breite ihrer Psychose preis: »Das Problem ist, wenn drei Monate lang nichts Schlimmes passiert, habe ich Sorge, dass Allah nicht zufrieden ist.« Wenn Allah ihr keine Prüfungen mehr schicke, glaubt sie, dann liebe er sie womöglich nicht mehr. Zu bedenken sei: »In der Hölle ist das Trinkwasser eitrig. In der Hölle wird jeder dick, bekommt Pickel und schlechte Haut.«[41] Das ist so schamlos auf die Ängste einer jungen Frau zugeschnitten, dass sie das eigentlich selbst merken müsste. Mit Pickeln und unreiner Haut kann man einen altersgebeugten afghanischen Weizenbauern zumindest nicht einschüchtern und dick wäre er im Laufe seines Lebens wohl auch gerne mal gewesen. Das ist kein Bullshit mehr, das ist Bullshitdestillat.

Auf die Frage, ob der Prophet Mohammed ein Kinderschänder war, antwortet Pierre Vogel ähnlich brillant: Die sechsjährige Aisha hatte nichts gegen ihre Heirat mit Mohammed, ihre Eltern hatten auch nichts dagegen. Und wenn keiner etwas dagegen hat, warum soll es dann nicht stattfinden?[42] Das ist ein erstaunliches, fast schon verdächtig liberales Argument für jemanden wir ihn. Ich glaube es ihm aber erst, wenn er damit auch die Homoehe absegnet. Die Personen, die es angeht, haben zumindest nichts dagegen.

Hier stehen wir nun im 21. Jahrhundert, und es möchten uns die Arme mutlos herabsinken. Wo ist die innere Gelassenheit geblieben, die jeder Mensch braucht, um nicht verrückt zu werden? Ich habe mich lange genug in der chemischen Analytik verdingt, um zu wissen, wie der Mensch tickt. Wenn irgendwo in einem S-Bahnwaggon ein kleines Häufchen von weißem Pulver gefunden wird und niemand weiß, wie es dahin gekommen ist, dann war die Sache für einen Polizisten der 1950er Jahre klar: Finger rein, abschmecken. Es wird Zucker oder Salz sein, vielleicht Stärke oder Backpulver. Heute denkt man an Kokain, Dioxin, Anthraxsporen, irgendein Quecksilberunangenehmat oder Acetonperoxid (der Sprengstoff der Londoner U-Bahn-Anschläge 2005). So weit haben sie uns gebracht. Der Paranoide macht alle paranoid, denn er ist jedermanns Feind. Das ist die Konsequenz des religiösen Extremismus. Welch einen wertvollen Teil zu unserem Wissen könnten die Menschen der islamischen Welt beitragen, wenn ihr Geist nicht so sehr auf Hypothetisches fixiert wäre.

Homosexualität ist eine schwere Sünde, denn laut Saliha, Reyhanas bester Freundin, hat »Allah ja nicht umsonst das schwule Volk Lud ins Höllenfeuer verbannt.« Wir haben uns in Kapitel 6 schon ausführlich mit Homosexualität befasst. Saliha könnte sich nun fragen, wie ein ganzes Volk länger als eine Generation lang schwul sein kann. Doch solche Fragen stellt man sich nicht, wenn man sich bereits auf der sicheren Seite weiß.*

Dem Mann sind diese theologischen Fesseln im Islam etwas lockerer angelegt, wurden sie doch immerhin von Männern geschmiedet. Er wird erst gesteinigt, »wenn acht Augen den Geschlechtsverkehr gesehen haben, und das ist dann auch in Ordnung«, sagt Saliha.[43] Man kann es also ohne Schwierigkeiten mit hundert blinden Frauen treiben, solange nicht mehr als zwei normale Leute oder fünf Einäugige zuschauen. Die ziel- und sinnlose Willkür hinter solchen Regeln lässt Religion wie einen schlechten Traum erscheinen, aus dem man umgehend aufwachen und ihn als eine sinnlose Groteske vergessen möchte. Es entspricht etwa der Vorstellung, dass Menschen eintausend Jahre nach der norddeutschen EHEC-Epidemie für das Importieren von spanischen Gurken 75 Stockhiebe kassieren. Bedenken Sie, wie machbar das mit Menschen ist, wenn sie von der Welt keine Ahnung haben und es mit der Religion auch schon so sehr übertreiben, dass sie keine Ahnung von der Welt mehr haben wollen.

Ja, fast erscheint es wie eine Szene aus *Das Leben des Brian*. Gegen Ende des Films kann Brian tun und lassen, was er will. Alle seine Handlungen werden von seinen Anhängern religiös gedeutet und umgehend zum Sakrament erklärt. John Cleese wurde in einer Talkshow zur Veröffentlichung des Filmes vorgeworfen, sich über Jesus lustig zu machen. Er antwortete: »Die Botschaft des Filmes lautet: Mach Dir Dein eigenes Bild und lass Dir von niemandem sagen, was Du denken sollst.«[44] Der Film beleuchtet

---

* Es sei noch angemerkt, dass Homosexualität im Islam lange Zeit kein Problem war. Laut dem Münsteraner Arabisten Prof. Thomas Bauer schaut die arabische Welt sogar auf eine tausendjährige Geschichte von homoerotischer Literatur zurück und eigentlich sollte es uns auch überraschen, wenn ein so Männer verherrlichender Kulturkreis vor der sexuellen Konsequenz haltmachen würde. Erst im 19. Jahrhundert, als der Nahe Osten von Europäern kolonisiert wurde, setzten sich die viktorianische Prüderie und Homophobie durch und werden heute als Teil islamischer Doktrin wahrgenommen. Indien, das ebenfalls lange genug britische Kolonie war, hat exakt die gleiche Entwicklung durchgemacht.

vielmehr die Neigung des Menschen, sich Wortführer zu suchen und ihnen blind zu folgen. Und wenn man genauer hinschaut, erkennt man in diesem Film auch eine saftige Satire auf die politische Linke der Siebzigerjahre, die das entweder nicht bemerkt hat oder mit dieser Kritik einfach leben kann.

Ich glaube, dass die Welt viel friedlicher wäre, wenn den Menschen klar wäre, dass sie nur ein Leben haben, und zwar jenes, das sie gerade spüren. Es gibt kein Leben nach dem Tod, wir sind nicht die x-te Wiedergeburt unserer Seelen, die sich bessern müssen, um diesen Kreislauf zu durchbrechen. Es wartet kein Himmel auf uns, und auch keine Hölle. Mit dem Tod ist alles vorbei.

Das ist ein zutiefst ehrlicher Gedanke, oder nicht? Er hilft uns, dieses Leben mehr zu schätzen und zu nutzen und das Leben der anderen mehr zu respektieren. Es erfordert Mut, den Gedanken zuzulassen, dass nach dem Tode nichts mehr kommt. Es erfordert Bescheidenheit, zu akzeptieren, dass das alles hier nicht für uns gemacht ist, und es erfordert die höchstmögliche Demut zu erkennen, wie unbedeutend wir sind und dass unser Fehlen im Universum nicht im Geringsten bemerkt würde. Der Glaube daran, dass im Jenseits alles gut wird, hilft den Menschen, das Leiden auf der Welt zu akzeptieren statt die Ärmel hochzukrempeln und diese Missstände zu beseitigen. Und in den Himmel kommen zu wollen, ist letztlich auch ein egoistischer Zug. Gibt es einen einzigen Christen auf der Welt, der selbstlos genug wäre, die Hölle als sein eigenes Schicksal im Kauf zu nehmen, um seine Religion zu retten? Nein, alle wollen ins Paradies. Es ist eine bloße Folge des evolutionären Selbsterhaltungstriebes. Unsere Psyche ist ganz einfach so gestaltet, denn Dein Leben gehört Dir, aber Deine Gene gehören der Spezies.

Vor allem aber erfordert es eine naturwissenschaftliche Bildung, unsere Stellung im Universum zu akzeptieren. Sie zu erwerben ist nicht einfach, aber sie ist das wertvollste Werkzeug gegen Aberglauben und Selbstüberheblichkeit, das wir haben. Sie hilft uns, die Welt friedlicher zu machen. Und vor allem zeigt sie uns, wie schön die Welt wirklich ist. Es ist die Poesie des nüchternen Blicks, die ich vertrete.

Während ich diese Zeilen schreibe, verstreicht der 13 627ste Tag meines Lebens und nichts kann das aufhalten. Ich bin mir der Tatsache bewusst, dass mein Leben ein Ende haben wird, und ich bin glücklich darüber, dass ich das genaue Datum nicht weiß. Ich bin mir sicher, dass meine gesamte Existenz mit meinem Tod endet und dass danach nichts mehr kommen wird. Doch ich habe keine Angst davor. Denn die gute Nachricht ist, dass der Tod und ich uns nicht begegnen werden. Solange ich lebe, ist mein Tod nicht da, und wenn mein Tod kommt, bin ich nicht mehr. Der Übergang von einem Zustand in den anderen, den wir das Sterben nennen, mag seine eigene Ungewissheit und gruselige Aura haben und sicher ängstigt er die Menschen. Seine Unausweichlichkeit allerdings kann helfen, ihn zu ertragen. Es wird nicht nur mein Schicksal sein. Bei sieben Milliarden Menschen auf der Erde sind Sie und ich zwangsläufig Cousins fünfzigsten Grades mit jedem anderen Menschen auf der Welt. Das Sterben betrifft uns alle, denn wir sind nur Zuckerwürfel im Ozean des Lebens. Nehmen wir es hin und genießen wir unsere Zeit.

# 10. Quellenangaben


1 Kruger, J., & Dunning, D.: *Unskilled and unaware of it: How difficulties in recognizing one's own incompetence lead to inflated self-assessments*, Journal of Personality and Social Psychology, 77, 1121-1134, **1999**

2 Dyson, F.W.; Eddington, A.S., & Davidson, C.R.: *A Determination of the Deflection of Light by the Sun's Gravitational Field, from Observations Made at the Solar eclipse of May 29, 1919*, Philosophical Transactions of the Royal Society A, 220 (571-581): 291–333, **1920**

3 Walborn, S. P. et al.: *Double-Slit Quantum Eraser*. Phys. Rev. A 65 (3): 033818, **2002**

4 E. Joos et al.: *Decoherence and the Appearance of a Classical World in Quantum Theory*, Springer, S. 135, **2003**

5 Arndt, M.; Nairz, O.; Vos-Andreae, J.; Keller, C.; van der Zouw, G. & Zeilinger, A.: *Wave-particle duality of C60 molecules*, Nature, Vol. 401, **1999**

6 Jason F. Rowe et al.: *Validation of Kepler's Multiple Planet Candidates. III: Light Curve Analysis & Announcement of Hundreds of New Multi-planet Systems*, Cornell University Library, **2014** (Weblink: http://arxiv.org/abs/1402.6534)

7 http://www.nbcnews.com/id/48613730/ns/technology_and_science-science/#.U3NE83YizIk, **2014**

8 Miller, S.: *Production of Amino Acids Under Possible Primitive Earth Conditions*. Science 117 (3046): 528–9, **1953**

9 Miller, S. & Urey, H.: *Organic Compound Synthesis on the Primitive Earth*. Science 130 (3370): 245–51, **1959**

10 Bada J.; Johnson A.; Cleaves H.; Dworkin J.; Glavin D.; Lazcano, A.: *The Miller volcanic spark discharge experiment*, Science 322 (5900): 404, **2008**

11 Oró J.; Kimball A.: *Synthesis of purines under possible primitive earth conditions. I. Adenine from hydrogen cyanide*, Archives of Biochem. and Biophy., 94 (2): 217–27, **1961**.

12 Pressemitteilung des Jet Propulsion Laboratory, **2010** (Weblink: http://www.jpl.nasa.gov/news/news.php?release=2010-243)

13 O'Brian, S. et al.: *Dating the Origin of the CCR5-D32 AIDS-Resistance Allele by the Coalescence of Haplotypes*, Am. J. Hum. Genet. 62:1507–1515, **1998**

14 Public Broadcasting Service, *Secrets of the Dead: Mystery of the Black Death*, **2002**

15 Ebenda.

16 http://fowid.de/fileadmin/datenarchiv/Evolution_Kreationismu s_Deutschland_2005.pdf

17 Dalbow, D. & Young, R.: *Synthesis Time of ß-Galactosidase in Escherichia coli B/r as a Function of Growth Rate*, Biochem. J. 150, 13–20, **1975**

18 Jacob, F. & Monod, J.: *Genetic regulatory mechanisms in the synthesis of proteins*. In: J. Mol. Biol. Bd. 3, S. 318–356, **1961**

19 Blount, Z.; Borland, C. & Lenski, Richard E.: *Historical contingency and the evolution of a key innovation in an experimental population of Escherichia coli*. Proceedings of the National Academy of Sciences 105 (23): 7899–906, **2008**

20 Wilson E.O., *Sociobiology: The New Synthesis*, Harvard University Press, **1975**

21 Camperio-Ciani, A.; Corna,F. & Capiluppi C.: *Evidence for maternally inherited factors favouring male homosexuality and promoting female fecundity*. Proc Biol Sci., 271(1554):2217-21, **2004**

22 World Wildlife Fund, Living Planet Report 2012 Biodiversity, biocapacity and better choices, ISBN 978-2-940443-37-6, **2013** (Weblink: http://www.wwf.de/fileadmin/fm-wwf/Publikationen-PDF/WWF_LPR_2012.pdf)

23 Becker, L. et al.: *Impact Event at the Permian-Triassic Boundary: Evidence from Extraterrestrial Noble Gases in Fullerenes*, Science 291, 1530, **2001**

24 Marean, C.W.: *When the Sea Saved Humanity*, Scientific American, Volume 303, Number 2, **2010**

25 Hey, J.: *On the Number of New World Founders: A Population Genetic Portrait of the Peopling of the Americas*, Public Library of Science Biology, 3(6):193, **2005**

**26** S. Perlmutter et al.: *Measurements of Omega and Lambda from 42 high redshift supernovae*. Astrophysical Journal 517 (2): 565–86, **1999**

**27** Adam G. Riess et al.: *Observational Evidence from Supernovae for an Accelerating Universe and a Cosmological Constant*, The Astronomical Journal, 116:1009-1038, **1998**

**28** Zwicky, F.: *Die Rotverschiebung von extragalaktischen Nebeln*, Helvetica Physica Acta, Vol. VI, S. 110, **1933**

**29** Cox, T. J. & Loeb, A.: *The collision between the Milky Way and Andromeda*, Mon. Not. R. Astron. Soc. 386, 461–474, **2008**

**30** Krauss, L.M.: *Ein Universum aus Nichts*, S. 150, Albrecht Knaus Verlag, München **2012**

**31** Ebenda

**32** http://www.youtube.com/watch?v=9Kdqmo1pDJQ

**33** http://www.youtube.com/watch?v=W7VcLCwnpt4

**34** Abu Hamid Muhammad ibn Muhammad al-Ghazali, *The Incoherence of the Philosophers*, Pakistan Philosophical Congress Publication No. 3, S. 249, Lahore, **1963** (Übersetzung vom Autor)

**35** Arab Human Development Index (AHDI), S. 78, Report 2002, **2003**

**36** http://www.youtube.com/watch?v=9g3Cgxmx7iM

**37** Hitchens, C.: *Der Herr ist kein Hirte: Wie Religion die Welt vergiftet*, Blessing Verlag, ISBN 978-3-89667-355-8, S. 44–45, München **2007**

**38** http://www.bbc.co.uk/news/world-africa-21381773

**39** Harris, G,: *5 Cases of Polio in Amish Group Raise New Fears*, New York Times, 8. November **2005**

**40** http://newsv1.orf.at/061004-4571/index.html

**41** SPIEGEL, Allah ist der Beste, Ausgabe 39/12, **2012**

**42** http://www.youtube.com/watch?v=c2e8MTF-mkM

**43** SPIEGEL, Allah ist der Beste, Ausgabe 39/12, **2012**

**44** http://www.youtube.com/watch?v=tl8acXl3qVs

Stefan Graf

## Darwin im Faktencheck

Moderne Evolutionskritik auf dem Prüfstand

2013, 390 Seiten
Klappenbroschur
19,95 € [D] / 20,60 € [A]
ISBN 978-3-8288-3152-0

Ist die so fest etablierte Evolutionstheorie Charles Darwins in Wahrheit ein kapitaler Irrtum? Fußt sein Abstammungsmodell auf wissenschaftlich nicht mehr haltbaren Fehleinschätzungen? Und war Darwin selbst ein populistischer Blender, mit dem einzigen Ziel den eigenen Wohlstand zu wahren?

Diese Vorwürfe erheben Darwins Kritiker: Eine Unzahl von Zufällen im Zusammenspiel mit einem auf Mord- und Totschlag basierenden Überlebenskampf hätte doch niemals eine so stabile Koexistenz der heutigen Vielfalt an Lebensformen hervorbringen können, meint sie. Zudem habe Darwins Lehre den Gräueltaten der »Rassenhygiene« der Nazis den Weg bereitet. Es gelte ein Darwin-Komplott zu sprengen - geschmiedet von Wissenschaftskapazitäten, die wider besseres Wissen an einem völlig überholten Modell festhalten. Der Diplombiologe und Wissenschaftsjournalist Dr. Stefan Graf geht den provokanten Einwänden dieser »Antidarwinisten« unvoreingenommen, spannend und nicht ohne Humor auf den Grund und prüft ihre Argumente auf Stichhaltigkeit. Er bezieht auch den immer wieder brodelnden Konflikt zwischen Naturwissenschaft und religiösem Glauben mit ein und kommt zu klaren Ergebnissen.

**Dr. Stefan Graf** (Jg. 1961) studierte Medizin und Biologie an der Freien Universität Berlin. Nach mehrjähriger Forschungstätigkeit in den Bereichen der molekularen Genetik und Evolution sowie der Kunstherzentwicklung absolvierte er ein journalistisches Aufbaustudium. Seitdem arbeitet Graf als freiberuflicher Wissenschaftsjournalist.

Joachim Kahl

# Das Elend des Christentums

2014, 216 Seiten
Klappenbroschur
17,95 € [D] / 18,50 € [A]
ISBN 978-3-8288-3365-4

1968: Der »frisch gebackene« Doktor der Theologie Joachim Kahl tritt aus der Kirche aus und veröffentlicht im Rowohlt Verlag *Das Elend des Christentums*. Das Buch des erst 27-jährigen erlebt einen beispiellosen Erfolg, verkauft sich in kürzester Zeit über 100 000-mal und wird in vier Sprachen übersetzt. Es liefert die religionskritische Begleitmusik zur Studentenbewegung und trifft den Nerv der Zeit.

Die jetzt vorliegende dritte Auflage ist ergänzt um ein neues Vorwort und ein bisher unveröffentlichtes Interview mit Kahl. Dass Kahl schonungslos die Widersprüchlichkeiten von Kirche und Christentum aufzeigt, und dass er dies in einer wortgewaltigen und bildreichen Sprache tut, macht *Das Elend des Christentums* zu einem Klassiker der Religionskritik.

**Dr. Dr. Joachim Kahl** wurde durch sein Theologiestudium Atheist. Zu seinen akademischen Lehrern zählten u. a. Theodor W. Adorno, Jürgen Habermas und Alexander Mitscherlich. Nach seiner Zweitpromotion in Philosophie war er Lehrbeauftragter an der Universität Marburg und Bildungsreferent beim *Bund für Geistesfreiheit* in Nürnberg. Seine Abkehr vom Marxismus erfolgte im Kontext der friedlichen Revolution in der DDR. 2005 erschien sein Buch *Weltlicher Humanismus. Eine Philosophie für unsere Zeit.*

Heinz-Werner Kubitza

# Der Dogmenwahn

Scheinprobleme der Theologie.
Holzwege einer angemaßten Wissenschaft

2015, 398 Seiten
Hardcover
19,95 € [D] / 20,60 € [A]
ISBN 978-3-8288-3500-9

Die Theologie steht an Universitäten unter Denkmalschutz. Und wenig hilfreich scheinen auch die Beiträge zu sein, die die Theologie zu einer modernen Weltsicht beisteuern kann. Denn wo andere Fakultäten seit der Aufklärung die Welt real verändert haben, wird es in der Theologie schon als Innovation gefeiert, wenn ein alter Holzweg von Zeit zu Zeit mit viel verbalem Aufwand wieder frei geräumt oder eine neue Schule begründet wird.

Ist die Theologie als »gläubige Wissenschaft« nicht eigentlich ein Relikt aus längst vergangener Zeit? Und was bedeutet es für das Ansehen einer Universität, wenn sie ein Fachgebiet in ihren Reihen duldet, dessen Vertreter nicht einmal in der Lage sind, ihren Gegenstand nachzuweisen? Womit beschäftigen sich Theologen an staatlichen Universitäten überhaupt? Heinz-Werner Kubitza, selbst »gelernter Theologe«, macht sich auf in die Parallelwelten aktueller Dogmatiken und spürt den verschlungenen Denkwegen »moderner« Universitätstheologen hinterher.

Kubitza benennt das Elend der Theologie, die Scheinprobleme und Scheinlösungen einer an Bibel und theologische Tradition gefesselten und selbsternannten Wissenschaft, die sich zwangsläufig immer wieder in innere Widersprüche verstricken muss und der es unmöglich ist, sich aus den theologischen Fesselspielen aus eigener Kraft wieder zu befreien.

**Dr. theol. Heinz-Werner Kubitza** ist Inhaber des Tectum Wissenschaftsverlags und u. a. Autor des Buches *Der Jesuswahn*. Darüber hinaus ist er Mitglied im Beirat der Giordano-Bruno-Stiftung.

Michael Steimel

## »Truly Wonderful Facts«

Groteskes in Darwins Evolutionstheorie

2010, 216 Seiten
Klappenbroschur
24,90 € [D] / 25,70 € [A]
ISBN 978-3-8288-2241-2

Korallen, die die Grenzen der Naturreiche übertreten, monströse Embryos, sklavenhaltende Ameisen ... Das Werk von Charles Darwin ist ungewöhnlich reich an grotesken Motiven. In Form der wundervollen Fakten motivieren sie den Übergang zu einer neuen Ordnung der Natur, ziehen als Beispiele und Modelle in die Theorie der Evolution ein und prägen ihre Sicht der Welt und des Menschen. Michael Steimel fokussiert in seiner literaturwissenschaftlichen Untersuchung die bildlichen Momente von Darwins Wissenschaftsprosa, die wesentlich zu ihrer Popularität und kulturellen Bedeutung beitragen.

**Michael Steimel** studierte Allgemeine und Vergleichende Literaturwissenschaft an der Freien Universität Berlin, und war dort zuletzt am Sonderforschungsbereich „Ästhetische Erfahrung im Zeichen der Entgrenzung der Künste“ tätig.